磁生物技术在农林业中的研究与应用

刘秀梅 王华田 马凤云 董玉峰 孔令刚 等 著

U0256412

中国农业出版社

北 京

图书在版编目（CIP）数据

磁生物技术在农林业中的研究与应用 / 刘秀梅等著
. -- 北京：中国农业出版社，2021.12
　ISBN 978-7-109-26017-7

　Ⅰ.①磁…　Ⅱ.①刘…　Ⅲ.①水磁化－应用－农业灌溉－研究②水磁化－应用－森林工程－灌溉工程－研究
Ⅳ.①S274②S774

中国版本图书馆 CIP 数据核字（2019）第 217611 号

磁生物技术在农林业中的研究与应用
CISHENGWU JISHU ZAI NONGLINYE
ZHONG DE YANJIU YU YINGYONG

中国农业出版社出版
地址：北京市朝阳区麦子店街 18 号楼
邮编：100125
责任编辑：杜　婧　陈　珺　　加工编辑：耿增强
版式设计：韩小丽　　责任校对：吴丽婷
印刷：北京科印技术咨询服务有限公司数码印刷分部
版次：2021 年 12 月第 1 版
印次：2021 年 12 月北京第 1 次印刷
发行：新华书店北京发行所
开本：720mm×960mm　1/16
印张：21.25
字数：390 千字
定价：138.00 元

版权所有·侵权必究
凡购买本社图书，如有印装质量问题，我社负责调换。
服务电话：010-59195115　010-59194918

本 书 著 者

主要著者　刘秀梅　王华田　马风云　董玉峰
　　　　　　孔令刚

其他参著人员（按姓名音序排列）
　　　　　　毕思圣　陈淑英　丛桂芝　戴风龙
　　　　　　敬如岩　凌春辉　刘冠义　刘建泉
　　　　　　刘　君　刘天英　卢　磊　孟诗原
　　　　　　孙士军　唐　金　万　晓　王　渌
　　　　　　王　倩　韦　业　战中才　张　倩
　　　　　　张新宇　张　瑛　张志浩　朱　红

前言

PREFACE

　　磁现象在自然界普遍存在。随着磁生物学的快速发展，国内外相继开展了相关磁化水理论和应用技术的研究，在基础性试验材料以及微观机制等方面都取得了显著进展。关于磁化水作用机理的研究，学术界并没有统一定论，但是，诸多研究表明，磁场强度、磁化时间、原水水质以及水的流速等因素对磁化后水的理化性质都有重要影响。

　　普通水以一定的速度垂直于磁感线方向通过一定强度的磁场时，就会变成磁化水。水被磁化后，水原来的结构被破坏，在一定程度上改变了水分子的物理和化学特性，如大分子团簇变成单个水分子或者二聚体以及水分子表面张力系数降低，进而促进了植物生长发育以及立地环境的改善，主要表现为小分子团加速了土壤中矿物质结晶，提高了细胞代谢过程中的渗透性和溶解性，促进了植物对土壤中养分的吸收和利用。因此，磁化水灌溉为农作物增产以及立地环境改善提供了一种新的途径，在农林业生产中的研究和应用不断增多，同时丰富了磁生物学的研究内容。

　　20世纪70年代以来，磁化水开始在我国应用于农业生产上，研究范围涉及粮食作物、果蔬、食用菌和家禽等方面。研究表明，磁化水对改良盐渍化土壤、促进种子萌发、增强作物抗逆性以及提高作物产量等均有显著效果。因此，磁化水处理技术与劣质水资源的开发利用以及土壤质量改善等方面的有机结合，对实现磁化水的高效利用和农业增产以及品质改善具有重要意义。本书在综述国内外研究现状的基础上，采用田间试验和室内分析测试相结合的研究方法，针对磁化水灌溉（包括咸水、微咸水、含镉水源）后土壤微生态环境、植物矿质养分转运、植物光合性能，以及植物生长、产量构成和品质特性等内容进行了研究。采用细胞非损伤微测技术对叶肉细胞、根尖分生区和伸长区阳离子动态进行了实时观测；利用高通量测序技术准确分析了连作栽培土壤以及镉污染土壤细菌群落结构特征；对连作模式下不同果蔬栽培土壤微环境以及果蔬产量构成和风味营养等进行了测定分析；采用不同磁场强度的磁化装置处理难生根林木，对其生根过程中的生理生态响应进行了实时测定；定量分析了磁化水灌溉后盐渍化土壤和镉污染土壤物理性质、生物酶活性、不同形态矿质养分含量以及植物生物学特性等方面的改变。通过系统研究，总结出了磁化水灌溉对不同林木、不同种蔬菜等抗逆能力以及立地微环境的影响机制，提出了离子平衡系数的概念，阐明了植物生物学和生理生态学响应机制、土壤微生态环境与磁化水灌溉之间的作用关系，为磁化水灌溉在农林业中的应用提供了重要的理论基础。

　　本书的研究成果对于进一步完善磁生物学研究的理论和方法，尤其是土壤-植物中养分吸收和代谢、植物对磁致效应响应机制等问题的解决提供了一定的理论依据。对退化土壤生态修复以及劣质水资源的开发利用等方面具有现实的指导意义。期望本书的出版对于从事植物生理生态、森林培育、作物栽培以及土壤生态修复等领域的科研人员、大专院校师生、林业生产工作者提供一些有益的借鉴和帮助。

　　对磁化水灌溉在农林业中的应用研究历时 8 年，其间得到了寿光市农业局、伊犁哈萨克自治州林业科学研究院和莱芜恒锐农林科技有限公司等单位的大力支持和帮助。诚挚地感谢万晓、朱红、王渌、张新宇、毕思圣、张瑛、敬如岩等研究生在各自研究领域付出的艰辛劳动，感谢王倩、张志浩、韦业和凌春辉认真完成了书稿的初步校对和文献资料的核实。本研究期间先后得到了山东省农业重大应用技术创新项目（鲁财农指〔2016〕36 号）和国家引进国际先进林业科学技术计划（2011-4-60）等项目资助，特此致谢！

　　在本书的写作过程中，作者力求使研究内容系统完整，以提高概述的科研意义和实践价值，尽管如此，由于研究对象的复杂性，作者水平的局限性，书中难免有一些不足和不当之处，恳请读者批评指正！另外，因时间仓促，部分研究文献引用时不够详尽，在此向文献作者表示歉意！

著　者

2019 年 4 月

山东泰安

目录
CONTENT

01 第一章 磁生物学的理论基础 与研究进展

第一节 磁化水处理技术研究背景

磁现象是自然界普遍存在的一种物理现象。磁性与生物学特性之间相互联系且相互影响，因而与诸多学科和新型科学技术应用交叉而成的新领域即为磁生物学。随着科学技术的发展，磁生物学效应在医学、药学、农业、环境保护和生物技术等领域中的研究和应用愈加广泛，且发挥着越来越大的作用。

由于经济的快速发展、气候变化以及水资源污染等诸多原因，灌溉水资源压力日益增大；另外，使用劣质水、高矿化度咸水、硬水以及污染水源灌溉农作物对人类粮食安全造成了严重危害；因此，现代农业正努力寻找一种有效的生态友好型生产技术，在保护生态环境的同时维持农作物生产力，提高作物产量和品质。

磁化水是磁生物学的一个具有代表性的研究领域。磁化水是以一定流速经过具有一定强度的磁场，与垂直于磁力线的方向切割而形成的水（Chibowski and Szczes，2018；Esmaeilnezhad et al.，2017）。磁场（magnetic field，MF）的应用已有几个世纪的历史（Colic and Morse，1999）。早在 1830 年，法拉第（Michael Faraday）提出了磁感应的概念，他提出当流动离子或导电材料穿过磁场时就会产生感应电流。随着法拉第理论磁场应用的迅速发展（Zaidi et al.，2014），比利时人 Vemeiren（1958）获得了第一台商业化磁化水处理装置的注册专利。磁化水最早应用于水容器防垢和冶金领域，20 世纪 70 年代中期，我国开始将磁化水应用于农业生产中（依艳丽和刘孝义，2000）。随着科技的进步和磁生物学技术的发展，磁化水在农业生产中的应用引起国内外的广泛关注，并逐渐形成了一门边缘学科。

一、磁化水作用机制

水作为一种抗磁性材料（diamagnetic material），其质量磁化率（mass magnetic susceptibility）为 -7.2×10^{-3} J · $(T^2 · kg)^{-1}$（Sueda et al.，2007）。纯水作为一种极性和缔合性液体，磁场作用下其分子键发生改变，转

变为亚稳态并可保持一段时间。磁化水（magnetized water，MW）处理对水溶解和结晶的化学和物理过程均会产生影响。Nakagawa 等（1999）提出了不同类型的磁场效应理论，一种为磁场效应对生化反应的影响，一种为间接通过环境变化而产生的影响。就前者而言，令人担忧的是磁场可能对生物体产生遗传影响；而对于后者，磁场效应则可以像其他外部参数一样，比如温度、压力或者机械搅拌。Mosin 和 Ignatov（2014）提出了 3 种磁场对水的作用机理。第一种假设为 MW 处理导致了金属阳离子胶体配合物的自发形成和衰变，且加速了其沉淀；第二种假设为磁场效应导致水中溶解离子极化及其水化壳变形的发生；第三种假设为由于水分子的偶极极化，磁场直接影响了水分子结构，这是由于水分子通过低能量分子间范德华力（van der Waals forces）、氢键和偶极-偶极相互作用（dipole-dipole interactions）而结合在一起，而磁场可使氢键变形，引起部分氢键断裂。

磁场中较弱的氢键产生与洛伦兹力（Lorentz force）有关，洛伦兹力使正负离子反向旋转，从而增加了离子碰撞的可能性，使分子运动变得更加剧烈、热运动增加且氢键弱化。因此，随着磁化时间的延长，氢键变弱（Wang et al.，2013），且较高的磁场强度（14T）可能影响水分子氢键的形成（Iwasaka and Ueno，1998）。根据 Pang 和 Zhong（2016）提出的水磁化理论，水分子磁化效应随暴露在磁场的时间以及外部施加的磁场强度的增加（300mT）而升高，且在更高磁场强度下达到饱和（图 1-1）。

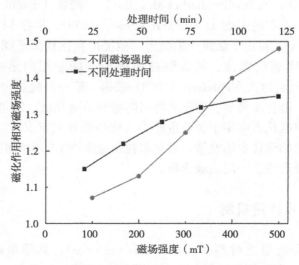

图 1-1　水的磁化效应随处理时间和磁场强度的变化

数据来源：Pang 和 Zhong，2016。

当范德华络合物束缚较弱时可以在磁场作用下被解离。受磁场效应影响，弱束缚范德华络合物的预解离包含了具有非零电子轨道角动量（non-zero electronic orbital angular momentum）的原子，当跃迁到较低的磁能级时，则会释放出足够的能量来破坏范德华键。与 Mosin 和 Ignatov（2014）提出的第三种假设相反，Hosoda 等（2004）认为氢键在磁场中具有更大的稳定性。由于分子的抗磁性取决于电子的分布程度，氢键分子的电子离域会增加其抗性。因此，磁场中氢键应变得更加稳定，这也是水结构发生变化的主要原因（图1-1）。

分子动力学模拟结果表明，磁场作用下，氢键数量增加，特别是磁场强度从 1 T 增加到 10 T 时，其数量增长约 0.34%；且氢键的大量产生也说明了磁场作用下，水分子团的大小也随之增大。因此，受磁场效应影响，水分子的结构会更加稳定而有序（Chang and Weng，2006）。另一项研究表明，利用磁场处理低浓度 NaCl 溶液时，其平均氢键数增加；而在高浓度时则减少（Chang and Weng，2008）。Goncharuk 等（2016）研究发现，磁化处理（600mT）后，尺寸较大的团簇含量大幅增加，而尺寸较小的团簇含量则减少，使水、去离子水和重水中团簇算数平均直径分别增长 21%、15% 和 10%；可见，集群的算数平均值取决于磁场强度。磁场作用下，与水相比，冰的物理参数成倍数变化；将水加热到 50℃ 后，磁场效应则会被破坏。

水的记忆效应（magnetic memory of water）是由气—水界面受扰动后松弛引起的，在 MW 处理后可持续数小时或数天。当能提高水网络结构的气体（如 CO_2 或惰性气体）存在时，可观察到增强的记忆效应效果（Colic and Morse，1999），但对水分子记忆效应机理的探索仍在进行。

二、磁化水特性

水分子通过氢键缔合，氢键是一种分子间力，不像化学键那样牢固，在自然状态下以分子簇 $(H_2O)n$ 形式存在且处于一种持续断开与结合状态，即 $(H_2O)n \rightleftharpoons xH_2O+(H_2O)n-x$，这种动态平衡所需要的能量是由水分子热运动所提供的。当水分子经过磁场磁化以后，受洛伦兹力影响，水的物理和化学性质会发生一系列变化，如氢键断裂、大分子断裂为单个小分子水，水分子偶极矩发生偏转，氢键角变小、由 105° 缩小为 103°，大分子基团变成小分子团，致使水的表面张力系数、电导率、pH 以及黏度等均会发生不同程度的变化（Ozeki and Otsuka，2006）。主要包括以下几个方面：

(一) 表面现象

表面张力、Zeta 电位 (zeta potential) 和接触角是水分子的主要表面现象。对于离子悬浮液而言,如蒙脱石黏土、沥青和硬度离子 (Ca^{2+}、Mg^{2+}),磁场可改变其 Zeta 电位的分布,且 MW 处理可以改变 Ca^{2+}/Mg^{2+} 对 Zeta 电位分布的不利影响,从而提高沥青回收率 (Amiri,2006)。另外,Higashitani 等 (1995) 发现,磁场可降低咸水的 Zeta 电位;其研究结果表明,当非磁性胶体粒子暴露在磁场中时,其稳定性发生变化,Zeta 电位减小,且这种作用效果可持续 6d (表 1-1)。Gaafar 等 (2015) 使用两个固定磁场 (300mT 和 500mT) 处理蒸馏水和自来水,并采用 Wilhelmy 平板和毛细管法测量其表面张力,结果表明,0~5 min 时,其表面张力急剧下降,之后逐渐趋于饱和 (图 1-2);这是由于受磁场效应影响,水分子之间的吸引力发生变化,极化效应增强且改变了分子在磁场中的分布。Holysz 等 (2002) 研究发现,磁场中 Na_2CO_3 溶液的表面张力随时间变化呈线性下降,且可持续 4 h,在此期间观测到 $CaCO_3$ 的 Zeta 电位发生了变化,且接近非磁性样品的参考值。

表 1-1　磁场对不同溶液电解质 Zeta 电位的影响

电解质类型	Zeta 电位 (mV)	
	磁化处理	非磁化处理
氟化钾 (KF)	64.7	68.1
氢氧化钾 (KOH)	68.2	69.2
氢氧化钠 (NaOH)	70.5	74.4
氯化钾 (KCl)	62.9	65.0
溴化钾 (KBr)	63.4	67.4
碘化钾 (KI)	66.1	71.6
硫氰化钾 (KSCN)	68.1	71.8
氯化钠 (NaCl)	65.9	67.6

数据来源:Higashitani 等,1995。

Hasaani 等 (2015) 研究结果表明,当磁场强度为 656mT 时,普通自来水的表面张力降低 18%;磁场强度为 700mT 时,表面张力由 72.45 mN · m^{-1} 下降到 57.09 mN · m^{-1} (Mohassel et al.,2009)。试验采用了微型光学视觉器 (Pang and Deng,2008a,2008b) 和抽拔法 (Yao et al.,2015) 等不同的测量方法,且

均得出了相似的研究结果。由于垂直于磁场中悬挂式水滴的最大直径、质量和形状会发生变化（最大磁强为 15 T，1 500 $T^2 \cdot m^{-1}$），因此，可以采用悬挂式水滴张力计来确定磁处理对水的影响（Sueda et al.，2007）。通过观察由磁滞后区引起垂直毛细管高度的增加，得出弱磁下表面张力会发生变化，且记忆效应可持续 210 min（Azoulay，2016）。

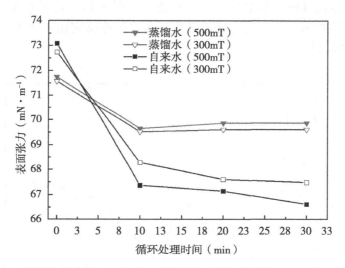

图 1-2　不同处理时间、不同磁场强度处理后蒸馏水和自来水表面张力变化

数据来源：Gaafar 等，2015。

Cho 和 Lee（2005）同时使用永磁体（160mT）和电磁线圈电子装置来研究物理处理对降低硬水表面张力的影响，利用精密玻璃毛细管测定表面张力发现，自来水（570 μmhos $\cdot$ cm^{-1}）和硬水（2 990 μmhos $\cdot$ cm^{-1}）最大降幅分别为 7.7% 和 8.2%；他们认为，水的硬度对表面张力的降低影响较小，但经磁场处理后，矿物离子与碳酸氢盐等阴离子发生碰撞，水体中产生胶体粒子，从而降低了水的表面张力。

磁场作用下，当磁场中水循环速度较高时，磁场与表面张力没有明显的关系，这是因为高速下磁化时间太短，水分子会严重失去方向感，很难被磁化。在中等速度下，磁化处理后去离子水和自来水的表面张力均降低；且当磁场强度为 200～300mT 时，表面张力达到最小值；随磁场强度增加，表面张力曲线开始增大；当磁场强度为 400～700mT 时，表面张力趋于平坦；当磁场强度为 700～800mT 时，出现第二个最小值，且略大于第一个最小值（Huo et al.，2011）。

平板法测量纯水表面张力发现，磁场强度为 100mT 时，在 1～13min 处理时间内，表面张力由 68.5mN·m⁻¹ 急剧下降为 62.5mN·m⁻¹；且在第 13min 时，表面张力至少降低了 9‰ (Cai et al.，2009)。他们认为，表面张力的降低表明分子能量的降低，因此水的内部结构更加稳定，同时证实了磁场处理过程中水分子形成的假设。这一结论与前面提到的第三个假设相反。在使用或不使用磁场的系统中，水经白金环（Du Nouy ring）循环后测量其表面张力，结果显示出其降低的幅度存在一些波动（图 1-3），表明磁场对水的影响不应该使用该技术评估，因为表面张力对实验条件反应比较敏感 (Amiri and Dadkhah，2006)。

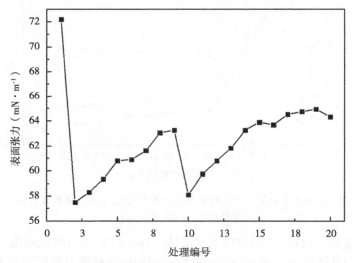

图 1-3　磁化处理纯水后其表面张力变化

数据来源：Amiri 和 Dadkhah，2006。

　　Lee 等（2013）发现蒸馏去离子水在磁化过程中的气体损失可能影响水的理化性质。他们使用超声波来保持较低的气体水平并获得了部分脱气的水，将脱气水用于脉冲磁场处理（60～80mT，7 Hz）24 h，观察到脱气水经磁场处理后，其表面张力降低（图 1-4），但非脱气水则表现为延迟或不可预测的变化。使用表面波共振法（surface-wave resonance method）得出了相反的结论，使用 10 T 处理超纯水（Fujimura and Iino，2008）和重水（Iino and Fujimura，2009），表面张力分别增长 1.83‰和 3.3‰，他们认为，反磁能量的增加不仅影响水的内能，而且影响水的熵（entropy of water），导致亥姆霍兹自由能（Helmholtz free energy）大幅增加。当亥姆霍兹自由能增加约 1 J·mol⁻¹ 就可以解释磁处理后表面张力增加的原因；此外，洛伦兹力抑制了波纹的表面激发能力，降低了表面压力，增加了其表面张力（Fujimura and Iino，2008）。

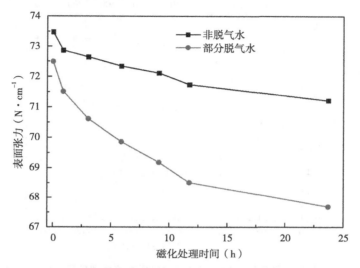

图 1-4 磁化处理部分脱气水和非脱气水后表面张力的变化

数据来源：Lee 等，2013。

（二）pH

磁场处理不仅可以改变水的表面张力或 Zeta 电位，还可以使 pH 发生变化，由于其测试简单，所以并不引人注目。在磁感应强度为 170 mT 的闭环条件下持续循环 820 min 后，NaCl 溶液中 pH 增长了 15.7%；在处理 0～360 min 时，pH 明显增加；处理 360～820 min 时，pH 增幅较小。水中原子核是极化的，这使得原子表现出微小的磁性；而 pH 的增加则是由于极化作用和电极引起的原子均匀排列所致。此外，处理 360 min 后 pH 的小幅增加则定义了磁化水的饱和时间（Kotb，2013）。Hasaani 等（2015）利用 pH 测定磁场中普通水 pH 时发现，pH 随磁场强度（0～200 mT）的增强而增加，但当磁场强度超过 200 mT 时，随磁场强度的进一步增强，pH 趋于平稳且没有发生显著变化（图 1-5）；这些实验结果证明了 MW 中的饱和现象，如 Kotb（2013）和 Fathi 等（2006）发现磁处理 15 min 后水溶液的 pH 保持不变。

随暴露在磁场中的时间变化而变化，pH 的升高是由 H^+ 浓度的降低引起的。随磁场强度的增加，蒸馏水中 pH 的增加是由于水分子的极化作用，导致水分子随 H^+ 浓度的降低而向一个方向排列（Gaafar et al.，2015）。Abdel 等（2011）采用几种商用磁化器处理 4 种水样后发现了与之相似的研究结果，表

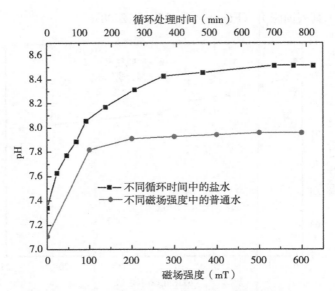

图 1-5　闭环内循环处理盐水以及不同磁场强度处理普通水后 pH 变化

数据来源：Kotb，2013；Hasaani 等，2015。

现为水样中总溶解性固体量降低但 pH 升高。为验证磁化作用效果的长期性，Alkhazan 和 Saddiq（2010）从一个湖泊的不同位置采集了 8 个水样，将其混匀后于不同磁场强度中做静置和震荡处理，每 7 d 观测一次变化，结果发现，水样 pH 随磁场强度增强而升高。在固定温度、流速和氮浓度条件下循环数小时后发现，受永磁体（700mT）影响，海水（平均浓度为 4.3%）pH 升高；但在相同条件下，无磁场影响时，pH 没有发生变化（Al-Qahtani，1996）；他们认为，海水 pH 增加可能是由于 CO_2 的释放或其他物理变化所致，如特定离子的成核、聚集或某种类型离子相互之间的化学反应，从而产生较多的盐排斥化合物。此外，Surendran 等（2016）研究发现，在永磁体作用下（180～200mT），几种盐溶液的 pH 均有一定程度的增加，这可能是由于氢键变化导致离子迁移速率增加所致；但是在处理 108 h 后，pH 差异被消除且恢复到初始值（表 1-2）。

表 1-2　磁处理对不同溶液 pH 和电导率的影响

溶液	pH		电导率（mS·cm^{-1}）	
	磁化处理	非磁化处理	磁化处理	非磁化处理
灌溉水	7.7	6.5	0.07	0.07
0.015%硬水	5.0	4.0	0.4	0.5

（续）

溶液	pH		电导率（mS·cm⁻¹）	
	磁化处理	非磁化处理	磁化处理	非磁化处理
0.03%硬水	4.52	3.52	0.8	1
0.05%咸水	6.4	6	2.4	2.6
0.1%咸水	6.49	5.98	4.6	4.9
0.2%咸水	7	6.1	9.5	9.8

数据来源：Surendran 等，2016。

磁场强度为 500 mT 时，Yin 等（2011）发现随磁场处理时间的延长，3 种水样的 pH 均有所增加，这是因为磁场会影响水分子的离解，从而降低水合 H^+ 的浓度；对照处理中，水样 pH 随处理时间的延长也逐渐增加，这是由于当水样处于开放状态时，水样中碳酸盐平衡状态会发生变化（图 1-6）。与之不同的是，Maheshwari 和 Grewal（2009）发现磁场处理（3.5～136mT）后不同盐分浓度的 NaCl 溶液（500、1 000、1 500 和 3 000 mg·L⁻¹）中 pH 有所降低；Sahin 等（2012）应用磁场处理 0、160 和 300 mg·L⁻¹ NaCl 溶液后发现，盐分浓度较低且 pH 较高时，磁场效果较强；当盐分浓度较高且 pH 较低时，磁场效果较低。Wang 等（2007）发现了与之相似的研究结果，其认为当盐分存在时，磁场作用被减弱。

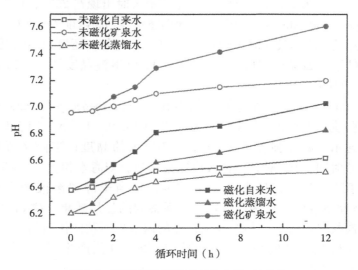

图 1-6　不同处理时间下 3 种水样 pH 变化

数据来源：Yin 等，2011。

（三）黏度

剪切黏度（shear viscosity）是剪切应力（shear stress）作用下流体阻力的一种度量。黏度是所有涉及流体流动行业的一个重要参数。水是自然界中重要的流体，且有诸多用途，所以，对其黏度的研究是必不可少的。许多材料和工艺都能对水的黏度产生影响，其中之一便是磁场。Ghauri 和 Ansari（2006）通过毛细管黏度计测量发现，在 7.5 kg 时，横向磁场中由于氢键的增强，水的相对黏度（relative water viscosity）增加了 10^3 个数量级；Viswat 等（1982）利用强度为 2.3 T 的磁场处理蒸馏水、脱盐水和稀释的 NaCl 溶液（3 000 和 7 000 mg·L^{-1}）得出，相对黏度在平行状态时增幅小于 $3×10^{-5}$，在垂直状态时增幅小于 $2×10^{-5}$。当磁场强度增加到 10T 时，诱导纯水和 2 mol·L^{-1} NaCl 溶液的相对黏度增加 10^{-4}；并随 NaCl 浓度的升高，磁场对溶液黏度影响增大；这可能是由于磁场影响下，洛伦兹力作用于毛细管中流动的离子所致。若离子以不同的速度在液体之间流动，表观黏度（apparent viscosity）可能会增加，具有相反符号的离子移动会由于其相反的替代作用而产生电场，从而进一步抑制离子的移动，并允许洛伦兹力参与竞争，导致毛细管中的水以稳态直线流动（Ishii et al.，2005）。

不同磁场强度下（500、800、1 200mT），利用芬式（Cannon-Fenske）不透明黏度计测定不同温度条件下蒸馏水的黏度发现，不同磁场强度下（500、800、1 200mT）其黏度略有增加，且增幅最大时出现在 25℃、1 200mT 条件下（Lielmezs and Aleman，1977a）。他们还观察到高浓度 $Mn(NO_3)_2$-H_2O 溶液黏度会降低，降幅最大时出现在 20~25℃；此外，还发现在较低的顺磁离子浓度条件下，磁场处理后 $Mn(NO_3)_2$-H_2O 溶液黏度增加（Lielmezs and Aleman，1977b）。

Marangoni（1992）利用荧光偏振仪（fluorescence polarization tool）研究了磁场强度（1~2mT）对 5℃海水和 0.6 mol·L^{-1} NaCl 溶液黏度的影响，结果显示，磁场强度的增加可提高海水的黏度；当磁场强度降低到 1mT、衰减时间 <10s 时，这种效应完全可逆。与海水相比，NaCl 溶液的黏度增长了 8%~10%，且磁场效果较弱，相当于静置溶液中温度降低为 0.7℃或扰动溶液中温度为 1.5℃时所观察到的作用效果。磁场对水黏度的影响是解离盐（电解质）与溶液中存在的内部界面共同作用的结果；在观察到黏度发生变化的同时可能代表磁场对 Zeta 电位产生了影响（Pazur and Winklhofer，2008）。

Cai 等（2009）于 25℃时，利用最大磁场强度为 1 000mT 的永磁体和旋转流变仪测定水的黏度发现，处理第 13min 时，黏度增幅超过 10％；在此，He 等（2010）认为，磁场对氢键的影响类似于温度降低时氢键的变化，且氢键随着温度升高而变弱（图 1-7）。Toledo 等（2008）利用奥斯特瓦尔德黏度计（Ostwald viscometer）于 22℃时测定发现，磁化后（45～65mT），纯水黏度由 964.42cP 增加到 996.63cP；这主要是由于不同氢键网络之间的竞争加剧以及簇内氢键减弱后形成氢键较强的小分子集群，同时意味着磁场处理后集群数量的增加。研究表明，在 MW 中形成的团簇数量是相同体积的非 MW 中形成团簇数的几倍；而且当磁场强度增加时，水黏度的提高是由氢键数量的增加以及自扩散系数降低引起的（Chang and Weng，2006）。

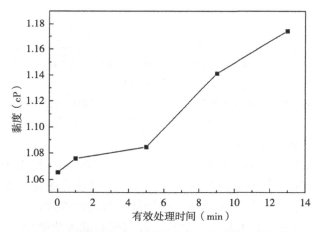

图 1-7　1 000mT 条件下，随磁处理时间的延长，水的黏度变化
数据来源：Cai 等，2009。

与磁场增加水的黏度结论不同的是，一些研究表明磁处理使水的黏度降低。Pang 和 Deng（2008a，2008b）的研究结果显示，37.5℃时，随磁化处理时间的延长，纯水黏度降低（图 1-8）；数字黏度计（ST-2020L）测试结果也显示，随磁场强度的增加，黏度呈降低的变化趋势（Hasaani et al.，2015）；将水置于不同磁场强度中时，黏度均降低（1.113、1.108、1.102、1.096、1.089 和 1.082mPa·s）。上述实验均在常压和室温下进行，不考虑温度和压力变化。因此推断，黏度的这些微小变化可能与其他参数有关，如温度和压力。

由上述研究结果可知，Pang 和 Deng（2008a，2008b）以及 Cai 等（2009）均利用磁场对纯水进行处理，但是所得结果差异很大。基于文献（Patek et al.，2009）得知，水黏度应该在 1mPa·s 左右，因此推断 Cai 等（2009）研究结果似乎更合理。此外，Hasaani 等（2015）和 Yao 等（2015）

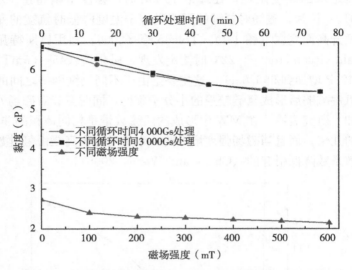

图 1-8　水的黏度随循环处理时间以及不同磁场强度的变化

数据来源：Pang 和 Deng，2008a，2008b；Hasaani 等，2015。

也报道了与参考数据相似的研究结果。

　　Niu 等（2011）在不同磁化时间（10、20、30 min）下使用磁场强度为132.64～261.35mT 的电磁铁处理氨水（25%）发现，磁化后氨水黏度下降。此外，随磁化时间的延长和磁场强度的增加，磁场对黏度的影响越来越明显。另外，他们把 200mL 氨水放在一个漆包圆铜线制成的线圈附近（用来产生磁场），并使用恩格勒黏度计（Engler viscometer）测量黏度；当电流为 11.7A 时，线圈附近水温会升高，因此推断，黏度降低可能是由于温度升高所致，而并非磁场的作用效果。

　　Silva 等（2015）使用乌氏黏度计（Ubbelohde viscometer）通过毛细管黏度测定法（全自动 AVS350 Schott）于 25℃时（图 1-9），将 Sr（NO$_3$）$_2$、Ba（NO$_3$）$_2$、Ca（NO$_3$）$_2$、Na$_2$SO$_4$、AgCl 和 NaCl 溶于 Milli-Q 水中（浓度均为0.5mol·L^{-1}），并使用磁场处理（1.0 T）流体，重复 5 次测定。发现，其黏度变化为 $\Delta\eta/\eta$，其中 $\Delta\eta$ 为磁场处理前后的流体黏度差，η 为处理前的流体黏度。结果表明，纯水、Na$_2$SO$_4$、AgCl 和 NaCl 4 种溶液的黏度变化可能太小，无法用毛细管黏度计检测到；但是，磁场有利于 Ca^{2+}、Sr^{2+} 和 Ba^{2+} 离子在溶液中的水化，并形成较小的不溶性颗粒；此外，他们还发现，磁场处理使水合物二价阳离子的平均大小增加，但阴离子或一价阳离子不受影响。

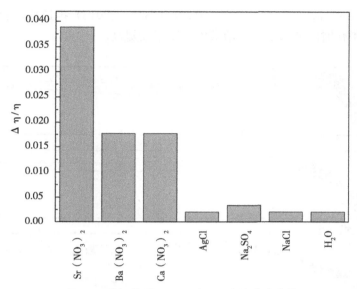

图 1-9　磁场处理（1T）后不同溶液黏度变化

注：$\Delta\eta/\eta$ 为黏度变化，其中 $\Delta\eta$ 为磁场处理前后的流体黏度差，η 为处理前的流体黏度。$Sr(NO_3)_2$ 为硝酸锶，$Ba(NO_3)_2$ 为硝酸钡，$Ca(NO_3)_2$ 为硝酸钙，$AgCl$ 为氯化银，Na_2SO_4 为硫酸钠，$NaCl$ 为氯化钠，H_2O 为纯水。

数据来源：Silva 等，2015。

（四）电导率

水的电导率是一个非常重要的参数，研究表明，磁场会影响水的导电性。Mohamed 和 Ebead（2013）利用 100mT 处理 3 种灌溉水源（阳离子和阴离子数量不同，如 Ca^{2+}、Mg^{2+}、Na^+、K^+、HCO_3^-、Cl^- 和 SO_4^{2-}）发现，磁场处理后，水溶液电导率分别从 3.81、1.37 和 0.33dS·m^{-1} 降低至 3.70、1.36 和 0.32dS·m^{-1}。Alkhzan 和 Saddiq（2010）的研究结果显示，随磁场强度和处理时间的增加，相似水样的电导率显著降低；这一发现对研究磁场的记忆效应提供了参考。

在循环前、循环过程中以及循环 0.5 h 和 24 h 后，用配有探针电极的多功能计算机测量仪（Elmetron CX-731）测量了高强度磁场（$B=15$mT 和 $B=270$mT）条件下双蒸水的电导率，发现电导率与处理时间 t 呈反比（图 1-10）。除自来水（Surendran et al.，2016）和总硬度接近 5mg·L^{-1} 的自来水（Bikulchyus et al.，2003）以外，其他溶液电导率均呈下降趋势。相比之下，使用便携式电导率仪对蒸馏水和自来水测定发现，利用磁场（300～500mT）处理 10min 时，电导率随处理时间的延长而增加；当 $t>10$min 时，电导率趋于稳定（Gaafar et al．，2015）。另外，Pang 和 Shen（2013）报道称，随外加电磁场频率和磁化时间的增加，水溶液电导率不断提高。

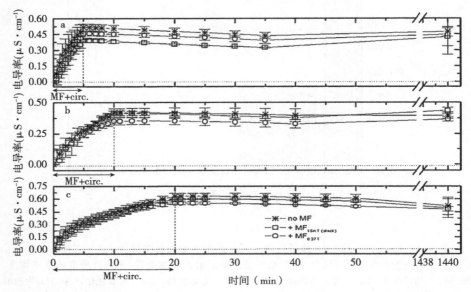

图 1-10　磁场处理时间 5min（a）、10min（b）和 20min（c）后水的电导率变化

注：MF＋circ. 表示循环磁场处理。

数据来源：Szczes 等，2011。

Mahmoud 等（2016）利用磁场处理盐水（Ca^{2+} 0.06%、Mg^{2+} 0.021 3%、HCO_3^- 0.007 7%）发现，磁化盐水的电阻率降低（图 1-11）。Mohri 等（2001）发现磁场强度为 0.1mT 的磁场处理降低了去离子水的电阻率（处理 40min 时下降 10%，处理 10 h 后降低 20%～30%），他们认为这可能与水分子释放的自由电子增加有关。Lee 等（2013）于恒温条件下使用部分脱气水和一个静态永磁体（1T）测定电导率，所得电导率数据稳定，且重复性好；同时得出，经磁场处理后，部分脱气水的电导率明显降低，而通过非磁场循环回路的部分脱气水电导率则无明显变化。Holysz 等（2007）在 20℃±1℃时，利用配备探针电极的多参数系统，对磁场处理（15mT持续处理 5min）纯水和电解质溶液（NaCl、KCl、Na_3PO_4 和 $CaCl_2$）的电导率进行测定后发现，磁场处理可增加纯水的导电性；这可能是由 H^+ 和 OH^- 周围水化壳减弱所致。换言之，特定电解质的电导率增加可视为溶液中离子性质的改变，这与周围水化壳厚度和水化的热力学函数有关。

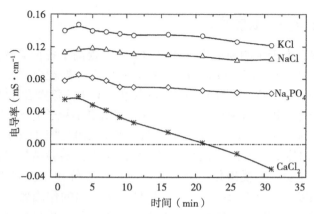

图 1-11 0.1mol·L^{-1}电解质水溶液经磁场处理和未经
磁场处理后，电导率随时间的变化趋势

数据来源：Holysz 等，2007。

三、磁生物学相关数学或物理理论

磁场对水性质的影响首先是在医学上发现的，水和水溶液在磁场处理期间及处理之后所观察到的现象仍然是一个存在争议的话题。一般来说，水分子结构可通过氢键的变化以及团簇间和团簇内的变化而发生改变。最显著的研究进展是 Coey 于 2012 年提出的动态有序液状氧阴离子聚合物（DOLLOPs）形成的成核机理的非经典理论，并用于解释磁场效应。其研究结论不仅验证了磁致效应的发生准则，同时证明了磁场比磁场强度本身更重要。目前，一般公认的磁场作用基础理论主要包括以下几个方面：

（一）离子水合作用

磁致效应影响离子的水合作用或者固体表面水化变化。Lundager Madsen（2004）发现在抗磁性盐领域，磁化作用催动碳酸氢盐转化为水后生成质子，较快的质子运移速度是由质子自旋反转决定的，而 $CO_3{}^{2-}$ 生成量的增加则说明磁化处理有利于降低碳酸盐沉淀量。另外，Higashitani 等（1993）则认为水合 $CaCO_3$ 是无水化合物的前体物质，而 $CaCO_3$ 沉淀主要由无水化合物构成，磁化处理后会影响脱水过程中离子缔合能力以及水合 $CaCO_3$ 的形成，从而改变沉淀过程中的多相平衡。如磁化处理后，文石溶液沉淀物多于方解石，从而削弱了管壁附着能力（Chibowski et al.，2004；Cefalas et al.，2008；Chung et al.，2010）。

（二）盐分离子溶解度变化

磁化处理后由于水的物理化学性质的变化，提高了各种矿物盐的溶解能力（张瑞喜，2014）。Silva 等（2015）发现磁场（1 T）处理会对 $0.5mol \cdot L^{-1}$ 硝酸盐（Ba、Sr、Ca、Ag）、Na_2SO_4、NaCl 和 AgCl 溶液产生影响，并影响硫酸盐中阳离子的析出，效果最明显的就是沉淀出更小粒子的 $SrSO_4$ 且其可以更稳定地分散（Silva et al.，2015）。磁化处理后，水的"记忆效应"可以持续 2 d，但于 60℃加热 20min 后"记忆效应"随之消失。实验结果表明，二价阳离子比一价阳离子更容易受磁化作用影响，而且比二价和一价阴离子效果明显，如不同磁场强度（400mT 或 500mT）对 $CaCO_3$ 析出的作用效果主要取决于水化熵溶液中 Mg^{2+}、Fe^{2+} 和 SO_4^{2-} 等离子，同时在 Zeta 电位电势变化上有所体现（Holysz et al.，2002；Chibowski et al.，2004）。Alimi 等（2009）利用强度为 160mT 的磁场处理 15min 发现，溶液中存在 Mg^{2+} 和 SO_4^{2-} 时同样会影响 $CaCO_3$ 沉淀；尤其是 Mg^{2+} 存在时文石数量增加，且当离子强度（ionic strength，IS）大于 0.02 时，文石发生沉淀；当 SO_4^{2-} 存在时，IS>0.02，文石亦发生沉淀。另外，磁致效应对 Sr^{2+} 的影响更为复杂。当没有磁致效应影响时，菱形方解石会代替针状文石析出，当磁致效应存在时，两种形式会同时出现（Wang et al.，2012）；这种多晶型物质的生长则主要得益于集群转换机制（Tai et al.，2011）。

（三）集群转换机制

研究认为，集群转换机制可以诠释磁致效应的作用效果（Wang et al.，2012）。另外，Guo 等（2011）通过模拟分子动力学对团簇转化的发生进行了总结；利用扩展简单点（extended simple point charge，SPC/E）建立了水分子间电位的电荷模型，适用于描述离子与水之间的相互作用，如 6-12-伦纳德-琼斯相互作用势（Lennard-Jones interaction potential）和库伦相互作用（Coulombic interactions）。在 SPC/E 模型中，将水分子看作是一个由三原子组成的三角形，具有刚性键，且每个键上都有电荷原子。除静电库伦相互作用外，分子还通过以氧原子为中心的长程伦纳德-琼斯相互作用，在每个原子中心都有点电荷。计算结果表明，一方面洛伦兹力（Lorentz force）会对离子团簇产生影响，增加其迁移速率且削弱溶质和溶剂间的相互作用。磁致效应增加了离子对的接触次数且降低了水对数量，这是由于洛伦兹力加速了离子运动，增加了离子间的接触概率，而不是离子与水间的相互作用。另一方面，模拟结果显示磁场作用下阳离子扩散系数增大而阴离子扩散系数减小。这与 Murad

（2006）早期发现磁化处理降低水分子团簇的研究结果一致。Chang 和 Weng
（2006，2008）发现磁化作用提高了 Na$^+$ 和 Cl$^-$ 迁移速率且增强了水分子与氢
键结合；Toledo 等（2008）推断磁化作用影响水的簇间和簇内氢键，但前者
减弱而后者增强；Silva 等（2015）认为洛伦兹力对磁致效应的作用主要通过
影响离子极化效应，尤其是二价阴离子的水合作用较强，而且在长达两天的时
间里，受记忆效应影响，离子定向分散于气体纳米气泡中（Colic and Morse，
1999）；与未处理溶液析出的颗粒相比，其颗粒尺寸减小；同时观察到了它们
晶体结构的一些变化；这可以运用由电和磁两部分组成的洛伦兹力 F
（Lorentz force F）来解释这种现象。

$$\vec{F} = q(\vec{E} + \vec{v_B}) \tag{1-1}$$

式中：q 为带电量；E 为电场矢量；v 为粒子速度；B 为磁场强度。参数
设定为：$v = 0.992 \mathrm{m \cdot s^{-1}}$，$q = 3.2 \times 10^{-19} \mathrm{C}$（二价阳离子），$E = 0$（电解质
溶液），$B = 1\mathrm{T}$，洛伦兹力 $F = 3.17 \times 10^{-19} \mathrm{N}$；离子质谱为 $10^{-26} \sim 10^{-25}$ 时，
加速度（F/m）最大可以达到 $10^6 \sim 10^7 \mathrm{m \cdot s^{-2}}$，从而导致离子去极化。此外，
在没有观察到液体黏度或颗粒沉降速度变化的静态条件下进行的试验中也证实
了这一点（Silva et al.，2015）；这些结论为洛伦兹力在动力学条件下引起离
子极化的假设提供了理论支撑。另外，Lipus 等（2001）发现洛伦兹力会影响
双电层中古依-查普曼扩散区（Gouy-Chapman diffuse）反离子向尾部致密区
（Stern compact part）的移动，引起分散相中（如 CaCO$_3$）电荷中和。

　　磁化处理还可以主导离子脱水效应，Szkatula 等（2002）试图用洛伦兹力
来解释磁化处理的作用效果，并进行了大规模的试验。在流经磁化水的水管
中，CaCO$_3$ 沉积量从 20 g·m^{-1} 下降到 0.5 g·m^{-1}，这些水管大部分是由一
种非晶态富硅材料组成。试验得出的结论是装有磁性装置的管道中阻滞了碳酸
盐在水中的结晶，这是由于另一个竞争性过程即胶体 SiO$_2$ 活化所致，当胶体
SiO$_2$ 吸附在 Ca^{2+}、Mg^{2+} 或其他金属离子上时，金属离子从溶液中沉淀为凝结
的团聚体，从而导致负电荷 SiO$_2$ 吸附层中反离子浓度的增加。这也是洛伦兹
力在扩散层变形中发现的 SiO$_2$ 最可能的活化机制。

（四）表面机制

　　在磁处理诱导的表面机制中，磁场效应被认为是磁场作用于微粒，首先便
是 CaCO$_3$，表现为磁场可以影响微粒的表面电荷，从而提高 CaCO$_3$ 成核和析
出速率（Higashitani and Oshitani，1995）。实际上，这两种反应可以同时发
生。Kney 和 Parsons（2006）观察到磁场处理 CaCO$_3$ 种子溶液 13 min 后，沉
淀物的沉降速度加快。他们对经磁场处理和未经处理的种子溶液浓度和 pH 控

制（10.45～10.96）进行了精确的统计分析试验，得出可重复的试验结果，其结论是"表面机制最有可能解释所观察到的实验现象"。但是，与 Higashitani 等（1993）、Chibowski 等（2003a）的研究结果不同的是，Kney 和 Parsons（2006）并没有发现磁化和非磁化处理后 Na_2CO_3 的成核率有何不同。Saksono 等（2008）进行了相同的试验，以分析这两种机制哪一种更可取，得出的结论是磁化处理后 Ca^{2+} 和 CO_3^{2-} 之间的离子作用以及 $CaCO_3$ 溶液中的微粒效应可同时发生，而究竟是由哪种机制起主导作用则取决于溶液的组成。他们认为，磁场作用于 CO_3^{2-} 会诱导 $CaCO_3$ 析出以及降低沉淀量（离子效应），而微粒机制则会诱导 $CaCO_3$ 粒子在本体溶液和表面均有析出。从图像分析得出的最终结论是，离子效应、微粒机制以及洛伦兹力均可以阐述磁致效应。离子机制中析出的颗粒数量减少但颗粒尺寸增大；而微粒机制则与之相反，同时在这一机制中还观测到了 Zeta 电位的变化（Holysz et al.，2002；Umeki et al.，2007；Koshoridze and Levin，2014）。Koshoridze 和 Levin（2014）从理论上研究了跨越静态磁场的纳米胶体粒子电动势下降的原因，假设双电层扩散区 Zeta 电位呈球形分布，为了准确描述扩散电荷（σ_d）和电位（ψ_d）之间的关系，引入电场的不均匀性，推导出一阶微分动力学方程，该方程可以用数值方法求解。

$$\frac{d\sigma(t)}{d\psi(t)}\frac{d\psi_d(t)}{dt} = -0.25\beta\lambda Fez\exp(\frac{Fz\psi_d(t)}{RT})vB \qquad (1\text{-}2)$$

式中，β 为吸附反离子的数量与它们转移到斯特恩层（Stern layer）的总数量之比，λ 为反荷离子的运移速率，F 为法拉第常数，z 为反荷离子电荷（设反荷离子和阴离子的化合价相同），c 为溶液的摩尔浓度，R 为通用气体常数，T 为热力学温度，v 为液体流速，B 为垂直于管内水流的磁场强度。方程（1-2）描述了通过磁场水流的 Zeta 电位随时间（t）的变化，磁场处理（$t = \tau$）后 $\psi_d(\tau) = \psi_{d,m}$ 之间的关系取决于初始值 ψ_d；计算结果被应用于粒子微聚概率方面。研究认为磁场处理之前，加热设备中纳米悬浮液不会使水过度饱和；磁化处理之后，颗粒表面发生凝固活化和结晶，这是由于静电能垒的缺失，颗粒表面可以进行快速凝结。此外，该过程发生在溶液中的悬浮颗粒上，而不是在管道壁上；他们认为所建立动力学模型可以用来描述磁化流动水作用机制。Umeki 等（2007）发现 TiO_2 或 $CaCO_3$ 电解质溶液中胶体颗粒的 Zeta 电位在交变磁场中会发生变化（kHz），推断其是由于阴离子吸附在颗粒表面所致。

（五）磁场对水分蒸发速率的影响

目前，关于磁场对水和水溶液蒸发速率的影响已有相关报道，从实验结果来看，让我们对磁化处理纯水的效应机理有了新的认识（Nakagawa et al.，1999；Kitazawa et al.，2001；Holysz et al.，2007；Szczés et al.，2011；Guo et al.，2012；Rashid et al.，2013；Seyfi et al.，2017；Amor et al.，2017）。研究指出，磁场提高了水分的蒸发速率，且对实验装置具有依赖性，如 Nakagawa 等（1999）发现强静态磁场（最大磁场强度 8T，超导螺旋管磁体）条件下，实验所用产品和其梯度（$B \cdot \mathrm{d}B/\mathrm{d}x$）对水分蒸发速率的作用效果要强于其磁场本身；另外，他们发现使用不同磁场强度的磁场处理时，这种作用效果也取决于空气或氧气的流动方向。虽然水的磁化率（χ）是均匀的，但在水面以上的气体（空气，氧气和水蒸气）却并非如此。体积磁化率是一个无量纲定义，为 $\chi = M/H$（M 为材料的磁场强度，H 为磁场强度）；贡献最大的为氧气，在水汽化和磁对流的过程中，氧气可引起垂直方向上磁化率梯度变化，使水蒸气密度沿垂直方向变小。饱和水蒸气（293K）可降低干燥空气的易感性（$\chi_{air} = +0.373\ 6 \times 10^{-6}$）2.35%。当 $B \cdot \mathrm{d}B/\mathrm{d}x = 320\ \mathrm{T}^2 \cdot \mathrm{m}^{-1}$、样品放置于距离磁场中心 60mm 的位置时，靠近水面的潮湿空气和干燥空气中的磁力差值（ΔF_m）为 $2.2\mathrm{N} \cdot \mathrm{m}^{-3}$（$1.7\mathrm{N} \cdot \mathrm{kg}^{-1}$），这种驱动力效应可以与 50K 升温至 293K 产生的热对流效应进行比较。如上所述，氧气流动中蒸发速率的实验结果证实了这一假设，当气体流动方向与磁致对流方向相同时，平行于磁场梯度表面的水分蒸发量增加（$\chi_{ox} \gg \chi_{water}$）。

Guo 等（2012）通过使用超导磁体和模拟重力（$0 \sim 2g$，$g_0 = 9.806\ 65\ \mathrm{m} \cdot \mathrm{s}^{-2}$）研究高梯度磁场（$-1\ 500 \sim 1\ 313\mathrm{T}^2 \cdot \mathrm{m}^{-1}$）下磁场的不同位置以及重力大小对水分蒸发量的影响得出，水分的蒸发量取决于非中心位置中水/气界面的表面积（32.08、34.65、44.65m²）变化以及样品在磁体中的 3 个被测位；这与 Nakagawa 等（1999）得出的结论一致。磁化处理后氢键断裂、范德华力（van der Waals forces）减弱，水分蒸发量增加；Szczés 等（2011）观察到循环蒸发试验（100mL，$1.4 \sim 2.8\mathrm{mL} \cdot \mathrm{s}^{-1}$ 处理 5min，永磁体 $B = 270\mathrm{mT}$ 或磁栈堆 $B = 15\mathrm{mT}$）中，于 95℃ 称重并加热 60min、室温（23℃）冷却 10min 后再次称重发现水分蒸发量（Milli-Q Plus）较对照（无磁场）增加。在处理磁化蒸馏水时也发现了类似的研究结果，表现为水分蒸发量的增加与水流速度以及磁场强度变化呈正比，且当流速为 $2.8\ \mathrm{ml} \cdot \mathrm{s}^{-1}$，利用强度为 270 mT 的磁场处理 5 min 后，此时磁场作用效果最强、蒸发量最大；同时还观测到了电导率的变化；推断这主要是由于氢键断裂以及气液界面扰动所致（Nakagawa et al.，1999）。早前 Holysz 等（2007）也发现了磁场处理会引起水溶液电导率变化以及弱磁处理（磁栈堆 $B = 15\mathrm{mT}$）会引起水分蒸发，且无机电解质水溶液（$0.1\mathrm{mol} \cdot \mathrm{L}^{-1}$，NaCl、KCl、Na$_3PO_4$、CaCl$_2$）蒸发量小于纯水。这两个参数的变化可能与离子的热力学水化作用有关，并模拟了电导率随"缩放"函数的近似线性变化，得出磁场可以改变离子周围的水化壳结构。在 Chang 和 Weng（2008）的分子模拟结果中也得出了相似的结论，他们认为较大磁场强度（1～10T）下，低浓度 NaCl（1 mol·L⁻¹）溶液中水分子的自由扩散系数随磁场强度的增大而减小，而在高浓度时则增大；同时，研究发现磁化处理在提高 Na⁺ 和 Cl⁻ 浓度的同时，均伴随着氢键断裂。于纯水和低浓度 NaCl 溶液中氢键数量增加，而高浓度时则表现不同。Rashid 等（2013）发现，当磁化装置放置在水/空气界面时，水分蒸发率提高 6%；当磁化装置位于水样中间或者底部时，则没有任何变化；通过两个实验对比，并用菲克扩散定律（Fick's law）进行了计算，得出的结果比磁化处理和对照样品的实际结果要大得多，所以并没有提出相关磁致效应的作用机制。

Seyfi 等（2017）提出了关于磁场处理中水分蒸发速率增加的不同观点，他们认为水分子的动能和洛伦兹力作用于界面上的带电分子运动，从而导致氢键弱化甚至断裂。他们将水样置于环形铁氧体磁铁（1、2、3，N-S 向上连接 N 极；环中心磁场强度分别为 44、55、75mT）内进行，水位与环形磁铁的高度一致，磁场垂直于样品水面。31℃±1℃、处理 80min 时，磁场处理后蒸发水量相对于未处理样品差异呈线性增长，分别为 6.3%、13.9% 和 18.9%；但是当磁场未与水面相切时（两个磁铁 N-N 极相连），则无显著变化。与Nakagawa 等（1999）从蒸汽阶段中水面上方气体的易感性分析磁场作用效果的研究不同，Seyfi 等（2017）从外磁场中体积能的密度方程出发，探讨了磁体积和洛伦兹力对带电分子运动的作用。

$$u = \frac{1}{2}\, \vec{M} \cdot \vec{B} \qquad\qquad (1\text{-}2)$$

式中，u 为体积能量密度，$\vec{B}$ 为外部磁场，磁场强度 M 为磁化率 c 与外磁场强度 H 的乘积；$\vec{M} = \chi\,\vec{H}$ 和磁场强度等于 $\dfrac{\vec{B}}{\mu_0}$，μ_0 为真空磁导率；确定磁力 $\vec{F_m} = \vec{\nabla} u$，圆柱坐标在 x 和 y 方向上可以忽略，z 轴上正常计数。

$$\vec{F_m} = \frac{\chi}{\mu_0}\left[B_z\, \frac{\partial B_z}{\partial z}\hat{z} \right] \qquad\qquad (1\text{-}3)$$

考虑到水面以上干燥和潮湿空气易感性差异，将 $\Delta\chi = 0.008\,8 \times 10^{-6}$ 代入方程（1-3），所得：

$$\Delta\vec{F} = \frac{\chi_{dry} - \chi_{wet}}{\mu_0}\left[B_z\, \frac{\partial B_z}{\partial z}\hat{z} \right] \qquad\qquad (1\text{-}4)$$

在 Seyfi 等（2017）的试验中 $B_z \dfrac{\partial B_z}{\partial z}$ 最大值为 0.72 $T^2 \cdot m^{-1}$，推导出单位空气的体积磁力与重力之差为 4×10^{-4}，且由于磁场作用，体积磁力太弱以至不能增强水分子的对流作用。考虑到水溶液和空气磁化率的差异，他们得出了相同的结论。Seyfi 等（2017）认为氢键断裂时应伴随着水分子逃逸，但是关于磁场对水中氢键的影响，在团簇间和团簇内键合的情况下表现有所不同（Chaplin，2009，2017；Kathmann et al.，2008，2011）。具有正极性或负极性（可能性高）的电荷存在于水面上是由偶极子的弹跳方向决定的，而磁场中的洛伦兹力随机作用于偶极子的弹跳方向从而给定偶极子的角度方向。根据 Seyfi 等（2017）的发现，当平行于磁场的洛伦兹力被抵消时，垂直于磁场表面的洛伦兹力会影响偶极子随机运动的动能；这可以用来分析团簇中氢键的动能变化或者氢键的弱化甚至断裂以及自由水分子的逃逸。另外，Seyfi 等（2017）还指出磁化处理 40 min 后水分子的结构发生了变化，诱导产生更多的单体水分子或者一段时间内弱化的水分子集群，这可能就是水分子记忆效应的起源。

（六）磁场对水中氢键和分子转子的影响

上述研究结果表明，一些学者试图从水结构变化，即氢键结构的变化来解释磁致效应，例如，Weng 等（2006）通过分子动力学和一个灵活的三中心水模型（温度 300K 下 4.8nm 立方盒子中含有 4 096 个水分子）的应用，发现磁场（0～10T）导致氢键量增长 0.34%；这也反映在更大的水簇和更稳定的水结构（水-水网络）中，水分子自扩散系数降低而黏度增加。Ghauri 和 Ansari（2006）也观察到温度为 298～323K 时，磁场处理可提高水分子黏度，这也可以通过氢键变化来表示。如图 1-12，通过计算不同磁场强度下氢键和自扩散系数的变化可知，静态磁场改变了水分子的物理性质。

温度为 298K 时，Cai 等（2009）发现当水以恒定流速（1m · s^{-1}）经过磁场（最大 500mT）后，水分子表面张力下降、黏度增加，这是由于磁致效应引起分子内能量降低而活化能增加，从而形成了更多的氢键以及较大的水分子团。而 Pang（2014）发现，不同磁场强度下得到的磁化曲线会出现磁滞现象，他认为这可以利用氢键分子中的质子转移理论来分析。Toledo 等（2008）基于黏度、蒸发焓和表面张力的测量（磁场处理后均有所增加）以及蒙特卡罗模型（Monte Carlo simulations）的模拟计算发现，静态磁场（45～65mT）破坏了簇内氢键，但增强了簇间键。Cefalas 等（2008，2010）试图用单个水分子转子来解释磁致效应，他们假设，即使较弱的外磁场也会诱发宏观的反对称相干态（macroscopic antisymetric coherent state）发生，这是由两级水分

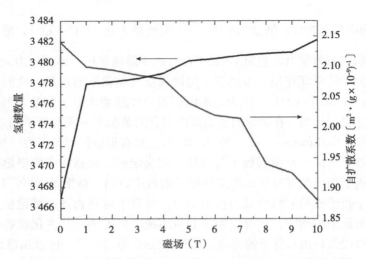

图 1-12　水分子中氢键数目变化和自扩散系数与 300 K 随磁场
强度变化的作用关系
数据来源：Chang 和 Weng，2006。

子转子引起的。Kobe 等（2003）基于水动力模型（hydrodynamic model）以及 Navier-Stokes 和 Maxwell 方程指出，只有较强的能量耦合，才能大大增加湍流动能与磁场之间的传递。此外，即使没有外部磁场的存在，溶液中也会产生磁致效应。他们认为，分子间的耦合和磁能转移是磁致效应的两个主要问题，例如，文石替代方解石析出，虽然前者的基态大于方解石约 25eV，在导体溶液湍流流动的情况下，磁场可以随着运动分子或离子而拉伸，而后磁场被加强；这种磁晶体相变（MCPT）是由量子电动势理论（quantum electrodynamic theory）所阐述的理论模型来分析的。最初 Cefalas 等（2008）提出的主要问题是，在液体湍流流动中，电磁波动是否可以在一定时间内被放大或倾倒，事实上，Landau 和 Lifshitz（1981）早先发现当液体沿磁力线方向运动时，磁场与磁力线拉伸呈正比。在湍流情况下，若磁力线沿着局部湍流拉伸，磁场就会增强。因此，湍流过程中会自发放大或产生阻尼。而对于磁场强度增强必须满足式（1-5）。

$$\frac{\eta \sigma \mu_0}{\rho} > 1 \tag{1-5}$$

式中：η 为黏度系数，σ 为液体电导率，ρ 为液体密度，μ_0 为真空介电常数。由式（1-5）可知，如果磁场强度增大，流场中能量密度与流场动能呈正比，磁场和湍流之间的能量交换如下式：

$$B^2 \sim U^2 \rho \mu_0 \tag{1-6}$$

根据式（1-5）和式（1-6）之间的关系，Cefalas 等（2008）对沉淀文石所需条件进行了计算。自放大磁场生成的能量密度约为 10^9 J·m^{-3}、波动速度 $(0.1\mu m)\lambda_0$ 为 10^3 m·s^{-1}。他们认为，在粗糙度为 1mm 的固液界面以及局部离子加速和热波动条件下，是有可能实现的。在上述的宏观方法中，磁场和湍流之间的能量交换是有可能实现的。

在分子水平上，Cefalas 等（2008）应用了量子力学研究了磁场和湍流之间能量交换的问题，他们认为，旋转水分子的角动量能够被量化水分子转子和磁场所取代，这是基于微波辐射受激（microwave amplification by stimulated emission of radiation，MASER）放大的量子场论所产生的。量子场论认为，所有的基本场（包括电磁场）都必须被量子化，且该理论认为真空也具有与粒子相同的性质，如具有自旋、光偏振和能量等特性（Evans，2008）。然而，在真空条件下，这些性质的平均值被消除，但这并不代表真空情况下，其能量为宇宙中存在的一种潜在背景能量。这种能量是与量子真空有关的零点能量（zero-point energy）的一种特殊情况。粒子量子场论是电动力学（光与物质相互作用）的相对量子场论（QED），它使得量子力学与侠义相对论完全统一。QED 描述了带电粒子之间通过光子交换的相互作用，它是经典电磁学方法的量子对应物。

Kobe 等（2003）和 Cefalas 等（2008，2010）基于耦合和能量传递（湍流、分子转子 ↔ 磁场）等对磁致效应和量子模型进行了详细论述，揭示了真空电磁力（vacuum electromagnetic force）可以通过短时间内与两个状态的单分子转子相互作用而被放大，且这种放大模式保持在相干反对称状态（coherent antisymmetric state）而不会衰减到地面相干对称状态（ground coherent symmetric state），因为跃迁是被禁止的；因此，磁场与液体流动的旋转部分动能被成比例地放大（Knez and Pohar，2005）。图 1-13 为文石团聚体的 TEM 图像（Cefalas et al.，2008），是在较低外磁场作用下得到的，是方解石 → 文石的磁晶体相变，被解释为因磁场作用下大量分子转子的产生而引起的反对称相干态。

值得一提的是，Otsuka 和 Ozeki（2006）提出温度为 298K 时强磁（2～6T）条件下蒸馏水性质没有发生改变的结论是存在争议的。事实是，纯度为 99.99％的氧气溶解在水中导致磁处理对其性能有显著影响，比如真空室中测量铂片上的润湿接触角从 65°变为 57.5°，且作用效果可持续 20 min；他们还估算出磁场作用下，界面水/Pt 之间的自由能改变了 -15 mJ·cm^{-2}，同时，增加了 Pt 表面附近的水化能；还观察到水中溶解氧存在时拉曼光谱（Raman spectra）增强，这可能是由 O_2 网格状水合物（clathrate-like hydrates）引起的；另外，水的电解势发生改变，由 2.35V 变为 2.63V。研究还发现，在没有溶解氧的情况下，浓度为 10 mmol·L⁻¹的 NaCl、KCl 和 CaCl₂溶液中，并未观测到磁致效应。由此得出的结论是，只有水中存在氧气或空气时，磁致效应才会发生，因为磁场相对运动时需要水；而且，氢键连接的水分子团结构发生显著变化时，可以观察到较明显的磁致效应。

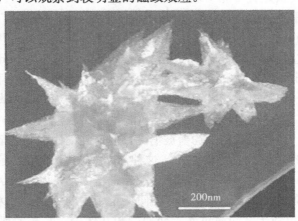

图 1-13　磁场强度为 1.5T 时，文石团聚体的 TEM 图像
以及生长在晶体种子周围的 CaCO₃
数据来源：Cefalas 等，2008。

（七）DOLLOPs（dynamically-ordered liquid-like oxyanion polymers）理论

DOLLOPs 理论是目前用于阐述磁场作用于沉淀析出水溶液最先进的理论，它不仅与 CaCO₃有关，而且也适用于其他沉淀物。Coey（2012）基于非经典成核理论提出了一种磁场作用于 CaCO₃沉淀方面的新方法，其认为溶液中存在预成核团簇，甚至是溶液中钙总量可达到 50%（Gebauer et al.，2014）。图 1-14 为 Raiteri 和 Gale（2010）通过分子模拟计算得到的离子对 $Ca^{2+} \leftrightarrow CO_3^{2-}$ 在水溶液中形成的自由能 ΔG 随 Ca 原子和 C 原子距离的变化而变化，自由能是相对于构型熵（configurational entropy）的贡献来定义的，构型熵的矫正很重要，必须要考虑自由能对浓度的依赖关系，而浓度决定了分离生长单元到最终成键状态（τ_1）的平衡距离（τ_2）。因此，构型熵提供了一个与距离相关的正向偏移到自由能的基线，而该基线决定了以生长/溶解作为浓度函数的热力学驱动（thermodynamic driving force）（Raiteri and Gale，2010）。当 Ca ↔ C 原子距离为 0.3nm 时离子对之间能量最低为 −27 kJ·mol⁻¹，而在这两种构型之间存在一个很小的势垒。近距离时，它是由 $Ca^{2+} \rightarrow CO_3^{2-}$ 双齿结合（两个键连接）形成的；远距离时，则呈单峰形式（一个键连接）。由于离子对之间存在一个或两个水分子，则会出现两个极小值（图 1-14）。在离子对与团簇结合的过程中，随团簇尺寸增大自由能 ΔG 呈现出放热态，因此，非晶态 $CaCO_3$ 的成核过程是以非经典方式进行的。由于原子粗糙的表面"破坏"了水合水层，非晶态比晶态生长得更快。在长至 4nm 时，非晶态 $CaCO_3$ 比方解石在体相中更稳定。热力学稳定性要求被纳入非晶态 $CaCO_3$ 纳米颗粒中的水处于平衡状态。ACC 簇中的自由能低于溶液中离子的自由能，可以通过破坏附近水的结构以及较低自由能时将其包裹在扩大的集群中而形成。同时，较小团簇中驱动力降低，而自由能增大则是因离子对的加入所致。研究表明，与方解石的纳米颗粒相比（<4nm），溶液中的离子在适当饱和的条件下，小集群表现较为稳定。

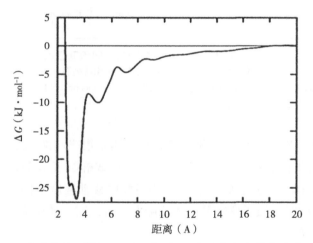

图 1-14　水溶液中 $Ca^{2+} \leftrightarrow CaCO_3^{2-}$ 离子对形成产生的自由能 ΔG 随 Ca 和 C 原子之间距离变化的变化情况

数据来源：Raiteri 和 Gale，2010。

关于磁致效应机制的研究中，Coey（2012）在上述成核机理的基础上提出了磁场作用于溶液的新理论，并且，这个理论也可以用来解释水的记忆效应。在经典成核理论中，溶解的离子必须获得活化能才能形成微小的粒子，粒子的形成依赖于局部浓度的随机波动。Coey（2012）认为，经典方法中原子核的寿命比磁场处理和沉淀之间的存在时间短几个数量级，这主要是由磁场与非饱和溶液之间存在相互作用所致。前核稳定结构中的离子为水合物，Gebauer 等（2008）通过超离心和低温透射电镜（Pouget et al.，2009）发现了稳定的 $CaCO_3$ 预成核簇（图 1-15），由分子动力学分析结果可知，团簇是无序的、随机形状的柔性离子聚合物（flexible ionic polymers），在极低的能量消耗下，其旋转半径甚至可以改变两倍，且低于每自由度环境热能。

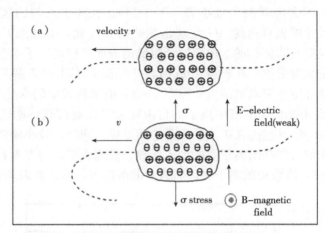

图 1-15　非极性和极性结构之间的预成核簇

注：非极性团簇（a）在膜介质中流动时，遇到与极性团簇相反的弱电场（b），且极性团簇在运动方向上受到无应力的作用（σ）。Velovity 为水的流速（v）；E-electic field（weak）为弱电磁场；B-magnetic field 为磁场处理；σ stress 为胁迫。

数据来源：Coey，2012。

根据 Coey（2012）提出的预成核 $CaCO_3$ 团簇集成理论（图 1-16），它们就像是组成离子的短链（分别用正负号表示），虚线椭圆表示 HCO_3^-，磁处理诱导 Ca^{2+} 向表面移动，由于 Ca^{2+} 在非均相磁场中移动速度不同，导致质子二聚体自旋失相的同时，质子变暗器的相位降低，且此时，质子变暗器的自旋则以不同的方式运动。

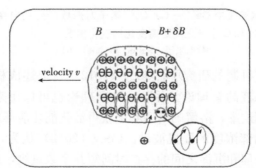

图 1-16　Ca^{2+} 和 CO_3^{2-} 两种离子的小预成核团簇示意图

注：⊕表示 Ca^{2+}，⊖表示 HCO_3^-。

数据来源：Coey，2012。

磁场诱导 Ca^{2+} 向表面移动，从而导致质子二聚体自旋（proton-dimmer spins）缺相，而质子二聚体自旋在非均匀磁场中以不同的速率运动，被 Demichels 等（2011）命名为动态有序的液状氧阴离子聚合物（DOLLOP）。分子模拟结果显示，在半径减小的情况下，没有发现固定的形态，但表现得像一个柔性水滴，因此，它们仍以水分状态存在。Coey（2012）结合电场（E）和磁场（B）中的洛伦兹力 F，得出 $F=q(E+vB)$。其中，电荷 q 随速度 v 的变化而不同。同时，若感应电流偶极矩太小，则无法引起磁致效应；若现有的预成核团簇存在一个电偶极子并通过磁场，此时观察到的磁致效应则会有所不同。当溶液中 HCO_3^- 和 Ca^{2+} 存在时，它们可形成团簇，一侧结合 HCO_3^- 带负电荷，另一侧则结合 Ca^{2+} 带正电荷。如果负方向上质子被 Ca^{2+} 取代，团簇将会变大；其驱动力来源于非均匀磁场，它导致以单态或三态存在的 HCO_3^--质子自旋调光器被替换，且伴随着质子二聚体的自旋相变化；这是由于自旋以不同的速率运动，且取决于磁场强度。另外，簇的相对侧带着距离为 α 的相反电荷，作用于簇上的应力表示为：

$$\sigma = nevB / \alpha^2 \tag{1-7}$$

式中：n 为电荷 e 的数量，当 $n=2$、$\alpha=0.25nm$ 时，$\sigma \cong 0.5N \cdot m^{-1}$，此时所得应力虽较小，却可能足以使以 ms 为单位通过磁场的 DOLLOPs 或其团聚体变形，并使电荷沿磁场方向排列。液体流动中的湍流对晶核前团聚体的应力、改性以及析出（准稳定原方解石到准稳定原文石）具有重要作用。Coey（2012）得出的结论是，预成核团簇中的质子必须发生二聚作用后，才能通过非均匀磁场对团簇进行持久修饰。感应场 B 受拉玛频率（Lamar frequency）$f_p B$（$f_p B = 42.6MHz \cdot T^{-1}$）影响引起质子自旋运动（proton spin precession），在中频时是非相位的，且以不同的频率运动。因此，Coey（2012）推导出一个确定磁场影响 DOLLOP 结构的方程：

$$C = 2 \frac{L}{v} f_p \nabla B \geqslant 1 \tag{1-8}$$

式中，C 为柯伊准则（Coey's criterion），L 为磁装置长度，v 为 DOLLOPs 速度，∇B 为磁场梯度。若 $C \geqslant 1$，磁场会影响 $CaCO_3$ 结晶；若 $L=5cm$、$v=0.1 m \cdot s^{-1}$、$\nabla B \cong 100T/m$，在磁场范围内会引起单重或三重质子群变化，从而改变预核团簇的性质；此外，还可以改变单重与三重质子的比例，形成持续时间更长的离子键，并负责不同晶体结构（方解石、文石、球文石）的 $CaCO_3$ 沉淀。同时，Sammer 等（2016）验证了柯伊准则，他们运用了比较弱（$<1mT$，水芯磁铁 WCM）但是梯度较大（$\nabla B \geqslant 2kg \cdot m^{-1} \rightarrow 200 mT \cdot m^{-1}$）的磁场，称其是获得磁致效应的必要条件。在静置条件下

（24h 至 7d）处理自来水（体积 200mL），运用电阻抗方法分析（electric impedance spectroscopy，EIS）样品的光谱学和激光散射图谱发现（图 1-17），磁性处理后样品中纳米大小的预核团簇增加，$CaCO_3$ 结晶也发生了变化；此外，采用复阻抗法，在 16 个独立试验中研究了 DOLLOP 形成（每处理重复测定≥12 次）。Sammer 等（2016）发现在被测的 16 个样本中有 15 个呈现显著差异。但是，如果样品中没有发生 $CaCO_3$ 沉淀，阻抗会增加；若有少量 $CaCO_3$ 沉淀存在时，结果表现相反。激光散射试验表明，在 22 个样品中，纳米物体数量与未处理样品相比增长 25%，其中在磁处理前存在 $CaCO_3$ 微粒的样品中则增加更多。由此可见，这为磁场作用的团簇机理提供了强有力的支持。但是，仍需要更多的试验以及使用不同的水溶液进一步验证这一最新的机制。

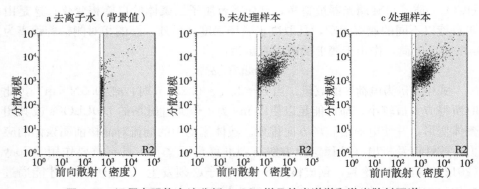

图 1-17　运用电阻抗方法分析 $CaCO_3$ 样品的光谱学和激光散射图谱

注：a 为去离子水，b 为对照，c 为磁场处理的样品。红色场上的每一个点代表一个散射粒子。红线和绿线之间的区域为仪器背景噪声。

数据来源：Sammer 等，2016。

第二节　磁生物学研究现状

一、磁生物学与植物生物学特性

植物种子活力，决定了大田条件下正常幼苗快速、均匀发芽和发育的潜力。磁场在农业生产中作为种子的一种物理预处理方法，不仅可以提高发芽率和出苗率，还能增加产量且不会对环境造成有害影响（Vasilevski，2003）。生物刺激效应通常取决于以下几个因素：基因型、交变磁场频率、磁通量密度、种子暴露时间、绝对暴露剂量和极性（N、S）等。早期研究表明，植物根部比地上部分更容易受到磁场的影响，从而促进和改善养分吸收（Bathnagar and Deb，1977）。

（一）磁生物学影响种子萌发、幼苗生长及发育

研究表明，1.5～200mT 磁场和电磁场处理对不同植物的种子萌发和幼苗生长均有促进作用（表 1-3），且可以提高其生物量和产量（Alexander and Doijode，1995；Phirke et al.，1996；Carbonell et al.，2000；Moon and Chung，2000；Aladjadjiyan，2002；Martínez et al.，2002；Eşitken，2003；Flórez et al.，2004；Podleśny et al.，2004；de Souza et al.，2006；Rācuciu et al.，2008；Vashisth and Nagarajan 2008；Shabrangi and Majd，2009；Subber et al.，2012；Radhakrishnan and Kumari，2012，2013；Bilalis et al.，2013；Krawiec et al.，2013），并刺激酶活性的表达（Vashisth and Nagarajan，2010）。Aladjajiyan（2012）利用磁场（150 mT）处理扁豆（*Lens culinaris* Med.）种子时发现，磁场对其种子萌发和早期幼苗（1 周龄）生长并没有显著影响，但在磁场处理（处理 6min 和 9min）14d 后，茎长分别增长了 104%～120%，根系长度分别提高 11% 和 12%；这与 Vashith 和 Nagarajan（2010）的研究结果不同。

表 1-3　磁场或电磁场处理后不同物种种子萌发、幼苗生长与发育状况

种/品种	磁场或电磁场处理	发芽、生长和发育情况（与对照相比）	参考文献
洋葱（*Allium cepa* L.）、水稻（*Oryza sativa* L.）	1 500nT 处理 12h	种子发芽率（SG）提高 36.6% 和 161.48%	Alexander 和 Doijode，1995
大豆（*Glycine soja* L.）、棉花（*Gossypium hirsutum* L.）、小麦（*Triticum aestivum* L.）	72～128mT 处理 13～27 min	产量提高 46%、32% 和 35%	Phirke 等，1996
水稻	150～250mT 长期处理，播种后处理 20min	SG 提高 18% 和 12%	Carbonell 等，2000
番茄（*Lycopersicon esculentum* L.）	0.3～300mT 处理 15～60s	AC（变频电场）≤12kV·cm^{-1} 处理 60s，SG 提高 1.1～2.8 倍；AC>12kV·cm^{-1}，处理时间>60s，抑制 SG	Moon 和 Chung，2000

（续）

种/品种	磁场或电磁场处理	发芽、生长和发育情况（与对照相比）	参考文献
玉米（Zea mays L.）'Randa'	磁场为 150mT 处理 10min	SG 提高 85%～100%，发芽势提高 56%～80%，幼苗长度和鲜重增长 25%和 72%	Aladjadjiyan，2002
小麦	6 217 或 24 868J·m^{-3} 处理 0、1、10、20min，1h 或 24h	高生长量增长 7.3%～30.9%	Martínez 等，2002
草莓（Fragaria × ananassa Duchesne 'Camarosa'）	磁场强度分别为 0.096、0.192 和 0.384T	磁场强度小于 384mT 时，叶片数量、根系鲜干重、果实产量及单果重增加	Eşitken，2003
水稻	125 或 250mT 处理 1、10、20min，1h 或 24h	平均 SG 时间从 58.56h 降低到 54h。磁场处理 24h 或长期磁场处理（125 或 250mT）时，达到 10%SG 所需的时间从 44h 降低到 36～39.36h	Flórez 等，2004
蚕豆（Vicia faba L.）	磁场强度为 10 750 或 85 987J·m^{-3}	Nadwislanski 中 SG 从 91%增长到 96%，Tim 从 84%增长到 88%。SG 时间提前 2～3d；生长季节植物损失减少 42%～46%；豆荚/植物数量增长 9%～11%进而提高种子产量	Podlesny 等，2004
番茄 'Campbell-28'	100mT 正交随机磁场处理 10min，170mT 处理 3min	播前磁场处理增加叶、茎和根的相对生长，总干物质和产量组分（平均果实重、果实/植物产量、果实产量/面积、果实直径）显著高于对照	de Souza 等，2006
玉米	125 或 250mT 处理 1、10、20min 或 24h	平均 SG 时间缩短高达 75%，10 日龄种子具有较高的鲜重	Flórez 等，2007
鼠尾草（Salvia officinalis L.）	125 或 250mT 处理 1、10、20min，1h 或 24h	静态磁场（125mT，10min、20min，1h 和 24h 以及长期）处理促进了 SG。当磁场强度达到最高时，处理 24h、长期 MF 处理时，平均 SG 时间降低（分别由 95.28d 降低到 81.84 和 75.6d）	Martínez 等，2008
玉米	在 14d 内连续施加 50～250mT	玉米幼苗在南北两极的 50mT 磁场下生长较好，叶绿素含量显著增加；但当磁场从 50mT 增加到 250mT 时其叶绿素含量下降	Răcuciu 等，2008

（续）

种/品种	磁场或电磁场处理	发芽、生长和发育情况（与对照相比）	参考文献
鹰嘴豆（*Cicer arietinum* L.）	50mT 处理 1～4h，100～250mT 处理 1h（早期个体发育阶段）	随着磁场强度和处理时间的增加，发芽速度加快，根长、根表面积、根体积、幼苗长度和 1 月龄幼苗的干重增加。50mT 处理 2h，100mT 处理 1h，150mT 处理 2h 时这些参数增加最多	Vashisth 和 Nagarajan，2008
向日葵（*Helianthus annuus* L.）	静态磁场（50～250mT，间隔为 50mT，处理 1～4h，间隔为 1h）	在 50 和 200mT 处理 2h 后，种皮膜完整性提高（电导率降低 6%～14%），种子酶如 α-淀粉酶活性分别提高 43% 和 41%，脱氢酶活性提高 12% 和 27%，蛋白酶活性提高 22% 和 15%。磁场处理诱导向日葵种子发芽加快（9%～15%），发芽率百分比增长（5%～11%），芽伸长率增长（6%～41%），根伸长率增长（16%～80%），干重增长（5%～13%）。30 日龄幼苗在大田里的表观性能提高 5%～6%，测量参数显著高于对照，包括枝条长度增长 7%～10%，根长增长 20%～42%，芽增长 83%～94% 和根干重增长 69%～107%，根表面积增长 55%～81%	Vashisth 和 Nagarajan，2010
玉米	50mT 的静态磁场处理 1h	根长增长 23.75%，胚根长度增长 7.64%，幼苗蛋白质含量增长 10%	Subber 等，2012
黄豆（*Glycine soja* L.）	脉冲磁场为 1 500nT，10Hz 处理 20d，每天 5h	SG 提高，株高增长 10%，幼苗鲜重和干重分别增长 28% 和 44%。豆荚数量增长 15% 和种子数量增长 10%	Radhakrishnan 和 Kumari，2012，2013
棉花 'Campo'	脉冲电磁场（PAPIMI EMF）发生器，35～80J 脉冲能量波，持续时间为 6～10s（35～80）×10^{6}W 波功率，振幅大约 12.5mT，上升 0.1ms 和下降 10ms，重复频率 3Hz	盆栽试验，电磁场预处理 15min 和 30min，播种 45d 后促进了植物生长。两个处理中蒸腾速率、光合速率、气孔导度、芽和根的鲜重和干重，以及叶面积和根表面积均显著增加 电磁场处理 30min 后，N（11%）、P（8.6%）、K（9.6%）、Ca（25.8%）和 Mg（28.7%）含量增长，且棉花成熟期提前	Bilalis 等，2013

（续）

种/品种	磁场或电磁场处理	发芽、生长和发育情况（与对照相比）	参考文献
萝卜（*Raphanus sativus* L. cv. 'Mila'）	变磁场为 50Hz, 30 或 60mT，持续 30s	两种剂量均提高了老种子的 SG，发芽势提高了 12.3%～19.2%，SG 提高了 5.8%～10%。8 年生种子经磁场处理后，下胚轴和胚根长度分别增长了 17.8%～22.2% 和 11.5%～17.3%，且与 MF 的剂量有关	Krawiec 等，2013

在 60Hz 条件下，60 或 100mT 磁场处理（7.5、15、30min）可以提高玉米（*Zea mays*）发芽率（最高为 23%）；100mT 处理 7.5 min 时，幼苗干重提高 30%；尽管没有提到极性对幼苗生长的影响，但是影响结果取决于品种，且与对照相比表现出积极的、中立的或者是负面影响（Aguilar et al.，2009）。磁场处理（2.1 和 17.5mT）小麦、扁豆（*Lablab purpureus*）和大豆（*Glycine max*）种子时（10 个月内处理 4 次），其根系生长受到抑制，且因物种不同而有所差异（Peñuelas et al.，2004）。当磁场强度和暴露时间相同时，高羊茅（*Festuca arundinacea*）、多年生黑麦草（*Lolium perenne*）、豌豆（*Pisum sativum* var.'Aravalle'）、黑小麦（*Secale cereal* L.）和番茄（*Lycopersicon esculentum*）等不同物种萌发和幼苗发育表现不同（Carbonell et al.，2008，2011；Martínez et al.，2009；Flórez et al.，2014），研究结果表明，高羊茅和多年生黑麦草所需发芽时间减少（＞10%），且发芽率提高 8%～10%；另外，当种子暴露于磁场中 24h 或连续暴露时，根长增长了 107%（Carbonell et al.，2008）。125mT 和 250mT 的磁场处理促进了豌豆幼苗的早期生长，7 d 后茎长增长了 99% 和 97%，苗长提高了 67% 和 58%；10 d 后幼苗总长度比对照提高 14% 和 13%，总重量提高 53%（Carbonell et al.，2011）。番茄试验中，当暴露时间超过 1min 时，平均所需发芽时间明显减少（117.6 h→110.4～113.04h），这主要取决于磁场强度和暴露时间；125mT 处理 10min 后，发芽率达到 10% 时所需时间减少，但 250mT 处理时无显著变化。静态磁场处理（125 或 250mT）黑小麦种子 24h 后，两梯度处理平均发芽率降低 12%；磁场处理番茄种子 25min 后，其平均发芽时间降低 62%（Flórez et al.，2014）。此外，在 'Rocco' 和 'Monza' 两个番茄品种的早期试验中，Danilov 等（1994）设置种子（因子 A）、苗床（因子 B）、地块（因子 C）和灌溉水（因子 D）4 个因子，并施加磁场处理（3 200～4 800 amp·min⁻¹，4～6mT），共形成了 3 种不同的处理组合（①磁场处理 4 种因子，即 A+B+C+D；②磁场处理苗床和小区，即 B+C；③磁场处理种子、

苗床和地块，即 A＋B＋C），结果显示，'Monza'对所有磁场处理均有积极响应，早期产量分别比对照提高 51％、28％和 39％，一级水果产量高出对照 25％～40％，且在磁场处理后3～4 d 开花；但磁场对'Rocco'无显著影响。

　　大豆、棉花和小麦田间试验研究中确定了最佳的磁场处理方法和暴露时间，且二者比磁场强度更重要，3 种种子最适磁场强度为 100mT，但暴露时间却各有不同，棉花和大豆为 25min，小麦为 13min；最佳磁场处理条件下，大豆、棉花和小麦产量分别增长 46％、32％和 3％。番茄种子播前利用脉冲电磁场处理 10 或 15min，结果发现，其枝径（5％～10％）、叶数/株（37％～47％）、鲜干重（13％～15％）显著增加，开花数显著提高（3％～12％）；但是番茄红素含量无显著差异，而植株高度明显矮化（Efthimiadou et al.，2014）。水培条件下，利用静态磁场处理（N、S，8～40mT，处理 24 或 72h）油菜（*Lactuca sativa* var.'Salina'）种子，并对其生长指标和产量进行了测定，结果发现，磁场作用效果取决于磁场的极性和暴露时间。当种子暴露于磁场中 24 h 后，干鲜质量比提高 12.9％，产量增长 18.8％（Poinapen et al.，2005）。

　　利用磁场处理温室栽培草莓（*Fragaria*×*ananassa* Duchesne 'Camarosa'），结果表明，96～192 mT 可刺激草莓叶片生长和发育（为每株 18.3～19.4 叶），但是 192～384mT 则抑制草莓生长（Eşitken，2003）。较高强度的磁场（1.5T）对冬小麦种子的影响是由其暴露时间和时间模式（Eskov and Darkov，2003）决定的。当处理的开关时间比增加时，促进了草莓幼苗早期生长，萌发率提高 8.3％～12.3％；当种子做风干（含水量 9.2％）和吸水（含水量 40.7％）处理时，它们对磁场的响应机制相似，说明磁场对水分有直接影响。

　　将生出主根的玉米（'Golden Cross Bantam 70'）置于 0.4％的固化培养基上孵育，并利用强度为 500mT 的磁场对其进行处理，结果发现，当根系生长方向与磁场方向平行或相反时，根系的生长速率比对照高出 22％～27％；当根系生长方向与磁场垂直时，根系生长速率提高了 15％。采用水平放置的中心位置为 10T 的超导磁铁处理黄瓜（*Cucumis sativus*）种子，并置于黑暗条件下，发现磁场对向地性的影响与磁场强度有关，而磁场强度则沿水平方向变化；芽和根系都向磁场中心倾斜，且倾斜程度取决于重力和磁力的合力，说明倾斜程度与 MF 的振幅有关。

　　研究发现，磁场处理在一定程度上可以影响不同植物对生物和非生物胁迫的耐受性。盐分胁迫或渗透胁迫条件下，利用强度为 7mT 的磁场处理小麦和普通豆类种子 7d（Cakmak et al.，2010）后发现，小麦和豆类幼苗生长和发芽率均有所提高。Gubbels（1982）也报道了普通亚麻（*Linum usitatissimum*）、荞麦（*Fagopyrum esculentum*）、向日葵（*Helianthus annuus*）和豌豆种子暴露于30mT磁场中后，种子发芽较早且幼苗生长较旺盛，但是所得试验结果却各有差异；田间试验中，经磁场处理后，一年生向日葵种子产量显著增加，但三年生和其他作物的产量没有显著变化。Poinapen等（2013）评价了不同环境因素对番茄种子萌发的影响以及贡献率大小（var. MST/32），并对相对湿度（7.0%、25.5%和75.5%）、静态磁场（332.1mT±37.8mT、108.7mT±26.9mT、50.6mT±10.5mT；暴露时间1、2和24h）和种子定向（N、S）进行了排序，结果发现，种子定向和磁场强度对种子吸胀的影响大于相对湿度。各因素中，种子定向对种子萌发和幼苗生物量累积影响最大，其次为磁场强度和相对湿度。de Souza等（2006）发现，磁场处理显著减缓了早期枯萎病（由早疫病菌引起）和双生病毒的发生，并降低了早期枯萎病的感染率。

　　研究表明，利用磁化水浸种时，能够显著提高种子表皮的渗透能力，且水分子比较容易均匀地渗入种皮内部，促进种子中脂肪和淀粉等大分子的降解（刘亚丽，2002），进而可提高种子发芽率、发芽势，促进植物次生根的分化以及芽生长和分化。刘晓红（2007）研究了草莓试管苗出瓶种植期间磁化水的作用效果，结果表明，用磁化水喷淋小苗后，不仅可以节约灌溉用水，且缩短了出瓶种植周期，幼苗根系发生数量多、死亡率低、成活率高。朱练峰（2014）利用磁化水（200mT、F型变频磁化水处理器）灌溉水稻（杂交籼稻中浙优1号和杂交粳稻甬优9号），结果表明，磁化水灌溉后水稻有效穗数（4.0%～7.9%）、结实率（3.9%～8.7%）和产量（5.2%～9.3%）增加以及干物质积累量提高8.7%～18.8%；研究还发现，水稻垩白粒率降低（7.7%～13.3%）但胶稠度和碱消值提高。不同灌溉深度条件下，Putti等（2015）研究发现，磁化水灌溉后生菜叶子数量和绿色部分重量增加，且100%和125%两个蒸散量（evapotranspiration of the crops，ETc）深度对MW有积极作用。王俊花（2006）研究表明，磁化水灌溉可增加甜玉米和黄瓜叶片叶绿素含量，其中叶绿素a和叶绿素b的含量均有所提高，且a/b值增加，这有利于光合作用的进行，进而提高了产量（22.5%）。龚富生（1994）利用磁化水处理玉米种子和幼苗后发现，玉米叶片中硝酸还原酶活性提高、硝酸根离子的吸收量增加，幼苗的氮代谢能力增强，且生长速率加快。

　　与龚富生（1994）研究结果不同的是，何媛（2014）通过分析磁化水（2T恒定磁场处理）对苜蓿根瘤菌生长及其结瘤固氮的影响发现，不同磁化次数的磁化水显著影响了XGL026菌株生长，且吸光度值降低；活菌数为普通培养基的65.7%～87.0%，菌数降低幅度随磁化次数增加而增大；但是，磁化水处理对苜蓿根瘤菌生长、定殖、固氮以及植株干物质重均有抑制作用，他们认为这是由于 2T 恒定高磁场强度过大，对细胞产生刺激损伤造成的，或者是水分子结构的变化导致了一些负面的生理生化反应的产生。陆茜（2016）利用 400mT 1 次（T1）、2 次（T2）、3 次（T3）和 2T（T4）处理棉花，结果表明，T1 和 T2 处理对棉花枯萎菌菌丝生长速率、生物量及产孢量都有明显的促进作用，T3 和 T4 处理则对枯萎菌生长产生抑制作用，且 T4 处理中产孢量显著降低；但磁化处理对黄萎菌菌丝生长和产孢量均有不同程度的抑制作用；另外，2T 磁化水处理可降低枯萎菌和黄萎菌的致病力，延缓发病时期以及降低发病程度；可见，磁化水处理具有一定的杀菌作用，但因磁场强度、暴露频率或微生物菌株等的不同而有所差异。

（二）磁生物学影响植物营养与品质

研究表明，磁场处理或电磁场处理可能对植物生长或其他相关参数有一些有益的影响。但是有关磁处理灌溉水对植物水分生产率以及矿质养分转运和风味营养的影响研究尚少。水经磁处理后，水溶液理化性质发生变化（详见第一章第一节），有利于各种物质在溶质中的运输与溶解，使作物需要的 Ca^{2+}、Mg^{2+} 和 Fe^{2+} 等离子在水溶液中更容易运输，从而促进了细胞膜中各种营养成分的渗透，使生物体吸收营养物质的能力和速度得到提升，最后在农作物上的表现为：光合色素含量增加，光合作用增强，干物质积累量增多，矿质营养增多，在一定程度上提高产量且改善品质（周胜，2012）。

Selim 和 El-Nady（2011）利用磁化水灌溉以及磁化水灌溉＋磁处理番茄种子发现，磁处理有利于减轻水分亏缺对植株生长造成的不利影响，并且对保护水分关系、脯氨酸含量、光合色素含量以及一些器官的解剖结构有积极效应。Maheshwari 和 Grewal（2009）的研究结果与之相似。他们发现，磁化处理再生水和 0.3％盐水提高了芹菜产量和水分生产率，分别为 12％～23％和 12％～24％；磁化处理饮用水、再生水和 0.1％盐水提高了雪豌豆产量和水分生产率，分别为 5.9％～7.8％和 7.5％～13％；但是对豌豆并没有显著影响。可见，通过磁处理来提高水分生产率，有助于实现水资源的可持续性，特别是在利用循环水和盐水进行灌溉方面。由于水分生产率是基于产量和生产该产量所需的水量计算而得，因此，磁化水灌溉条件下芹菜和雪豌豆产量的增加是引起这两种植物类型的水分生产率增加的直接原因。另外，研究还发现，磁化水灌溉后芹菜中的 Ca 和 P 以及雪豌豆中的 Ca 和 Mg 浓度增加，表明这些营养物质在植物系统中的可利用性、吸收、同化和活化得到了改善。Duarte Diaz 等（1997）报道，磁处理促进了番茄对营养物质的吸收。Hilal 等（2002）研究发现，磁化水处理使柑橘（*Citrus reticulata*）叶片中 P 的含量显著增加，这与 Maheshwari 和 Grewal（2009）的研究结果相似。研究还发现，磁化处理 0.1％盐水降低了豌豆荚中 Na 的浓度，说明磁处理有助于降低细胞水平上的 Na 毒害。另外，降低的 Na 浓度可能与产量提高后的稀释效应有关。

Osman 等（2014）将不同浓度盐水（0.1％、0.2％、0.3％、0.4％、0.5％）进行磁化处理后用于灌溉梨树盆栽苗，研究发现，与对照处理相比，磁化水灌溉提高了不同生长季内梨树幼苗中微量元素和常量元素的含量，说明，磁处理后水的某些性质可能发生了改变，使水在植物系统中更具有功能性，影响了植物在细胞水平上的生长或者是影响了植物激素的产生，从而提高细胞活性和养分累积。温室盆栽试验条件下，通过施用含磁性铁纳米颗粒的生物炭（生物炭矿物复合物，biochar-mineral complexes，BMC），分析了 4 种不同的 BMC 对小麦生长和养分吸收的影响，发现低施用量时，小麦幼苗对 P 和 N 的吸收量显著增加，且有效促进了小麦生长，可能是由于 BMC 条件下植物中 P 的吸收量增加，或者是定植菌根数的增加（Joseph et al.，2015）。此外，对番茄利用磁化水滴灌后出现了相似的研究结果，其增产约 9.4％，小果数（φ<10mm）和大果数（φ≥10mm）增加；而且，磁化水灌溉改善了番茄对 N、K 营养的摄入，提高了单株 N、K 的吸收量，分别为每株 1.7～1.9g 和 3.9～4.0g，说明，磁处理可以使水分子簇分散成单个分子，水分子的溶解性和渗透性提高，进而降低了养分离子的水合半径，促进了离子在根系中的跨膜运输，以促进植物对养分的吸收（张凤娟，2014）。

二、磁生物学与植物生理生态学特性

生物体，包括植物在内，其自身于代谢过程中产生或使用电场（electrical fields）刺激产生的电流或者信号，如跨膜电势或流动电位等，均会影响植物的生长、发育和代谢（Goldsworthy，2006）。近 25 年来，关于磁场对植物生长影响的研究资料仍然非常少，且比较分散。因此，关于磁场与生物系统的相互作用机理尚不清楚。此外，磁场效应的理论基础与应用之间存在很大差异，人们很难从现有的物理和数学理论中清楚地了解到磁场对植物生长发育的实际影响，因此，也就超出了大多数植物科学家的理解范围。

（一）磁场作用下植物对逆境胁迫的响应

当外部磁场或电磁场低于或高于地磁场（geomagnetic field，GMF）时，会对植物造成非生物胁迫（Wang et al.，2006）。因此，可从这些与压力相关的生物学观点来解释它们对生物系统的影响。早期研究表明，蛋白质和酶在植物生化过程中起重要作用，比如提高种子活力（Murray，1965）。在含有酚类化合物时，叶绿素（chlorophyll，Chl）在体外被过氧化物酶（peroxidase，POX）降解，POX 与 H_2O_2-氧化酚类化合物结合形成苯氧基，然后将 Chl 及其衍生物氧化成无色低相对分子质量化合物（Yamauchi et al.，2004）。Atak 等（2007）测定了磁场处理后大豆茎尖培养的 POX 活性，发现 2.9～4.6mT 处理 19.8s 后，POX 活性增加，但 Chl 含量降低，这表明有非生物应激反应的存在。因此，当磁场为 150mT 时，无论极性、方向或处理时间长短，磁场均可提高其他植物中 POX 的活性，且降低 Chl 含量。抗坏血酸过氧化物酶（ascorbate peroxidase，APX）也是一个非生物胁迫指标，经 180～360mT 处理后，APX 活性在扁豆苗和根系中显著提高，且地上部高于根系；但此时，超氧化物歧化酶（superoxide dismutase，SOD）并没有发生变化（Shabrangi and Majd，2009）。不同磁通量密度和不同处理时间（0、1、9、15 次；2.2、19.8、33s）条件下，利用磁场强度为 2.9～4.6mT 处理茎尖后发现，其 SOD 活性显著提高（Büyükuslu et al.，2006）。同样的，磁场处理也会影响小麦（'Flamura-85'）成熟受精卵胚中一些与胁迫相关的酶活性，且酶活性的增长率取决于在磁场中的暴露时间（2.9、4.8mT，1m·s^{-1}处理），表现为 2.2s 和 19.8s 处理后 SOD 活性分别提高 62% 和 88%，处理 19.8s 后 POX 活性提高 80%、过氧化氢酶（catalase，CAT）活性增长 73%、APX 活性提高 48%（Alikamanoglu and Sen，2011）。将烟草（*Nicotiana tabacum* L. cv. 'Burley 21'）悬浮细胞在对数生长期时置于静态磁场（10 和 30 mT）中处理 5d 后，死亡细胞百分比、可溶性和共价结合 POX 活性以及木质素百分比提高。将玉米（HQPM. 1）种子进行播前磁处理（静磁 200mT 处理 1h）后，发现其叶面积提高 78%、根系长度增长 40%，SOD 和 POX 活性分别降低 43% 和 23%，光合性能指数提高了两倍（Shine and Guruprasad，2012）。

大豆种子经脉冲磁场（10Hz，1 500nT）预处理 20d（每天处理 5h）后，其参与碳水化合物代谢的相关酶发生了变化（Radhakrishnan and Kumari，2012）；表现为：α-淀粉酶（α-amylase）活性降低 50%，β-淀粉酶（β-amylase）活性略有上升约为 2%，说明磁场可刺激淀粉酶降解，这是促进幼苗生长的必要条件；酸性磷酸酶、碱性磷酸酶、蛋白酶和硝酸还原酶活性均提高，分别为 9%、57%、10% 和 30%；同时，与对非生物胁迫耐受能力相关的酶活性显著增加，如 POX 和 CAT 活性分别提高了 41% 和 95%。

Serdyukov 和 Novitskii（2013）报道了永久性弱磁场（185～650μT）对 5

日龄萝卜苗的抗氧化系统的影响，结果发现，虽然磁场的作用效果取决于其强度，但这种关系是非线性的。与对照相比，$185\sim325\mu T$ 处理后萝卜幼苗中 CAT 和 SOD 活性分别降低了 $25\%\sim35\%$ 和 60%，黑暗条件下丙二醛（MDA）含量提高了 210%，但是，光照条件下幼苗 SOD 活性并没有降低；$650\mu T$ 处理时，SOD 活性较对照提高 135%，CAT 活性较光照和黑暗条件下的对照处理提高 135% 或 150%。另外，Rajabbeigi 等（2013）研究发现，静磁（30mT）处理提高了欧芹（*Petroselium crispum* L.）细胞中 CAT 和 APX 的活性。

Ružič 和 Jerman（2002）报道了高温胁迫（41、42 和 45℃处理 40 min）前利用相对较低磁场（50 Hz、100 μT）处理水芹（*Oenanthe javanica*）种子 12 h 可诱导其调节或应激保护功能的发生。Monselise 等（2003）研究结果表明，受不同强度磁场（0.7mT、60 或 100Hz 处理 24h）影响，无菌培养条件下浮萍（*Lemna minor*）丙氨酸积累量增加；由于渗透胁迫、高温胁迫、缺氧胁迫或磁场处理后均会产生丙氨酸，因此，将其作为一个植物胁迫的响应信号。番茄种子（'Strain B'）经过磁化和非磁化处理后，从番茄的生理解剖特征来看，使用磁化水进行灌溉均减轻了水分胁迫（田间持水量为 60% 和 40%）对植物造成的不良影响。考虑到在自然存在的矿物中，磁铁矿是最具磁性的，Ali 等（2011）研究了它对植物生长的影响，结果发现，使用盐水（240、1 000、2 000、3 000、4 000mg·L^{-1}NaCl）灌溉时，施入磁铁矿（0、1、2、3 和 4g·pot^{-1}，于生长期内分两次施入）对辣椒（*Capsicum annuum* L.）生长、产量和果实质量均有促进作用；且磁铁矿施入量为 4g·pot^{-1}时，作用效果最好。类似的，Radhakrishnan 和 Kumari（2013）发现，脉冲磁场对盐分胁迫下离体器官的发生具有促进作用。在含有 $10\sim40$mmol·L^{-1}NaCl 培养基上，当幼苗暴露于 1.0 Hz 的脉冲磁场中时，大豆子叶节点外植体的芽和根的再生频率均有提高。此外，镉胁迫前，利用 600mT 的磁场处理绿豆（*Vigna radiata* L.）幼苗可减轻镉离子毒害作用并促进幼苗生长（Chen et al.，2011）。

（二）植物对反磁性、顺磁性、铁磁性和向磁性的响应

研究表明，磁场可以提高细胞中自由基的振荡和浓度（Jajte，2000），并通过抗氧化酶的产生，增强细胞的应激能力（Hasanuzzaman et al.，2012）。由于大多数生物物质是含有金属离子的蛋白质，如细胞色素或铁蛋白，因此，它们可以是顺磁的（Piruzyan et al.，1980）。Vaezzadeh 等（2006）提出了一种基于铁蛋白振荡的理论模型，当暴露于磁场中时，铁储藏蛋白（ironstorage protein）位于铁蛋白细胞内。在不同的静态磁场和力的作用（176、21mT）下，小扁豆、大豆和小麦的顺磁性（Fe、Co）和抗磁性（淀粉）的成分有所不同；Peñuelas et al.（2004）认为磁场作用可能与植物物种本身的抗磁性有关，且由磁力大小决定。

　　磁场虽然可通过影响水和溶质直接影响生物体，但假设生物体具有磁性接收能力，它们就能够感知地球地磁场或磁场（Pang and Deng，2008b）。静态均匀磁场条件下（<100μT），其能量较低，这与植物向磁性运动直接相关（Galland and Pazur，2005）；但是，这种低能量不足以破坏化学键。因此，Galland 和 Pazur（2005）基于磁铁（除铁氧体磁性外）对植物生长影响的物理机制，讨论了其他 3 种可能的影响机制，这已经被证明为细菌的趋磁性（bacterial magnetotaxis）和亚铁磁性晶体（bacterial magnetotaxis），比如磁铁矿或赤铁矿；这在植物中也有发现（McClean et al.，2001），像离子回旋共振（ion cyclotron resonance，ICR）、量子相干性和自由基对模型（the radical pair models）。ICR 模型是基于离子在弱磁场（weak magnetic field，WMF）中的运动轨迹建立的。根据洛伦兹力，垂直于磁场中带电粒子（离子）运动保持在一个圆形路径上。电磁场中作用于带电粒子运动的力由磁和电子元件两部分构成，且带电粒子有一个拉莫尔频率（Lamor frequency）可以干扰电磁场，因此，磁场的应用可以改变生物化学过程的平衡（Griffiths，1999）。这个模型是基于波粒二象性和准薛定谔盒的量子相干模型进一步发展起来的；而自由基对模型则是基于自旋动力学（自由基对的单三重态转化率）之间的竞争，从而在生物体的生化反应中进行自由基分离（Galland and Pazur，2005）。生化反应时，在均裂过程中，具有反平行自旋的单个自由基会立即转化为单线态，这种自由基对通过系统间交叉（intersystem crossing，ISC）相互转化为具有平行自旋自由基的三重态（Galland and Pazur，2005）。根据泡利排斥原理（Pauli's exclusion principle），三重自由基对不再重新结合到母体分子上。通过磁场的应用，可以改变 ISC 的速率，也可以通过涉及自由基对中间体的生化反应产物的形成来影响生物反应（Galland and Pazur，2005）。

　　与自由基对模型相关，隐花色素被报道为参与植物的磁接收，因为它们可以形成自由基对，所以可以作为传感器。Xu 等（2014）描述了磁场处理后两种隐花色素（CRY1 和 CRY2）的蓝光依赖型磷酸化（blue light-dependent phosphorylation）和黑暗去磷酸化（dark dephosphorylation）的变化，结果发现，不同于地磁场，磁场会影响其活性/非活性状态；500μT 处理增强了蓝光依赖型磷酸化且 CRY2 在磁场接近 0T 时降低；但是去磷酸化则与磁场强度成反比。这与 Xu 等（2012，2013）早期的研究结果一致，当磁场接近 0 T 时，抑制了由营养生长向生殖生长转变时的生物量积累（Xu et al.，2013），且影响了隐花色素的开花调节功能，导致拟南芥开花延迟。

（三）植物体内物质的定向运动对磁场的响应

光合作用中的磁场效应，可以部分阐述磁场与中间离子对（intermediate ionic pairs）的相互作用，推断这是因为磁场处理后 Chl 含量的增加可能与磁化水的性质以及顺磁性物质的定向运动有关（Theg and Sayre，1979；Dhawi and Al-Khayri，2009）；但是在过去几年中没有新的研究证实这一假设。叶绿体中含有 Mn^{2+}，它是一种顺磁性物质，在光合作用中起着重要作用。当施加外部磁场处理时（100～200mT），Mn^{2+} 的运动方向与水方向不同，但与磁场方向相同且有向磁场方向移动的趋势；这种相互作用所吸收的能量，会对叶绿体产生影响，干扰色素合成，进而影响光合作用和生物量积累（Theg and Sayre，1979；Dhawi and Al-Khayri，2009）。例如，静态磁场（100mT 处理 36min）处理显著提高了椰枣（*Phoenix dactylifera* L.）幼苗中 Chla、Chlb、类胡萝卜素和总色素含量；利用交替磁场（1.5T）短时间处理（1 和 5min）时，其色素含量增加，但长时间（10 和 15 min）处理时反而降低。此外，研究发现，与 Chlb 相比，Chla 和类胡萝卜素对磁场反应更加敏感（Dhawi and Al-Khayri，2009）。对大豆种子（'JS-335'）播前利用磁场处理（0～300mT；30、60、90min），磁场强度为 150 或 200mT 处理 60min 时，可提高其发芽率（42%）、幼苗鲜重和长度（53% 和 73%），叶面积和叶片鲜重增加两倍，光合效率提高，1,5-二磷酸核酮糖羧化酶/加氧酶（RuBisCO）较大（相对分子质量 53 000）、较小（相对分子质量 14 000）亚基的条带强度也增加（Shine et al.，2011）。

潮湿环境中，磁场会对植物体内离子产生影响，使这些离子吸收磁场的能量并活化；另外，离子运移速率和离子吸收率的提高会增强光刺激（Galland and Pazur，2005）；这两种理论可以合理解释 Van 等（2011）发现的蝴蝶兰属（*Phalaenopsis*）试管苗中 Chl 含量提高的现象。

研究发现，磁场可以改变水的性质，而磁化水灌溉可以增加叶片 Chl 含量（Pang and Deng，2008b；Dhawi and Al-Khayri，2009）；同时对体外培养的兰花属（*Cymbidium*）和白鹤芋属（*Spathiphyllum*）植物进行观察（Van et al.，2012）发现，磁场效应可以减轻盐分毒害和高温胁迫以及延缓衰老，然而却很难解释这种机制是如何发挥作用的（Ružič and Jerman，2002）。磁铁矿（Fe_3O_4）和钴铁氧体（$CoFe_2O_4$），为磁性纳米粒子供应的主要材料，Ursache-Oprisan 等（2011）通过分析其对向日葵幼苗 Chl 含量的影响发现，磁铁矿纳米粒子诱导幼苗光合色素含量（Chla、Chlb 和类胡萝卜素）降低（50%），但是对 Chla/Chlb 无显著影响；钴铁氧体处理（铁被钴部分取代）则缓解了 Chl 含量的下降水平（降幅为 28%），由此可见，$CoFe_2O_4$ 对叶绿素降低水平的影响低于 Fe_3O_4 纳米粒子。但是，当 $CoFe_2O_4$ 浓度为 $20\sim60\mu L \cdot L^{-1}$ 时，Chla/Chlb 下降水平高于 Fe_3O_4 纳米粒子；他们认为是金属离子（Fe 和 Co）以及纳米粒子的磁性导致了这些效应的发生。磁场（磁铁块 $3cm \times 1cm$，强度 10T）结合银纳米粒子（灌溉水中胶态纳米银含量为 $40\ g \cdot hm^{-2}$）处理提高了饲用玉米的鲜产量（35%）和结穗率（高于对照 32.4%）。类似的，Li 等（2013）使用磁性氧化铁纳米颗粒，发现其可以提高西瓜的发芽率和幼苗生长势，改变了 SOD、POD 和 CAT 活性，且 $20\ mg \cdot L^{-1}$ 为氧化铁纳米颗粒的最佳浓度。磁场处理烟草悬浮培养 BY-2 细胞时得出，$\gamma\text{-}Fe_2O_3$ 对烟草细胞生长和活力没有显著影响，但改性纳米颗粒（$Fe_2O_3\text{-}NH_2$、$Fe_2O_3\text{-}OH$）阻滞了细胞生长。在浓度为 $1ng \cdot mL^{-1}$ 时，细胞活力分别降低 62.5% 和 75%；当浓度为 $100ng \cdot mL^{-1}$ 时，细胞活力分别降低 45% 和 60%；当浓度为 $10\sim100$ $ng \cdot mL^{-1}$ 时，改性纳米颗粒使细胞蛋白质含量增长 $102\%\sim108\%$；当浓度为 $100ng \cdot mL^{-1}$ 时，$Fe_2O_3\text{-}NH_2$ 诱导对照细胞中硫醇含量（56%）和抗氧化酶含量（53.9%）降低。

（四）植物在细胞和分子水平上对磁场效应的响应

Reina 等（2001）利用静态磁场（$0\sim10mT$）处理生菜种子时发现，种子发芽率与吸水率变化规律一致；因此，Reina 和 Pascual（2001）提出，经磁场处理后的种子细胞膜中离子电流发生变化，水分关系发生了改变，从而影响发芽。大豆种子发芽后，对幼苗使用不同浓度 $CaCl_2$ 溶液（$0.1\sim10mmol \cdot$ L^{-1}）进行培养，并将其暴露在局部地磁场（direct current，DC）和正弦时变极低频磁场中，发现在不受 $CaCl_2$ 浓度影响的情况下，交流电场促进了大豆种子萌发；当 $CaCl_2$ 浓度为 $10mmol \cdot L^{-1}$ 时，自由基的长度显著增加，表明由 MF 效应引起的 Ca^{2+} 外流发生了变化（Sakhnini，2007）。

Goldsworthy（2006）所描述的非极性和极性 DC 电场以及交流电磁场（非特异性）效应认为，DC 电场的非极性效应对植物生长的影响可能是由细胞膜电位和细胞膜对 Ca^{2+} 渗透性的变化引起的，细胞间 Ca^{2+} 的增加可激活第二信使系统而改变新陈代谢；而 DC 电场的极性效应包括电池极性的电气控制变化。电磁场为 16Hz 时（K^+ 的共振频率），细胞膜透性会增加；而为 32Hz 时（Ca^{2+} 的共振频率），电磁场则会降低细胞膜的透性；可见，脉冲波和调幅波的作用效果不同。

Belyavskaya（2001）使用低强度磁场处理（0.5～2nT）豌豆种子，在3 d 的处理时间里观察到磁场对幼苗根尖细胞水平的一些扰动。除了脂质体的积累、溶酶体的发育和质体中植物铁蛋白减少等超微结构变化外，还观察到具有电子透明基质的较大线粒体和嵴的减少；此外，还发现细胞 Ca^{2+} 平衡被破坏，且 Ca^{2+} 定位发生了变化；由此得出的结论是，低磁场效应会影响 Ca^{2+} 的潜在敏感组件，并证明了磁生物学效应中的"离子参数共振"理论（Binhi，2001），这一理论试图说明磁场如何影响离子量子跃迁（ionic quantum transitions）的强度。

极低频磁场（DC，0Hz，5mT；50、60 和 75Hz，1.5mT）处理蚕豆（*Vicia faba* L.）幼苗 3d 后，观察到其根尖分生组织干细胞的前期长度增加（Rapley et al.，1998）；Belyavskaya（2004）指出磁场会影响扁豆和亚麻细胞周期的 G2 阶段，导致 G2 变长，细胞分裂减少。Novitskii 等（2014）于光照条件下（20～22℃），使用水平极低频磁场处理（50Hz，500μT）5 日龄萝卜发现，磁场会刺激脂质合成，使极性脂质的产量达到阈值，糖脂产量增加 4 倍，磷脂产量增加 2.5 倍。

Payez 等（2013）指出，电磁场（10 Hz 处理 4d，5 h · d^{-1}）对维持小麦（cv.'Kavir'）膜的完整性有促进作用，如提高 CAT 活性和脯氨酸含量，降低 POX 活性和膜电解质外渗。Paul 等（2006）利用高强度磁场处理转基因型拟南芥［*Arabidopsis thaliana*（L.）Heynh.］，通过对应激诱导乙醇脱氢酶（Adh）启动子驱动的 GUS（β-glucuronidase）基因研究发现，磁致效应可诱导叶片和根系中 Adh/GUS 转基因的表达，表明高磁场通过改变基因表达对基因组起干扰作用；且部分归因于参与基因调控的大分子构象动力学的扰动。为了证明这一观点，并能够将植物研究中的磁流体力学理论与实践联系起来，Griffiths（1999）采用了三维坐标系统分析了时变电效应和磁流体力学效应对植物的影响；他们认为，由于导电路径中电解质的存在，植物中是有可能存在电荷的，而且电荷的存在使植物具有电磁性。此外，这些电荷之间的相互作用、不同的方向以及不同的表现使它们具有磁性，从而混淆了当磁场存在时植物的表现（Ramo et al.，2004）。

磁场（300mT）处理种子 30min 后，Almaghrabi 和 Elbeshehy（2012）检测了不同小麦品种中相对分子质量为 9 000～85 000 的蛋白质条带的电泳图谱，发现 7 个小麦品种的蛋白质条带数量均增加；在磁处理后发芽率降低的小麦品种中，蛋白质条带数量减少（'Sakha 93'，从 17 条减少到 9 条）或者与对照相比无显著变化（'Masr 1'）。当利用 10Hz/1 500nT 脉冲磁场处理 8 日龄大豆种子（cv.'CO-3'）时，其幼苗蛋白质含量和蛋白质谱也出现了类似的变化（Radhakrishnan and Kumari，2012）。

采用超导螺线管磁铁（几何中心磁场为 16.5T）分别对含有 CycB1-GUS 增值标记物和 DR5-GUS 生长素介导的生长标记物的转基因拟南芥生态型（*Arabidopsis thaliana* ecotype）'Columbia'幼苗进行反磁悬浮处理，将幼苗和种子悬浮在螺线管中心上方 80 mm，幼苗暴露于强磁场和超重力（2g）下，对照组不使用磁场。结果发现，微重力下，细胞生长减缓，但细胞出现增殖，这可能是由分生组织的分生能力遭到破坏所致；强磁场作用下，幼苗根尖分生组织中生长素信号在根尖离域且生长素的分布发生了变化，这表明其极性转运受到部分抑制。此外，4d 后核仁减小，分生组织细胞的增殖与核糖体合成发生解耦现象。

Zaidi 等（2013）研究了不同电压的电磁场处理对含羞草科（Mimosaceae）、栗米草科（Molluginaceae）、紫茉莉科（Nyctaginaceae）和蝶形花科（Papilionaceae）等 33 种植物减数分裂和花粉活力的影响，在减数分裂的不同阶段观察到了不同的异常表现，包括配对紊乱、黏性、早熟染色体、多极分裂和异常减数分裂产物等，像在 3 种蝶形花科植物中观察到了二分体和超四分体。此外，还发现减数分裂异常随电压的升高而增加，并因物种不同而有所差异；而且大多数减数分裂异常发生在蝶形花科和含羞草科植物中。同样的，花粉不育性随电磁场增强而增大，其中以蝶形花科中靛蓝花（*Indigofera oblongifolia*）的花粉不育性最高，为 41%。

由于电磁场和涡电流的变化和交替影响，导致细胞膜中 Ca^{2+} 流失，通过更多的撕裂、较慢的修复功能甚至是更全面的溶质渗漏，从而削弱植物组织（Goldsworthy，2006；Asemota，2010）。地球磁场中 K^+ 的离子回旋运动（ioncyclotron resonance，ICR）频率为 16Hz，当暴露在这个频率的电磁场中时，植物可吸收磁场中的能量，并将其转化为运动能，从而增加细胞膜中 K^+ 取代 Ca^{2+} 的能力（Goldsworthy，2007）；相反，每个 K^+ 获得的额外能量可能很小。细胞膜上每一个位置约有 10 000 个 K^+ 与一个 Ca^{2+} 竞争，这意味着由于 K^+ 共振而产生的能量轻微增加时，便足以压倒这些 Ca^{2+}，因为它们之间的交感和协同作用很容易产生两倍以上的能量，将 Ca^{2+} 从细胞膜表面剥离，用 K^+ 取代 Ca^{2+}，后者为细胞膜的黏合剂或胶凝剂，因此，破坏了植物细胞膜的完整性（Goldsworthy，2006；Asemota，2010）。这些研究结论佐证了植物中离子的运动依赖于磁场强度及其频率的观点。Huang 和 Wang（2007）发现脉冲磁场处理后种子死亡率提高，但是芽的直径增大，表明细胞或组织/器官内产生了共振反应，如果激发的离子（如 Ca^{2+}）超过了对照中离子的自然状态，细胞就会死亡。然而，这与生长数据是相互矛盾的，可见这种机制并不像看上去那么简单，同时说明了磁场与内生节律存在重叠或过度依赖的关系。

三、磁生物学与土壤微生态环境

磁处理技术作为一种农业技术，具有低投入、操作简便与高效等特点，前述研究表明，该技术可促进种子萌发与幼苗生长、增强植物抗逆性以及提高作物产量与品质等；此外，磁学理论的发展以及磁处理方法的应用为土壤改良提供了新的途径，如磁处理土壤、磁性肥料、磁化水和磁性改良剂等，在土壤物理和化学特性等方面也表现出了明显的增益效应。

根据土壤磁学理论，土壤磁性与土壤肥力在演变过程中，土壤磁化率与土壤有机质含量呈线性关系，而且磁场对土壤理化性质以及机械物理性质会产生一定的影响。如，使用磁性犁（普通犁附加磁性装置）耕作，土壤 Zeta 电位、比表面积、水势、膨胀力以及剪切力降低，土壤交替电荷密度升高，土壤微团聚化作用增强，并且土壤耕作阻力降低，从而提高了耕作质量（依艳丽和刘孝义，1994）。不同磁场强度和不同处理时间条件下，采用 AC 电流可变磁化器处理棕壤、盐土、黑钙土和黑土发现，磁场处理改善了土壤的物理性质，主要表现为，土壤胶体 Zeta 电位、电荷密度提高，土壤持水力和膨胀量下降；微团聚化增强，粒径＜0.01mm 的微团聚体数量减少，0.01～0.05mm 微团聚体数量增加，土壤比表面积和黏结力降低（依艳丽，1991）。张富仓（1992）研究表明，磁场处理后垆土比表面积降低，促进了土壤胶体颗粒团聚作用，且粒径＜0.001mm 的微团聚体数量减少；渗透系数增大，提高了土壤的渗透能力。顾继光（2004）结合土壤磁效应与生物磁效应，以草甸土为供试土壤，研究了盆栽条件下不同磁场强度处理土壤对油菜（*Brassica napus* L.）生物学产量和品质的影响，结果表明，不同磁场处理不仅提高了油菜的生物学产量，还降低了叶柄和叶片中总硝酸盐含量，而且土壤质量得到了改善。此外，对土壤微生物的磁致效应研究发现，微生物对磁场变化较为敏感，并不是所有种属的细菌数量都下降，比如氨化细菌的数量降低、硝化细菌的数量增加；而且各种细菌数量均在处理后第 1～7d 表现出较强的磁效应，并存在滞后和衰退现象（栗杰，2009）；这可能与微生物细胞在磁场作用下产生感应电流有关，即受外加磁场影响，细胞中的带电粒子受到洛伦兹力的作用，从而影响细胞的正常生理功能；另外，磁场改变了土壤的渗透性、膨胀性和团聚性等物理机械性质，使微生物生存的微生态环境发生变化，从而影响其活性。张吉先（2002）研究发现，经不同磁场强度（150～800mT）处理 5min 后，土壤呼吸作用强度和生物酶活性发生变化。当磁场为 0.15～0.35 T 时，呼吸作用强度提高，土壤细菌菌落数降低但放线菌菌落数增加，转化酶活性提高而脲酶活性受到抑制；但当磁场为 800mT 时，土壤细菌和放线菌的生长受到抑制，且土壤酶活性受到抑制。此外，利用磁化尾矿和磁化粉煤灰作为土壤磁性改良剂改良橘园土壤时得出了相似的结论（张吉先和赵小敏，1998；张吉先和俞劲炎，2000）。

　　微咸水或咸水灌溉作物会诱发土壤盐渍化。水经磁化处理后提高了矿物盐的溶解能力，因此可将磁化水灌溉作为间接方法用于土壤改良。辽宁营口盐碱地研究所（1978）室内模拟试验表明，100cm 深非原状土磁化水入渗较普通水处理脱盐率增长 7.5%～11.3%；在 60～100cm 土层中，磁化水的脱盐率比普通水高 12.9%～24.8%。应用磁化水灌溉不仅能减少土壤水分的蒸发与消耗，而且明显减轻了土壤次生盐渍化；与普通水相比，使用磁化水灌溉可提高土壤脱盐率（Constable，2006）；Tkatchenko（1997）研究表明使用磁化水灌溉比对照淋洗出的 Cl^- 高 20%～50%。卜东升（2010）研究表明，磁化水膜下滴灌后 0～60cm 土壤中的 SO_4^{2-}、Cl^- 含量明显降低。Mostafazadeh-Fard 等（2012）研究得出磁化水灌溉不仅明显促进了 Cl^- 的淋洗，同时也提高了 HCO_3^- 和 Na^+ 的淋出量。Hachicha 等（2016）发现，与未经磁场处理的盐水相比，电磁处理盐水灌溉后土壤盐度（ECs）、Na^+ 和 Cl^- 含量显著降低，且减轻了盐害对玉米和马铃薯的负面效应，产量提高约 10%。王洪波（2018）研究了不同磁场强度处理灌溉水对土壤盐分、玉米产量和生长状况的影响，发现磁化水灌溉能够有效提高土壤盐分淋洗效率，加速盐分的淋洗，并有效促进玉米产量和品质的提升，且以 120～240mT 处理效果最佳。

　　王全九（2017）采用磁场强度为 300mT 恒定磁水器处理不同矿化度微咸水（0～5.0g·L^{-1}）并进行一维垂直土柱入渗试验，结果发现，磁化微咸水矿化度为 3.0 g·L^{-1} 时，相同入渗时间累积入渗量和湿润锋深度相对减少量最大，湿润体含水率相对增加量最多；磁化微咸水入渗对 Philip 和 Green-Ampt 入渗公式参数有显著影响，相同矿化度的磁化微咸水土壤吸渗率 S、饱和导水率 K_s 及湿润锋处吸力 h_f 均小于未磁化微咸水；而且，相对吸渗率 ΔS 及相对饱和导水率 ΔK_s 与矿化度之间均呈现较好的二次多项式关系；得出的结论是，磁化微咸水能够提高土壤持水能力，相同土层深度的土壤含水率显著增加，0～20cm 土壤脱盐率提高，且磁化 3.0g·L^{-1} 微咸水灌溉脱盐效果最好。张瑞喜（2014）采用室内土柱模拟试验和田间小区滴灌相结合的试验方法，研究了不同磁场处理对土壤入渗、剖面含水量及盐分运移的影响，结果显示，磁化水灌溉可加速土壤水分的向下运动和土壤盐分的向下运移（主要集中在 80～100cm），从而将更多的盐分淋出土体。Zlotopolski（2017）发现对照处理中土壤盐分主要在 30～60cm 深度累积，而使用磁化水灌溉处理土壤后盐分主要在90cm积聚且含量（ECs）降低，这与张瑞喜（2014）的研究结果一致。因此判断，磁化水灌溉改变了土壤盐分的分布范围且有利于盐分向下运移，这对农业生产具有重要意义。Surendran等（2016）研究结果表明，与盐水和硬水相比，磁化水灌溉后土壤含水量较高，且茄子产量提高了17.0%～25.8%，说明使用磁化水灌溉对作物生长和产量以及水的性质都有良好的影响，并证实了将低质量的水用于农业生产的可能性。

O2 第二章 磁场效应对植物生物学特性的影响

第一节 磁处理促进木本植物扦插生根

一、试验材料与方法

（一）试验地概况

试验地点设置在山东省泰安市山东农业大学南校区林学实验站。实验站位于泰安市东南部（E117°08′，N36°11′），海拔 150 m，属暖温带季风气候，年平均气温为 12℃，受温带季风气候的影响，年降水量时间分布不均，雨季集中在 7～8 月，年降水量为 500～700 mm，无霜期 185 d 左右，相对湿度 65％。

2017 年 3 月在林学实验站内的大棚布设扦插试验，大棚配备有温湿控制系统，大棚内设置有 4 个扦插池，扦插池为南北朝向，长 11.8 m，宽 1.6 m，高 0.7 m，每个扦插池底部铺设标准砖和碎石子，并且预留排水口，以防止扦插池内过度积水。栽培基质为草炭土、蛭石和珍珠岩的混合基质，混合比例为泥炭土：蛭石：珍珠岩（1：4：1），将扦插池内放置基质厚度到 55 cm。扦插池上方搭建南高北低的塑料膜棚顶，设置透光率为 65％的聚乙烯无滴膜，同时在棚顶上方布设 65％的黑色遮阳网控制光照、温度。大棚内各扦插池上方 1.4 m 处吊装磁化水十字雾化喷头，型号为 KL3073，每个喷头之间距离间隔 1.5 m，雾化喷头喷洒半径为 1.5 m。同时大棚内安装广州奥工产冰雾盘，型号为 BWP-Ⅱ，以保证大棚内空气湿度符合试验要求。扦插前 10 d，将福尔马林溶液稀释 100 倍后喷施于扦插床进行基质灭菌消毒，用塑料薄膜被盖闷 48 h 后揭开薄膜通风，同时将基质进行翻搅加速药剂挥发，待基质中无甲醛气味后使用。

（二）试验材料

1. 桑树生根试验试材选择

试验所选用桑树品种为山东省蚕业科学研究所通过杂交育种获得的三倍体

47

桑树品种'鲁插1号'，于3月下旬桑树芽膨大前，采集'鲁插1号'桑树母树外围生长健壮、无病虫害、粗度为1.5±0.1 cm的1年生木质化枝条，剪截成长度为15 cm的扦插苗，剪截扦插苗时上、下切口平滑，不裂口，不撕皮，每个扦插苗保留2～3个饱满芽，放在流水下冲洗干净，再浸于0.1%KMnO$_4$溶液中消毒0.2 h后进行扦插。

2. 楸树生根试验试材选择

试验材料为楸树，采自山东农业大学林学实验站，采穗母株为3年生苗。扦插前一天在采穗圃采取生长健壮、无病虫害的嫩枝作为插穗，剪取插穗长度12～15 cm，粗度1.0～1.2 cm，在芽上1 cm剪成平口，下切口剪成马耳形，保持切口平滑。保留2叶片并剪成半叶，放在流水下冲洗12 h，再浸于0.1%KMnO$_4$溶液中消毒0.5 h，然后在浓度为750 mg·L^{-1}的IBA溶液中浸泡插穗基部5 min后扦插。

（三）试验设计

1. 桑树生根试验设计

扦插试验在大棚内扦插池中进行，扦插池内为混合基质，同时设有控温控湿设备，棚内安装农业用磁化器、型号为PP-25-ADS（Φ25 mm，磁场强度单位为特斯拉，简写为T）（图2-1）。实验总共布设4个处理，以普通自来水喷淋为对照（CK），采用60、140、220mT 3种磁场强度的农业用磁化水处理器处理喷淋水。采用随机区组试验设计，每个处理重复5次，共20个扦插小区，每个小区扦插苗数量为200株，总计4 000株扦插苗。

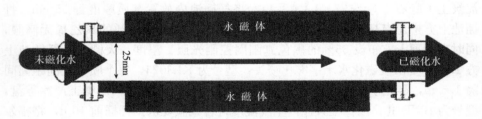

图2-1　农业磁化器简易示意图

2. 楸树生根试验设计

本次研究在智能温度湿度控制大棚内进行。试验设置磁化水喷淋＋磁化毯（MW＋MR）、磁化毯（MR）、磁化水喷淋（MW）和对照（CK，普通自来水喷淋）4个处理，重复3次，每个重复扦插200株，总计扦插2 400株。①磁化水喷淋处理：采用PP-25-ADS-600型磁化水处理器（Φ25 mm，磁场强度600 T，6 m³·h^{-1}）对扦插床进行磁化水喷淋处理，所用喷淋水为饮用自来水；②磁化毯处理：将磁场强度 300 T 的磁化毯铺设在扦插基质下方 25 cm 处，插穗下端高于磁化毯 5 cm。试验期间，分别对不同处理的楸树插穗进行取样调查，探究磁化毯技术与磁化水喷淋技术对楸树嫩枝扦插生根的影响。扦插后每 10 d 采样一次，每个处理随机抽样 10 株，观察插穗生根进程及生长状况（在愈伤组织形成以后至生根以前，适当加大观测密度，以确定不定根产生的准确时间）。扦插 50 d 左右，调查各处理的生根率、根系特征、新梢及叶片生长量。探讨插穗扦插生根过程中的生根关键酶、内源激素和营养物质的变化。

扦插后压实插穗周围的基质，并用喷淋系统喷透水一次，在整个试验过程中控制棚内温度为 25～27℃，相对湿度为 90%±5%，扦插基质湿度控制在 60% 左右，白天光强度控制在 5 000 lx 左右。根据天气状况调整喷淋间隔和喷淋时间，控制大棚内的空气湿度，喷淋时间为每天 9：00～16：00，喷淋次数为每隔 30 min 喷雾 1 min，冰雾盘每隔 1 h 喷雾 1 min，白天气温较高时调整为每隔 15 min 喷淋 1 min。在光照强、气温高的时段适当通风，调节冰雾盘喷雾时间，增加湿度。扦插后每隔 7 d 喷一次 0.5% 多菌灵溶液对基质进行消毒。

（四）测定方法

1. 根系形态特征分析

10 月中旬，采用收获法将全部扦插苗整株取出，统计生根率，测定新梢高、茎和叶片生长量。每个处理随机抽样 10 株，用去离子水冲洗根系表面残留物，将每个插穗构型完整的根系，按照 Pregitzer 等（2002）的方法对根系进行分级，即将根系最外端的细根定为 1 级根，其母根为 2 级根，2 级根的母根为 3 级根。将各级根序细根放入装有去离子水的培养皿中并进行编号，用根系分析仪 Winrhizo（德国）测定各级根序细根长度、直径、表面积和体积，计算根系效果指数。将各处理植株置于 105℃ 烘箱中杀青 10 min 后 80℃ 烘干至恒重，测定单株根系干重。将烘干的根系及新梢分别研磨过 100 目* 筛，保存备用。

楸树扦插后每隔 10 d 取样一次，观察生根形态，于第 50 d 进行生根全面调查，统计生根率、根系平均粗度与长度、新梢基径、新梢粗度、叶片面积、叶片数量，计算根系效果指数。在扦插起始期、愈伤组织形成期、不定根形成期、不定根表达期取插穗基部 3 cm 范围内的皮部测定生根关键酶活性、内源

---

*　目为筛网孔径的非法定计量单位，100 目＝150μm。

激素和生根抑制物质含量。

根系效果指数（I）按下面公式计算：

$$I = (L \cdot M \cdot R)/N$$

式中：L 为插穗平均根长，M 为插穗根系数量，R 为插穗生根率，N 为生根插穗数。

2. 生根物质及酶活性测定

称取保存的韧皮部鲜样样品，搅碎后放入预冷研钵中，加入磷酸缓冲液和石英砂，在冰浴环境下研磨成浆，将所有研磨匀浆倒入离心管中，于 4℃ 条件下 4 800 r·min^{-1}、离心 20 min，收集上清液，置于 4℃ 冰箱中保存备用。其中过氧化物酶（POD）、多酚氧化酶（PPO）、超氧化物歧化酶（SOD）、吲哚乙酸氧化酶（IAAO）活性，N、P、K、Fe、Mn、Zn、Cu 等元素含量，可溶性糖和可溶性蛋白含量的测定方法，参考章家恩（2007）和孔祥生（2008）的测定方法。三磷酸腺苷（ATP）酶活性采用紫外分光光度法测定（张广明，2007）；α-淀粉酶活性，β-淀粉酶活性使用 3，5-二硝基水杨酸显色法测定；色氨酸含量使用滴定法测定；内源激素含量采用酶联免疫吸附剂测定。

3. 总碳和总氮含量测定

取插穗基部约 3 cm 的韧皮部新鲜样品，经 105℃ 杀青 10 min 后于 80℃ 烘干至恒重，粉碎后经 100 目过筛，称取 0.1 g，在高温消化炉中利用浓 H_2SO_4-H_2O_2 消煮至样品呈透明状，冷却后，加入 20 mL 去离子水，用定量滤纸过滤到 50 mL 容量瓶内，用热的 1% 盐酸溶液洗涤三角瓶和滤渣，直至无 Fe^{3+} 反应为止。用去离子水定容，摇匀后测定。

4. 内源激素含量测定

（1）激素的提取：将样品用液氮磨碎，测定时称取 0.5 g 样品，将称量的样品放入离心管中，用含有 30 μg·mL^{-1} 二乙基二硫代氨基甲酸钠（抗氧化剂）的 100% 冷乙腈为浸提液，浸提 3 次，第一次加入 5 mL 浸提液摇匀后密封置于 4℃ 冰箱中静置浸提 12 h 左右，于 4℃、10 000 r·min^{-1} 条件下冷冻离心 30 min，上清液倒入血清瓶中；第二次加入 4 mL，在振荡器上以 230 r·min^{-1} 速度振荡提取 2 h 后离心 10 min；第三次加入 2 mL 提取液清洗残渣，离心 10 min，上清液都倒入血清瓶中。

（2）第一次减压浓缩及溶解：将合并后的提取液倒入蒸馏瓶中，在 37～40℃ 条件下减压浓缩至干，后加入 pH 8.0 的 0.4 mol·L^{-1} 磷酸缓冲液 2 mL 和 2 mL 三氯甲烷洗涤，倒入血清瓶中。用 3 mL 磷酸缓冲液洗涤两次，再加入 2 mL 三氯甲烷冲洗蒸馏瓶，倒入血清瓶中。

（3）去除色素：首先将盛有溶解液的血清瓶在振动器上振荡 20 min，静置后用移液枪抽取下层三氯甲烷，弃去，然后加入 2 mL 三氯甲烷进行第二次去除色素。

（4）去除酚类杂质：对三氯甲烷萃取的水相溶液，倒入离心管加入 150 mg 不溶性的聚乙烯吡咯烷酮（PVPP）上下振荡，8 000 r·min^{-1}，离心 10 min。

（5）植物激素的萃取：取上清液滴加纯甲酸直至 pH 为 3.0，在此水相中加入 3 mL 乙酸乙酯振荡，用移液枪提取酯部（上部），其水相再用乙酸乙酯萃取两次（2 mL，2 mL）。合并所得酯相。

（6）第二次浓缩及进一步纯化：所得酯相倒入蒸馏瓶中，在 37～40℃下减压蒸干。蒸干物用 1.0 mL 色谱流动相（甲醇）溶解。

（7）溶解及过滤方法：在蒸馏瓶完全蒸干的前提下用移液枪准确加入 1.0 mL 色谱甲醇，充分溶解瓶内蒸干物质，使瓶内溶液浓度均一，然后直接倒入干燥无水的滤膜过滤器的针筒中进行加压并使溶液通过直径为 0.22 μm 的水相微孔滤膜，滤液存放于 1.5 mL 离心管中用于上机测定。

（8）色谱条件：高效液相色谱仪为 Waters600E-2487，流动相为甲醇：1%冰乙酸（45∶55，V/V）混合液（使用前用 0.45 μm 滤膜抽滤），流速为 0.8 mL·min^{-1}，检测波长为 254 nm，色谱柱为安捷 ZORBAX-SB-C18，规格为 250 mm×4.6 mm，灵敏度为 0.08 AUFS，进样量为 15 μL。计算公式为：

$$C_1 = C_0 \times S_1 / S_0 ；激素含量（\mu g \cdot g^{-1}FW）= C_1 \times V_2 / m$$

式中：C_1 为样品浓度；C_0 为标样浓度（$\mu g \cdot mL^{-1}$）；S_1 为样品进样含量；S_0 为标样进样含量；V_2 为样品进样量；m 为鲜重称样量（g）。

二、磁处理影响林木扦插苗的生根生理过程

（一）桑树幼苗对磁场作用的生理响应

1. 磁处理对桑树生根率和根系活力的影响

由表 2-1 可知，220 mT 磁化水喷淋后桑树扦插苗生根率最高，平均达到 66%，较 CK 处理高 16.67%，60 mT 和 140 mT 处理生根率较 CK 处理高出 7% 和 12.34%，各处理组与 CK 处理之间均呈显著差异。扦插后第 10 d 取样观察愈伤组织发生情况发现，220 mT 处理中有部分插穗出现愈伤组织，并能观察到不定根原基明显膨大，而 CK 处理中则没有出现愈伤组织；60 mT 和 140 mT 磁化水处理则有少部分植株出现愈伤组织。

磁感应处理强度与扦插苗产生愈伤组织时间、最早生根时间、根系形态质量和最终扦插成活率呈正相关，高磁场强度的磁化水处理技术在扦插繁育中起到有效的促进作用，同时磁化水影响了内源激素成分，提高了 N、K 等元素吸收效率。从不定根发生时间来看，60、140 和 220 mT 处理分别较 CK 处理提前 3、6 和 8 d，由此看出，经过磁化水处理的桑树扦插苗生根时间普遍提前，并从低磁场强度到高磁场强度生根时间逐渐缩短，表明使用磁化水喷淋桑树扦插苗能有效缩短扦插苗的生根时间。于第 30 d 时取样观察一级根发生数量，140 mT 和 220 mT 磁化水处理一级根发生数量显著高于 CK 处理，且磁场强度越高效果越明显。通过对不同生根部位根系发生数量的观察发现，皮部生根的发生数量，各磁化水处理都较 CK 处理呈现显著差异；愈伤组织根系发生数量，各磁化水处理较 CK 处理没有显著差异，说明磁化水处理在促进生根的同时，更能促进桑树扦插苗愈伤组织的形成以及皮部生根，并能提高一级根的产生数量。对第 30 d 根系活力的测定发现，220 mT 磁化水处理根系活力水平最高，其次是 140 mT 和 60 mT 处理，分别较 CK 处理高出 155.2%、146.5% 和 77.5%，且各磁化水处理都高于 CK 处理且呈显著差异，说明磁化水对桑树扦插苗根系的活力提升效果极大，并且磁场强度越强的处理根系活力越好，同时生根率高低也与根系活力保持一致，根系活力越好，生根率也越高，说明磁化水技术在提高桑树扦插苗根系活力的同时，也提高了桑树扦插苗的生根率。

表 2-1　不同磁场处理对桑树扦插苗根系的影响

灌溉处理	生根时期 (d)	一级根数量	皮部根数量	愈伤组织根数量	根系活力 $[\mu g \cdot (g \cdot h)^{-1}]$	生根率（%）
CK	23	3.00±0.71c	2.80±0.45b	0.20±0.45a	67.77±10.46c	49.33±1.53d
60 mT	20	4.40±0.89bc	4.00±1.00a	0.40±0.89a	120.26±9.24b	56.33±1.53c
140 mT	17	5.20±0.84ab	4.60±0.55a	0.60±0.55a	167.02±16.77a	61.67±1.53b
220 mT	15	5.60±0.55a	4.60±1.14a	0.75±0.50a	172.92±9.91a	66.00±2.00a

注：CK 为对照处理。表中数据为 3 次测定的平均值±标准差，同列中不同小写字母表示处理间的差异达到显著水平（$P < 0.05$）。

2. 磁处理对桑树根系形态特征的影响

根系形态特征反映了根系吸收营养物质的能力。研究发现，磁处理后桑树扦插苗总根长、总表面积、总体积、平均直径、根系生物量 5 项指标由高到低均为 220 mT>140 mT>60 mT>CK（表 2-2）。可以看出，经磁化水处理后桑树扦插苗根系生物量（40.2%～101.2%）、总根长（13.4%～103.8%）、总表面积（44.1%～105.7%）、总体积（86%～136.1%）、平均直径（27.8%～

33.3％）等各形态特征指标均高于 CK 处理，从低磁场强度处理到高磁场强度处理，相应的各项形态指标水平也随着磁场强度提高而提高。在根系总体积指标中，最高磁场强度 220 mT 处理较 CK 处理提升了 136.1％，140 mT 处理效果也较 CK 处理提升 108.3％，两种磁化水处理效果均是 CK 处理两倍以上，其中最低磁场强度 60 mT 处理也较 CK 处理提升了 86％；在根系总表面积指标中，220 mT 处理比其他磁化水处理较 CK 处理提升效果明显；在根系总根长指标中，220 mT 处理远高于其他处理，较 CK 处理高出两倍以上，说明磁化水处理影响到了扦插苗的根系形态生长变化，使扦插苗根长、表面积、体积等方面都得到了提高，且磁场强度越高对扦插苗根系形态特征的影响越明显；这与赵黎明（2016）发现磁化处理对作物生根影响的研究结果相似。

表 2-2　不同磁场强度处理对桑树扦插苗根系形态特征的比较

灌溉处理	根系生物量（g）	总根长（cm）	总表面积（cm²）	总体积（cm³）	平均直径（mm）
CK	0.082±0.005d	357.55±23.17c	40.28±5.25c	0.36±0.07b	0.36±0.27b
60 mT	0.115±0.006c	405.57±23.89b	58.04±1.27b	0.67±0.05a	0.36±0.03b
140 mT	0.135±0.010b	456.81±64.04b	69.60±17.00ab	0.75±0.09a	0.46±0.03a
220 mT	0.165±0.005a	728.64±32.28a	82.87±3.65a	0.85±0.29a	0.46±0.06a

注：CK 为对照处理。表中数据为 3 次测定的平均值±标准差，同列中不同小写字母表示处理间的差异达到显著水平（$P<0.05$）。

3. 磁处理影响桑树生根营养物质含量

（1）可溶性糖和可溶性蛋白含量：蛋白质、糖类是细胞内的主要生化成分，在不定根原基的诱导期，可溶性糖可分解成碳水化合物为不定根的诱导提供营养（Druege et al.，2004；Rapaka et al.，2005），可溶性蛋白可调节细胞生长和分化的功能，是细胞原生质的主要成分（郭英超，2012），两者是植物生长发育必需的营养物质基础（沙伟，2008）。由图 2-2 可以看出，处理期间可溶性蛋白和可溶性糖含量均呈先上升后下降的变化趋势。处理初期，扦插苗主要分解可溶性糖和可溶性蛋白为扦插苗提供碳水化合物以便维持相关生理活动，所以两种营养物质含量水平呈现出了逐渐上升的趋势，分别都在生根前后达到了顶峰；处理后期，细胞生命活动旺盛，不定根已经产生，根系的分化与形成继续以可溶性糖和可溶性蛋白分解产生能量的形式补充根系形态建成过程中消耗的营养物质，加速了可溶性糖和可溶性蛋白的消耗，同时由于初生根系吸收外界养分能力较弱，可溶性糖和可溶性蛋白的营养物质积累低于扦插苗此刻的消耗水平，所以整体呈现出了一种下降的趋势。其中，第 10 天时，可溶性蛋白含量表现为 220 mT ＞60 mT＞140 mT＞CK（图 2-2A），220 mT、60 mT 和 140 mT 处理分别较 CK 处理提高 105.6％、64.6％和 55.0％；第 20 d 时，140 mT 磁化水处理可溶性蛋白含量最高，较 CK 处理高出 18.2％，60 mT 和 220 mT 处理变化较小，较 CK 处理分别增长 9.9％和 2.2％；第 30 d 时，220 mT 处理中可溶性蛋白含量最高，较 CK 处理高出 31.0％，140 mT 处理与 CK 处理相比无显著差异，而 60 mT 处理中可溶性蛋白含量较 CK 处理低 18.6％。第 10 天时，可溶性糖含量于 60 mT 处理中最高（图 2-2B），其次为 220 mT 和 140 mT 处理，分别较 CK 处理显著增长 57.9％、25.2％和 11.8％；第 20 天时，以 220 mT 处理为峰点，140 mT 和 60 mT 处理低于 220 mT 处理但含量均高于 CK 处理，提高比例分别为 100.1％、83.8％和 32.6％；第 30 天时，220 mT 处理可溶性糖含量最高，其次是 60 mT 处理，分别较 CK 处理提高 6.7％和 3.3％，140 mT 处理则较 CK 处理降低 13.6％。由此可见，经过磁化水处理的扦插苗在生根后期可以维持可溶性蛋白和可溶性糖含量水平高于非磁化处理，推断这是由于水分子经过较高磁场后氢键断裂，磁化水处理可以通过改变水的溶解能力和结合能力，使更小的水分子簇有更大的概率进入细胞壁，从而使生命大分子更易与淀粉等物质相结合，蛋白质与水接触的概率也随之增加，磁化水可以使蛋白质的结构变得疏松，增加蛋白质与水分子的相互作用，为质子的传递提供更稳定有序的水网络，加强对植物体系的代谢影响（柳士鑫，2006），促使蛋白质等大分子物质积累和植物体内淀粉分解转运，提高了可溶性糖和可溶性蛋白含量，且磁场强度越高效果越明显。这与张建民（2002）的研究结果表现一致，说明磁化水处理有利于桑树扦插苗对外界环境中营养物质的吸收和在植株体内的积累，同时可促进植物体生根代谢。

（2）**色氨酸含量**：从图 2-2C 可知，磁化水处理后第 10 天桑树扦插苗色氨酸含量最高的是 220 mT 磁化水处理，较 CK 处理高出 10.0％，且与 CK 处理以及其他磁化水处理均呈现显著差异（$P<0.05$），此时，60 mT 和 140 mT 磁化水处理相较 CK 处理对色氨酸含量并没有产生显著影响，两个较低强度磁化水处理之间差异也并不显著。表明在桑树扦插苗的生根关键期，220 mT 处理对色氨酸水平有显著的促进作用，而 140 mT 处理略高于 CK 处理，但不及 220 mT 处理，与 CK 处理相比无显著差异。

（3）**矿质元素含量**：由表 2-3 发现，磁化水处理对桑树扦插苗根系矿物质元素的积累和含量都产生了一定的影响，其中，N、K 含量的增加与磁场强度呈正相关，即随着磁场强度的提高，N、K 含量增长 23.25％～36.5％，而对 P 含量影响不显著。磁化水处理显著提升了根系中 N、K 和 Zn 的含量，

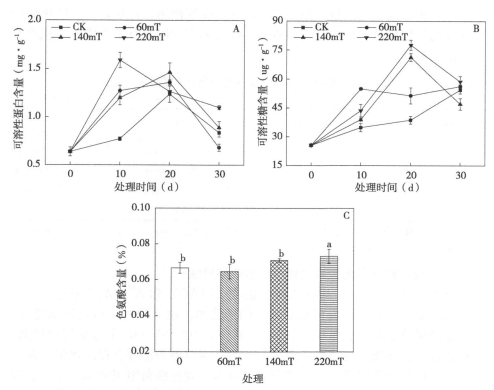

图 2-2 桑树生根过程中可溶性蛋白 (A)、可溶性糖 (B) 和色氨酸 (C) 含量变化

注：CK 为对照处理。图中数据为 3 次测定的平均值±标准差，不同小写字母表示处理间的差异达到显著水平（$P<0.05$）。C 为磁化水处理第 10d 后色氨酸含量情况。

说明磁化效应可以促进扦插苗根系对 N、K、Zn 的吸收积累，这与张凤娟（2014）磁化处理番茄后，N、K 吸收量增加的研究结果一致；且 K 含量的增加能提高分生组织、薄壁细胞的活跃程度，使根尖分生区长度加长，侧根形成数目增多。Fe 含量从对照、低磁场强度到高磁场强度依次降低，且较 CK 处理分别降低 19.1%、41% 和 61.2%，这说明磁致效应通过改变质外体 pH 影响 Fe 的跨膜运输和质外体中 Fe 的活化，与 pH 抑制 Fe 吸收与运输有关（Kotb et al.，2013），也可能是水分子在被磁化过程中，水中的 Fe 离子性质发生改变，不再被植物体吸收积累，并且表现出磁场强度越高对 Fe 积累的抑制效果越明显。王俊花（2006）利用磁化水灌溉黄瓜发现，Zn、Cu、Fe、Mn 等元素含量因黄瓜品种不同而有所差异。研究发现，不同磁场强度处理中 Zn 含量均高于 CK 处理，增长 94.1%～151.9%；但 Mn、Cu 两种较 CK 处理差异不显著，说明不同磁场强度对扦插苗体内 Mn、Cu 含量影响较小，也可能是与其他矿质元素之间存在交互作用。另外，表明磁化处理能够提高植物根系对外界营养物质的吸收与利用，以及对矿物质元素积累有一定的促进作用。

表 2-3　不同磁场强度处理桑树扦插苗根系矿质元素含量

单位：mg·g^{-1}

灌溉处理	N	P	K	Fe	Mn	Zn	Cu
CK	3.52±0.13b	1.13±0.15a	0.24±0.03b	2.85±0.09a	0.027±0.002a	0.17±0.03b	0.017±0.001a
60 mT	4.35±0.44a	1.05±0.05a	0.30±0.02a	2.30±0.32b	0.031±0.005a	0.33±0.04a	0.018±0.001a
140 mT	4.53±0.20a	1.24±0.08a	0.30±0.01a	1.67±0.371c	0.031±0.002a	0.32±0.09ab	0.018±0.002a
220 mT	4.80±0.69a	1.14±0.11a	0.31±0.01a	1.10±0.15d	0.030±0.004a	0.43±0.13a	0.017±0.001a

　　注：CK 为对照处理。表中数据为 3 次测定的平均值±标准差，同列中不同小写字母表示处理间的差异达到显著水平（$P<0.05$）。

4. 磁处理影响桑树生根过程中抗氧化酶活性

POD、PPO、SOD、吲哚乙酸氧化酶（IAAO）和 ATP 酶普遍存在于植物体内，是与植物生长发育联系紧密的活性酶，这几种酶与植物形态建成、生根成活关系密切（曹帮华，2008）。其中，PPO 和 SOD 作为防御保护酶，在植物体生长环境改变或处于逆境状态时，这两种酶活性会逐渐增强，除了保护自身以参与正常代谢活动的同时，也参与到扦插苗组织细胞的生长、分化及形态形成过程中（郑科，2009）。IAAO 和 POD 是同工酶，其中 POD 含铁卟啉辅基，普遍存在于高级植物体内，是一种重要的生长调节酶和生根关键酶，不仅对吲哚乙酸（IAA）代谢过程起着关键作用，而且对植物器官形态建成、发育具有不可替代的特殊作用。在植物生根过程中，POD 等多种同工酶除了具有清除活性氧功能外，也可以行使 IAAO 的作用来氧化 IAA。

（1）POD 和 IAAO 活性：经过磁化水处理后的扦插苗 POD 和 IAAO 活性都发生了明显提升，这与黄卓烈（2002）的研究结果一致，在扦插苗根原基孕育期间，POD 和 IAAO 活性会显著升高，而当不定根出现以后，POD 和 IAAO 活性则会显著下降。这两种酶活性的大小直接影响 IAA 的代谢和分布（高柱，2012），IAA 含量与促进扦插苗不定根的形成发育相关，因此，POD 和 IAAO 活性与扦插苗生根成活有密切关系。

桑树扦插过程中，各处理扦插苗基部皮层 POD 和 IAAO 活性变化如图 2-3 所示，POD（图 2-3A）和 IAAO（图 2-3B）活性总体表现为"上升—下降"趋势。第 10 d 时，各处理 POD 和 IAAO 活性出现峰值，且生根过程中磁化水处理组均高于 CK 处理。与 CK 处理相比，220 mT 处理中 POD 活性水平最高；140 mT 处理中 IAAO 活性水平最高，较其他 3 个处理提高 19.0%～23.8%。在处理第 20 d 时，220 mT 处理中 POD 和 IAAO 活性最高，60 mT 处理中 POD 活性次之，IAAO 活性最低但高于 CK 处理。处理第 30 d 时，220 mT 磁化水处理中 POD 和 IAAO 活性最高，较 CK 处理提高 22.1%～49.8%；其次是 140 mT 处理，较 CK 处理提高 7.3%～28.7%；60 mT 处理中 POD 活性低于 CK 处理。由此看出，生根关键期内 220 mT 磁化水处理中 POD 和 IAAO 活性最高，同时，140 mT 和 60 mT 处理对 POD 和 IAAO 活性总体表现为促进作用，说明较高的磁场强度对 POD 和 IAAO 活性影响较明显。

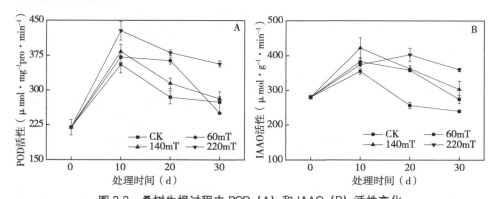

图 2-3　桑树生根过程中 POD（A）和 IAAO（B）活性变化

注：CK 为对照处理。图中数据为 3 次测定的平均值±标准差，不同小写字母表示处理间的差异达到显著水平（$P<0.05$）。

（2）PPO 和 SOD 活性：研究发现，磁化水处理后桑树幼苗 PPO 和 SOD 活性都高于 CK 处理，表现相对稳定。PPO 活性表现为逐渐上升的变化趋势（图 2-4A），生根初期，PPO 对低磁场强度反应并不敏感；到生根后期，磁化作用下 PPO 活性逐渐增强。其中 220 mT 处理下的 PPO 活性在生根关键期逐渐升高且水平最高，较 CK 处理提高 30.7%～40.6%；140 mT 与 220 mT 表现一致，较 CK 处理提高 22.8%～26.3%；第 10 d 时，60 mT 处理中 PPO 活性低于 CK 处理，但随处理时间的延长呈逐渐升高的变化趋势，于第 30 d 时其活性高于 140 mT 处理，且高于 CK 处理；说明较高磁场强度可稳定提高 PPO 活性，而相对较低的磁场强度则波动较大。

随处理时间的变化，SOD 活性表现为先升高后降低的变化趋势（图 2-4B），处理第 10 d 时，140 mT 处理中 SOD 活性水平最高，较 CK 处理高出 20.0%；220 mT 处理变化较小；而 60 mT 处理中 SOD 活性则低于 CK 处理

21.1%。第 20 d 时，220 mT 处理 SOD 活性最高，其次是 60 mT，分别较 CK 处理上升 14.5% 和 8.07%；140 mT 处理变化较小；第 30 d 时，220 mT 处理中 SOD 活性水平最高，其次是 60 mT 和 140 mT 处理，分别较 CK 处理高出 27.3%、23.2% 和 15.5%，但是相较 CK 处理差异不显著。同时 SOD 活性在整个生根过程中都显著提高；这表示高磁场强度可以刺激 PPO 和 SOD 活性，以应对过氧化氢的过量积累，平衡体内活性氧代谢，增强扦插苗抗逆能力（Serdyukov et al.，2013）。

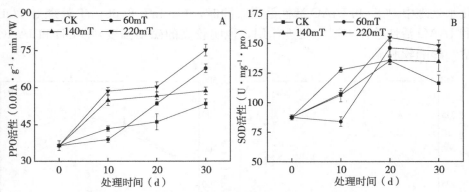

图 2-4　桑树生根过程中 PPO（A）和 SOD（B）活性变化

注：CK 为对照处理。图中数据为 3 次测定的平均值±标准差，不同小写字母表示处理间的差异达到显著水平（$P<0.05$）。

（3）ATP 酶活性：ATP 酶是生物体能量代谢的关键酶，也是对植株起到保护作用的保护酶。陈颖（2015）对龙葵的研究表明，龙葵体内 ATP 酶受到镉胁迫后不同的植株部位 ATP 酶活性表现会有不同的变化，柯文山（2007）对海州香薷种群的研究表明，ATP 酶在 Cu 的吸收运输方面可能起到重要的调节作用，使植株具有较高的铜抗性。于生根关键时期（第 10 d）对 ATP 酶活性进行测定发现（图 2-5），不同处理中 ATP 酶活性高低为：220 mT＞140 mT＞60 mT，分别较对照增长 20.8%、10.8% 和 10.4%；这说明磁场强度变化会影响 ATP 酶活性高低，磁化水通过改变桑树 ATP 酶的活性表达，修复离体器官的膜损伤并刺激提高 ATP 的分解速率，加快扦插苗体内营养物质的释放和正常代谢（汪晓峰，2001；王宝山，2000）。而 ATP 酶活性与可溶性糖含量呈极显著的正相关，且与其他各项生长指标呈现了显著的相关性，这说明了磁化水处理可通过 ATP 酶活性的提高响应外界不利环境，并促进植株生长发育。

5. 磁处理后桑树生根过程中营养代谢酶活性变化

扦插苗内储藏物质的代谢需要大量酶的参与，淀粉酶为最主要的酶之一

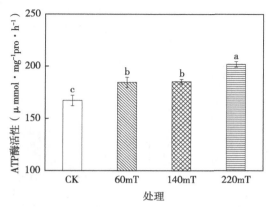

图 2-5　处理 10 d 后，磁化作用对桑树扦插苗 ATP 酶活性的影响

注：CK 为对照处理。图中数据为 3 次测定的平均值±标准差，不同小写字母表示处理间的差异达到显著水平（$P<0.05$）。

（程昕昕，2013）。任江萍（2017）研究发现 β-淀粉酶活性的高低反映了总淀粉酶活性变化规律，且 α-淀粉酶和 β-淀粉酶与促进淀粉转变为糖类物质有关，与可溶性糖含量呈极显著正相关，这与磁化水喷淋桑树插穗的研究结果相似，并且扦插苗在生根诱导期前后的淀粉酶活性水平与可溶性糖含量保持一致，由此推断，α-淀粉酶和 β-淀粉酶除了在生根关键时期起到水解淀粉以提供糖类营养物质供扦插苗萌芽之外，在扦插时也同样被外界磁环境激活，继续水解淀粉生成可溶性糖为植株生长发育提供营养。不同磁场强度处理均可加快扦插苗的吸水速率，提高 α-淀粉酶和 β-淀粉酶的活性，其活性的提高与磁场强度呈正相关，且 220mT 磁处理中二者活性最高；其次为 140 mT 和 60 mT 处理，分别较 CK 处理提高 2.5%～7.5%、26.5%～115.5%，这与颜流水（1996）的研究结果一致。生根诱导后期，较高的磁场强度处理对淀粉酶活性促进程度更大，可溶性糖含量增长趋势较快，因此，大幅提高了扦插苗在生根诱导期末期对可溶性糖的快速获取，这为扦插苗的后续生长发育提供了保障。

　　在生根关键时期，经磁化水处理的扦插苗中 α-淀粉酶和 β-淀粉酶活性增加，其中 α-淀粉酶的活性增加与磁场强度处理呈正相关（图 2-6A），即随着磁场强度的提高 α-淀粉酶活性也在增加，而 β-淀粉酶活性显示（图 2-6B），高磁场强度处理对桑树扦插苗 β-淀粉酶活性提升最为明显，140 mT 和 60 mT 磁化水处理较 CK 处理提升量则较低，且两个处理之间差异并不显著。可见，较高的磁场强度处理有利于提高生根关键期扦插苗淀粉酶活性，相对较低的两种磁场强度处理在整体提高淀粉酶活性上显著（图 2-6C），但对 β-淀粉酶影响较小。

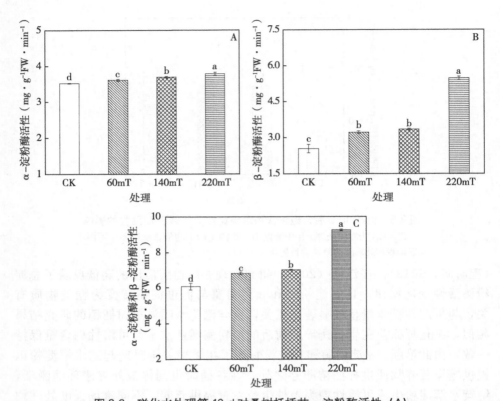

图 2-6　磁化水处理第 10 d 对桑树扦插苗 α-淀粉酶活性（A）、
β-淀粉酶活性（B）、α-淀粉酶和 β-淀粉酶活性（C）的影响

注：CK 为对照处理。图中数据为 3 次测定的平均值±标准差，不同小写字母表示处理间的差异达到显著水平（$P<0.05$）。

6. 磁处理后内源激素影响桑树扦插生根

（1）扦插生根内源激素含量：一般认为植物生长激素吲哚乙酸（IAA）和吲哚丁酸（IBA）在促进不定根形成中起到关键作用（王永江，2004）。生根诱导期时，磁化作用通过提高 IAAO 活性使 IAA 氧化，降低了 IAA 含量（图 2-7A），220、140 和 60 mT 处理分别较 CK 处理降低 47.3％、33.8％ 和 30.0％；且磁处理中较低的 IAA 含量有利于扦插苗愈伤组织的形成；到了根系的基因表达期和根系伸长期，IAAO 活性则会降低，IAA 含量提高，这样更有利于不定根的形成与伸长。IBA（图 2-7B）与 IAA 变化相反，其含量与磁场强度大小呈正相关，即由低磁场强度处理到高磁场强度处理 IBA 含量依次增加，且较 CK 处理分别提高 46.3％、37.5％ 和 23.4％。IBA 是生长素类的生物调节剂，磁处理中 IBA 含量的提高可以诱导扦插苗根原基的形成以及不定根的发生。

脱落酸（ABA）一般被认为是植物体内的抑制性植物激素，生根前期低浓度的 ABA 和细胞分裂素玉米素（ZT）有促进植物生根的作用，高浓度 ABA 会抑制 IAA 的运输和离体器官的生长，抑制不定根的形成（郑科，2009）。生根关键期时，ABA 含量与磁场强度呈负相关（图 2-7C），即随着磁场强度的提高而降低，较 CK 处理降低，比例为 21.2%～26.1%。ZT 含量与 ABA 变化一致，均随磁场强度的提高而降低（图 2-7D），即 220 mT 处理中 ZT 含量最低，其次为 140mT 和 60mT，较 CK 处理降低，比例分别为 12.8%、31.9%和 37.9%。ABA 和 ZT 在不同磁场强度处理中的变化与黄志玲（2015）发现低水平 ABA 和 ZT 有利于红锥扦插苗不定根形成的结论相似。

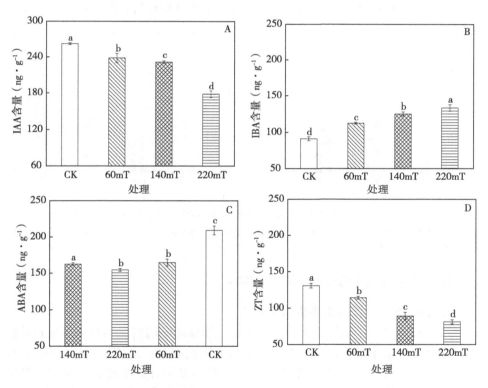

图 2-7　磁化水处理对第 10 d 桑树扦插苗 IAA（A）、IBA（B）、ABA（C）
和 ZT（D）含量的影响

注：CK 为对照处理。图中数据为 3 次测定的平均值±标准差，不同小写字母表示处理间的差异达到显著水平（P<0.05）。

（2）内源激素比值变化：由图 2-8 可知，60 mT 处理下 IAA/ABA 值最高；其次是 140 mT 处理和 CK 处理；220 mT 处理中 IAA/ABA 值最低且最接近 1，说明两者含量较为平均，对后期扦插苗的根系特征影响也最大，同时说明高磁强处理可平衡 IAA 与 ABA 的比例分配，从而有利于扦插苗的根系发生与伸长生长。另外，研究发现，IAA 和 ABA 经过磁化水处理后其变化趋势一致。

磁化水处理后，扦插苗 IBA 水平都有所提高，但 ZT 水平都有所降低（图 2-8B），两者的比值也随磁场强度提高而上升，可以认为磁化水通过影响 IBA 和 ZT 的含量促进生根，且两激素的比值越高越有利于后期的发育生根。这与马宇梅（2014）通过施加较高外源 IBA，可以促进蒙古栎幼苗生长，显著影响蒙古栎地上部分和地下部分生长发育的研究结果相似；说明更高的外源 IBA 水平处理可以更好地提高和促进扦插苗生根进程（刘钧珂，2008）。

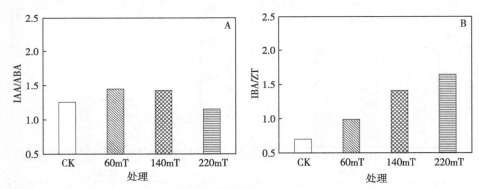

图 2-8 第 10 d 时，磁化水处理对桑树扦插苗 IAA/ABA（A）和 IBA/ZT（B）的影响
注：CK 为对照处理。图中数据为 3 次测定的平均值±标准差，不同小写字母表示处理间的差异达到显著水平（$P<0.05$）。

（二）楸树幼苗对磁场作用的生理响应

1. 磁处理影响楸树生根生物学特征

（1）磁处理后不定根发生特征：磁处理能够影响酶的活性及内源激素的成分，从而促进重瓣黄刺玫愈伤组织与生根基因的表达，产生不定根（徐伟忠，2006）。由表 2-4 可知，于处理第 10 d 时，扦插苗中开始出现愈伤组织，其中 MW+MR 处理为 4 株，MR 处理为 3 株，MW 处理为 2 株，CK 处理为 1 株。MW+MR 处理于第 15 d 时出现不定根，MR 和 MW 处理于第 20 d 时出现不定根，CK 处理不定根发生较晚于第 25 d 时出现。MW+MR 处理生根率最高为 68.6%，其次为 MR 处理（56.1%）和 MW 处理（51.4%），分别较 CK 处理提高 131.0％、88.9％和 73.06％。磁处理显著促进了根系生物量累积，依次为 MW＋MR＞MR＞MW＞CK，较 CK 处理提高比例分别为 121.6％、60.8％和 54.9％。根系含水量与生物量变化一致，MW＋MR 处理中根系含水量最高，其次为 MR、MW 处理，与 CK 处理相比，提高比例分别为 106.6％、58.35％和 56.5％。根系效果指数与根系含水量和生物量变化一致，依次为 MW＋MR＞MR＞MW＞CK，分别较 CK 处理提高 8.5 倍、4.7 倍和 78％。由此可知，MW＋MR、MR、MW 处理的生根率、根系生物量、根系含水量以及根系效果指数均高于 CK 处理，另外，MW＋MR 处理中生根率、根系生物量、根系含水量以及根系效果指数高于 MR 及 MW 处理，说明磁处理对楸树插穗形成愈伤组织、缩短生根时间以及对提升根系质量与生根率均有显著的促进作用，其中以 MW＋MR 组合处理效果最佳。

表 2-4　楸树扦插后不定根出现期、成活率、根干重、根系含水量和根系效果指数的比较

处理	不定根出现期（d）	生根率（％）	根系生物量（g）	根系含水量（g）	根系效果指数
CK	25	29.7±1.415c	0.051±0.004C	0.485±0.001D	11.54
MW	20	51.4±3.533b	0.079±0.003B	0.759±0.002C	20.56
MR	20	56.1±5.982ab	0.082±0.002B	0.768±0.002B	65.80
MW＋MR	15	68.6±5.222a	0.113±0.002A	1.002±0.001A	109.56

注：表中 MW＋MR 为磁化水喷淋＋磁化毯处理，MR 为磁化毯处理，MW 为磁化水喷淋，CK 为对照处理（普通自来水喷淋）。表中数据为 3 次测定的平均值±标准差，同列中不同大写字母表示处理间的差异达到极显著水平（$P < 0.01$）。

（2）磁处理后新梢与叶片生长差异：磁处理能够显著提高鹰嘴豆（*Cicer arietinum* L.）的结实量、秸秆量及生物产量（Hozayn，2010）。高矿化度水经过磁处理能够促进绒毛白蜡（*Fraxinus velutina*）植株的光合作用，从而促进其生长及生物量积累（万晓，2016）。如图 2-9 所示，磁处理对楸树新梢生长、叶片数和叶片面积均有明显的促进作用，表现为 MW＋MR＞MR＞MW＞CK。其中，MW＋MR、MR 和 MW 处理中新梢长度分别较 CK 处理提高 47.1％、29.4％和 23.5％，新梢基径提高 106.5％、74.2％和 32.3％。MW＋MR 处理中叶片数量及叶片面积最高，分别为 8.7 片和 8.830 cm²；其次为 MR 处理，分别为 6.1 片和 5.829 cm²；MW 处理中叶片数量及叶片面积分别为 4.9 片和 4.982 cm²；CK 处理最低，分别为 2.8 片和 11.308 cm²；可见，MW＋MR、MR 及 MW 处理中叶片数量及叶片面积均显著高于 CK 处理。另外，MW＋MR 处理中叶片面积和叶片数量显著高于 MR 和 MW 处理，说明

磁处理显著促进了插穗苗新梢和叶片的生长，其中以基质底部铺设磁化毯与磁化水相结合效果最好。

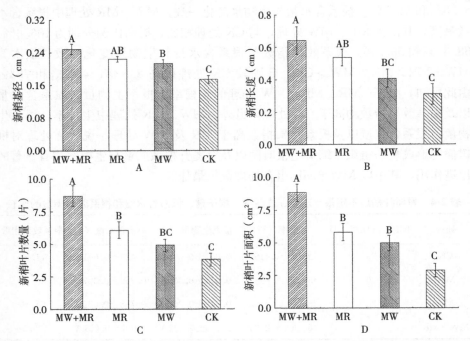

图 2-9　不同处理对新梢基径（A）、长度（B）、叶片数量（C）、叶片面积（D）的影响

注：MW＋MR 为磁化水喷淋＋磁化毯处理，MR 为磁化毯处理，MW 为磁化水喷淋处理，CK 为对照处理（普通自来水喷淋）。图中数据为测定的平均值±标准差（$n>3$）。不同大写字母表示处理间的差异达到极显著水平（$P<0.01$）。

（3）磁处理后根系形态特征：从图 2-10 中可以看出，不同处理根系形态参数存在较大差异，磁处理后一级根序细根长度、直径、体积均高于 CK 处理；且 MW＋MR 处理均高于 MR 及 MW 处理；而 MR 及 MW 处理对于根序细根长度、直径、表面积、体积的影响没有规律性。MW＋MR 处理下二级根序细根长度、直径、表面积、体积均高于 MR、MW 及对照处理；MR 处理下二级根序细根长度、直径、表面积、体积均高于 MW 处理；而对照处理二级根序细根长度及根系体积均高于 MW 处理，这可能是由于对照处理中根系为二级分化，而 MW＋MR、MR 及 MW 处理中根系分级为三级，表明磁场有助于促进生根及根系发育，这与生根成活率的变化趋势一致。但磁化作用对三级根的影响无规律性变化。

2. 磁处理影响楸树生根营养物质含量

（1）可溶性糖和可溶性蛋白含量变化：可溶性糖在插穗生根过程中发挥着

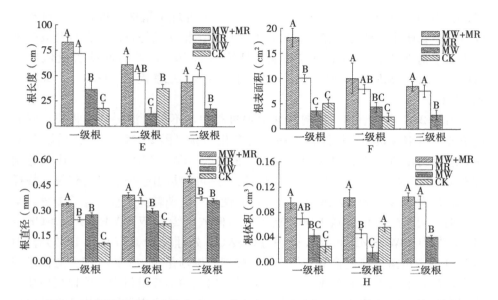

图 2-10 不同处理根系长度（E）、表面积（F）、直径（G）、体积（H）的比较

注：图中 MW＋MR 为磁化水喷淋＋磁化毯处理，MR 为磁化毯处理，MW 为磁化水喷淋，CK 为对照处理（普通自来水喷淋）。图中数据测定为平均值±标准差（$n>3$）。不同大写字母表示处理间的差异达到极显著水平（$P<0.01$）。

重要作用，能够提供插穗生根所需的能量，是插穗产生不定根的一个必要条件。可溶性蛋白作为蛋白质的重要组成部分，虽然只占蛋白质的一部分，但却是被植物体吸收利用的主要部分，它与植物的形态产生具有重要的联系，能够为细胞分裂分化、信息和能量传递、细胞生理代谢等生命活动提供物质基础。它还是植物生命活动中许多生化反应的重要场所，许多反应是在酶蛋白提供的分子表面进行的。

愈伤组织形成期，嫩枝插穗进行细胞分裂和分化，呼吸强度增大，细胞代谢旺盛，对能量的需求较高，可溶性糖含量不断下降。插穗不定根形成期，不定根产生需要消耗大量的营养物质，可溶性糖含量达到最低值。插穗不定根产生以后，可溶性糖含量逐渐上升，这是由于生根后形成的新的植株自身合成了糖类物质，为植物的生命活动提供能量。磁处理后，楸树扦插苗中可溶性糖和可溶性蛋白含量均表现为"升高—下降—升高"的变化趋势，而对照组可溶性糖含量呈"升高—下降—升高—下降"的趋势（图 2-11A）。研究发现，不同处理下可溶性糖含量有较大差异。在插穗不定根形成初期，扦插后第 15 d，MW＋MR、MR、MW 处理中可溶性糖含量分别较 CK 处理提高 50.2%、27.7%和 23.7%。在不定根产生以后，磁处理组可溶性糖含量持续上升，而

CK 处理中可溶性糖含量下降，可能是由于 CK 处理中植株长势较弱，自身合成的糖类物质小于消耗的糖类物质，而磁处理组植株长势较好，自身合成糖类物质高于对照组。在不定根伸长期，扦插后第 50 d，可溶性糖含量依次为 MW＋MR＞MR＞MW＞CK，分别较 CK 处理提高 36.3％、22.6％和 10.1％。

由图 2-11 可以看出，楸树扦插生根过程中，不仅仅消耗糖类物质，同时也消耗了可溶性蛋白，可溶性蛋白含量变化明显（图 2-11B）。扦插后第 5 d，磁处理后可溶性蛋白含量小幅度提高，依次为 MW＞MR＞MW＋MR，分别较 CK 处理提高 14.0％、10.2％和 4.4％；这可能是由于扦插时间较短，扦插苗新陈代谢较慢，不同处理间幼苗对可溶性蛋白的消耗尚未呈现显著差异。第 15 d 时，可溶性蛋白含量下降，其含量高低依次为 MW＋MR＞MR＞CK＞MW，其中 MW＋MR 和 MR 处理分别较 CK 处理提高 16.7％和 10.7％；但 MW 处理中可溶性蛋白含量则低于 CK 处理，推断是由于 CK 处理中愈伤组织产生较慢，根系不定根出现期较晚，对于蛋白质的消耗量较少，所以蛋白质下降速度较慢。而磁处理组已经生成大量愈伤组织，不定根已经产生或者即将产生，细胞生命活动旺盛，需要消耗大量的营养物质用于细胞的分裂和分化，导致可溶性蛋白含量急剧下降。第 30 d 时，磁处理组可溶性蛋白含量较第 15 d 时急剧下降但仍高于 CK 处理，表现为 MR＞MW＋MR＞MW＞CK，MR、MW＋MR、MW 处理分别较 CK 处理增长 39.5％、33.1％和 8.5％；此时可溶性糖含量也呈现下降趋势。磁处理组可溶性蛋白含量下降减缓，这是由于磁处理组不定根产生时间早于 CK 处理，可溶性蛋白合成量提高。扦插第 50 d 时，CK 处理中可溶性蛋白含量持续下降，而磁处理组中可溶性蛋白含量呈上

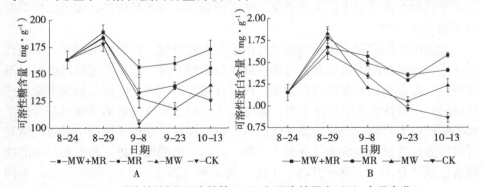

图 2-11　楸树扦插苗可溶性糖（A）和可溶性蛋白（B）含量变化

注：MW＋MR 为磁化水喷淋＋磁化毯处理，MR 为磁化毯处理，MW 为磁化水喷淋，CK 为对照处理（普通自来水喷淋）。图中数据为 3 次测定的平均值±标准差。

升趋势，累积量显著提高，表现为 MW＋MR＞MR＞MW，较 CK 处理分别提高 83.1％、63.1％和 42.6％。由此可见，磁处理后，可溶性蛋白含量总体上呈"上升—下降—上升"趋势，CK 处理呈"上升—下降"趋势。MW＋MR 处理可溶性蛋白积累最多，其次为 MR 和 MW 处理，CK 处理可溶性蛋白含量最少，说明磁处理能够加快楸树愈伤组织和不定根的产生进程，在基质下层铺设磁化毯技术和磁化水喷淋相结合能够明显促进插穗扦插生根与生长，而且与可溶性糖含量变化趋势一致。

（2）N 含量和 C/N 值变化：N 元素是植物扦插生根过程中重要的营养元素，它构成了扦插生根中不可或缺的氮素化合物，是蛋白质与核酸的重要组成元素，能够促进插穗地上部分及根系生长，对根原始体的形成也有一定影响。由图 2-12A 可知，第 5 d 时，CK 处理中总 N 含量最高为 19.08 mg·g^{-1}；磁化处理后总 N 含量略低于 CK 处理，依次为 MR（17.95 mg·g^{-1}）、MW＋MR（16.73 mg·g^{-1}）和 MW（15.68 mg·g^{-1}）处理；同时，磁处理后楸树愈伤组织发生早于对照处理，蛋白质和核酸在愈伤组织形成过程中大量供给和消耗，而 N 元素是蛋白质与核酸的重要组成元素，从而造成总 N 含量降低。第 5 d 以后，随处理时间的延长，各处理中不定根逐渐发生，总 N 含量开始呈现下降趋势并趋于稳定，但磁化处理组中总 N 含量消耗速度较快，这是由于磁化作用可以刺激愈伤组织细胞分化形成不定根，随着不定根的形成，大量 N 元素营养物质被消耗并用于根系伸长和分化。另外，我们发现，扦插 50 d 后，总 N 含量与扦插初期相比均极显著降低，且磁化处理后总氮含量低于对照处理，依次为 CK＞MR＞MW＞MW＋MR，较 CK 处理降低比例分别为 11.4％、12.4％和 31.9％。对生根率进行分析发现，MW＋MR 处理生根率最高，MR 及 MW 处理次之，CK 处理最低。师晨娟（2006）认为全氮含量与插穗生根率呈负相关；哈特曼（1985）认为，低氮化合物含量丰富的插穗母株更有利于插穗生根；本研究结果与之相似。由此可见，楸树嫩枝扦插生根过程中，磁化处理后插穗基部总氮含量与插穗生根率呈负相关，总氮含量较低有利于愈伤组织的发生、分化和伸长生长，而 CK 处理中过高的氮素含量则对生根有抑制作用。

C/N 值对根原基的形成具有重要影响，能够促进根原基的发生进程，促进插穗新芽生长。楸树嫩枝扦插生根过程中，不同处理的 C/N 值表现为先降低后上升的变化趋势（图 2-12B）。第 5 天时，磁化处理组中 C/N 值显著高于 CK 处理；随处理时间的延长，不同处理中 C/N 值逐渐上升，且磁化处理组高于 CK 处理，这可能是由于该阶段处于愈伤组织形成和不定根根原基的孕育阶段。处理第 30 d 以后，不定根发生，各处理中 C/N 值趋于平稳。第 50 天时，MW＋MR 处理组 C/N 值最高，其次为 MR 及 MW 处理，CK 处理最低。关于插穗生根与 C/N 值的关系最早是在 1918 年由 Kraus 和 Kraybill 提出，通过对番茄进行扦插试验发现，具有高碳水化合物和低 N 的番茄插穗生根量大，反之生根量少，这一研究结果后来被许多人证实。研究表明，C/N 值是表示插穗生根能力大小的重要指标（Kraus and Kraybill，1918；Kim and Kim，1995），促进根原基的形成。但是，C/N 值作为衡量插穗生根能力大小的指标，在许多情况下并不适用，在硬枝扦插中，C/N 值与生根的关系更为复杂。关于 C/N 值对于插穗扦插生根的影响，各研究结论不甚一致，一般在木本插穗或者草本插穗嫩枝上适用的研究结论，在硬枝扦插上却不适用。

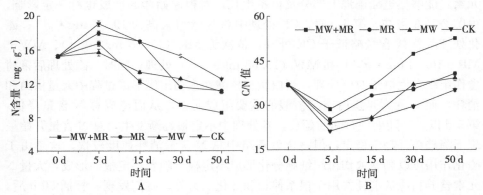

图 2-12　楸树扦插苗生根过程中总 N 含量（A）和 C/N 比值（B）变化

注：MW＋MR 为磁化水喷淋＋磁化毯处理，MR 为磁化毯处理，MW 为磁化水喷淋，CK 为对照处理（普通自来水喷淋）。图中数据为 3 次测定的平均值。

3. 磁处理影响楸树生根关键酶活性

（1）POD 活性：POD 作为一种活性较高的保护酶，富含铁叶琳辅基，在植物体内分布广泛，它与植物的扦插生根进程有重要联系，在细胞分化进程中起重要作用（董胜君，2012），其活性是判定植物生根难易的重要指标。POD 能够氧化 IAA，使 IAA 含量下降，对愈伤组织的形成有促进作用。黄卓烈（2002）认为，在插穗根原基孕育期间，POD 活性显著提高，不定根出现以后，POD 活性显著下降。由图 2-13A 可知，随处理时间变化，POD 活性总体呈现"上升—下降—上升—下降"趋势，呈双峰型变化。第 5 d 为愈伤组织形成期，各处理 POD 活性提高，以氧化过多的 IAA，促进愈伤组织的形成。处理第 5～15 d 时，MW＋MR 处理中 POD 活性下降缓慢，于第 15 d 时发生不定根；此时，MR、MW 及 CK 处理则处于根系孕育期，还未产生不定根。处理第 15～30 d 时，MR、MW 及 CK 处理中 POD 活性提高，于第 30 d 时达到峰值，且产生了不定根；MW+MR 处理中，当根系处于伸长期时，POD 活性下降。于处理第 30～50 d 时，MR、MW 及 CK 处理根系开始伸长，POD 活性下降；MW+MR 处理中 POD 活性持续下降，但仍高于 MR、MW 及 CK 处理。由此看出，磁化处理组中 POD 活性变化趋势和 CK 处理基本一致，且其活性高于 CK 处理，并于愈伤组织形成期和不定根形成期达到最高值。MW+MR 处理峰值出现时间比其他处理早，因此，铺设于基质下方的磁化毯与磁化水相结合可明显刺激 POD 活性，这与付喜玲（2009）的研究结果一致。

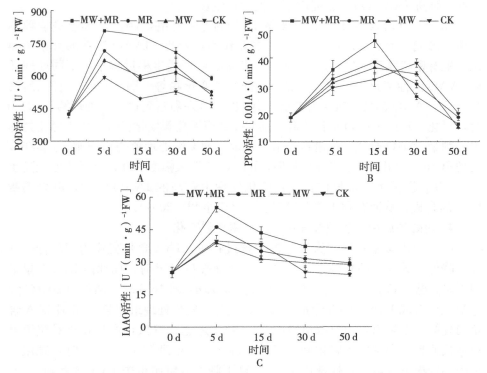

图 2-13　楸树扦插苗生根过程中 POD（A）、PPO（B）和 IAAO（C）活性变化

注：图中 MW+MR 为磁化水喷淋＋磁化毯处理，MR 为磁化毯处理，MW 为磁化水喷淋，CK 为对照处理（普通自来水喷淋）。图中数据为 3 次测定的平均值。

（2）PPO 活性变化：PPO 能够促进不定根的起源与发育，对生长素的代谢有催化作用，能够氧化酚类物质和 IAA 形成一种"IAA-酚酸复合物"的生根辅助因子，促进不定根形成。黄卓烈（2002）对桉树（*Eucalyptus*）扦插生根的研究发现，不定根形成过程中 PPO 活性提高。扈红军（2008）在榛子扦插生根试验中发现，不定根出现之前，PPO 活性持续上升，"IAA-酚酸复合物"相应提高，刺激插穗根系形成。楸树嫩枝扦插生根过程中，不同处理中PPO活性变化呈现"升高—降低"的变化趋势（图2-13B）。扦插后第5 d开始，磁化处理组中PPO活性逐渐提高，于15 d时达到峰值；CK处理则在第30 d时达到峰值；这期间由于PPO活性增加，PPO催化生成"IAA-酚酸复合物"的生根辅助因子含量提高，从而促进了愈伤组织形成和不定根孕育；磁化处理刺激了PPO大量产生，且活性呈现上升趋势，并显著高于CK处理。在不定根形成以后，PPO活性降低有利于IAA的产生，从而促进不定根的伸长，这一阶段磁化处理组PPO活性显著低于CK处理，说明磁化处理可通过调节PPO活性，促进IAA合成，以促进不定根伸长生长。

（3）IAAO活性：IAAO是水解IAA的专一性酶，IAA能够促进插穗不定根的形成。由于IAAO对IAA有氧化作用，因此，IAAO活性的大小与插穗生根有密切联系（扈红军，2008）。楸树嫩枝扦插生根过程中，不同处理插穗IAAO活性变化均呈现"升高—降低"的变化趋势（图2-13C）。扦插后第0～5 d，IAAO活性呈现上升趋势，并在第5 d左右达到最高。处理第5～15 d时，磁化处理组IAAO活性下降，而CK处理无显著变化；这是由于磁化处理组可刺激IAAO合成，促进愈伤组织形成，而CK处理愈伤组织则形成较晚。处理第15～30 d，于不定根伸长期，IAAO活性大幅度下降，且磁化处理高于CK处理；说明在不定根伸长期，磁化处理中较高的IAAO活性，可以刺激IAA的合成，从而有利于根系形态建成（宋金耀，2001）。

4. 磁处理后楸树生根过程中内源激素含量变化

（1）IAA含量：楸树嫩枝扦插生根过程中，IAA含量变化为"降低—升高—降低—升高"的趋势（图2-14A）。处理第0～5 d时，插穗内IAA含量呈现下降趋势，这有利于愈伤组织的形成。处理第5～15 d时，插穗内IAAO大量消耗以合成IAA，IAA含量呈现上升趋势；磁化处理组在第15 d时IAA含量出现第一个峰值，而对照组则在30 d左右才达到峰值，这是导致对照组楸树嫩枝插穗生根率低于磁化处理组的原因之一。处理第15～30 d时，磁化处理组不定根形成以后，插穗内IAA含量下降；而对照组中IAA含量则上升，且愈伤组织分化开始出现不定根。处理第30 d以后，对照组插穗IAA含量呈现下降趋势；而磁化处理中IAA含量上升，且不定根大量形成，这有利于IAA含量积累；而对照组不定根发生量较少，插穗内IAA消耗量大于合成，所以其含量呈现下降趋势。因此，楸树嫩枝插穗内源IAA含量对不定根形成和生长有重要影响，在不定根孕育期，磁化处理中较高浓度的内源IAA有利于楸树嫩枝插穗愈伤组织分化产生不定根。

（2）ABA含量：楸树嫩枝扦插生根过程中，ABA含量变化呈现"升高—

降低—升高"的变化趋势（图 2-14B）。扦插初期，ABA 含量升高，是由于植物材料的离体切割对 ABA 的合成有刺激作用，使其含量增加。处理第 5～15 d 时，磁化处理组 ABA 含量呈现下降趋势，此时为愈伤组织分化及不定根大量发生时期；而对照处理中 ABA 含量上升，这是造成其生根率低的主要原因。处理第 15～30 d 时，为不定根伸长时期，ABA 含量则有所回升；且磁化处理中较高浓度的 ABA 含量对楸树嫩枝插穗生根有促进作用。

（3）赤霉素（GA）含量：GA 对插穗不定根的形成有抑制作用（肖关丽，2001）。GA 是插穗不定根形成的主要抑制物质，GA 可能通过多种途径来抑制不定根的形成，如抑制根源及细胞分裂、阻碍生长素诱导的根原基的生长和发育过程。楸树扦插生根过程中，GA 含量变化呈现"降低—升高—降低—升高"的变化趋势（图 2-14C）。随处理时间的变化，CK 处理的 GA 含量显著高于磁化处理组，而其生根率低于磁化处理组，说明磁化处理组低浓度的 GA 更有利于插穗根原基的孕育。在不定根形成初期，磁化处理组 GA 含量极显著低于 CK 处理，说明磁化处理抑制了 GA 合成，从而有利于插穗不定根的形成；不定根形成以后，GA 含量则逐渐上升。

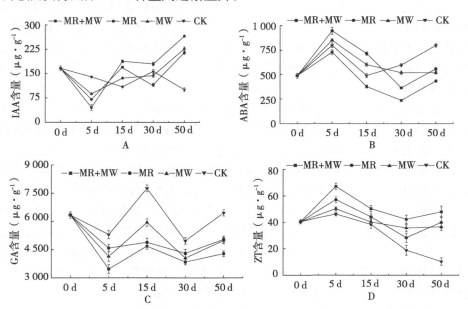

图 2-14　楸树扦插苗生根过程中 IAA（A）含量、ABA（B）含量、GA（C）含量以及 ZT（D）含量变化

　　注：MW+MR 为磁化水喷淋＋磁化毯处理，MR 为磁化毯处理，MW 为磁化水喷淋，CK 为对照处理（普通自来水喷淋）。图中数据为 3 次测定的平均值。

（4）ZT 含量：细胞分裂素（CTKs）能够促进细胞分裂，还能够促进细胞伸长生长、插穗新梢生长、伤口愈合和插穗形成层的生命活动，而 ZT 在细胞的分裂分化过程中起重要的作用。一般认为，ZT 对插穗生根具有抑制作用，但是也有学者认为低浓度的 ZT 有利于插穗生根。楸树嫩枝扦插生根过程中，磁化处理组 ZT 含量呈现"升高—降低—升高"的趋势，CK 处理中插穗内 ZT 含量表现为"升高—降低"的趋势，说明插穗在愈伤组织形成期消耗了部分内源 ZT，因此 ZT 含量降低；不定根大量形成后，磁化处理组插穗内源 ZT 开始合成，其含量开始逐渐回升。CK 处理中根系长势较弱，生根率较低，其含量呈现下降趋势。处理过程中，磁化处理组 ZT 含量均高于 CK 处理，且磁化毯与磁化水组合处理 ZT 含量高于单独使用磁化毯或者磁化水，同时也说明磁化处理有利于插穗不定根的形成。

三、小结

（1）不同磁场强度磁化水灌溉桑树幼苗后，得出以下主要结论：

①磁化处理对桑树扦插苗中可溶性糖和可溶性蛋白含量均有提高作用，同时显著提高了色氨酸含量以及根系 N、K、Zn 含量，这为扦插苗生根提供了充足的营养物质，有利于提高扦插苗的存活率。磁化作用对扦插苗根系营养元素具有一定的调节作用，如降低了根系对 Fe 的吸收，但对 P、Mn、Ca 等含量无显著影响。

②磁化水处理提高了桑树扦插苗整个生根时期中 POD、IAAO、PPO、SOD 活性，与 CK 处理均呈显著差异，并且酶活性的变化趋势与 CK 处理保持一致，在生根诱导关键期，提高了 α-淀粉酶、β-淀粉酶和 ATP 酶的活性。另外，磁化水处理提高了 IBA 含量，同时降低了 ABA、IAA、ZT 的含量，这种激素影响有利于生根诱导期扦插苗的生根，提高植物体新陈代谢速率。

③磁化水处理后桑树扦插苗的生根时间提前，且磁场强度越高，对一级根数量提高作用越显著，这有利于加快扦插苗对环境的适应，从而提高扦插苗的存活率。磁化水处理对后期桑树扦插苗根系生物量、总根长、总表面积、总体积、平均直径等指标都起到了显著的促进作用，并且显著增强了扦插苗的根系活力，这有利于扦插后期幼苗的生长发育。

（2）不同磁化装置处理楸树幼苗后，发现：

①磁化处理可有效促进楸树嫩枝愈伤组织的发生、不定根的形成以及生物量累积。磁化处理能够影响酶的活性及内源激素水平，从而促进愈伤组织发生以及生根基因的表达，产生不定根（徐伟忠，2006）。对楸树嫩枝插穗进行磁

化处理有利于愈伤组织形成和分化、根系质量的改善以及生根率的提升，不仅能够促进插穗不定根的产生、增加根系数量，促进次生根的分化以及提高对于矿质元素和水分的吸收效率（王艳红，2014）；还提高了苗木的繁育速度，大大缩短了育苗周期。另外，利用基质底部埋置磁化毯与磁化水喷淋相结合，对楸树嫩枝插穗不定根形成和分化能够产生较显著的生物效应，其根系形态指数（尤其是一级根数量）以及生物量远高于对照处理，主要是因为磁化水通过影响水的渗透力、溶解力与缔合度产生的物理效应来促进插穗对水分的吸收（徐伟忠，2006），从而提高楸树幼苗根系形态建成和生物学特性，这与磁化微咸水能够增强欧美杨-107（*Populus* × *euramericanna* 'Neva'）根系和叶片的生物量累积（刘秀梅，2016），与磁化处理能够显著提高鹰嘴豆（*Cicer arietinum*）的结实量、秸秆量及生物产量（Hozayn，2010）的研究结果相似。

②磁化处理改善了插穗矿质营养水平，提高了抗氧化酶和营养代谢酶活性以及对内源激素合成和分配起调节作用。插穗生根过程中，需要消耗大量的能量和营养物质，因此，插穗内的营养物质含量对不定根的产生和生长有重要影响；而且母株的营养物质水平对插穗生根和新梢的产生有重要作用。碳水化合物储藏能量不足也会导致某些未成熟枝条扦插生根困难，特别是可溶性糖，作为一种积累于插条基部的碳水化合物，用于诱导根原基和不定根的形成，是插穗扦插生根的重要营养物质。氮素化合物作为插穗生根过程中另外一种重要的营养物质，对根原始体的生长有重要作用。可溶性蛋白作为植物体吸收利用的主要部分，它与植物的形态产生具有重要的联系，能够为细胞分裂分化、信息和能量传递、细胞生理代谢等生命活动提供物质基础。它还是植物生命活动中许多生化反应的重要场所，许多反应是在酶蛋白提供的分子表面进行。C/N值能够促进根原基的发生进程，促进插穗新芽生长。研究发现，插穗皮部的可溶性蛋白、可溶性糖、总 N 含量及 C/N 值都随着插穗的生根进程不断变化。其中可溶性蛋白、可溶性糖、总氮含量的变化趋势大致呈现先升高后降低的趋势，C/N 值则呈现先降低后升高的趋势。磁化处理组中可溶性蛋白、可溶性糖、总 N 含量及 C/N 值总体上高于对照组，其中以基质底部铺设磁化毯和磁化水相结合的技术作用效果最好。

磁化处理能够影响植物体内多种酶的活性，何士敏（2000）对甜菜种子进行磁化处理研究发现，磁化处理可以提高甜菜种子萌发期和幼苗期体内 SOD 活性、过氧化氢酶活性、淀粉酶活性。龚富生等用磁化水处理玉米和幼苗后，叶片中硝酸还原酶活性提高，硝酸根离子的吸收增加，幼苗的氮代谢增强，生长加速。研究发现，磁化处理后基质底部铺设磁化毯与磁化水喷淋相结合对 POD、PPO 和 IAAO 活性具有较强的调节作用；通过大量合成 IAA 和 ZT，抑制 ABA 和 GA 合成，以促进不定根的发生和伸长。

第二节　磁化水灌溉促进林木生长

一、磁化水灌溉对杨树生物学特性的影响

（一）试验材料与方法

1. 杨树微咸水灌溉试验

（1）试验材料与方法：盆栽试验于 2014 年 3～9 月进行，设置在山东农业大学实验站（E117°08′，N36°11′）的遮雨棚内。试验材料为 1 年生欧美杨 I-107（*Populus* × *euramericanna* 'Neva'），3 月下旬选取其苗干中段直径为（1.52±0.11）cm、长度为 12 cm 的插穗扦插于陶土盆（直径 25 cm×高 20 cm）中。栽培基质为壤质土，每盆扦插 1 株，前期进行自来水灌溉和统一管理。5 月初待扦插苗 30 cm 以上开始模拟微咸水灌溉（微咸水盐分离子配比参照表 2-5）盆栽试验，每隔 3 d 过饱和灌溉一次微咸水。于同年 8 月 10 日采集栽培容器中部土壤（10～15 cm），实验室风干去除残根及石砾，过 60 目筛后用于测定分析。

（2）试验设计：利用 0 和 4.0 g·L^{-1} 的微咸水经磁化和非磁化处理后用于灌溉，共设 4 个处理，分别为磁化微咸水灌溉处理（M$_4$）、微咸水灌溉处理（NM$_4$）、非磁化灌溉处理（NM$_0$，CK$_1$）及磁化灌溉处理（M$_0$，CK$_2$）；单盆小区试验，重复 6 次。磁化水处理器为 Magnetized Technologies L. L. C. 的 U 050，其长度 160 mm，内径 21 mm，出水量 5 m^3·h^{-1}；磁场强度为 30 mT。

模拟盆栽微咸水灌溉试验，灌溉水浓度为 4.0 g·L^{-1}，盐分种类和质量配比为 NaCl：Na$_2$SO$_4$：CaCl$_2$：MgCl$_2$=4：2：2：1。阴阳离子配比如表 2-5 所示。

表 2-5　灌溉水离子配比

浓度 (mg·L^{-1})	阳离子 (mg·L^{-1})			阴离子 (mg·L^{-1})	
	Na$^+$	Mg^{2+}	Ca^{2+}	Cl$^-$	SO$_4^{2-}$
4 000	246.72	28.07	80.08	494.88	150.24

（3）测定方法：于收获前利用游标卡尺、皮尺等工具逐株调查各处理植株的株高、地径，记录数据后将其自根茎处收获，冲洗根兜，分别称取根、茎、叶鲜重；利用 WinRHIZO PRO2007 根系分析软件对根长、表面积、体积和短根数量等形态学参数进行统计分析；利用便携式叶面积仪（CI-202）测定单叶面积；将各株的根、茎、叶在 105℃杀青 15 min 后于 85℃烘干至恒重，称取

干重，统计各部位生物量。

2. 杨树镉胁迫试验

（1）试验材料与方法：试验材料选择同上第二章第一节；3月下旬将插穗扦插于装有12.5 kg壤质土的陶土盆中（直径25 cm×高20 cm）中，每盆扦插两株。前期进行统一栽培管理。待扦插植株生长稳定后，每盆保留1株生长势基本一致的植株，于5月进行外源镉胁迫处理。

（2）试验设计：基质栽培试验。外源镉为Cd（NO$_3$）$_2$·4H$_2$O，设置2个镉浓度梯度，分别是对照（0 μmol·L^{-1}）、高浓度（100 μmol·L^{-1}），将不同浓度Cd（NO$_3$）$_2$·4H$_2$O溶于灌溉水中，分别进行磁化和非磁化灌溉处理。试验共形成4个处理，分别是磁化＋0 μmol·L^{-1}镉灌溉处理（M$_0$）、磁化＋100 μmol·L^{-1}镉灌溉处理（M$_{100}$）、非磁化＋0 μmol·L^{-1}镉灌溉处理（NM$_0$）、非磁化＋100 μmol·L^{-1}镉灌溉处理（NM$_{100}$）。随机区组试验设计，每个处理重复3次，每5d过饱和灌溉一次，以确保栽培基质中保持相对恒定的处理浓度。磁化处理中所选磁化器同杨树磁化咸水灌溉试验。

土壤栽培试验。外源镉为Cd（NO$_3$）$_2$·4H$_2$O，设置3个镉浓度梯度，分别是对照（0 μmol·L^{-1}）、低浓度（50 μmol·L^{-1}）、高浓度（100 μmol·L^{-1}），将不同浓度Cd（NO$_3$）$_2$·4H$_2$O溶于灌溉水中，分别进行磁化和非磁化灌溉处理，试验共形成6个处理，分别是磁化＋0 μmol·L^{-1}镉灌溉处理（M$_0$）、磁化＋50 μmol·L^{-1}镉灌溉处理（M$_{50}$）、磁化＋100 μmol·L^{-1}镉灌溉处理（M$_{100}$）、非磁化＋0 μmol·L^{-1}镉灌溉处理（NM$_0$）、非磁化＋50 μmol·L^{-1}镉灌溉处理（NM$_{50}$）、非磁化＋100 μmol·L^{-1}镉灌溉处理（NM$_{100}$）。随机区组试验设计，每个小区5盆，重复3次，每5 d饱和灌溉一次，灌水量为3 000 mL，其中磁化处理中所选磁化器型号为U050。

9月6日试验结束时，植物样品和土壤样品一起采集。①植株采样方法：每株中随机取下中上部5片功能叶，按处理的不同进行编号，装入带有标签的自封袋置于便携式冰盒内带回实验室，用于叶片生理生化指标的测定分析。②土壤样品采集方法：采集每个栽培容器中部根际土壤（10～15 cm），将采集的土壤分成3份，一份土壤样品放入标记编号的自封袋中，在实验室自然风干后去除残根、砂砾，并研磨过60目筛，用于土壤理化性质的测定，同时用铝盒取原状土用于土壤含水量的测定；第二份土壤样品取样、过60目筛后立即放入便携式冰盒内，带回实验室在4℃冰箱中保存，用于土壤酶活性的测定；第三份土壤样品取样、过60目筛后立即装入标记编号并消毒的离心管中，并立即放入液氮罐内保持新鲜，带回实验室置于−80℃冷冻，用于土壤细菌结构及多样性的测定。

（3）测定方法：同第二章第一节。

（二）磁化微咸水灌溉对杨树生物学特性的影响

1. 杨树幼苗生长及生物量分配

生长抑制是植物高盐胁迫下最敏感的生理响应（Munns，2002）。研究发现，$4.0\ g \cdot L^{-1}$ NaCl 处理后杨树株高、径生长量及叶面积较非盐处理降低（表 2-6），且 $4.0\ g \cdot L^{-1}$ 盐分浓度对杨树幼苗株高及基径的抑制作用较明显；盐分胁迫（NM_4、M_4）极显著降低了植株根、叶生物量及根冠比，与 NM_0、M_0 相比分别降低 49.5% 和 44.0%、50.7% 和 49.8%、30.3% 和 30.5%；但 $4.0\ g \cdot L^{-1}$ 盐分处理却促进了茎生物量积累，与 NM_0、M_0 相比分别提高了 29.0% 和 33.9%。同时盐分胁迫改变了植株生物量分配比例，根叶生物量配比下降，分别为 28.4% 和 26.1%、27.0% 和 38.1%，茎生物量配比则有所提高，为 15.8% 和 20.9%；这与王秀伟（2015）得出的 NaCl 胁迫下 3 个杨树无性系幼苗生长表现为抑制作用的研究结果相似。

磁化微咸水灌溉能明显减轻盐分胁迫对植株生长的抑制作用。与 NM_0、NM_4 处理相比，M_0、M_4 处理较好地维持了植株生长势，即对高径生长及单叶面积均有不同程度的提高，而且磁化 $4.0\ g \cdot L^{-1}$ 微咸水灌溉对高生长具有极显著的促进作用。同时，根、茎、叶生物量配比也表现为相同的变化趋势。其中，M_0、M_4 对根、茎、叶生物量积累及根冠比均有明显的促进作用，与 NM_0、NM_4 相比，提高比例为 47.7% 和 64.0%、53.7% 和 56.4%、4.4% 和 4.0%。由此可见，磁化微咸水灌溉对植株各形态性状指标的生长发育均起到一定程度的促进作用，在盐分环境下也可以提高植株不同组织的生物量配比，从而维持自身有利的生理条件，提高干物质的产量。

表 2-6　磁化微咸水灌溉对植株生长的影响

处理	株高（cm）	基径（mm）	单叶面积（cm²）	生物量（g）			根冠比
				根系	茎	叶片	
NM_0	141.5±8.40b	17.9±0.55b	70.24±1.52b	6.50±0.13b	9.65±0.33c	5.68±0.44b	0.251±0.0009a
NM_4	62.5±2.47d	10.5±0.22c	62.70±0.77c	3.28±0.05d	13.60±0.18b	2.80±0.24c	0.175±0.0002b
M_0	195.5±3.28a	21.5±0.49a	78.61±0.50a	9.60±0.11a	14.38±0.01b	8.73±0.19a	0.262±0.0003a
M_4	99.8±4.20c	11.5±0.52c	69.63±0.32c	5.38±0.11c	19.25±1.68a	4.38±0.35bc	0.182±0.0003b

注：表中 NM_0 为非磁化灌溉处理，M_0 为磁化灌溉处理，M_4 为磁化微咸水灌溉处理，NM_4 为微咸水灌溉处理。表中数据为测定的平均值±标准差（$n>3$），不同小写字母表示同一处理内不同盐分浓度间差异达到极显著水平（$P<0.01$）。

2. 杨树幼苗根系形态特性

根系是盐分胁迫的直接作用部位，最早感受胁迫信号，植物的耐盐能力与根系生长发育状况密切相关（Srinivasarao et al.，2004）。研究表明，盐分胁迫对欧美杨 I-107 根系伸长和侧根发育有明显的抑制作用（表 2-7），根系长度、表面积、平均直径、根尖数及短根长度大幅度降低，与 NM_0 和 M_0 相比，NM_4、M_4 处理中降低比例分别为 36.9％和 40.3％、35.8％和 51.5％、14.1％和 20.6％、19.7％和 29.0％、36.5％和 42.7％；这说明 4.0 g·L^{-1} 盐分环境对根系生长发育有显著的抑制作用，也必然会降低根系对水分和养分的吸收强度和范围。M_0 和 M_4 对根系形态建成具有明显的促进作用，与 NM_0 和 NM_4 相比，其根系长度、表面积、平均直径、根尖数、短根长度增幅分别达 40.4％和 32.9％、37.4％和 41.7％、12.7％和 4.1％、26.5％和 11.9％、41.6％和 27.8％，这表示利用磁化水灌溉有效地促进了根系分化和伸长，扩大根系吸收面积和范围，提高了对矿质养分的吸收能力。

表 2-7　磁化微咸水灌溉对根系形态特征的影响

处理	长度（cm）	表面积（cm²）	平均直径（mm）	体积（cm³）	根尖数	直径≤0.5 mm 短根长度（mm）
NM_0	1242.1±34.65b	107.2±1.93b	0.2845±0.001b	0.705±0.173a	2829.00±12.68b	1146.3±13.99b
NM_4	783.7±11.34d	68.8±0.52d	0.2445±0.001d	0.425±0.069d	2270.75±23.54d	727.8±8.01d
M_0	1743.9±60.76a	147.3±0.50a	0.3205±0.004a	1.066±0.333a	3579.50±53.01a	1622.9±25.31a
M_4	1041.8±14.41c	97.5±0.98c	0.2545±0.002c	0.930±0.156a	2541.00±14.30c	929.8±9.56c

注：表中 NM_0 为非磁化灌溉处理，M_0 为磁化灌溉处理，M_4 为磁化微咸水灌溉处理，NM_4 为微咸水灌溉处理。表中数据为测定的平均值±标准差（$n>3$），不同小写字母表示同一处理内不同盐分浓度间差异达到极显著水平（$P<0.01$）。

（三）磁化水灌溉对镉胁迫下土壤栽培杨树幼苗生物学特性的影响

1. 镉胁迫下杨树幼苗生长与生物量特征

镉胁迫会抑制植株生长，而生物量的变化是植株对镉胁迫的综合反映。研究发现，50、100 μmol·L^{-1} 镉胁迫对杨树树高、基径生长和生物量累积均有抑制作用（表 2-8）。其中，与 NM_0 相比，NM_{50}、NM_{100} 株高下降 5.81％和 6.66％，基径下降无显著变化（为 1.53％和 2.30％）；与 M_0 相比，M_{50}、M_{100} 株高下降 4.64％和 6.47％；基径下降 5.77％和 6.33％。与对照 NM_0 相比，NM_{50} 和 NM_{100} 处理中根系、茎、叶片的生物量均降低，分别为 12.56％、8.10％、13.75％和 15.70％、19.71％、23.09％。由此看出，镉胁迫对杨树生物量的抑制程度大于对树高、基径生长的抑制。但是，磁化水灌溉能够促进镉胁迫下欧美杨地上部分的生长以及干物质量的累积，减轻镉胁迫对植株的生长抑制。与非磁化处理相比（NM_0、NM_{50}、NM_{100}），磁化处理后（M_0、

M_{50}、M_{100}），欧美杨的树高分别提高 5.32%、6.60%、3.60%；基径分别提高 6.21%、1.64%、1.82%；根系和叶片生物量提高幅度分别为 14.02%、16.71%、6.795% 和 21.79%、28.79%、13.33%；茎生物量提高比例分别为 4.29%、0.82%、12.65%。因此判断，磁化水灌溉对镉胁迫下杨树树高、基径生长以及生物量分配格局产生了显著影响，并有效促进了叶片生物量的累积。

表 2-8　磁化水处理对镉胁迫下欧美杨生长及生物量的影响

处理	树高（cm）	基径（mm）	生物量（g）		
			根系	茎	叶片
NM_0	189.3±0.67b	11.75±0.13ab	7.32±0.06b	40.25±0.52a	20.62±0.26cd
NM_{50}	178.3±6.06c	11.57±0.40b	6.40±0.13c	36.99±0.10b	17.78±0.45de
NM_{100}	176.7±8.09c	11.48±0.06b	6.17±0.02c	32.31±0.43b	15.86±0.87e
M_0	191.7±7.31a	12.48±0.15a	8.35±0.03a	41.97±1.06a	25.11±0.33a
M_{50}	183.0±11.73b	11.76±0.26ab	7.47±0.09b	37.29±0.41b	22.90±0.83b
M_{100}	179.3±5.81c	11.69±0.25b	6.62±0.10c	36.40±0.64b	17.97±0.40bc

注：M_0 为磁化＋0 $\mu mol \cdot L^{-1}$ 镉灌溉处理，NM_0 为非磁化＋0 $\mu mol \cdot L^{-1}$ 镉灌溉处理，M_{100} 为磁化＋100 $\mu mol \cdot L^{-1}$ 镉灌溉处理，NM_{100} 为非磁化＋100 $\mu mol \cdot L^{-1}$ 镉灌溉处理。表中数据为 3 次测定的平均值±标准差，不同小写字母表示同一处理内不同镉浓度间差异达到显著水平（$P<0.05$）。

2. 镉胁迫下杨树幼苗根系形态特性

植株根系是与外界土壤接触最紧密的器官，最能反映物质吸收能力。研究表明，镉胁迫会抑制细胞分裂，影响根系对养分的吸收（Ling et al.，2011）。在本研究中，50 $\mu mol \cdot L^{-1}$ 低浓度镉处理刺激根系直径和体积的增大（表 2-9），而 100 $\mu mol \cdot L^{-1}$ 高浓度镉处理则明显抑制欧美杨根系长度及表面积的生长。镉胁迫下磁化水灌溉能提高植株的根系长度等各形态参数，与非磁化处理（NM_0、NM_{50}、NM_{100}）相比，M_0、M_{50} 和 M_{100} 处理中杨树根系长度分别提高 9.40%、8.35%、10.33%；根系表面积分别提高 54.17%、0.38%、8.56%；根系体积分别提高 49.28%、13.91%、14.06%；说明磁化作用可以促进镉胁迫下杨树根系形态的建成，增加根系对养分的选择性吸收（张佳，2018），同时，根系吸收养分含量的增加则会促进根系的生长，使根系表面积及体积明显增大。

表 2-9　磁化水处理对镉胁迫下欧美杨根系参数的影响

处理	长度（cm）	平均直径（mm）	表面积（cm²）	根体积（cm³）
NM_0	460.12±7.43bc	0.44±0.01b	64.85±1.10bc	0.69±0.05b

处理	长度（cm）	平均直径（mm）	表面积（cm²）	根体积（cm³）
NM_{50}	436.48±10.42c	0.53±0.01a	72.85±3.51b	1.15±0.15a
NM_{100}	383.15±7.01d	0.43±0.01b	57.93±2.71c	0.64±0.04b
M_0	503.39±3.58a	0.56±0.02a	99.95±4.24a	1.03±0.10ab
M_{50}	472.93±4.85ab	0.52±0.01a	73.13±0.49b	1.31±0.24a
M_{100}	422.73±25.59cd	0.44±0.02b	62.89±2.51bc	0.73±0.03b

注：M_0 为磁化＋0 $\mu mol \cdot L^{-1}$ 镉灌溉处理，M_{50} 为磁化＋50 $\mu mol \cdot L^{-1}$ 镉灌溉处理，M_{100} 为磁化＋100 $\mu mol \cdot L^{-1}$ 镉灌溉处理，NM_0 为非磁化＋0 $\mu mol \cdot L^{-1}$ 镉灌溉处理，NM_{50} 为非磁化＋50 $\mu mol \cdot L^{-1}$ 镉灌溉处理，NM_{100} 为非磁化＋100 $\mu mol \cdot L^{-1}$ 镉灌溉处理。表中数据为 3 次测定的平均值±标准差，不同小写字母表示同一处理内不同镉浓度间差异达到显著水平（$P<0.05$）。

（四）磁化水灌溉对镉胁迫下基质栽培杨树幼苗生物学特性的影响

1. 镉胁迫下杨树幼苗生长量变化

生物量是评价植物抗逆能力的重要指标之一，而镉胁迫可通过扰乱植物正常的生理代谢、细胞膜功能以及相关质子泵活性，影响植物细胞分裂和组织伸长，从而对其生长发育造成严重危害，抑制根茎生长、干物质积累，甚至是养分的吸收和利用（Ahmad et al.，2016）。研究发现，镉胁迫可抑制杨树叶片和根系生物量积累，与对照相比，降低比例为 19.7%～38.3%；抑制新梢伸长生长且生长量降低 9.6%～9.9%，同时造成叶片发育迟缓、黄化以及叶面积下降（29.2%～32.8%）（图 2-15），这与 Liu 等（2018）发现超过 1.0 kg·m⁻³ 镉胁迫可抑制东营野生大豆（*Glycine soja* Sieb. et Zucc.）生物量累积、叶片发育以及造成叶片褪绿的研究结果相似；说明 100 $\mu mol \cdot L^{-1}$ 镉胁迫可抑制杨树幼苗生长。同时，研究发现，100 $\mu mol \cdot L^{-1}$ 镉胁迫条件下，磁化植株对根系和叶片生物量累积、新梢生长以及叶面积有明显的促进作用，分别提高 0.4%～21.1%、9.3%～30.3%、19.8%～20.1%、26.4%～33.2%，这与 Ahmad 等（2018）利用外源添加 NO 可促进镉胁迫条件下番茄（*Solanum lycopersicum* L.）生长、提高其生物产量以及 Rahman 等（2016）发现外源钙的施入可维持水稻幼苗（*Oryza sativa* L. cv. BRRI dhan29）较高干重的研究结果相似，这说明含镉水源经磁化处理后用于灌溉对杨树幼苗产生了较显著的抑制作用。叶片性状是植物适应环境变化而形成的生存策略（宝乐和刘艳红，2009）。值得注意的是，镉胁迫条件下，磁化处理诱导杨树叶面积增加，这说明杨树能够通过最大限度地增加叶长和叶宽，加大光合产物量以维持生存（吴福忠，2010）。

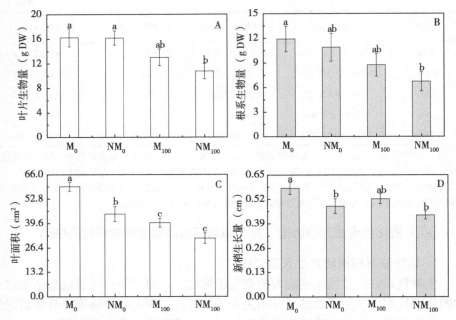

图 2-15　叶片和根系生物量（A、B）、叶面积（C）和新梢生长量（D）变化

注：M_0 为磁化＋0 μmol·L^{-1} 镉灌溉处理，NM_0 为非磁化＋0 μmol·L^{-1} 镉灌溉处理，M_{100} 为磁化＋100 μmol·L^{-1} 镉灌溉处理，NM_{100} 为非磁化＋100 μmol·L^{-1} 镉灌溉处理。图中数据为平均值±标准差（$n>3$），不同小写字母表示同一处理内不同镉浓度间的差异显著（$P<0.05$）。

2. 镉胁迫下杨树幼苗根系形态变化

由表 2-10 可以看出，镉胁迫对杨树根系形态性状有抑制作用，而磁化处理有利于根系形态发育，杨树根系长度、表面积、直径、体积、根尖数等形态指标均提高，且短根数量增多（≤1.5cm）；Meng（2009）发现外源不同浓度的植物生长调节剂（JA、SA、ABA、GA）可促进镉胁迫条件下油菜（*Brassica napus* L.）根系伸长生长，Xu 等（2010）发现外源施入 100 μmol·L^{-1} SNP 可有效维持质膜完整性、降低蒺藜苜蓿幼苗对镉的吸收并促进其根系生长，本文研究结果与之相似；这说明杨树将植物体有限的资源分配到根系中，以改变根系形态构成的方式来适应镉胁迫环境（Gonzaga et al.，2008）。另外，镉胁迫条件下，磁化作用刺激根细胞壁中交换位点排斥镉离子，并激活谷胱甘肽依赖的植物螯合素（PC）合成途径上相关基因的协调表达，增强杨树根系对镉的积累和耐受能力（Chen et al.，2015），以促进根系生长发育；且磁化处理中较好的根系形态性状有利于水分和养分的吸收，这是杨树适应镉胁迫环境的重要方式，也意味着磁化处理条件下镉对根系活动作用较显著。

表 2-10 镉胁迫下磁化和非磁化水灌溉后杨树根系形态变化

处理	根系长度 (cm)	表面积 (cm²)	平均直径 (mm)	根系体积 (cm³)	根尖数	短根数量 ≤1.5 cm
M_0	260.30±18.23a	71.57±5.47a	0.90±0.08a	1.71±0.042a	1 794.83±60.29a	254.56±17.44ab
NM_0	152.85±31.38b	36.29±1.10b	0.64±0.18a	0.74±0.038a	948.67±43.31c	154.41±12.12c
M_{100}	218.80±25.30ab	52.16±15.89ab	0.68±0.09a	0.94±0.038a	1 463.17±28.27b	302.39±20.42a
NM_{100}	155.37±19.15b	38.58±12.19ab	0.57±0.05a	0.79±0.031a	790.00±40.75c	217.57±20.43b

注：M_0 为磁化＋0 μmol·L^{-1}镉灌溉处理，NM_0 为非磁化＋0 μmol·L^{-1}镉灌溉处理，M_{100} 为磁化＋100 μmol·L^{-1}镉灌溉处理，NM_{100} 为非磁化＋100 μmol·L^{-1}镉灌溉处理。表中数据为 3 次测定的平均值±标准差，不同小写字母表示同一处理内不同镉浓度间差异达到显著水平（$P<0.05$）。

二、磁化水灌溉对绒毛白蜡和桑树生物学特性的影响

（一）试验材料与方法

1. 试验材料

绒毛白蜡（*Fraxinusvelutina*），木犀科，白蜡属乔木。桑树（鲁桑 792）（*Morus alba*）桑科桑属，阳性，落叶乔木。两树种均选择 1 年生、生长状况相同的实生苗，苗木高度 100±5 cm，地径 1.52±0.12 cm，截干后保留 20 cm。

2. 试验设计

11 月下旬落叶后将苗木栽植于泥质花盆（上口径 31 cm、下口径 24 cm、高 26 cm）中，每盆栽植 1 株，每盆装入壤质土 18 kg，栽后大田开沟埋植，沟内灌水以确保盆内土壤彻底浸润。通过测定滨海区水样，模拟海水盐分组分和比例（表 2-6），设置自来水（0）、4‰、6‰、8‰和 10‰ 共 5 个浓度盐分梯度，磁化处理（M）和非磁化处理（NM），3 盆小区，重复 3 次。翌年 5 月上旬将盆栽试材移置于铺设塑料隔板的地表，分别用 3 个浓度的磁化和非磁化水进行隔天连续灌溉，每隔 5 d 灌溉一次，每盆灌水量为 3 000 mL（过饱和），过量水经花盆底部排出，以确保各处理土壤溶液盐分含量符合设计浓度要求。其中使用连续激发式荧光仪测定荧光动力学曲线时，采用了自来水、4‰、8‰三种浓度梯度，其他试验为自来水、6‰和 10‰。盐分配比见表 2-11。

表 2-11 灌溉水盐分配比

浓度	氯化钠（mg·L^{-1}）	硫酸钠（mg·L^{-1}）	氯化钙（mg·L^{-1}）	氯化镁（mg·L^{-1}）
对照	<250	<250	<250	<250

（续）

浓度	氯化钠（mg·L^{-1}）	硫酸钠（mg·L^{-1}）	氯化钙（mg·L^{-1}）	氯化镁（mg·L^{-1}）
4 000 mg·L^{-1}	1 292.82	1 569.06	613.26	524.86
6 000 mg·L^{-1}	1 939.23	2 353.59	919.89	787.29
8 000 mg·L^{-1}	2 585.64	3 138.12	1 226.52	1 049.72
10 000 mg·L^{-1}	3 232.05	3 922.65	1 533.15	1 312.15

3. 测定方法

每组处理测量 3 株绒毛白蜡和 3 株桑树树高及生物量（鲜重），并分别测量地上部分与地下部分绝对含水量和鲜重含水量。测定时间为 2014 年 9 月 6 日。计算公式如下：绝对含水量 $= \dfrac{鲜重-干重}{干重} \times 100\%$。调查所有处理植株的高径生长量，利用精度 1/1 000 天平测量植株鲜重，105℃烘干 30 min 后 80℃烘干至恒重。利用根系分析系统（WinRhizo Pro STD4800）分析各处理细根数量、平均根粗、平均根长、根系表面积等根系特征。叶片全氮含量采用奈氏比色法测定，全磷含量采用钒钼黄吸光光度法，全钾含量采用火焰光度法测定。

（二）高矿化度灌溉水对绒毛白蜡和桑树生长及生物量的影响

植物生物量是对生长状况最直观的反映。由磁化高矿化度灌溉水对绒毛白蜡和桑树生长势的影响结果可以看出（表 2-12），磁化处理在不同程度提高了两种植物的抗盐能力，降低了植株在逆境下的受伤害程度。磁化处理对不同盐分浓度下绒毛白蜡生物量的影响均较大，但对桑树来说，低盐浓度灌溉植株受到磁化处理的影响较大，提高幅度将近 50%，但含盐灌溉水对植株生长及生物量影响较小。主要表现为：由低盐到高盐胁迫环境中，与非磁化处理相比，磁化处理后绒毛白蜡生物量分别提高了 24.0%、18.0%、54.0%；树高分别提高了 33.0%、8.0%、32.0%；含水量分别变化了 5.2%、−2.8%、3.0%。磁化处理后绒毛白蜡树高和生物量（鲜重）均值都比对照组高，在盐分浓度为 10 000 mg·L^{-1} 时，对生物量（鲜重）和树高的影响是显著的，其中，盐分浓度是 6 000 mg·L^{-1} 时，对树高的影响也是显著。随盐分浓度升高，磁化处理和非磁化处理生物量与树高均呈减小趋势。磁化处理对绒毛白蜡苗鲜重以及树高影响显著，对照的生物量和树高均低于磁化处理。说明磁化处理对提高绒毛白蜡抗盐能力，促进绒毛白蜡生长起到一定作用。

磁化处理桑树后，由低盐到高盐，生物量分别变化了 48.0%、3.0%、−5.0%；树高分别提高了 12.0%、6.0%、1.0%；含水量分别提高了 20.0%、6.0%、6.0%。磁化处理后桑树树高和含水量均值都高于非磁化处理，对生物量（鲜重）的影响是显著的。随盐分升高，磁化处理和非磁化处理生物量与树高均呈下降趋势。磁化处理对桑树苗鲜重影响显著，非磁化处理的生物量低于磁化处理。说明磁化处理对提高桑树抗盐能力，促进桑树生长起到一定的积极作用。

表 2-12　磁化处理对绒毛白蜡和桑树植株生长的影响

		绒毛白蜡		桑　　树	
		磁化	非磁化	磁化	非磁化
生物量（g）	低盐	272.27±50.90	218.79±21.62	380.24±26.61	257.07±22.60
	中盐	213.80±10.52	181.06±33.36	236.09±26.60	229.51±24.09
	高盐	207.75±31.03	134.63±23.57	200.91±5.87	211.52±32.42
	A	21.19**		14.35*	
	B	9.06**		46.86**	
	A×B	ns		19.63**	
树高（cm）	低盐	148.00±8.19	111.67±14.05	136.25±11.79	121.75±4.04
	中盐	98.00±12.29	91.00±17.69	124.00±6.23	116.50±15.53
	高盐	92.33±7.02	70.00±10.00	117.75±4.51	116.25±3.61
	A	ns		ns	
	B	5.07*		ns	
	A×B	ns		ns	
绝对含水量	低盐	0.281±0.14	0.278±0.02	0.506±0.12	0.485±0.01
	中盐	0.261±0.02	0.262±0.06	0.501±0.04	0.488±0.03
	高盐	0.254±0.03	0.247±0.03	0.499±0.02	0.483±0.26
	A	ns		ns	
	B	ns		ns	
	A×B	ns		ns	

注：A为盐分处理，B为磁化处理，A×B为二者交互作用。* 代表 $P<0.05$，**代表 $P<0.01$，ns 表示差异不显著。

（三）高矿化度灌溉水对绒毛白蜡根系形态特征的影响

植物体是各个部分的统一整体，植物各部分的生长有着密切的关联性。地上部分生长所需的水分和矿质营养由根系供应，细胞分裂素在根部合成，并由根部运送到地上部分，根系中还能合成植物碱等含氮化合物。植物地上部分的正常生长对根部同样有促进作用。如地上部分可以合成根部不能合成的糖分、B族维生素等。当生长条件恶劣时，地上部分和根部也会相互抑制。

　　根系是植物吸收养分、水分的器官，根系的大小形态与植株的生活力密切相关，对植株的生长发育和生理过程具有重要影响。如表 2-13 所示，磁化处理和盐分处理与根系的形态发育，包括平均直径、长度、投影面积、体积、表面积等特征，均具有显著影响，磁化处理后绒毛白蜡根系各项形态特征指标均显著大于对照。盐分浓度为 10‰的处理根系长度和直径值较大，因其根分级程度较小，且根系总量小。总体上随盐分浓度的增大，低浓度处理根系形态指标优于高浓度处理。

表 2-13　磁化处理对绒毛白蜡根系特征的影响

处理	直径（mm）	长度（cm）	长度＞4.5 cm	长度＜0.5 cm	投影面积（cm²）	体积（cm³）	表面积（cm²）
NM$_0$	0.595	778.962	0.736	499.749	45.696	2.128	143.636
M$_0$	0.719	819.980	6.460	505.415	58.771	3.310	184.636
NM$_6$	0.677	329.593	1.323	307.539	22.280	1.183	69.995
M$_6$	0.6707	530.794	2.620	299.793	36.168	1.943	113.624
NM$_{10}$	0.790	346.529	0.353	152.475	27.851	1.698	85.972
M$_{10}$	0.727	1056.107	9.663	656.753	76.806	4.387	241.292
A	ns	39.63**	34.64**	8.66*	55.09**	53.2**	55.34**
B	9.30**	19.21**	ns	ns	20.33**	18.02**	19.95**
A×B	7.12*	15.99**	6.28*	8.77**	12.03**	7.66**	12.26**

　　注：NM$_0$、NM$_6$和NM$_{10}$为非磁化处理，盐分浓度分别为0、6‰和10‰；M$_0$、M$_6$和M$_{10}$为磁化处理，盐分浓度分别为0、6‰和10‰。A为盐分浓度处理，B为磁化处理，A×B为二者交互作用。表中数据为平均值±标准差。* 表示 $P<0.05$，**表示 $P<0.01$，ns 表示差异不显著。

三、磁化水灌溉对葡萄生物学特性的影响

（一）试验材料与方法

1. 葡萄咸水灌溉试验

（1）试验材料：磁化咸水灌溉试验于 2015 年 3～9 月进行。试验材料为 2 年生'夏黑'葡萄（*Vitis vinifera* × *V. labrusca* 'Summer Black'）扦插苗，于 3 月下旬选择直径 1.36±0.05cm、茎高 25 cm、长势一致、无病虫害的苗木栽植入直径 30 cm、高 26 cm 的陶土盆中，每盆 1 株。试验土壤为壤质土，风干土壤全氮、全磷、全钾含量分别为 2.420、0.082、4.985 g·kg^{-1}，pH7.5（章家恩，2007），每盆装土 20 kg。6 月下旬将生长均一的盆栽试材移入遮雨棚中，进行统一管理。7 月 15 日对幼苗进行试验处理。

（2）试验设计：试验共设置 6 个处理，分别为非磁化对照溶液处理

（NM$_0$）、磁化对照溶液处理（M$_0$）、非磁化 3.0 g·L^{-1} NaCl 溶液灌溉处理（NM$_3$）、磁化 3.0 g·L^{-1} NaCl 溶液灌溉处理（M$_3$）、非磁化 6.0 g·L^{-1} NaCl 溶液灌溉处理（NM$_6$）和磁化 6.0 g·L^{-1} NaCl 溶液灌溉处理（M$_6$）。采用随机区组试验设计，每小区 6 盆，重复 3 次。以浇施 NaCl 溶液进行咸水灌溉处理，浇施等量清水为对照；试验期间每 7 d 灌溉一次，每盆 3 000 mL（过饱和灌溉），过量溶液由盆底排出，确保盆内土壤盐分浓度恒定一致。于 8 月 25 日选取新梢第 6～8 片成熟功能叶进行光合气体交换参数、叶绿素荧光参数和光合色素含量的测定；8 月 30 日试验结束时，每处理取 9 株生长势均匀一致的植株及栽培容器中 5～15 cm 土层土壤带回实验室。对叶片、茎、根系进行生长、生物量和矿质离子含量的测定；对土壤进行养分含量测定。磁化处理中所采用的磁化处理器同第二章第二节。

（3）测定方法：生长特性及生物量调查方法同第二章第二节。

2. 葡萄施氮试验

（1）试验材料：磁化处理和施氮试验于 2016 年 3～9 月进行。试验材料为 1 年生'夏黑'葡萄（*Vitis vinifera* × *V. labrusca* 'Summer Black'）扦插苗，于 3 月下旬选取地径为 0.95±0.05cm、茎高为 25 cm、长势一致且无病虫害的健康植株植入陶土盆（规格为上口径 30 cm×下口径 24 cm×高 26 cm）中，每盆 1 株。栽培土壤为壤质土，每盆装土 14 kg。6 月下旬移入遮雨棚中，进行统一管理。7 月 28 日选取长势一致的幼苗进行试验处理。

（2）试验设计：设置磁化水灌溉和施氮处理两个因素，共 4 个处理，分别是磁化水灌溉处理（M$_0$）、非磁化水灌溉处理（NM$_0$）、磁化施氮处理（MN）、非磁化施氮处理（NMN）。采用随机区组试验设计，每小区 5 盆，重复 3 次。其中，施氮处理选用 ^{15}N 标记尿素（上海化工研究院生产，丰度为 10.22%），施肥量为 3 g·株$^{-1}$，分 3 次施入，间隔时间为 10 d；磁化处理采用磁化器（同第二章第二节）处理自来水进行灌溉，以未磁化自来水为对照，每 7 d 灌溉处理一次，每盆灌水 1 000 mL（不饱和灌溉）。8 月 20 日选取新梢第 6～8 片成熟功能叶进行光合气体交换参数、叶绿素荧光参数和光合色素含量的测定。8 月 30 日结束试验，每处理取 9 株生长势均匀一致的植株及栽培容器中 5～15 cm 土层土壤带回实验室。对植株叶片、茎、根系分别进行生长、生物量和根系活性的测定，对植株各器官和土壤进行全氮和 ^{15}N 丰度测定，对植株叶片和根系中的硝酸还原酶（NR）活性、亚硝酸还原酶（NiR）活性、谷氨酸合成酶（GOGAT）活性、谷氨酰胺合成酶活性（GS）进行测定。

（3）测定方法：生长特性及生物量调查方法同第二章第二节。

(二)磁化咸水灌溉影响葡萄生物学特性

1. 磁化水灌溉后葡萄幼苗生长状况

生长抑制是植物在土壤盐分超出适应浓度后最直观的生理反应（赵旭，2007）。如表 2-14 所示，咸水灌溉对葡萄新梢生长量、节间长度、基径、叶面积和叶片数均有极显著影响；磁化处理对葡萄新梢生长量、节间长度、叶面积和叶片数有极显著影响，对根尖数无显著影响；盐分胁迫和磁化处理的交互作用对各指标均无显著影响。

非磁化处理条件下，3.0、6.0 g·L^{-1} 咸水灌溉均对葡萄的茎和叶片生长产生抑制作用。咸水灌溉下葡萄新梢生长量、节间长度、基径、叶面积和叶片数降低，且随着盐分浓度升高，降低幅度明显增大；其中 NM_3 较 NM_0 各生长参数显著降低，分别为 17.5%、9.9%、3.0%、14.5% 和 8.4%；NM_6 与 NM_3 变化趋势一致，与 NM_0 相比均显著降低，分别为 44.3%、22.9%、22.7%、19.1% 和 82.0%。由此看出，3.0 g·L^{-1} 咸水灌溉下，'夏黑'葡萄表现出一定的盐分适应能力。与咸水灌溉不同，磁化咸水灌溉后葡萄幼苗新梢生长量、节间长度、基径、叶面积和叶片数均有不同程度提高。其中 M_0 与 NM_0 相比各生长参数均提高，分别为 8.3%、1.9%、8.3%、19.4% 和 35.4%；与 NM_3 相比，M_3 处理中各生长参数分别提高了 12.5%、3.4%、3.1%、23.7% 和 22.4%；M_6 较 NM_6，分别提高了 25.6%、10.8%、6.7%、26.2% 和 88.0%。可见，磁化处理能够有效缓解咸水灌溉对葡萄茎、叶生长的抑制作用，且盐分浓度越高磁化处理对葡萄生长的提升幅度越大。

表 2-14　磁化咸水灌溉对葡萄生长的影响

处理	新梢生长量（cm）	节间长度（cm）	基径（cm）	叶面积（cm²）	叶片数
NM_0	282.86 ± 10.40ab	6.86 ± 0.12a	1.32 ± 0.08ab	193.69 ± 5.12b	36.40 ± 2.88bc
M_0	306.43 ± 7.13a	6.99 ± 0.23a	1.43 ± 0.11a	231.30 ± 7.15a	49.30 ± 2.97a
NM_3	233.43 ± 5.76c	6.18 ± 0.12bc	1.28 ± 0.06abc	165.68 ± 6.27c	33.33 ± 1.47c
M_3	262.63 ± 5.59b	6.39 ± 0.11c	1.32 ± 0.07ab	204.97 ± 5.59b	40.78 ± 1.26b
NM_6	157.57 ± 17.63e	5.29 ± 0.17d	1.02 ± 0.03c	156.57 ± 9.44c	6.56 ± 2.23d
M_6	197.85 ± 7.66d	5.86 ± 0.11c	1.09 ± 0.07bc	197.66 ± 5.79b	12.33 ± 2.41d
A	15.44**	6.68**	1.10ns	51.91**	20.50**

（续）

处理	新梢生长量（cm）	节间长度（cm）	基径（cm）	叶面积（cm²）	叶片数
B	75.46**	42.06**	7.08**	16.04**	114.25**
A×B	ns	ns	ns	ns	ns

注：NM_0 为非磁化对照溶液处理，M_0 为磁化对照溶液处理，NM_3 为非磁化 3.0 g·L^{-1}NaCl 溶液灌溉处理，M_3 为磁化 3.0 g·L^{-1}NaCl 溶液灌溉处理，NM_6 为非磁化 6.0 g·L^{-1}NaCl 溶液灌溉处理，M_6 为磁化 6.0 g·L^{-1}NaCl 溶液灌溉处理。A 代表磁化处理，B 代表 NaCl 浓度处理，A×B 代表磁化处理与 NaCl 浓度处理的交互作用；* 表示 $P<0.05$，** 表示 $P<0.01$，ns 表示差异不显著。表中数据为平均值±标准差，同列数据后不同小写字母表示差异显著（$P<0.05$）。

2. 磁化水灌溉后葡萄幼苗生物量累积与分配

生物量是植物各生理代谢过程共同影响下的综合反映指标。盐胁迫下植物生物量分析可以反映植物生长受限程度，也能体现植物生物量分配格局的变化趋势。如表 2-15 所示，NaCl 处理对葡萄叶片、茎和根系的生物量和根冠比有极显著影响；磁化处理对葡萄叶片和茎生物量有显著影响；盐分胁迫与磁化处理的交互作用对葡萄生物量、根冠比和存活率无显著影响。

咸水灌溉条件下，葡萄叶片、茎、根系和全株生物量随盐分浓度升高而降低。其中，与 NM_0 相比，NM_3 处理下分别降低 7.1％、25.1％、27.2％ 和 21.3％；NM_6 处理下分别降低了 68.0％、58.5％、54.2％ 和 59.7％；且 NM_6 与 NM_3 相比，叶片生物量降低幅度最大，而且，植株根冠比显著升高、存活率则明显降低。而磁化咸水灌溉则有效促进了葡萄生物量积累，提高了盐分环境中葡萄幼苗存活率。与非磁化处理相比，磁化咸水灌溉（M_0、M_3、M_6）后植株叶片、茎、根系和全株生物量均有不同程度的提高，且咸水灌溉条件下葡萄生物量的提高幅度大于对照。其中 M_0 与 NM_0 相比，叶片生物量显著提高了 31.9％；M_3 与 NM_3 相比，叶片和根系生物量分别提高了 36.3％ 和 13.0％；M_6 与 NM_6 相比，茎、根系生物量分别提高了 40.3％ 和 44.8％。由此看出，磁化 3.0 g·L^{-1} 咸水灌溉下，葡萄幼苗生物量均可达到对照水平（NM_0），这与祁通（2015）对棉花（*Gossypium hirsutum*）和 Surendran 等（2013）对豇豆（*Vigna unguiculata*）的研究结果相似。同时，磁化 3.0 g·L^{-1} 咸水灌溉后葡萄叶生物量显著提高，表明磁化处理能缓解盐分胁迫对葡萄光合机构的损伤，提高葡萄的光合能力。

根冠比能直观反映盐胁迫下植物各器官的适应性和干物质分配策略，存活率则是判断植物耐盐性的重要指标。NM_3 处理下葡萄根冠比和存活率与对照（NM_0）相比无显著差异，这表示葡萄幼苗对 3.0 g·L^{-1} 盐分环境具有一定的适应性；NM_6 处理下葡萄根冠比显著提高了 22.5％（$P<0.05$），存活率降低

至对照的 53％。高浓度咸水灌溉条件下，磁化处理提高了葡萄的根冠比和存活率，M_6 与 NM_6 相比，分别提高了 6.1％和 37.7％。

表 2-15　磁化咸水灌溉对葡萄生物量和存活率的影响

处理	生物量（g）				根冠比	存活率（％）
	叶片	茎	根系	全株		
NM_0	26.17±1.91bc	50.33±2.39a	30.73±3.07a	107.23±4.73a	0.40±0.04c	100
M_0	34.51±2.03a	51.53±2.52a	31.60±2.73a	117.64±7.07a	0.36±0.02c	100
NM_3	24.31±2.38c	37.68±2.51b	22.37±1.73b	84.36±5.79b	0.37±0.02c	100
M_3	33.13±2.49ab	41.88±2.25b	25.27±1.81ab	100.2±6.01ab	0.34±0.01c	100
NM_6	8.38±2.97d	20.87±2.83d	13.98±2.17c	43.22±7.54c	0.49±0.04ab	53
M_6	11.28±3.18d	29.27±1.89c	20.24±1.81bc	60.79±6.32c	0.52±0.03a	73
A	10.45**	5.44*	ns	8.07**	ns	—
B	40.51**	57.7**	19.09**	47.6**	6.23**	—
A×B	ns	ns	ns	ns	ns	—

注：NM_0 为非磁化对照溶液处理，M_0 为磁化对照溶液处理，NM_3 为非磁化 3.0 g·L^{-1} NaCl 溶液灌溉处理，M_3 为磁化 3.0 g·L^{-1} NaCl 溶液灌溉处理，NM_6 为非磁化 6.0 g·L^{-1} NaCl 溶液灌溉处理，M_6 为磁化 6.0 g·L^{-1} NaCl 溶液灌溉处理。A 代表磁化处理，B 代表 NaCl 浓度处理，A×B 代表磁化处理与 NaCl 浓度处理的交互作用；＊表示 $P<0.05$，＊＊表示 $P<0.01$，ns 表示差异不显著。表中数据为平均值±标准差，同列数据后不同小写字母表示差异显著（$P<0.05$）。

3. 磁化水灌溉后葡萄幼苗盐敏感指数变化

敏感指数可以在一定程度上反映盐分对植物各器官生长的影响，敏感指数越小，表明该器官具有较高的盐敏感性，受盐害影响程度越高。薛忠财（2011）研究发现，野生大豆（Glycine soja）相较于栽培大豆（Glycine max）叶片具有更高的盐敏感性，其良好的耐盐性主要依赖根系离子转运机制对叶片的保护；葡萄表现出与之相似的变化趋势。3.0 g·L^{-1} 咸水灌溉条件下，葡萄茎和根系的盐敏感指数（SSI）显著降低（图 2-16），但叶片无明显差异，表现为叶片＞茎＞根系。而随盐分浓度升高，葡萄植株 3 个器官 SSI 表现为根系＞茎＞叶片；葡萄叶片 SSI 大幅度降低，同时，生物量亦降低；说明低浓度咸水灌溉下葡萄根系表现出较高的盐敏感性，而随着盐浓度升高，叶片成为盐害影响的主要器官。与非磁化处理相比，磁化 3.0 g·L^{-1} 咸水灌溉提高了葡萄各器官的 SSI，且叶片 SSI 差异最大，表现为叶片＞根系＞茎；磁化 6.0 g·L^{-1} 咸水灌溉植株根系和茎的 SSI 明显提高，植株死亡率大幅度降低，表现为根系＞茎＞叶片；这表明磁化处理对提高葡萄耐盐性有显著效果，且不同盐分浓度下磁化处理对葡萄各器官的影响存在差异性。

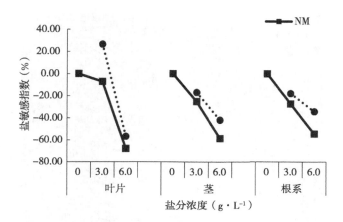

图 2-16　磁化咸水灌溉对葡萄盐敏感指数的影响

注：黑色实线为非磁化处理，黑色虚线为磁化处理。

4. 磁化水灌溉后葡萄幼苗根系形态特征

根系是土壤高盐环境对植物造成影响的最初部位，也是植物吸收水分、养分，调节离子平衡以适应逆境条件的重要器官。如图 2-17 所示，咸水灌溉下葡萄的根系生长受到影响，与 NM_0 相比，NM_3 植株根系长度增加，根系直径增大，侧根数量明显降低；而随盐分浓度升高，NM_6 植株根系长度和侧根数量均明显降低。与 NM_3、NM_6 相比，磁化处理（M_3、M_6）缓解了葡萄根系的盐害症状，促进了侧根发育。其中，磁化 $3.0\ g \cdot L^{-1}NaCl$ 溶液灌溉（M_3）对葡萄的根系生长有明显的促进作用。

根系是响应胁迫信号的重要器官（He et al.，2005）。盐分胁迫下植物的生物量分配和根系形态特征不仅反映了根系的盐敏感性，同时决定了植物的吸收能力（王树凤，2014）。研究发现，NM_3 处理下（表 2-16），葡萄根系总长度、表面积、平均直径及体积较 NM_0 有所提高，分别为 16.1%、47.8%、13.8% 和 72.8%；根尖数则大幅度降低，为 22.0%；这与低浓度盐分环境刺激下盐地碱蓬（*Suaeda salsa*）、弗吉尼亚栎（*Quercus virginiana*）等植物根系的补偿生长表现一致（弋良朋，2011），表明葡萄根系对该浓度盐胁迫具有一定耐受性，植株通过调整根系形态和分布，提高根系吸收能力来适应胁迫环境。但 NM_6 处理下葡萄根系各形态指标较 NM_0 和 NM_3 处理显著降低，根系损伤明显加剧。盐分环境中，磁化处理对于缓解盐分胁迫下葡萄根系的生长抑制有明显效果。其中 M_0 较 NM_0 分别提高 20.4%、19.5%、7.1%、17.3% 和 6.0%；M_3 较 NM_3 分别提高 20.6%、21.6%、11.7%、18.1% 和 11.5%；M_6 较 NM_6 分别提高 33.8%、22.3%、5.6%、14.2% 和 4.34%。由此看出，磁

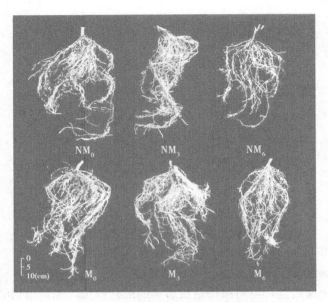

图 2-17　咸水灌溉和磁化咸水灌溉下葡萄的根系形态

注：NM_0 为非磁化对照溶液处理，M_0 为磁化对照溶液处理，NM_3 为非磁化 3.0 g·L^{-1} NaCl 溶液灌溉处理，M_3 为磁化 3.0 g·L^{-1} NaCl 溶液灌溉处理，NM_6 为非磁化 6.0 g·L^{-1} NaCl 溶液灌溉处理，M_6 为磁化 6.0 g·L^{-1} NaCl 溶液灌溉处理。

化 3.0 g·L^{-1} 咸水灌溉处理显著提高了葡萄的根系总长度、表面积、平均直径和体积，增加了根系的根尖数；磁化 6.0 g·L^{-1} 咸水灌溉处理则在一定程度上提高了根系的盐适应性，缓解了根系损伤；这是由于磁化处理能提高植物体内生长素和酶活性，增加细胞分裂指数，进而促进根系生长和侧根的形成（Haq et al.，2016）；同时与 Surendran 等（2013）、刘秀梅（2016b）和万晓（2016）对磁化咸水灌溉能促进豇豆（*Vigna unguiculata*）、欧美杨 I-107（*Populus euramericana* 'Neva'）和绒毛白蜡（*Fraxinus velutina*）等植物根系形态发育的研究结果一致。

表 2-16　磁化咸水灌溉对葡萄根系形态特征的影响

处理	长度（cm）	表面积（cm²）	平均直径（mm）	体积（cm³）	根尖数
NM_0	375.36±42.54b	126.48±9.47cd	0.98±0.02cd	3.00±0.17cd	2 099.90±203.43ab
M_0	451.73±31.96ab	151.15±10.69c	1.05±0.02bc	3.52±0.20c	2 225.17±197.17a
NM_3	435.79±17.60b	186.94±8.82b	1.11±0.04b	5.19±0.35b	1 638.00±95.77bc
M_3	525.39±27.72a	227.22±11.42a	1.24±0.07a	6.13±0.33a	1 827.00±108.23ab

（续）

处理	长度（cm）	表面积（cm²）	平均直径（mm）	体积（cm³）	根尖数
NM$_6$	280.22±25.59c	93.16±9.38e	0.89±0.01d	2.19±0.21e	1 270.27±150.66c
M$_6$	374.79±18.73b	113.91±6.64de	0.94±0.03d	2.50±0.17de	1 325.40±143.47c
A	12.47**	12.99**	9.21**	9.49**	ns
B	12.26**	58.86**	26.77**	98.82**	15.48**
A×B	ns	ns	ns	ns	ns

注：NM$_0$为非磁化对照溶液处理，M$_0$为磁化对照溶液处理，NM$_3$为非磁化 3.0 g·L^{-1}NaCl 溶液灌溉处理，M$_3$为磁化 3.0 g·L^{-1}NaCl 溶液灌溉处理，NM$_6$为非磁化 6.0 g·L^{-1}NaCl 溶液灌溉处理，M$_6$为磁化 6.0 g·L^{-1}NaCl 溶液灌溉处理。A 代表磁化处理，B 代表 NaCl 浓度处理，A×B 代表磁化处理与 NaCl 浓度处理的交互作用；＊表示 $P<0.05$，＊＊表示 $P<0.01$，ns 表示差异不显著。表中数据为平均值±标准差（$n>3$），同列数据后不同小写字母表示差异显著（$P<0.05$）。

（三）磁化水灌溉对外源施氮后葡萄生物学特性的影响

1. 施氮后葡萄幼苗地上部生长状况

氮素供应水平是限制葡萄生长和产量形成的重要因素，直接影响葡萄的形态建成和生物量累积。研究发现，外源施氮显著促进了葡萄幼苗生长。如表 2-17 所示，与对照（NM$_0$、M$_0$）相比，施氮处理下（NMN、MN）葡萄的新梢生长量、节间长度、基径和叶面积显著提高，其中 NMN 与 NM$_0$ 相比，分别提高了 20.0%、10.1%、18.4%和 14.3%；MN 与 M$_0$ 相比，分别提高了 31.6%、21.2%、11.9%和 12.6%。同浓度氮素环境下，磁化水灌溉植株的新梢生长量和节间长度提高幅度明显大于非磁化处理，且随着供氮水平的提高，处理间差异明显增大。其中，M$_0$ 与 NM$_0$ 相比，新梢生长量、节间长度、基径和叶面积分别提高了 7.4%、4.4%、11.9%和 31.8%；MN 与 NMN 相比，各参数分别提高了 17.7%、14.8%、5.8%和 29.8%。可见，磁化处理能够增大施氮对葡萄新梢生长的提高幅度，而施氮同时提高了磁化处理对葡萄茎和叶片生长的增益效果，两者共同作用下葡萄地上部生长量得到大幅度提升。

表 2-17　磁化水灌溉对施氮条件下葡萄生长的影响

处理	新梢生长量（cm）	节间长度（cm）	基径（cm）	叶面积（cm²）
NM$_0$	154.38±6.95c	30.67±1.04c	9.06±0.20c	97.70±3.89d
M$_0$	165.74±8.70bc	32.00±1.09bc	10.14±0.29b	128.79±5.34b

（续）

处理	新梢生长量（cm）	节间长度（cm）	基径（cm）	叶面积（cm^2）
NMN	185.30±6.74b	33.78±1.06b	10.73±0.41ab	111.71±2.61c
MN	218.16±10.80a	38.78±0.88a	11.35±0.33a	144.97±4.11a

注：NM_0 为非磁化水灌溉处理，M_0 为磁化水灌溉处理，MN 为磁化施氮处理，NMN 为非磁化施氮处理。表中数据为平均值±标准差，同列数据后不同小写字母表示差异显著（$P<0.05$）。

2. 施氮后葡萄幼苗根系形态指标

根系性状决定了植物对水分、养分的吸收能力，是评判植物养分利用率的重要指标。研究认为，施氮可以促进植物不定根的分化、伸长，增加根系吸收面积，提高根系物质累积，其中，根冠比、根干重、根尖数、根系活力、根系总长度、根系表面积被认为是影响氮素高效吸收的主要根系性状指标（陈海波，2010），本文研究结果与之相似。施氮促进了葡萄的根系生长，显著提高了葡萄根系长度、根表面积、根尖数、根系分枝数和根系活力（表2-18），其中 NMN 与 NM_0 相比，前述 5 个指标分别提高了 31.8%、27.5%、19.0%、87.1%和37.2%；MN 与 M_0 相比，除平均直径以外的 5 个指标分别提高了 10.3%、20.5%、32.7%、53.3%和42.7%；由此看出，外源施氮对根尖数提高幅度最大，但对根系直径、根系体积无显著影响。研究发现，磁化水灌溉后植株各根系形态参数均有不同程度的提高，其中，M_0 与 NM_0 相比，葡萄根系长度、表面积、平均直径、体积、根尖数和分枝数分别提高了 22.0%、31.3%、7.3%、35.4%、49.1%和26.9%；MN 与 NMN 相比，葡萄根系表面积、平均直径、体积、根尖数和分枝数分别提高了 24.1%、21.0%、50.9%、22.2%和32.0%，而根系长度则无明显变化。因此，磁化处理植株根系形态参数提高幅度整体小于非磁化处理。而根系平均直径表现出不同的变化趋势，NMN 与 NM_0 相比，根系平均直径无显著差异，MN 较 M_0 提高了 9.1%；表明磁化水灌溉能够有效缓解缺氮对葡萄根系的生长抑制，通过根系形态调整、提高根系吸收面积和吸收能力，以获取更多的养分供给。且与施氮处理不同的是，磁化水灌溉下葡萄根系直径和根系体积明显增大。Baddeley 等（2005）对欧洲甜樱桃（*Prunus avium*）和 Wells 等（2002）对美国弗吉尼亚桃树（*Prunus persica*）的研究发现，根系直径的增粗可以延长细根寿命，且根系直径和根系体积具有相关性。因此，磁化处理植株根系直径和根系体积的提高可能是葡萄在低氮环境下维持根系功能稳定的重要策略。

表 2-18　磁化水灌溉对施氮条件下葡萄根系性状的影响

处理	长度 （cm）	表面积 （cm^2）	平均直径 （mm）	体积 （cm^3）	根尖数	分枝数
NM$_0$	396.46±25.00b	125.84±10.00c	1.02±0.07b	3.34±0.43c	664.50±40.63c	2 165.67±140.36c
M$_0$	483.63±29.92a	165.26±9.07b	1.09±0.02ab	4.52±0.26b	991.00±121.63b	2 749.00±198.47bc
NMN	522.69±24.74a	160.47±7.35b	0.99±0.03b	3.97±0.25bc	1 243.42±115.59ab	2 970.83±315.30b
MN	533.44±25.80a	199.08±10.53a	1.19±0.04a	6.00±0.45a	1 519.42±114.19a	3 922.42±279.43a

注：NM$_0$ 为非磁化水灌溉处理，M$_0$ 为磁化水灌溉处理，MN 为磁化施氮处理，NMN 为非磁化施氮处理。表中数据为平均值±标准差，同列数据后不同小写字母表示差异显著（$P<0.05$）。

3. 施氮后葡萄不同径级根系长度和表面积差异

施氮条件下，磁化水灌溉植株根表面积、根系平均直径、根系体积、根系分枝数和根系活力显著提高，根长、根尖数与非磁化处理差异不明显；表明施氮条件下，磁化水灌溉植株养分利用率的提高与细根的分化和伸长无关，而是通过提高根系吸收面积和吸收能力实现的。这与 Turker 等（2007）的研究结果相似。对各径级根系的根长和表面积分析发现（表 2-19），葡萄各径级根系的根长和根系表面积有不同程度提高，根长和表面积变化幅度为：中根（2 mm<d≤4.5 mm）>细根（d≤2 mm）>粗根（d>4.5 mm）。其中，与对照（NM$_0$、M$_0$）相比，施氮处理（NMN、MN）下葡萄细根和中根的根系长度分别提高了 31.7%、8.1% 和 35.2%、24.1%，根系表面积分别提高了 30.5%、8.2% 和 25.7%、32.3%；处理间磁化处理植株各参数提高幅度小于非磁化处理，但是磁化水灌溉植株的各径级根系的根系长度和根系表面积均高于非磁化处理，处理间差异表现为粗根>中根>细根。其中，M$_0$ 与 NM$_0$ 相比，细根、中根、粗根的根系长度和根系表面积分别提高了 20.0% 和 27.0%、34.1% 和 39.0%、114.2% 和 80.50 %；MN 与 NMN 相比，中根、粗根的根系长度和根系表面积分别提高了 23.0% 和 32.1%、207.1% 和 191.7%。同时，研究发现，随着氮素浓度的提高，磁化水灌溉对葡萄的影响由细根向中根（2 mm<d≤4.5 mm）和粗根（d>4.5 mm）转移。细根是植物根系吸收的主要部位，而中根、粗根木质化程度较高，是运输和支撑功能的主要承担者。因此，磁化水灌溉下植株高效的养分利用与根系中营养的快速运输密切相关。此外，程中倩（2016）对栓皮栎的研究发现，充足的氮素供应可以促进植株的粗根生长，是由于植株会在生长季末将氮素转运至根系进行存贮，供给翌年春季的生长；史祥宾（2011）通过 ^{15}N 示踪法对施氮下巨峰葡萄氮素分配规律的研究也得出了类似结论。

表 2-19　磁化水灌溉对施氮条件下葡萄各径级根系形态的影响

处理	根系长度（cm）			根系表面积（cm²）		
	$d \leqslant 2$ mm	2 mm$< d \leqslant 4.5$ mm	$d > 4.5$ mm	$d \leqslant 2$ mm	2 mm$< d \leqslant 4.5$ mm	$d > 4.5$ mm
NM_0	358.54±26.43b	34.61±5.65b	3.23±0.84b	75.29±5.50b	30.27±5.21b	6.93±1.91b
M_0	430.20±27.82ab	46.39±3.62ab	6.92±1.05ab	95.61±5.39a	42.07±3.10ab	12.50±2.06b
NMN	472.35±25.57a	46.79±2.86ab	3.43±1.12b	98.21±4.98a	40.04±2.81b	6.87±2.77b
MN	465.23±24.07a	57.57±4.46a	10.53±1.87a	103.45±5.26a	52.88±4.61a	20.03±3.41a

注：NM_0 为非磁化水灌溉处理，M_0 为磁化水灌溉处理，MN 为磁化施氮处理，NMN 为非磁化施氮处理。表中数据为平均值±标准差，同列数据后不同小写字母表示差异显著（$P < 0.05$）。

4. 施氮后葡萄根系活力变化

根系活力是反映植物根系主动吸收能力的重要指标。随着氮素水平的提高，葡萄的根系活力显著提高（图 2-18）。其中，NMN 和 MN 分别较对照（NM_0 和 M_0）提高了 37.06% 和 65.09%。而且，磁化水灌溉提高了葡萄幼苗根系活力，且随着氮素供应水平的提高处理间差异增大，其中 M_0 较 NM_0 根系活力提高了 14.96%。

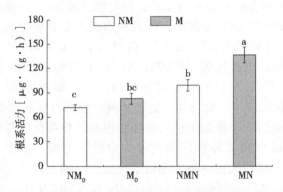

图 2-18　磁化水灌溉对施氮条件下葡萄根系活力的影响

注：NM_0 为非磁化水灌溉处理，M_0 为磁化水灌溉处理，MN 为磁化施氮处理，NMN 为非磁化施氮处理。图中数据为平均值±标准差。不同小写字母表示不同处理之间的差异显著性（$P < 0.05$）。

5. 施氮后葡萄幼苗生物量分配格局变化

随着氮素供应水平的提高，葡萄各器官生物量均有不同程度的增加（表 2-20），为根系>叶片>茎。与对照（NM_0、M_0）相比，施氮处理（NMN、MN）下葡萄叶片、茎、根系和全株生物量分别提高了 30.0%～70.0%、5.08%～24.01%、53.24%～61.10% 和 36.49%～48.67%；说明外源施氮能够改善葡萄对养分的吸收，从而促进不同器官生物量累积。与此同时，磁化水灌溉植株葡萄各器官生物量累积较单独施氮处理显著提高，为叶片>根系>

茎。M_0 处理中葡萄叶片、茎、根系和全株生物量较 NM_0 均提高，分别为 246.0%、30.5%、108.3% 和 96.7%；MN 处理中叶片、根系和全株生物量较 NMN 提高，分别为 163.4%、98.2% 和 80.6%，茎生物量则无显著变化；说明施氮条件下磁化处理不仅显著提高葡萄生物量水平，且进一步优化了葡萄的物质分配格局，促进叶片、根系干物质累积。这与 Haq 等（2016）的研究结果相似，这是由于磁化处理提高了葡萄体内的自由水分子含量和代谢酶活性，促进了离子跨膜运动，加速了葡萄生理生化过程和营养代谢造成的，从而提高了不同器官的生物量以及协调不同器官间生物量的分配。

表 2-20　磁化水灌溉对施氮条件下葡萄生物量的影响

处理	生物量（g）				根冠比
	叶片	茎	根系	全株	
NM_0	6.26±1.06d	18.69±1.27b	25.97±5.60c	50.92±2.89d	1.06±0.08b
M_0	21.67±1.62b	24.40±2.17a	54.10±6.52b	100.17±8.75b	1.17±0.09ab
NMN	10.70±1.41c	23.18±0.66a	41.84±6.36bc	75.71±7.68c	1.22±0.14ab
MN	28.17±1.09a	25.64±0.77a	82.90±6.51a	136.71±5.84a	1.55±0.14a

注：NM_0 为非磁化水灌溉处理，M_0 为磁化水灌溉处理，MN 为磁化施氮处理，NMN 为非磁化施氮处理。表中数据为平均值±标准差，同列数据后不同小写字母表示不同处理之间的差异显著（$P<0.05$）。

四、小结

（1）磁化水灌溉减轻了盐分胁迫和镉胁迫对杨树幼苗造成的生长抑制。盐分胁迫下，磁化微咸水灌溉后植株生物量提高了 4.0%～64%；根系特征值增大了 4.1%～51.2%。此外，磁化水灌溉提高了镉胁迫植株高生长及根茎叶干物质量，叶面积有所提高，同时有利于根系形态发育。

（2）不同矿化度盐分环境中，磁化处理对绒毛白蜡生物量的影响较大，而与桑树表现略有不同。低矿化度咸水经磁化处理后灌溉桑树可提高其不同器官的生物量累积，较对照提高幅度近 50%；但是磁化处理高矿化度咸水灌溉对提高植株生长量的影响不明显。另外，磁化咸水灌溉对绒毛白蜡和桑树的根系形态发育均有显著影响，而且，磁化处理的绒毛白蜡根系各项形态特征指标均显著大于对照。矿化度为 10‰ 的处理因其根系分级程度较小，且根系总量小，造成根系长度和直径值较大。总体表现为高矿化度中环境根系生长不如低矿化度环境中生长势好。

（3）3.0 g·L^{-1} 和 6.0 g·L^{-1} 咸水灌溉造成葡萄生长和生物量降低，且 6.0 g·L^{-1} 咸水灌溉下葡萄存活率明显降低。磁化处理能够有效缓解咸水灌溉对葡萄的生长抑制，促进葡萄各器官（尤其是叶片和根系）的生长和生物量累积，改善了葡萄的形态特征（叶面积、根系总长度、表面积、平均直径、体积和根尖数等）以及生物量分配格局，提高了葡萄对盐分胁迫的适应能力和高浓度（6.0 g·L^{-1}）咸水灌溉下植株存活率。

（4）外源施氮条件下，磁化水灌溉加速了葡萄的茎、叶片生长（新梢生长量、节间长度、基径、叶面积），优化了葡萄的根系形态建成（包括根表面积、根系平均直径、根系体积、根尖数和根系分枝数等），提高了葡萄的根系活力；促进了葡萄生物量累积，提高了叶片、根系物质分配比例，优化了葡萄的生物量分配格局，施氮处理与磁化水灌溉交互作用对葡萄生长和生物量的影响整体呈显著差异水平。

第三节　磁化水灌溉对冬枣产量与品质的影响

一、试验材料与方法

（一）试验地概况

试验地点为山东省滨州市沾化区下洼镇西贾村（E118°00′07″，N37°70′95″），位于黄河三角洲腹地，为暖温带半干旱东亚季风气候。当年平均降水量为 315.8 mm，平均气温为 14.1℃。土壤为盐渍化黏壤土，地势平坦，属黄河冲积平原的浅平洼地。试验地表层（0～20 cm）土壤旱季含盐量为 6.5‰，雨季含盐量为 3.9‰。地下水位旱季为 5 m，雨季为 1 m。地下 10 m 以上浅表层地下水含盐量为 7.2‰。试验地土壤 0～20 cm、20～40 cm 和 40～60 cm 土层含盐量分别为 1.5‰、1.4‰和 1.2‰，表层土壤中 P、K、Na 的含量分别为 0.55%、0.11%、0.75%。

（二）试验材料

试验材料为 7 年生盛果期沾化冬枣（*Ziziphus jujuba* Mill. 'Dongzao'），栽培面积为 20 hm²，株行距为 2 m×3 m，其中第一试验区品种为沾化冬枣 1 号（Zhan Dong 1♯），第二试验区品种为沾化冬枣 2 号（Zhan Dong 2♯）。

（三）试验设计

于 2014 年 4 月初冬枣发芽前开始灌溉，灌溉水源为淡水（自来水 pH 7.2，含盐量为 0.1 g·L^{-1}）和地下浅表层微咸水（含盐量 7.2 g·L^{-1}）。分别利用进口（A400p，出水量为 40 $m^3 \cdot h^{-1}$，Magnetic Technologies L. L. C.）和自主研发磁化器（DS-948-1，出水量为 20 $m^3 \cdot h^{-1}$）接入灌溉水源进行灌溉。根据枣树品种、灌溉水质和磁化水处理器种类，分别在枣园内选择有代表性地段，设置 2 个磁化水灌溉处理试验区。

Ⅰ试验区：品种为沾化冬枣 1 号，设淡水灌溉（FW_1，CK）和进口磁化器＋淡水灌溉（IMFW）2 个处理，随机区组设计，植物每小区 10 株，重复 4 次；土壤每小区取 3 个点，选取 0～20 cm、20～40 cm 和 40～60 cm 3 个土层土壤，重复 4 次。

Ⅱ试验区：品种为沾化冬枣 2 号，设淡水灌溉（FW_2，CK）、进口磁化器＋淡水灌溉（IMFW）、地下浅表层微咸水灌溉（GW）和自主研发磁化器＋地下浅表层微咸水灌溉（DMGW）4 个处理，随机区组设计，每小区 20 株，重复 4 次；土壤每小区取 3 个点，选取 0～20 cm、20～40 cm 和 40～60 cm 土层土壤，重复 4 次。

灌溉时于枣园打 10 m 深水井，潜水泵供水，作为地下浅表层微咸水（含盐量 7.2 $mg \cdot L^{-1}$）；接入自来水作为灌溉用淡水（含盐量 0.1 $g \cdot L^{-1}$）。在树冠外围修整直径 1.0 m 树盘，周围起土埝。沿树行铺设内径 2.0 cm PE 管，插入内径 1.0 mm 发丝管对各树盘定点盘灌。发丝管出水量为 0.5 $L \cdot min^{-1}$，春秋旱季每 10 d 灌溉一次（7 月中旬至 8 月底的雨季除外），每次持续灌水 2 h，共 60 L，浸润层深度为 80 cm。

（四）标准株选择与调查

于 2014 年 10 月初果实成熟采收前调查取样，调查每株枣树的地径、树高和冠幅，按照平均地径±2σ、平均树高和平均冠幅±3σ，用皮尺和千分尺实测生长健壮的标准株上所有枝组和结果基枝的直径和长度，每个小区选择 3 株标准株列表如下（表 2-21）。

按照平均直径±2σ、平均长度±3σ 的标准，在每标准株上选择 3 个有代表性的枝组，在每个标准枝组上选择 1 个有代表性的基枝，用皮尺和千分尺实测标准枝组、标准基枝及标准基枝上所有枣吊的直径和长度，调查枣吊上着生的叶片和枣果数量。直尺测量枣吊长度，千分尺测量枣吊直径、10 片叶厚度及果实横径和纵径，WDY-500A 型叶面积仪测定叶面积，称取叶片鲜质量、单个鲜果质量和 105℃烘干质量（精确度 0.001）。

将调查枣吊上的叶片和果实单株混合编号，装入自封袋置于冰盒内带回实验室，用于叶片和果实生理生化指标的测定分析。采集全部标准株上的枣果，同处理混合编号，置于冰盒内带回果品冷藏库贮藏。

表 2-21　不同试验区标准株生长基本情况调查

编号		植株			枝组			基枝		
	树高（m）	地径（cm）	冠幅（m×m）	数量	直径（cm）	长度（cm）	数量	直径（cm）	长度（cm）
I	1	2.78	9.54	2.06×2.13	7	3.43	22	22	0.82	24.02
	2	2.75	10.32	1.93×2.07	6	3.53	19.08	26	0.98	31.68
	3	2.8	10.08	1.99×2.05	6	3.82	26.6	23	1.16	28.22
	平均	2.77	9.98	1.99×2.07	6	3.59	22.56	23	0.98	27.97
II	1	2.82	9.68	1.86×1.96	6	3.3	22.2	24	0.97	8.01
	2	2.81	9.98	2.00×2.11	6	3.63	19.05	21	0.84	8.34
	3	2.74	10.02	1.91×2.20	6	3.92	19.26	21	1.06	7.69
	平均	2.79	9.89	1.92×2.09	6	3.62	20.17	21	0.96	8.01

（五）测定方法

1. 叶绿素含量测定

从每份叶片样品中随机抽取 50 片，剪碎，称取 0.30 g，使用 95％乙醇研磨提取，重复 3 次，利用双光束紫外可见分光光度计（TU-1900）比色法测定叶绿素含量（王学奎，2006）。

2. 矿质养分含量测定

取叶片和果实烘干样品，粉碎研磨后过 60 目筛，随机称取叶片 0.15 g、果实 0.20 g 进行消煮，每份样品重复 3 次，消煮后采用分光光度法（TU-1900）测定 N、P 含量，利用原子吸收分光光度计（TAS-990MFG）测定叶片和果实矿质养分含量（GB/T 5009—2003）。

3. 果实风味营养含量测定

在每份果实样品中分 3 批随机取出 24 个果实（重复 3 次，每批次 8 个果实），取其果肉，研磨至匀浆。称取 3.0 g 置于容量瓶中，加水，在 50℃水浴锅中保温 20 min，过滤，采用 3,5-二硝基水杨酸比色法测定果实还原糖含量；称取 6.0 g 样品置于容量瓶中，加水，在 80℃恒温水浴中煮 30 min，过滤，采用氢氧化钠直接滴定法测定果实中的有机酸含量。研磨时为防止维生素 C 氧化，加适量 2％草酸。称取 3.0 g 研磨液于加草酸容量瓶中定容过滤，采用 2,6-二氯靛酚钠滴定法测定维生素 C 含量（王学奎，2006）。

在每份样品中分 3 批随机取出 30 个果实（重复 3 次，每批次 10 个果实），取其枣皮，切碎混匀，称取 0.150 g 置于容量瓶中，加 1 mol·L^{-1}盐酸在 50℃的水浴中浸提，过滤，采用分光光度法（TU-1900）测定花青素含量（孔祥生和易现峰，2008）。

4. 果实耐贮性测定

将采收后的果实置于温度 4℃、湿度 80％的果品贮藏专用恒温库（刘晓军，2004），自入库开始，每 10 d 观察一次果实的腐烂情况，发现果皮褐斑或果肉腐烂即记为烂果，记录并取出腐烂果实，计算烂果率，连续贮藏 80 d，每次处理 100 个果实，重复 3 次。

二、磁化水灌溉对冬枣生物学特性的影响

（一）磁化水灌溉对冬枣枣吊与叶片生长的影响

枣吊是枣树着生叶片、开花坐果的脱落性枝条。枣吊生长的好坏直接影响着整株枣树的生长势，而枣吊上的叶片又可直观地反映枣吊的生长情况，叶面积大小可以反映出当时光合能力的光合面积，叶面积越大，吸收光能的面积越大，光合作用越强，叶片中的叶绿素是光合作用最重要的色素分子，叶绿素不仅是光能吸收和传递的主要色素分子，而且是整个电子传递过程中必不可少的电子传递体，而且最重要的是光合作用的原初反应是在叶绿素分子上完成的，所以叶片叶绿素的多少会直接影响光合作用的强弱，对叶片的光合作用尤为重要。从表 2-22 中可以看出，磁化水灌溉处理可提高枣吊的长度与直径，可提高叶片的叶绿素含量、叶片鲜质量、叶面积及叶片厚度。其中，在 Ⅰ 和 Ⅱ 试验区，处理 IMFW 的枣吊长度与直径分别提高 11.4％和 23.6％、15.8％和 13.7％；叶绿素含量分别提高 24.6％和 6.1％，叶片鲜质量分别提高 18.6％和 24.1％，叶面积分别提高 12.4 和 23.6％。在 Ⅰ 试验区，处理 IMFW 的叶片厚度与对照（FW₁）相比提高 5.7％；在 Ⅱ 试验区中，处理 IMFW 与对照（FW₂）相比，叶片厚度提高 13.8％。Ⅱ 试验区中，与对照（GW）相比，DMGW 叶绿素含量和叶片鲜质量分别提高 6.7％和 21.2％；处理 DMGW 枣吊长度与直径、叶面积分别提高 8.0％、4.8％和 2.3％。Ⅱ 试验区中，处理 DMGW 与 GW 之间叶绿素提高量（6.7％）高于处理 IMFW 与对照（FW₂）之间的叶绿素提高量（6.1％），处理 IMFW 与处理 DMGW 相比，除了叶面积显著提高外，其他指标变化不显著。由此可见，磁化水灌溉处理能有效地促进沾化冬枣的枝叶生长发育，提高叶绿素含量，进而增强叶幕层的光合作用，提高树势和果品产量；同时可以看出，在灌溉淡水资源贫乏地区，应用地下浅表层微咸水灌溉，并没有对枣树的枝叶生长产生明显的不良影响，经过磁化处理的微咸水灌溉后，其枝叶生长量甚至超过未经磁化处理的淡水灌溉；自主研发磁化器对枣树枝叶生长的影响效果与进口磁化器相近，一些指标甚至高于进口磁化器。

表 2-22　磁化水灌溉对沾化冬枣枣吊和叶片发育的影响

试验区	处理	枣吊长度 (cm)	枣吊直径 (cm)	叶绿素 (mg·g⁻¹)	叶片鲜质量 (g)	叶面积 (cm²)	叶片厚度 (cm)
I	FW₁	24.59±0.48b	0.25±0.008b	1.52±0.030b	0.925±0.055b	15.30±0.40b	0.41±0.009a
	IMFW	27.39±0.45a	0.29±0.008a	1.891±0.047a	1.10±0.020a	17.20±0.50a	0.43±0.009a
II	FW₂	20.19±0.52b	0.25±0.007b	1.563±0.010b	0.78±0.039b	12.70±0.50b	0.43±0.012c
	IMFW	24.96±0.82a	0.28±0.007a	1.658±0.005a	0.97±0.061a	15.70±0.60a	0.49±0.012a
	GW	22.99±0.67a	0.27±0.006ab	1.529±0.018b	0.82±0.040b	12.90±0.30b	0.46±0.007bc
	DMGW	24.83±0.91a	0.28±0.011a	1.632±0.008a	0.99±0.037a	13.20±0.40b	0.47±0.007ab

注：所测指标长度和直径以枣吊为单位，叶绿素、叶片鲜质量、叶面积和叶片厚度以叶片为单位，叶片厚度为 10 片叶的厚度。I 试验区中：FW₁ 为淡水灌溉处理（CK），IMFW 为进口磁化器＋淡水灌溉处理。II 试验区中：FW₂ 为淡水灌溉处理（CK），IMFW 为进口磁化器＋淡水灌溉处理，GW 为地下浅表层微咸水灌溉，DMGW 为自主研发磁化器＋地下浅表层微咸水灌溉处理。表中数据为平均值±标准差，同列数据后不同小写字母表示差异显著（$P < 0.05$）。

（二）磁化水灌溉影响冬枣果实产量

冬枣枣吊的坐果密度主要表现在枣吊上结果数量的多少，直观地反映植株的结果率，坐果密度大、果实鲜质量高则冬枣每株的产量就会大，如果果实的质量越大，果实体积越大，则果实的品质外观就越好。果实含水量的多少则反映果实的硬度与脆度，含水量越多，冬枣的水分含量越多，对冬枣的发育状况越有利；果实含水量不仅可以综合反映冬枣的果实发育生长状况，而且对枣园的经济效益会产生直接的影响。由表 2-23 可以看出，在 2 个试验区中，磁化水灌溉处理的沾化冬枣的坐果密度、鲜果质量、单果质量、枣果含水量、果横径和果纵径均有提高。其中，在 I 试验区和 II 试验区中，磁化水灌溉后枣吊的坐果密度和鲜质量与对照（FW₁、FW₂、GW）相比分别提高 5.1％～11.2％和 2.1％～11.9％；与对照（FW₁、FW₂）相比，处理 IMFW 的单果质量显著提高，分别为 23.7％和 12.5％。在 II 试验区，处理 DMGW 的单果质量与对照（GW）相比提高 3.8％。I 试验区中处理 IMFW 与对照（FW₁）和 II 试验区中处理 DMGW 与对照（GW 和 FW₂）之间，果实含水量提高，为 2.38％、4.39％和 3.27％；在 II 试验区中处理 IMFW 与对照（FW₂）相比果实含水量提高 2.2％。I 试验区处理 IMFW 的果实横径和纵径与对照（FW₁）相比，分别提高 3.6％和 5.1％；在 II 试验区，处理 IMFW 与对照（FW₂）和处理 DMGW 与对照（GW）相比，果实的横径和纵径都有所提高。在 II 试验区，处理 IMFW 与处理 DMGW 除了带来单果质量显著增加外，对其他指标无显著影响。以上说明受磁化作用影响，冬枣的果实生长发育状况良好，并且磁化水灌溉处理提高了果实的含水量，使果实水分充足、口感良好，同时冬枣果实坐果密度和鲜果质量的增加，会促进植株产量的增多，磁化水灌溉处理能有效促进枣果膨大和坐果密度，提高鲜果质量，增加冬枣果园的收益。

表 2-23　冬枣果实产量形成指标变化

试验区	处理	枣吊坐果密度（个）	枣吊鲜果质量（g）	单果质量（g）	果实含水量（%）	果横径（cm）	果纵径（cm）
I	FW₁	2.16±0.122a	41.66±2.234a	18.72±0.347b	78.80±0.638b	3.48±0.028b	3.47±0.030b
	IMFW	2.27±0.072a	46.60±1.709a	23.17±0.566a	80.67±0.199a	3.61±0.033a	3.65±0.036a
II	FW₂	1.84±0.158a	39.79±2.696a	20.85±0.358b	74.40±0.631bc	3.58±0.063a	3.41±0.027a
	IMFW	1.94±0.114a	41.30±2.693a	23.46±0.773a	76.05±0.595ab	3.61±0.065a	3.49±0.042a
	GW	1.73±0.115a	36.60±2.295a	20.66±0.679b	73.60±0.626c	3.52±0.041a	3.48±0.040a
	DMGW	1.93±0.177a	37.36±3.176a	21.40±0.454b	76.83±0.807a	3.52±0.051a	3.48±0.051a

注：Ⅰ试验区中：FW₁为淡水灌溉处理（CK），IMFW为进口磁化器＋淡水灌溉处理。Ⅱ试验区中：FW₂为淡水灌溉处理（CK），IMFW进口磁化器＋淡水灌溉处理，GW为地下浅表层微咸水灌溉处理，DMGW为自主研发磁化器＋地下浅表层微咸水灌溉处理。表中数据为平均值±标准差，同列数据后不同小写字母表示差异显著（$P<0.05$）。

三、磁化水灌溉对冬枣叶片矿质养分的影响

高等植物生长发育的营养来源除了在种子萌发阶段和幼苗生长阶段可部分依赖母体种子贮藏的物质外，其生长发育过程所需的营养绝大多数来其自身地上部分的光合作用和根系从土壤中吸收的矿质元素，它们从环境中不断吸收、同化和利用各种矿质营养元素是植物生长发育所必需的过程，也是其作为自养生物的特征之一。因此，植物体内的矿质元素含量在一定程度上反映了植物自身的营养状况，可直观地表现在植物的生命活动中。

由表 2-24 可以看出，两个试验区磁化水灌溉后叶片 N、P、K、Ca、Fe 和 Zn 含量均有所提高，其中Ⅰ试验区处理 IMFW 的叶片 N、P 含量提高 24.2% 和 26.1%，显著高于对照（FW₁）；Ⅰ试验区中 IMFW 处理和Ⅱ试验区中 IMFW、DMGW 处理后叶片 Ca、Fe 和 Zn 的含量与对照（FW₁、FW₂、GW）相比分别提高 2.7%～3.9%、19.1%～31.8% 和 0.2%～4.9%，而对 Mg 和 Mn 含量影响不显著。在Ⅱ试验区中，处理 IMFW 的 Zn 含量较处理 DMGW、对照（FW₂、GW）分别提高 22.8%、4.9% 和 25.3%；处理 IMFW 中 Cu 含量与处理 DMGW、对照（FW₂和GW）相比分别提高 28.4%、19.1% 和 42.8%；处理

表2-24 磁化水灌溉对沾化冬枣叶片矿质元素含量的影响

试验区	处理	大量元素						微量元素			
		N (%)	P (%)	K (%)	Na (mg·kg⁻¹)	Ca (mg·kg⁻¹)	Mg (mg·kg⁻¹)	Fe (mg·kg⁻¹)	Mn (mg·kg⁻¹)	Zn (mg·kg⁻¹)	Cu (mg·kg⁻¹)
Ⅰ	FW$_1$ (CK)	0.132 ±0.003b	0.640 ±0.010b	0.085 ±0.001a	64.68 ±6.15a	5 181.38 ±223.86a	465.44 ±9.50a	21.47 ±3.30a	24.52 ±4.16a	83.41 ±5.37a	7.99 ±0.50a
	IMFW	0.164 ±0.004a	0.807 ±0.034a	0.087 ±0.001a	68.80 ±7.76a	5 385.73 ±196.461a	468.53 ±9.87a	28.32 ±5.66a	24.02 ±2.96a	83.56 ±3.92a	7.99 ±0.39a
Ⅱ	FW$_2$ (CK)	0.136 ±0.003a	0.634 ±0.016a	0.089 ±0.001a	44.43 ±6.24a	5 063.73 ±352.567a	441.11 ±16.72a	58.964 ±15.02a	11.31 ±2.75a	82.52 ±4.76ab	10.92 ±0.81b
	IMFW	0.137 ±0.004a	0.637 ±0.017a	0.092 ±0.002a	57.65 ±7.54a	5 256.09 ±233.320a	440.95 ±14.24a	72.639 ±6.89a	13.38 ±2.83a	86.55 ±5.45a	13.02 ±0.68a
	GW (CK)	0.134 ±0.003a	0.624 ±0.007a	0.088 ±0.001a	66.94 ±8.21a	4 659.46 ±370.481a	436.12 ±10.62a	47.992 ±5.98a	9.58 ±3.02a	69.053 ±5.33b	9.11 ±0.20b
	DMGW	0.141 ±0.002a	0.659 ±0.041a	0.091 ±0.001a	54.36 ±8.90a	4 783.07 ±157.48a	439.67 ±6.98a	57.175 ±7.55a	14.03 ±2.92a	70.474 ±4.50b	10.14 ±0.62b

注：Ⅰ试验区中：FW$_1$为淡水灌溉处理（CK），IMFW为进口磁化器+淡水灌溉处理。Ⅱ试验区中：FW$_2$为淡水灌溉处理（CK），IMFW进口磁化器+淡水灌溉处理，GW为地下浅表层微咸水灌溉处理，DMGW为自主研发磁化器+地下浅表层微咸水灌溉处理。表中数据为平均值±标准差，同列数据后不同小写字母表示差异显著（P<0.05）。

DMGW 中 Zn 和 Cu 含量较对照（GW）分别提高 2.1% 和 11.2%。另外，在Ⅱ试验区中，地下微咸水经磁化处理（DMGW）灌溉后，枣树叶片 Na 的含量低于地下微咸水灌溉（GW）处理的含量，降低比例为 18.79%。

Na[+] 是一些植物中的必需离子，尤其是对于盐生植物（Glenn et al.，1999），但高浓度 Na[+] 则限制植物的生长（Munns，2002），甚至产生毒害作用，影响电子传递和光合作用，导致气孔关闭，降低同化物的供应（Muranaka et al.，2002）。而磁化水灌溉处理可通过减少植物中 Na[+] 的积累以维持植物体内的离子平衡吸收，降低 Na[+] 过量积累造成的毒害作用；不同试验区中磁化水灌溉处理对枣树叶片主要矿质元素含量有明显或显著的提高，说明磁化水灌溉处理加大了植物从土壤中吸收矿质养分的能力，并促进了枣树对多种矿质营养吸收和转运，从而增强了枣树对盐分环境的适应能力，同时对冬枣树的生长起到了一定的促进作用。

四、磁化水灌溉对冬枣果实矿质养分的影响

植物果实中的矿质元素含量与植物体本身的矿质元素含量的作用很类似，果实中的矿质元素含量多，则间接反映出果实的品质好，营养元素丰富，如果食用，会对人体产生有益的效果。例如，P 的含量与植物的呼吸光合作用、碳水化合物的代谢有一定的关系，缺少 P 元素往往会导致果实风味淡、果汁少等特点，从而影响着果实的品质。

由表 2-25 可以看出，磁化处理可提高冬枣果实中大量元素和微量元素含量。其中，P 的含量在Ⅱ试验区处理 IMFW 较对照（FW$_2$）相比提高 7.2%，在Ⅰ试验区处理 IMFW 与对照（FW$_1$）差别不大。K、Na、Ca、Mg 这几种大量元素，在维持体液的渗透压、维持机体的酸碱平衡、酶的活化等方面起着十分重要的作用，在两个试验区内处理 IMFW 和处理 DMGW 与对照（FW$_1$、FW$_2$ 和 GW）相比含量均有所提高。微量元素是人体生长发育和健康长寿的重要保障，微量元素的保健功效越来越得到人们的重视，在Ⅰ试验区中，处理 IMFW 与对照（FW$_1$）相比微量元素 Fe、Mn、Zn 均有不同程度的提高，分别提高 1.8%、0.8% 和 2.5%。Ⅱ试验区中处理 IMFW 与对照（FW$_2$）相比，Fe、Mn、Cu 均有所提高，提高量分别为 7.0%、3.5% 和 10.4%；处理 DMGW 与对照（GW）相比，Fe、Mn、Cu 含量分别提高 6.5%、7.0% 和 9.2%。综上所述，磁化水灌溉有利于果实矿质元素的积累，对提高果实营养有良好的作用；同时，自主研发磁化器与进口磁化器对冬枣矿质营养积累的促进效果相近，甚至高于进口磁化器。

表 2-25　磁化水灌溉对沾化冬枣矿质素分的影响

试验区	处理	大量元素					微量元素			
		P (mg·kg⁻¹)	K (mg·kg⁻¹)	Na (mg·kg⁻¹)	Ca (mg·kg⁻¹)	Mg (mg·kg⁻¹)	Fe (mg·kg⁻¹)	Mn (mg·kg⁻¹)	Zn (mg·kg⁻¹)	Cu (mg·kg⁻¹)
I	FW₁ (CK)	316.55 ±30.65a	167.564 ±4.555a	80.094 ±6.581a	1 579.819 ±151.843a	12.284 ±0.511a	14.742 ±2.415a	1.413 ±0.234a	6.256 ±1.001a	26.233 ±2.284a
	IMFW	316.55 ±26.54a	169.142 ±4.391a	86.586 ±5.310a	1 580.562 ±90.341a	12.838 ±0.212a	15.004 ±1.081a	1.425 ±0.204a	6.414 ±0.920a	26.080 ±1.343a
II	FW₂ (CK)	336.39 ±26.543a	166.862 ±2.354a	91.103 ±5.945a	1 101.660 ±136.874a	11.214 ±0.483a	17.769 ±2.592a	1.183 ±0.210a	8.564 ±1.885a	30.675 ±2.221a
	IMFW	360.582 ±40.831a	170.494 ±3.570a	101.393 ±5.954a	1 251.169 ±122.221a	12.576 ±0.474a	19.020 ±2.824a	1.224 ±0.153a	8.562 ±1.633a	33.854 ±2.413a
	GW (CK)	379.081 ±35.252a	172.643 ±1.968a	93.404 ±6.243a	1 063.653 ±145.612a	12.377 ±0.281a	18.635 ±1.877a	1.186 ±0.174a	9.057 ±1.412a	32.122 ±2.647a
	DMGW	378.326 ±21.482a	174.543 ±4.155a	96.329 ±5.794a	1 115.724 ±230.020a	12.445 ±0.543a	19.843 ±1.452a	1.269 ±0.182a	9.434 ±1.581a	35.065 ±1.401a

注：I 试验区中，FW₁ 为淡水灌溉处理（CK），IMFW 为进口磁化器+淡水灌溉处理。II 试验区中，FW₂ 为淡水灌溉处理（CK），IMFW 为进口磁化器+淡水灌溉处理，GW 为地下浅表层微咸水灌溉处理，DMGW 为自主研发磁化器+地下浅表层微咸水灌溉处理。表中数据为平均值±标准差。同列数据后不同小写字母表示差异显著者（P<0.05）。

五、磁化水灌溉对冬枣果实营养品质的影响

冬枣具有鲜食可口、营养成分颇多、皮脆、肉质细嫩等特点，这与冬枣本身所含有的营养成分有关。糖类对植物的生命活动非常重要，植物的生理生化反应都需要糖类分解供给能量，而食品中还原糖含量会对果实的品质产生影响，还原糖含量多，会增加果实品质与口感，使果实的风味足，甜度增加；食品中有机酸含量的多少会直接影响食品的加工储存及运输，对果实品质的管理也具有积极重要的意义；果实中维生素 C 含量对果实的品质尤为重要，人们每天都需要摄入一定量的维生素 C 以补充人体的机能，而冬枣果实就是一个很好的选择，冬枣本身含有丰富的维生素；色泽是果实的一个很重要的属性，果实达到一定的成熟度时，才能具有固有的内在品质，即优良的风味、质地和营养等，同时表现出典型的色泽，而红色果皮的着色度主要由花青素的多少决定。所以果实中还原糖、有机酸、维生素 C 等含量决定冬枣的品质，花青素含量决定冬枣的外观与色泽，这些是评价冬枣好坏的重要指标。

研究发现，磁化水灌溉可通过增加矿质营养为冬枣生长发育和果实品质的改善提供能量基础（表 2-26）。在 Ⅰ 试验区，处理 IMFW 中果实有机酸、维生素 C 和花青素含量与对照（FW$_1$）相比分别提高 27.4%、9.1% 和 17.3%；处理 IMFW 中还原糖含量与对照（FW$_1$）相比提高 2.5%。在 Ⅱ 试验区，处理 IMFW 与对照（FW$_2$）相比，还原糖、有机酸、维生素 C 和花青素含量均提高，分别为 12.1%、8.8%、3.2% 和 17.0%；处理 DMGW 中果实还原糖、有机酸、维生素 C 和花青素含量与对照（GW）相比分别提高 9.2%、12.1%、7.1% 和 20.6%；处理 IMFW 与处理 DMGW 相比，除了还原糖和有机酸含量显著提高外，其他营养指标变化较小。由此可以看出，磁化水灌溉可对冬枣果实的品质有一定的提高作用，并且，磁化地下浅表层微咸水灌溉对冬枣果实某些营养指标的改善甚至高于磁化淡水灌溉处理，这为浅表层地下微咸水开发和利用提供了理论依据。同时，磁化处理对冬枣果实营养成分有明显的提高作用，这对于改善冬枣果实的品质和口感有重要的意义。

表 2-26 磁化水灌溉对沾化冬枣果实品质的影响

试验区	处理	还原糖 （%）	有机酸 （%）	维生素 C （mg·g^{-1}）	花青素 （nmol·g^{-1}）
Ⅰ	FW$_1$（CK）	6.984±0.082a	5.624±0.230b	2.464±0.028b	2 449.804±45.653b
	IMFW	7.160±0.046a	7.166±0.200a	2.687±0.046a	2 873.950±153.213a

（续）

试验区	处理	还原糖 （%）	有机酸 （%）	维生素 C （mg·g^{-1}）	花青素 （nmol·g^{-1}）
II	FW$_2$（CK）	7.308±0.072b	7.881±0.140b	2.268±0.018b	1 803.476±45.683b
	IMFW	8.193±0.165a	8.574±0.080a	2.341±0.025a	2 110.201±31.900a
	GW（CK）	7.032±0.183c	7.263±0.160c	2.153±0.013c	1 694.294±35.878b
	DMGW	7.676±0.141b	8.142±0.150b	2.306±0.028a	2 044.105±57.658a

注：Ⅰ试验区中：FW$_1$为淡水灌溉处理（CK），IMFW 为进口磁化器＋淡水灌溉处理。Ⅱ试验区中：FW$_2$为淡水灌溉处理（CK），IMFW 进口磁化器＋淡水灌溉处理，GW 为地下浅表层微咸水灌溉处理，DMGW 为自主研发磁化器＋地下浅表层微咸水灌溉处理。表中数据为平均值±标准差，同列数据后不同小写字母表示差异显著（$P<0.05$）。

六、磁化水灌溉对冬枣耐贮性的影响

冬枣的营养成分丰富，其果肉中含有很多糖分、蛋白质、有机酸等，而且矿质营养含量充足，尤其是维生素含量较多，但是鲜枣在采摘后难贮藏，采摘后可维持鲜脆状态时间较短，并伴随有大量的维生素 C 损失，导致枣果酒化褐变甚至腐烂。从表 2-27 可以看出，磁化水灌溉处理降低了冬枣贮藏期内的烂果率，延长了冬枣果实贮藏时间。在Ⅰ试验区中，与对照（FW$_1$）相比，处理 IMFW 果实腐烂出现较晚，每个时期的腐烂个数明显少于对照（FW$_1$）；截至处理第 80 d 时，IMFW 的总烂果率较对照（FW$_1$）降低 29.3 个百分点。在Ⅱ试验区，处理 IMFW 从第 50～60 d 时开始腐烂，而对照（FW$_2$）从第 40～50 d 时开始腐烂，时间较早；并在处理第 60～70 d 时达差异显著水平；截至第 80 d 时，对照（FW$_2$）平均腐烂个数为 58.3 个，IMFW 处理平均腐烂个数为 32.3 个，较 FW$_2$降低 26.0 个。与对照（GW）相比，处理 DMGW 于第30～40 d 时开始出现烂果，但磁化处理烂果数量少（平均腐烂个数为 0.3 个），但在不同的贮藏时期，处理 DMGW 的平均腐烂个数明显少于对照（GW）；贮藏时间至第 80 d 时处理 DMGW 的总烂果率较对照（GW）降低 34.6 个百分点。由此可见，磁化处理后，相同时期冬枣的腐烂个数较非磁化处理低，腐烂个数占总数的百分比较低。这是由于一方面，细胞壁中的胶层果胶质相互结合形成果胶钙，具有连接植物细胞壁的作用，有利于维持植物细胞壁的稳定。适当增加果实贮藏过程中 Ca 的积累，有助于延缓果实软化（邢尚军，2009；王玲利，2014）。另一方面，磁化处理下果实的烂果率较低，是因为磁化处理后冬枣的矿质元素含量有所升高，特别是冬枣贮藏时期减缓果实软化的 Ca 的含量升高。

表2-27 磁化水灌溉对沽化冬枣耐贮性的影响

试验区	处理	烂果数量（个）								总数	百分比（%）
		10 d	20 d	30 d	40 d	50 d	60 d	70 d	80 d		
I	FW₁ (CK)	0±0a	0±0a	0±0a	0±0a	0.67±0.33a	3.33±0.88a	15.33±1.85a	40.33±3.18a	59.67±3.84a	59.67
	IMFW	0±0a	0±0a	0±0a	0±0a	0±0a	1.33±0.33b	6.00±1.00b	23.00±2.64b	30.33±2.60b	30.33
II	FW₂ (CK)	0±0a	0±0a	0±0a	0±0b	1.33±0.67b	5.33±1.20ab	14.67±1.45b	37.00±3.61ab	58.33±2.67b	58.33
	IMFW	0±0a	0±0a	0±0a	0±0b	0±0b	1.67±0.88b	7.00±0.58c	29.67±1.76c	32.33±2.40d	32.33
	GW (CK)	0±0a	0±0a	0±0a	1.33±0.33a	4.00±0.58a	7.67±1.86a	21.00±2.08a	44.00±4.04a	78.00±3.00a	78.00
	DMGW	0±0a	0±0a	0±0a	0.33±0.33b	1.00±0b	2.67±0.67b	7.33±1.20c	32.00±1.53bc	43.33±1.45c	43.33

注：总数为0~80 d内的腐烂总数，百分比为腐烂总数/冬枣总数，冬枣总数为100个。I试验区中：FW₁为淡水灌溉处理（CK），IMFW为进口磁化器+淡水灌溉处理。II试验区中：FW₂为淡水灌溉处理（CK），IMFW为进口磁化器+淡水灌溉处理，GW为地下浅表层微咸水灌溉处理，DMGW为自主研发磁化器+地下浅表层微咸水灌溉处理。表中数据为平均值±标准差，同列数据后不同小写字母表示差异显著（$P<0.05$）。

因为冬枣贮藏过程中的呼吸作用与酶的活性都容易发生变化（寇晓虹，2000），Ca 的累积抑制了冬枣细胞壁中果胶钙的降解速度，增加了细胞壁的稳定性，同时 Ca 的增加会降低 PG、纤维素等酶的活性（王玲利，2014），有效地抑制了冬枣贮藏期间维生素 C 的消耗（邢尚军，2009），从而使冬枣的呼吸作用减弱，维持了冬枣果实的硬度，延长了贮藏期。

七、小结

（1）磁化水灌溉对冬枣生长及发育的影响整体表现为灌溉水经磁化处理与未经磁化处理相比能显著提高叶片鲜重及叶绿素、有机酸、维生素 C 和花青素含量，并且大幅度提高果实的耐贮性。

（2）Ⅰ试验区进口磁化器＋淡水灌溉处理的枣吊长度与直径较淡水灌溉提高 11.4％和 15.8％，单叶面积提高 12.4％，单果质量、含水量、果实横径和纵径分别提高 23.8％、2.4％、3.7％和 5.1％，与淡水灌溉相比差异显著；Ⅱ试验区进口磁化器＋淡水灌溉处理的枣吊长度与直径较淡水灌溉提高 23.6％和 13.7％，单叶面积与叶片厚度提高 23.6％和 13.8％，单果质量和还原糖含量提高 12.5％和 12.1％，与淡水灌溉相比差异显著。

（3）磁化地下浅表层微咸水灌溉处理果实含水量和还原糖含量分别较地下浅表层微咸水灌溉提高 4.4％和 9.2％，差异显著。

（4）经过磁化灌溉处理后，叶片矿质元素 N、P、Zn、Cu 含量提高，部分处理达差异显著水平；果实矿质元素 K、Na、Ca 含量均有提高，但差异不显著。

（5）鉴于磁化水灌溉改善了冬枣树的无机和有机营养水平，促进了冬枣树的生长发育，提高了冬枣果实产量和品质，因此，在淡水资源贫乏的土壤盐渍化地区，利用磁化水处理技术开发利用地下浅表层微咸水，能有效地减轻微咸水灌溉对枣树的伤害，并获得较高的枣果产量。

第四节　磁化水灌溉对设施蔬菜产量与品质的影响

一、试验材料与方法

（一）试验地概况

试验地点为山东省潍坊市寿光市（118°32′～119°10′E，36°41′～37°19′N），

位于山东半岛中部，渤海莱州湾西南部，地势平坦，处于海陆交界地带，是滨海河流冲积形成的平原地区。该地区属暖温带大陆性季风气候，多年平均降水量为 591.9 mm，平均气温为 12.4℃，无霜期为 195 d，年均日照时数为 2 607 h。由于冷暖气流的交替影响，该地区形成了"春季干旱少雨，夏季炎热多雨，冬季干冷少雪"的气候特点。研究区域的土壤类型为褐土，土壤成土母质多为河流的冲积物，冲积物因渤海湾地带地壳缓慢下降而逐渐在地表积累，使该地区的土层越积越厚，土壤冲积物沉积层深达百米以上，为农作物的生长发育提供了良好的土壤环境。

(二) 试验材料

试验材料分别选自山东省潍坊市寿光市洛城镇孙家庄、冯家尧河村、董家营子村、赵旺铺村等具有代表性的蔬菜大棚土壤、植株和果实。所有日光温室在未建棚之前均为露天种植，以传统的冬小麦—夏玉米轮作栽培模式为主。采样时洛城镇孙家庄、冯家尧河村、董家营子村、赵旺铺村蔬菜大棚内种植蔬菜种类分别为茄子、黄瓜、辣椒、番茄。

(三) 试验设计

于 2016 年 12 月初开始灌溉，灌溉水源为普通自来水，利用自主研发磁化器（DS-948-1，出水量为 20 m³·h⁻¹）接入灌溉水源进行灌溉，根据蔬菜种类的不同分别在各蔬菜大棚内选择有代表性地段，试验共设置两个处理，分别为自来水灌溉（非磁化处理）和自主研发磁化器＋自来水灌溉（磁化处理）。随机区组试验设计，植株每小区 10 株，重复 5 次；S 形取样，取样深度为 0～20 cm 土层。

孙家庄试验大棚：种植蔬菜种类为茄子，磁化水灌溉 12 行，非磁化水灌溉 12 行，每畦平均 56 株（双行）。冯家尧河村试验大棚：种植蔬菜种类为黄瓜，磁化水灌溉 6 行，非磁化水灌溉 9 行，每畦平均 80 株（双行）。董家营子村试验大棚：种植蔬菜种类为辣椒，磁化水灌溉 6 行，非磁化水灌溉 12 行，每畦平均 48 株（双行）。赵旺铺村试验大棚：种植蔬菜种类为番茄，磁化水灌溉 6 行，非磁化水灌溉 6 行，每畦平均 50 株（双行）。

(四) 调查方法

在每个蔬菜大棚机械区组中采用 S 形取样方法选取 15 株长势一致的蔬菜植株进行测量，用 20 cm 钢尺测量蔬菜叶片长度、宽度、叶柄长度，用直读式数显游标卡尺测量蔬菜果实横径和纵径，便携式电子秤称取蔬菜叶片鲜重、单个蔬菜果实鲜重。从每个蔬菜大棚调查的 15 株蔬菜植株中，每株随机取 4 片叶片、4 个果实，按蔬菜种类的不同进行编号，装入带有标签的聚乙烯塑料自封袋置于便携式冰盒内带回实验室，用于叶片和果实生理生化指标的测定分析。

（五）测定方法

生物学特性测定同第二章第二节。果实矿质营养和风味品质测定同第二章第三节。

二、磁化水灌溉促进蔬菜产量增加

由表 2-28 可以看出，磁化水灌溉处理后，蔬菜的叶片长度、叶片宽度、叶绿素含量均有所增加，这提高了蔬菜光合作用的能力以及其有效面积，加强了蔬菜叶片对光的吸收和利用效率，从而促进蔬菜果实的生长及营养养分的积累，最终促进了蔬菜的生长发育，改善了蔬菜的品质，提高了蔬菜的产量。主要表现为：磁化水处理后果横径、单果鲜重、叶长、叶鲜重、叶绿素含量均有所增加。与非磁化水灌溉处理相比，磁化水灌溉后茄子、黄瓜、辣椒、番茄单果鲜重提高，分别为 6.1%、7.4%、3.1%、6.6%；叶鲜重分别提高 53.7%、14.5%、63.7%、54.0%；果横径分别提高 4.5%、10.6%、7.1%、4.5%；叶长分别提高 8.8%、10.7%、19.2%、21.9%。与非磁化水灌溉相比，磁化水灌溉后黄瓜、辣椒、番茄叶宽分别提高 6.6%、2.0%、46.7%；茄子、辣椒叶柄长分别提高 19.5%、25.3%；茄子、黄瓜、辣椒、番茄叶绿素含量分别提高 5.3%、10.0%、10.3%、9.8%。可以看出，磁化水灌溉后的蔬菜果横径、单果鲜重、叶长、叶鲜重、叶绿素含量均高于非磁化水处理，说明了磁化水灌溉能提高果横径、单果鲜重、叶长、叶鲜重、叶绿素含量。在磁化水灌溉下，蔬菜叶片生长和果实发育良好，叶绿素含量增多，叶鲜重和单果鲜重增加，蔬菜产量增加。

表 2-28　磁化水灌溉对设施蔬菜果实和叶片生长发育的影响

处理	果　　实			叶　　片				
	果纵径 （cm）	果横径 （cm）	单果鲜重 （g）	叶长 （cm）	叶宽 （cm）	叶柄长 （cm）	叶鲜重 （g）	叶绿素含量 （mg·g^{-1}）
NME	25.45± 0.21b	6.02± 0.03b	300.43± 3.66b	28.50± 1.00b	19.56± 0.60a	13.67± 0.77b	11.99± 1.59b	46.30± 1.95a
ME	26.72± 0.29a	6.29± 0.29a	318.47± 2.28a	31.00± 0.87a	18.00± 0.50b	16.33± 1.04a	18.43± 1.39a	48.77± 0.77a

处理	果　实			叶　片				
	果纵径 （cm）	果横径 （cm）	单果鲜重 （g）	叶长 （cm）	叶宽 （cm）	叶柄长 （cm）	叶鲜重 （g）	叶绿素含量 （mg·g⁻¹）
NMC	33.67± 0.99a	3.29± 0.06b	244.85± 1.91b	17.47± 0.15b	24.17± 0.57a	22.40± 2.13b	22.83± 0.68b	52.17± 0.25b
NC	33.57± 0.57a	3.64± 0.04a	263.01± 2.61a	19.33± 0.57a	25.77± 1.01a	20.40± 1.31a	26.15± 1.31a	57.37± 2.18a
NMP	26.40± 0.85a	3.50± 0.37a	127.51± 2.12b	14.93± 0.25b	7.07± 0.15b	6.33± 0.40b	2.23± 0.21b	42.57± 0.59b
MP	26.47± 0.15a	3.75± 0.05a	132.56± 2.26a	17.80± 0.10a	8.50± 0.17a	7.93± 0.51a	3.65± 0.12a	46.97± 0.76a
NMT	6.42± 0.03b	8.29± 0.07b	248.27± 4.62b	20.37± 1.03b	10.93± 0.61b	3.40± 0.26a	7.60± 0.34b	36.60± 0.10b
MT	6.79± 0.04a	8.66± 0.11a	264.54± 8.55a	24.83± 0.61a	16.03± 0.78a	3.27± 0.21a	11.70± 0.19a	40.20± 0.40a

注：NME 为非磁化水灌溉茄子处理，ME 为磁化水灌溉茄子处理，NMC 为非磁化水灌溉黄瓜处理，MC 为磁化水灌溉黄瓜处理，NMP 为非磁化水灌溉辣椒处理，MP 为磁化水灌溉辣椒处理，NMT 为非磁化水灌溉番茄处理，MT 为磁化水灌溉番茄处理。表中数据为平均数±标准差（$n>3$）。同列不同小写字母表示不同处理之间的差异显著（$P<0.05$）。

三、磁化水灌溉影响蔬菜果实和叶片矿质营养含量

Harsharn 和 Basant（2011）发现磁化水灌溉可影响雪豌豆和鹰嘴豆幼苗期的养分含量，结果表明磁化水灌溉显著提高了雪豌豆和鹰嘴豆幼苗的 N、K、Ca、Mg、S、Zn、Fe 和 Mn 等矿质营养元素的含量。由表 2-29 可以看出，与非磁化水处理相比，磁化水灌溉后茄子、黄瓜、辣椒、番茄果实中 Fe 含量分别提高 97.7%、26.9%、21.4%、57.7%，果实中 Zn 含量分别提高 5.1%、30.1%、56.7%、7.9%。磁化水灌溉对叶片中不同种微量元素含量和组成影响不同，与非磁化水灌溉处理相比，磁化水灌溉后茄子、黄瓜、辣椒、番茄的叶片中 Fe 含量分别提高 17.9%、11.5%、8.1%、8.8%；茄子、黄瓜、辣椒叶片中 Mn 含量分别提高 98.0%、18.4%、5.5%；茄子、番茄叶片中 Zn 含量分别提高 162.03%、64.40%；茄子、黄瓜、番茄叶片中 Cu 含量分别提高 10.32%、9.78%、31.94%。可以看出，磁化水灌溉对果实 Fe、Zn、Cu 含量和叶片 Fe、Cu 含量具有提高作用，说明磁化水灌溉能有效调节叶片和果实中

矿质营养的种类和养分含量，维持矿质养分的平衡吸收，从而促进果实产量增加以及品质改善。

表 2-29　磁化水灌溉对设施蔬菜果实和叶片矿质营养元素的影响

种类	处理	Fe (mg·kg^{-1})	Mn (mg·kg^{-1})	Zn (mg·kg^{-1})	Cu (mg·kg^{-1})
果实	NME	369.93±34.35b	259.41±23.64a	173.06±4.49b	49.29±2.91a
	ME	731.30±24.80a	267.65±21.50a	181.82±1.91a	54.37±2.92a
	NMC	478.83±7.15b	394.36±15.18b	246.62±21.20b	43.98±1.58b
	MC	607.10±12.18a	469.39±54.86a	320.74±14.25a	83.51±3.99a
	NMP	365.99±9.71b	248.53±22.90b	170.99±19.74b	51.93±4.14b
	MP	444.38±15.56a	320.65±16.38a	267.89±19.71a	66.67±2.44a
	NMT	334.20±10.70b	416.86±10.91b	152.18±3.31b	31.19±2.01b
	MT	527.02±17.12a	451.93±14.71a	164.20±1.33a	40.44±2.86a
叶片	NME	399.73±12.29b	133.90±12.96b	67.32±3.70b	31.97±4.00a
	ME	471.33±16.08a	265.15±36.66a	176.40±16.41a	35.27±2.42a
	NMC	355.29±31.07b	648.77±30.99b	532.82±36.98a	35.29±2.26a
	MC	394.40±33.43a	768.18±44.65a	509.00±33.32a	38.74±5.40a
	NMP	374.35±18.79b	298.89±12.52a	174.04±37.31a	54.51±1.53a
	MP	405.64±14.66a	315.31±29.73a	163.32±22.36a	47.47±1.49b
	NMT	514.67±28.04b	170.86±15.94a	99.88±11.31b	54.41±4.71b
	MT	560.13±11.03a	177.70±26.14a	164.20±1.33a	71.92±9.19a

注：NME 为非磁化水灌溉茄子处理，ME 为磁化水灌溉茄子处理，NMC 为非磁化水灌溉黄瓜处理，MC 为磁化水灌溉黄瓜处理，NMP 为非磁化水灌溉辣椒处理，MP 为磁化水灌溉辣椒处理，NMT 为非磁化水灌溉番茄处理，MT 为磁化水灌溉番茄处理。表中数据为 3 次测定的平均数±标准差。同列不同小写字母表示不同处理之间的差异显著（$P<0.05$）。

四、磁化水灌溉改善蔬菜风味营养

朱磊（2015）对比了磁化水与普通水对不同品种豆类芽菜在培养过程中维生素 C 含量的影响，结果表明磁化水显著促进了芽菜生长并提高了维生素 C

的含量，因此，可以较快地获得维生素 C 含量高的芽菜。赵乐辉（2018）施以磁化水灌溉温室黄瓜，发现磁化水灌溉能增加温室中黄瓜的维生素 C、可溶性蛋白质的含量，改善了温室中黄瓜的品质。韩佩来（2004）发现相比普通水，磁化水浇灌会影响番茄幼苗生长，磁化水浇灌能明显改善番茄的品质，番茄的粗蛋白、维生素 C 和可溶性物质含量均略有增加。由表 2-30 可以看出，在 4 个蔬菜试验区中，磁化水处理后的维生素 C、有机酸、可溶性糖含量均提高，其中茄子、黄瓜、辣椒、番茄维生素 C 含量提高 10.8%、30.5%、7.6% 和 25.8%；有机酸含量分别提高 17.0%、43.7%、11.9% 和 31.3%；可溶性糖含量分别提高 17.9%、6.5%、18.9% 和 10.5%；磁化水灌溉后茄子、黄瓜、番茄中花青素含量分别提高 5.3%、2.1% 和 1.6%。可以看出，磁化水灌溉设施蔬菜与朱磊（2015）和赵乐辉（2018）的研究结果相似，即经磁化水长期灌溉后设施蔬菜果实中维生素 C、有机酸、可溶性糖含量均提高，说明磁化水灌溉可改善果实的风味营养。

表 2-30　磁化水灌溉对设施蔬菜果实品质的影响

处理	维生素 C （mg·100g^{-1}）	有机酸 （%）	可溶性糖 （%）	花青素 （mg·g^{-1}）
NME	41.37±1.29b	0.94±0.03b	3.86±0.07b	20.47±0.08b
ME	45.83±0.52a	1.10±0.05a	4.55±0.03a	21.56±0.52a
NMC	12.04±0.33b	0.87±0.02b	4.47±0.20b	0.97±0.01a
MC	15.71±0.85a	1.25±0.04a	4.75±0.05a	0.99±0.02a
NMP	71.15±1.00b	2.52±0.06b	3.44±0.07b	0.86±0.02a
MP	76.56±0.85a	2.83±0.07a	4.09±0.18a	0.85±0.01a
NMT	26.13±1.04b	0.48±0.03b	4.28±0.11b	1.27±0.02a
MT	32.87±1.03a	0.63±0.02a	4.73±0.11a	1.29±0.02a

注：NME 为非磁化水灌溉茄子处理，ME 为磁化水灌溉茄子处理，NMC 为非磁化水灌溉黄瓜处理，MC 为磁化水灌溉黄瓜处理，NMP 为非磁化水灌溉辣椒处理，MP 为磁化水灌溉辣椒处理，NMT 为非磁化水灌溉番茄处理，MT 为磁化水灌溉番茄处理。表中数据为 3 次测定的平均数±标准差。同列不同小写字母表示不同处理之间的差异显著（$P<0.05$）。

五、小结

使用磁化水灌溉不同种蔬菜后发现，磁化处理后蔬菜果实单果鲜重和叶鲜重提高，分别为 3.1%～7.4% 和 14.5%～63.7%，而且果实总产量增加。果实中 Fe （21.4％～97.7％) 和 Zn （5.1％～56.7％) 含量以及叶片中 Fe （8.1％～17.9％) 含量提高，这有利于蔬菜的新陈代谢和生长发育；磁化水处理显著提高了蔬菜果实维生素 C（7.6％～30.5％)、有机酸（11.9％～43.7％) 含量。以上研究结果不仅可以有效促进蔬菜生长发育，还可以提高蔬菜的产量和品质。

第五节　磁化水灌溉对设施栽培葡萄产量与品质的影响

一、试验材料与方法

（一）试验材料

试验地点位于山东省寿光市，试验地概况同第二章第四节。

供试葡萄品种为多年生'红颜'，采用单壁篱架栽培，南北行向。头状整枝，中短梢混合修剪，株间距为 0.8 m，行间距为 2 m。葡萄栽培设施采用当地普遍采用的连栋日光温室，选用相邻的两栋朝向、材料和规格均相同的温室进行栽培研究。

（二）试验设计

葡萄生长期内（萌动期到成熟期），共设置 5 个灌溉处理，分别为对照处理（T_0）、磁化水灌溉 2 次（T_2）、磁化水灌溉 4 次（T_4）、磁化水灌溉 6 次（T_6）、磁化水灌溉 8 次（T_8）。试验小区长 15 m、宽 2 m，小区面积 30 m²，采用田间机械小区试验设计。进行水肥一体化管理，根据生育期需肥特征确定施肥时期。修剪与病虫害防治采用常规管理方式。磁化水灌溉处理中农业用磁化器为 PP-60-ADS-600（$\Phi=60$ mm）。

（三）测定方法

生物学特性测定同第二章第二节。
果实矿质营养和风味品质测定同第二章第三节。

二、磁化水灌溉影响葡萄生长特性

由表 2-31 可以看出，磁化水灌溉后对当年生新梢生长量、叶片数以及叶片生长无显著影响；但基径经磁化水灌溉两年后表现为增粗生长，且使用磁化水灌溉次数越多、效果越好；这与高丽松（2002）利用磁化水处理豆芽能促进其下胚轴的伸长和增粗、增加产量的研究结果相似。

表 2-31　磁化水灌溉后葡萄生长指标变化

处理	基径 （mm）	新梢长度 （cm）	叶片数	节间长度 （cm）	叶片长度 （cm）	叶片宽度 （cm）
T_0	22.81± 1.29b	214.98± 23.57a	27.90± 4.23a	12.70± 1.07a	12.50± 1.34a	15.68± 1.43ab
T_2	22.33± 1.21b	186.51± 41.50a	21.30± 4.96bc	11.04± 1.22a	12.07± 1.28ab	15.15± 1.32b
T_4	23.21± 2.03ab	197.15± 44.75a	20.10± 4.09c	12.17± 2.09a	12.27± 1.12a	16.27± 1.51a
T_6	25.87± 4.53a	195.38± 36.61a	22.50± 4.84bc	10.85± 3.59a	11.32± 1.11b	15.24± 1.29b
T_8	24.01± 3.69ab	220.82± 34.50a	25.40± 4.20ab	13.17± 2.77a	11.89± 1.73ab	15.78± 1.11ab

注：T_0 为对照处理，T_2 为磁化水灌溉 2 次，T_4 为磁化水灌溉 4 次，T_6 为磁化水灌溉 6 次，T_8 为磁化水灌溉 8 次。表中数据为平均数±标准差（$n>3$）。同列不同小写字母表示不同处理之间差异显著（$P<0.05$）。

三、磁化水灌溉影响葡萄产量

由表 2-32 可以看出，磁化水灌溉次数对葡萄果实产量构成因素有一定促进作用，即随着磁化水灌溉次数的增加，葡萄果实横径、结果数、成果率、单果干重以及果穗重均增加，表现为：T_8 较 T_0 分别提高 6.45％、113.3％、74.1％、28.0％和 23.3％，其中对结果数影响最大，其次为成果率，对果形指数（果实纵径与果实横径比值）影响较小（变化幅度为 1.2～1.3），果实纵径与果形指数变化相似。

表 2-32　磁化水灌溉后葡萄产量形成指标变化

处理	果实纵径 （mm）	果实横径 （mm）	结果数	成果率 （％）	单果干重 （g）	果穗重 （500 g）
T_0	29.97± 1.65a	23.64± 1.45b	123.60± 21.77b	41.75± 12.28c	0.93± 0.13a	1.80± 0.32a
T_2	27.97± 1.02a	23.68± 1.31b	137.60± 22.06b	55.82± 2.72b	0.97± 0.22a	1.94± 0.21a

（续）

处理	果实纵径 （mm）	果实横径 （mm）	结果数	成果率 （%）	单果干重 （g）	果穗重 （500 g）
T_4	29.66± 1.72a	23.78± 1.25b	158.40± 30.48b	60.82± 8.69ab	1.04± 0.27a	2.12± 0.22a
T_6	28.64± 1.80a	24.08± 1.20b	171.80± 22.72b	62.74± 9.11ab	1.10± 0.27a	2.18± 0.46a
T_8	29.97± 1.92a	25.16± 1.28a	263.60± 77.54a	72.68± 13.48a	1.19± 0.11a	2.22± 0.24a

注：T_0 为对照处理，T_2 为磁化水灌溉 2 次，T_4 为磁化水灌溉 4 次，T_6 为磁化水灌溉 6 次，T_8 为磁化水灌溉 8 次。表中数据测定平均数±标准差（$n>3$）。同列不同小写字母表示不同处理之间差异显著（$P<0.05$）。

四、磁化水灌溉改善葡萄果实风味

由表 2-33 可以看出，磁化水灌溉对维生素和蛋白质含量无显著影响。可溶性总糖和花青素以及糖酸比（可溶性总糖与有机酸比值）则随磁化水灌溉次数的增加呈上升的变化趋势，而还原糖和有机酸则变化相反。磁化水灌溉后葡萄可溶性总糖升高的研究结果与陈胜文（2008）利用磁化水浸种番茄其可溶性总糖含量升高的研究结果相似，这表示磁化水灌溉处理中葡萄植物体内能量供应基础能力和生理代谢活动较强。Wada 等（2009）认为糖酸比是评价果实品质优劣的重要指标，糖酸比越高，则品质越好。研究发现，经磁化水灌溉的葡萄果实中可溶性总糖含量提高（平均为 23.3%），有机酸含量降低（平均为 32.3%），且糖酸比有所提高（平均为 94.8%），这表示磁化作用可提高酸转化酶和降解酶等的活性，降低果实酸含量，从而提高糖酸比，改善葡萄风味。

果实花青素是植物次级代谢的产物，是果实中一种重要的生物活性物质。Jia 等（2013）研究表明，外源糖处理可促进果实花青素的积累、促进果实成熟；对葡萄研究结果表明还原糖含量与花青素合成呈指数函数曲线关系；刘仁道（2009）发现外源 ABA 处理能有效提高果实花青素含量；磁化水灌溉葡萄果实中花青素含量的变化与之相似，其含量表现为提高，同时可溶性总糖增幅比例最大，还原糖次之（平均为 12.3%），这说明磁化作用可通过刺激葡萄果实花青素合成酶活性及花青素合成相关基因的表达（Qiu et al.，2014），促进糖分的积累，进而提高花青素的含量。

表 2-33 磁化水灌溉后葡萄果实风味品质指标变化

处理	维生素 (mg·g^{-1})	蛋白质 (mg·g^{-1})	可溶性总糖 (mg·g^{-1})	还原糖 (%)	花青素 (U·g^{-1})	有机酸 (%)	糖酸比
T_0	26.64±1.20a	8.35±0.17b	55.18±10.9b	4.05±0.37a	4.20±2.25b	1.96±0.15a	28.2
T_2	27.07±2.98a	8.29±0.14b	59.94±8.72ab	4.17±0.85a	6.29±5.91b	1.79±0.21ab	33.5
T_4	27.41±1.13a	8.75±0.25a	63.94±7.56ab	4.58±1.75a	8.37±3.45b	1.41±0.49bc	45.3
T_6	27.63±2.38a	8.71±0.23a	68.85±9.36ab	4.61±0.29a	9.81±2.06b	1.09±0.13c	63.2
T_8	27.49±2.88a	8.88±0.16a	79.42±20.24a	4.89±1.75a	17.82±2.55a	1.02±0.00c	77.9

注：T_0为对照处理，T_2为磁化水灌溉 2 次，T_4为磁化水灌溉 4 次，T_6为磁化水灌溉 6 次，T_8为磁化水灌溉 8 次。表中数据平均数±标准差。同列不同小写字母表示不同处理之间差异显著（$P<0.05$）。

五、磁化水灌溉影响葡萄果实矿质营养

矿质营养是植物正常生长发育必需的营养元素，是葡萄生长、产量构成和品质形成的物质基础。由表 2-34 可以看出，磁化水灌溉后，果实中 Fe、Zn 和 N 等矿质元素均表现为富集的特征，在不同程度上高于非磁化水灌溉处理植株且于 T_8 处理中含量最高，分别较 T_0 提高 48.5%、112.3% 和 41.1%，这与王俊花（2006a，2006b）利用磁化水灌溉提高甜玉米和黄瓜叶片矿质元素含量及田文勋（1989）利用磁化水灌溉促进水稻矿质养分吸收的研究结果一致。与之不同的是，磁化水灌溉对 Mn、Cu 和 P 元素含量影响较小，且无显著差异。

表 2-34 磁化水灌溉后葡萄果实矿质营养指标变化

处理	Fe (mg·kg^{-1})	Mn (mg·kg^{-1})	Zn (mg·kg^{-1})	Cu (mg·kg^{-1})	N (g·kg^{-1})	P (g·kg^{-1})
T_0	47.16±1.27b	53.77±1.65	240.09±12.06e	14.94±1.43a	5.35±2.64a	1.39±0.70a
T_2	55.22±1.73ab	55.54±1.61a	285.35±11.96d	14.18±1.24a	5.56±2.75a	1.37±1.09a
T_4	56.45±1.02ab	56.97±1.35a	330.11±10.64c	15.35±1.74a	6.33±0.41a	1.65±0.83a
T_6	64.84±1.35ab	58.20±1.31a	429.25±12.43b	13.83±1.47a	7.07±1.01a	1.74±0.40a
T_8	70.03±1.31a	58.37±1.06a	509.83±10.17a	15.73±1.67a	7.55±4.53a	1.98±0.34a

注：T_0为对照处理，T_2为磁化水灌溉 2 次，T_4为磁化水灌溉 4 次，T_6为磁化水灌溉 6 次，T_8为磁化水灌溉 8 次。表中数据为测定平均数±标准差（$n \geqslant 3$）。同列不同小写字母表示不同处理之间差异显著（$P<0.05$）。

六、小结

磁化水灌溉促进了保护地栽培葡萄产量的形成，果实个大、转色早、单产高；有利于葡萄果实中矿质元素及可溶性固形物的累积，果实有机酸含量的降低以及花青素含量的提高，果实风味甜、汁多，果实鲜食品质提高，具有巨大的市场潜力和竞争力。

03 第三章 磁化水灌溉对退化土壤的修复作用

第一节 磁化水灌溉对土壤物理特征的影响

一、试验材料与方法

（一）试验材料

磁化水灌溉镉胁迫下土壤栽培杨树试验材料同第二章第二节。

不同水源灌溉冬枣试验材料同第二章第三节。

设施栽培蔬菜试验材料同第二章第四节。

设施栽培葡萄试验材料同第二章第五节。

黄河三角洲刺槐林地灌溉试验材料见下文。

1. 试验地概况

试验地位于东营市河口区新户镇北李村刺槐人工林基地（N118°34′08″，E37°44′37″）。属暖温带大陆性季风气候，雨热同季，四季分明。年平均气温12.5℃，年降水量550~600mm，多集中在夏季，7~8月降水量约占全年降水量的一半，为盐渍化黏壤土，地下10m以上浅表层地下水矿化度为7.4g·L^{-1}。

2. 试验材料

2015年4月初，于多年生刺槐人工林内西北方向选择当年刺槐新造林地作为试验地，选用2年生幼树当年造林，保存率95%，试验地块面积为90m×240m，林木栽植株行距为2m×2m，南北行，靠近外围2行为保护行。以自来水作为灌溉淡水。在试验地南头打10m深水井，引地下水作为浅表层微咸水。利用磁化器（型号A400p、出水量20m³·h^{-1}，磁场强度为140mT）分别接入淡水和微咸水两种水源。沿树行铺设滴灌设施，沿主管道引3m长滴管，每个滴管5个滴头，沿树盘环形铺设，每次持续灌溉2h，春秋旱季10d灌溉一次，雨季不灌溉。沿东西向每隔22.5m设置一试验处理，分别为淡水灌溉（FW）、磁化淡水灌溉（MFW）、地下浅表层微咸水灌溉（GW）、磁化地下浅表层微咸水灌溉（MGW），具体见图3-1。在试验地旁边选相同面积地块采用相同采样方法作为对照，对照不采用任何灌溉方式（自然降水）。

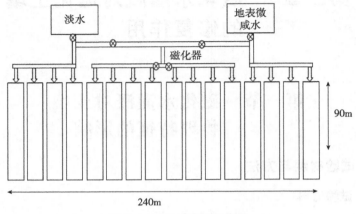

图 3-1　试验地布设示意图

（二）研究方法

1. 不同水源灌溉冬枣试验

于雨季来临之前，2014 年 6 月中下旬取土壤样品，在试验区设置的随机区组中按波浪形平均分布设置 12 个取样点，清除表面落叶等杂物，用土钻在各取样点分别钻取 0～20、20～40 和 40～60cm 土层，每层土样分别取 100g 和 50g 两袋。100g 样品风干后过 80 目筛，用于测定土壤含盐量、交换性盐基及养分含量；50g 样品取样后立即放入冰盒内保持新鲜，带回实验室后置于 4℃冰箱内保存。

2. 设施栽培蔬菜灌溉试验

土壤样品于 2017 年 5 月中下旬采集，采集土壤样品前，清除土壤表面的杂物。采用 S 形取样方法采集 0～20cm 土层土壤，各取样点分别取 500g 和 100g 装入带有标签的聚乙烯塑料自封袋，并取 10g 土壤样品装入带有标签的无菌离心管密封，液氮保存带回实验室。500g 土壤样品自然风干后过 2mm 孔径尼龙网筛，进行土壤理化性质的测定。100g 土壤样品取样后立即放入便携式冰盒内，带回实验室并在 4℃冰箱内保存，进行土壤酶活性测定。10g 土壤样品取样后立即放入液氮罐内保持新鲜，带回实验室并在超低温冰箱保存，进行土壤细菌结构及多样性的测定。

3. 设施栽培葡萄灌溉试验

土壤样品于葡萄成熟前期采集，各小区分别在葡萄东西两侧采用 S 形取样法设置 5 个土壤样品采样点，取样土层深度为 0～20cm，将 5 个采样点同一土层土壤混合作为一个分析样品，迅速装入预先标记好的塑料袋，密封放入冰盒带回实验室测定。

4. 黄河三角洲刺槐林地灌溉试验

研究区面积约为 2.16hm²，矩形取样（图 3-2），沿东西向 5.5、16.5、27.5、38.5、53.9、64.9、75.9 和 86.9m 处，南北向 10、30、50、70、90、110、130、150、170、190、210 和 230m 处，采用网格法取样，共 96 个取样点，均为单点采样。采样时间分别为 4 月 10 日、4 月 25 日、5 月 10 日、5 月 25 日、6 月 20 日、8 月 20 日和 9 月 20 日。土壤盐分测定采用雷磁电导仪（DDS-308A，上海雷磁），通过测定土壤浸提液（土水比1：5）的电导度，用 LY/T1215—1999 标准计算全盐含量。试验中使用两种水源（淡水和地下水）灌溉，磁化水处理中使用磁化装置（引自莱芜恒锐农林业科技有限公司；A400p）处理灌溉水源，共形成 4 个处理，分别为：淡水灌溉处理（FW）、磁化淡水灌溉处理（MFW）、地下水灌溉处理（GW）、磁化地下水灌溉处理（MGW）。

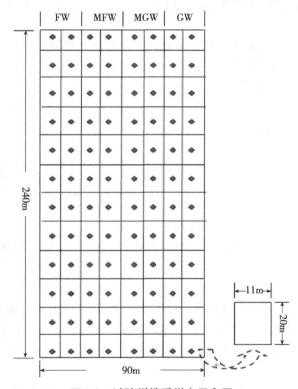

图 3-2　试验样地采样点示意图

注：FW 为淡水灌溉处理，MFW 为磁化淡水灌溉处理，MGW 为磁化地下水灌溉处理，GW 为地下水灌溉处理。

（三）测定方法

1. 土壤含盐量

称取过 2 mm 孔径筛的风干土壤样品 5.0g 加入 25 mL 无 CO_2 水振荡，土水比例为 1：5，静置 30 min 后过滤，用雷磁电导率仪（DDSJ-308A）测定土壤浸提液的 TDS 值，并计算土壤含盐量（章家恩，2007），计算公式：

$$土壤含盐量(\%)=\frac{TDS \cdot V}{1\,000m} \times 100\%$$

式中：V 表示土壤浸提液体积（mL）；m 表示称取土壤质量（mg）。

2. 土壤物理性质测定

土壤 pH 测定用酸度计（BPH-252）直接测量，配制标准缓冲溶液，对酸度计进行校正，再称取过 2mm 孔径筛的风干土壤 5g 于 100mL 烧杯中，加入25mL 除去 CO_2 的无菌水，静置 30min 进行测定，记录数据；采用环刀法对土壤容重和孔隙度进行测定；采用烘干法对土壤含水率进行测定（章家恩，2007）。

3. 黄河三角洲刺槐林地土壤盐分数据处理

相对偏差：测点 i 处测定时间 j 时土壤水分（S_{ij}）相对偏差（δ_{ij}）的计算公式为

$$\delta_{ij}=(S_{ij}-\overline{S_j})/\overline{S_j}$$

式中：$S_j=\frac{1}{n}\sum_{i=1}^{n}S_{ij}$，$n$ 为测点总个数。

任一测点 i 处土壤盐分平均相对偏差计算公式为

$$\overline{\delta_i}=\frac{1}{m}\sum_{j=1}^{m}\delta_{ij}$$

式中：m 为试验测点总次数。

任一测点 i 处土壤盐分平均相对偏差的标准偏差 $[\sigma(\delta_i)]$ 计算公式为

$$\sigma(\delta_i)=\sqrt{\frac{1}{m-1}\sum_{j=1}^{m}(\delta_{ij}-\delta_i)^2}$$

采用 3 倍标准差的原则对数据序列的特异值进行异常检验和修正。运用SPSS 19.0 对土壤盐分数据进行描述统计分析。利用 Surfer 14.0 地学制图软件绘制土壤盐分空间分布等值线图。

二、不同水源灌溉后土壤盐分运移动态

（一）冬枣栽培土壤盐分运移动态

土壤盐渍化是制约植物生长发育的重要原因之一，严重的盐渍化危害可引起植物代谢紊乱、光合作用降低、生长受阻，加速植物老化。所以有效的土壤脱盐是促进受盐碱危害地区植物生长的重要措施之一。如表 3-1 所示，磁化水灌溉处理后土壤含盐量在不同土层深度中均降低。土层深度为 0～20、20～40 和 40～60cm 时，与 FW_1、FW_2 和 GW 相比，处理 IMFW 土壤含盐量分别降

低了 11.8%～17.3%、19.5%～19.8% 和 10.5%～16.7%。土层深度为 0～20cm 和 20～40cm 时，与对照（GW）相比，处理 DMGW 的土壤含盐量分别降低 5.7% 和 8.8%。土层深度为 40～60cm 时，处理 DMGW 与对照（GW）相比土壤含盐量降低 3.3%。从不同土层深度上看，无论是经磁化淡水还是磁化微咸水灌溉处理后，20～40cm 土层土壤含盐量降低百分比最高，脱盐效果最好。在 Ⅱ 试验区，不同土层深度下淡水浇灌后土壤含盐量显著低于地下浅表层微咸水灌溉和行间无水灌溉处理。结果表明，磁化水灌溉可以有效提高土壤的脱盐能力，降低土壤的盐碱度，提高土壤盐分的运移速率，加快土壤盐分的淋溶，改善植物的生长环境，在灌溉水缺乏的地区可以适度开发地下浅表层微咸水对植物进行灌溉。

表 3-1　磁化水灌溉对土壤含盐量的影响

试验区	处　理	0～20cm（%）	20～40cm（%）	40～60cm（%）
Ⅰ	FW₁（CK）	0.093±0.007a	0.087±0.008a	0.084±0.004a
	IMFW	0.082±0.001b	0.070±0.003b	0.070±0.002b
Ⅱ	FW₂（CK）	0.098±0.005c	0.096±0.009c	0.086±0.003b
	IMFW	0.081±0.002d	0.077±0.002d	0.077±0.003c
	GW（CK）	0.141±0.010a	0.136±0.024a	0.120±0.008a
	DMGW	0.133±0.011b	0.130±0.010b	0.116±0.010a

注：所测指标 0～20、20～40 和 40～60cm 为所取土壤不同的土层深度范围；Ⅰ代表Ⅰ试验区，FW₁（CK）为对照淡水，IMFW 为进口磁化器＋淡水；Ⅱ为Ⅱ试验区，FW₂（CK）为对照淡水，IMFW 为进口磁化器＋淡水，GW（CK）为地下浅表层微咸水，DMGW 为自主研发磁化器＋地下浅表层微咸水；数值为平均数±标准差；不同小写字母表示处理之间在 0.05 水平上差异显著。

（二）黄河三角洲刺槐林地土壤盐分时空分布特征及变化规律

1. 不同层次土壤盐分含量的统计特征值

由表 3-2 可以看出，0～20cm 土壤盐分含量平均值变化范围为 2.75～7.77 g·kg⁻¹，在 4 月 25 日达到最大值；从变异系数来看，5 月 25 日表现为强变异性，其他各日期均表现为中等变异强度。20～40cm 土壤盐分含量平均值变化范围为 2.77～5.78g·kg⁻¹，在 4 月 25 日达到最大值；从变异系数来看，各日期均表现为中等变异强度。40～60cm 土壤盐分含量平均值变化范围为 2.69～5.14g·kg⁻¹，在 4 月 25 日达到最大值；从变异系数来看，各日期均表现为中等变异强度。各土层各日期土壤盐分含量值分布均呈正态分布。

表 3-2　不同层次土壤盐分统计特征值

取样深度	日期	分布类型	最大值 (g·kg⁻¹)	最小值 (g·kg⁻¹)	均值	标准差	偏度	峰度	变异系数	P (K-S)
0~20cm	4.1	正态	12.8	1.71	6.66	2.59	0.38	−0.62	0.39	0.278
	4.25	正态	14.4	2.09	7.77	3.1	0.45	−0.38	0.46	0.447
	5.1	正态	14.25	1.59	6.81	3.07	0.58	−0.29	0.47	0.35
	5.25	正态	14.9	1.76	7.11	2.66	−0.42	0.91	1.14	0.172
	6.2	正态	8.57	1.19	3.67	1.75	0.01*	−0.53*	0.51	0.819*
	8.2	正态	6.85	0.85	2.75	1.39	1	0.6	0.51	0.139
	9.2	正态	8.78	1.17	3.96	1.8	0.76	0.06	0.52	0.456
20~40cm	4.1	正态	10.4	1.51	5.16	1.98	0.45	−0.66	0.38	0.326
	4.25	正态	12.25	2.24	5.78	2.56	0.86	0.08	0.45	0.275
	5.1	正态	11	1.24	4.9	2.32	0.74	0.06	0.49	0.35
	5.25	正态	9.63	2.25	5.05	1.74	0.65	−0.15	0.35	0.393
	6.2	正态	7.98	1.27	3.93	1.61	0.61	−0.29	0.41	0.384
	8.2	正态	5.82	1	2.77	1.19	0.78	0.1	0.46	0.367
	9.2	正态	6.78	1.05	3.63	1.34	0.36	−0.47	0.42	0.788
40~60cm	4.1	正态	9.14	1.31	4.75	1.86	0.48	−0.56	0.41	0.5
	4.25	正态	11.4	1.55	5.14	2.25	0.96	0.68	0.45	0.243
	5.1	正态	10.85	1.61	4.73	2.45	1.12	0.35	0.57	0.06
	5.25	正态	8.99	1.48	4.43	1.6	0.63	0.2	0.36	0.395
	6.2	正态	8.29	1.54	4.15	1.67	0.66	−0.14	0.47	0.407
	8.2	正态	5.87	0.71	2.69	1.2	0.79	0.09	0.47	0.162
	9.2	正态	8.03	1.07	3.73	1.48	0.86	0.4	0.4	0.265

2. 不同处理土壤盐分含量的时空稳定性分析

（1）土壤盐分值平均相对偏差变化：将不同土壤层次不同灌溉处理中 24 个采样点土壤盐分含量平均相对偏差从小到大排列，描述其时间稳定性，其中误差线为各测点标准差。由图 3-3 可以看出，淡水灌溉条件下 0~20、20~40 和 40~60cm 3 个土层土壤盐分含量平均相对偏差变化范围分别为 −36.4%~95.8%、−45.4%~68.7% 和 −36.5%~70%，标准差变化范围为 11.8%~56.3%、11.8%~53.6% 和 15.88%~47.38%。磁化淡水灌溉条件下 3 个土层土壤盐分含量平均相对偏差变化范围为 −30.5%~60.9%、−39.6%~61.2% 和 −38%~62.5%，标准差变化范围为 14.2%~67.6%、9.7%~63.25% 和 11.2%~69.1%。由此可以看出，相较于淡水灌溉，磁化淡水灌溉后各土层土壤盐分含量时间稳定性较强，各测点土壤盐分含量数据离散程度较小。淡水灌溉和磁化淡水灌溉处理条件下各土层土壤盐分含量数据之间时间稳定性和数据离散度差异不明显。

　　地下浅表层微咸水灌溉条件下 0～20、20～40 和 40～60cm 3 个土层土壤盐分含量平均相对偏差变化范围为－38.2%～61.0%、－38.3%～58.1% 和－42.7%～81.3%，标准差变化范围为 14.6%～72.3%、11.3%～56.4% 和 10.5%～60.5%。磁化地下浅表层微咸水灌溉条件下 3 个土层土壤盐分含量平均相对偏差变化范围为－43.6%～53.9%、－42.4%～62.5% 和－48.1%～74.4%，标准差变化范围为 18.1%～51.9%、18.3%～51.8% 和 8.3%～51.5%。由此可以看出，磁化地下浅表层微咸水灌溉较地下浅表层微咸水灌溉各土层土壤盐分含量时间稳定性较强，各测点土壤盐分含量数据离散程度较小。地下浅表层微咸水灌溉和磁化地下浅表层微咸水灌溉条件下各土层土壤盐分含量随土层深度增加时间稳定性减弱，数据离散程度随土层深度增加而减小。

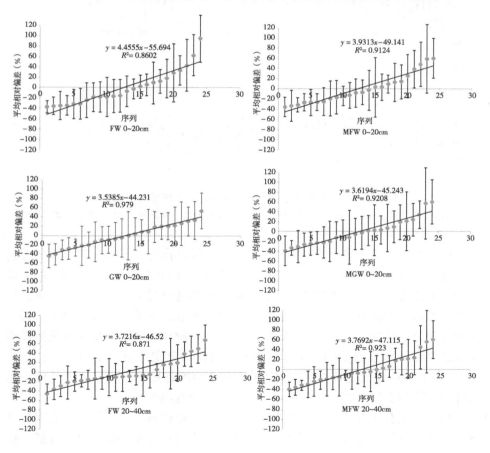

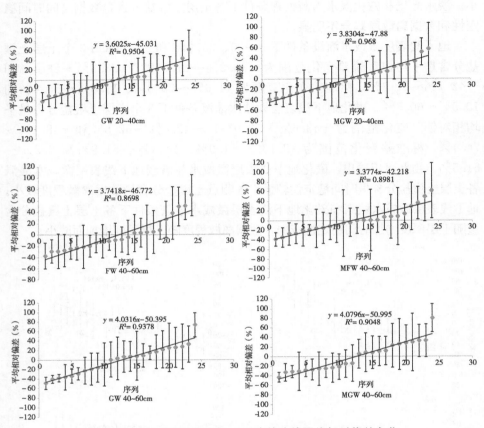

图 3-3　不同灌溉处理各土层土壤盐分值平均相对偏差变化

注：FW 为淡水灌溉，MFW 为磁化淡水灌溉，GW 为地下水灌溉，MGW 为磁化地下水灌溉，CK 为对照处理。图 3-4、图 3-5 同。

（2）**不同土层土壤含盐量变化**：由图 3-4 可以看出，不同灌溉处理不同层次土壤盐分含量均值均表现出 GW＞CK＞FW＞MGW＞MFW，不同土层土壤盐分含量随着土层深度增加逐渐降低。磁化处理能够显著降低各土层土壤盐分含量，提高土壤盐分淋溶。磁化淡水灌溉处理相较淡水灌溉处理 3 个土壤层次盐分含量分别降低了 12.5％、12.3％和 9.2％，磁化浅表层微咸水灌溉处理相较浅表层微咸水灌溉处理 3 个土壤层次盐分含量分别降低了 10.8％、10.8％和 9.2％；说明磁化处理对于土壤盐分含量的淋溶作用随着土壤深度的增加逐渐降低。这与王渌（2018）和李夏（2017）的研究结果一致。

（3）**土壤盐分含量季节变化动态**：由图 3-5 可以看出，4 种灌溉处理条件下 3 个土层土壤盐分含量季节动态变化规律均表现出春季升高—夏季降低—秋

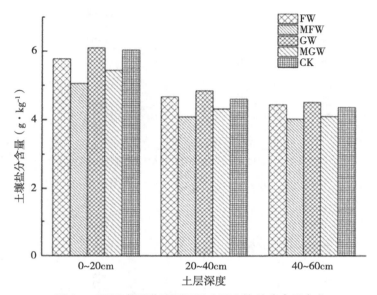

图3-4 不同水源灌溉后不同土层土壤盐分含量变化

季缓慢回升的变化趋势。这是由于春季气温逐渐升高,土壤水分蒸发量增加,土壤盐分随着水分蒸发而向上运动,导致土壤盐分含量增大;进入夏季以后,降水增多,盐分随水分向下运动;进入秋季以后,土壤水分蒸发量回升,盐分向上运动,诱导其含量升高。从土壤盐分含量上来看,淡水灌溉和浅表层微咸水灌溉处理后各土层土壤盐分含量在春季表现为0~20cm>20~40cm>40~60cm;夏季表现为40~60cm>20~40cm>0~20cm;秋季里0~20cm土壤盐分含量最高,明显大于其他两个层次。磁化淡水和磁化浅表层地下水灌溉处理土壤盐分含量值在4月10日和5月25日表现出0~20cm>20~40cm>40~60cm,在4月25日、5月10日和9月20日表现出0~20cm>40~60cm>20~40cm,在6月20日表现出40~60cm>20~40cm>0~20cm。在4月25日、5月10日和9月20日都表现出了20~40cm土层土壤盐分含量较低的现象,这表明春、秋两季时磁化水灌溉能有效地降低20~40cm土层的土壤盐分含量。

（4）土壤盐分空间分布变化:对不同层次土壤盐分分布特征进行相关性分析（表3-3）,可知不同土层深度与土壤盐分分布具有显著的正相关关系。因此,为了更好地描述滨海盐碱地不同灌溉方式处理条件下土壤盐分时空分布特征,以0~20cm土壤层次盐分分布绘制不同时期土壤盐分分布特征的等值线图。

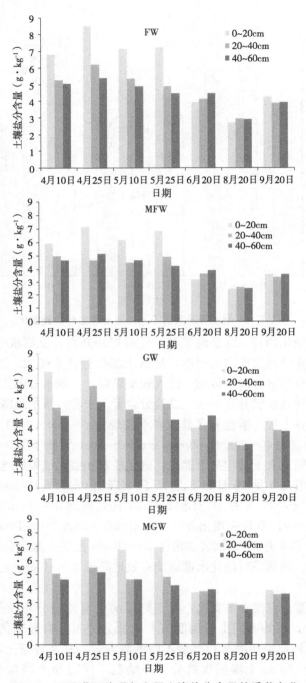

图 3-5　不同灌溉处理各土层土壤盐分含量的季节变化

表 3-3　不同土层土壤盐分含量均值相关性

土层深度	0～20cm	20～40cm	40～60cm
0～20cm	1	0.873**	0.745**
20～40cm	0.873**	1	0.845**
40～60cm	0.745**	0.845**	1

注：**表示在 0.01 水平上显著相关。

由图 3-6 可以看出，在 4 月 10 日时磁化水灌溉区域盐分含量明显降低，随着春季气温升高，地表水分蒸发增强，盐分向上运动，部分区域出现了"积盐"现象；进入雨季后，降水增多，土壤盐分向下迁移，磁化水灌溉区域土壤盐分降低；随着雨季的深入，盐随水走，盐分分布特征"鱼眼"区域增多（高土壤盐分含量区域），各处理区域间分布无规则；进入秋季以后，随磁化水灌溉的实施，处理区土壤盐分含量开始下降。

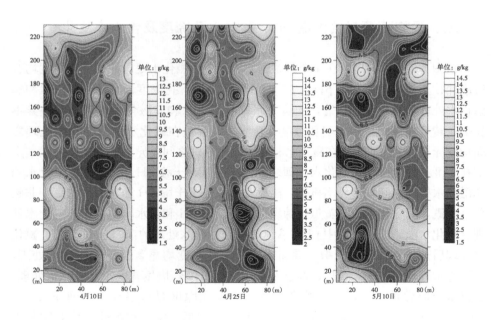

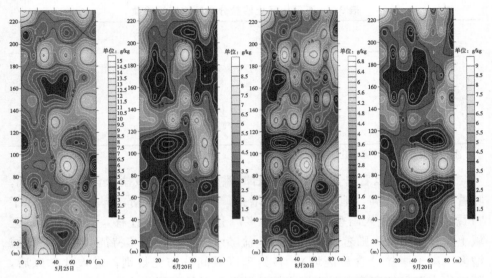

图 3-6　不同水源灌溉后 0～20cm 土层中盐分含量空间分布等值线图

三、设施蔬菜栽培土壤 pH、容重、孔隙度及含水率变化

从图 3-7 可以看出，在 4 个蔬菜的试验区中，磁化水处理的土壤孔隙度均有所增加，土壤容重均有所下降。茄子栽培土壤 pH、孔隙度、容重在磁化水和非磁化水处理之间均差异显著，土壤含水率在磁化水和非磁化水处理之间差异不显著。黄瓜和辣椒栽培土壤孔隙度、含水率、容重在磁化水和非磁化水处理之间均差异显著，土壤 pH 在磁化水和非磁化水处理之间差异不显著。番茄栽培土壤孔隙度在磁化水和非磁化水处理之间差异显著，土壤 pH、含水率在磁化水和非磁化水处理之间均差异不显著。磁化水灌溉茄子土壤 pH 和含水率均高于非磁化水灌溉，而磁化水灌溉黄瓜、辣椒、番茄土壤 pH 和含水率均低于非磁化水处理。磁化水灌溉茄子土壤中 pH、含水率是非磁化水处理的 1.33、1.05 倍。磁化水处理后茄子、黄瓜、辣椒、番茄栽培土壤孔隙度均显著高于非磁化水处理，而磁化水处理后茄子、黄瓜、辣椒、番茄栽培土壤容重显著低于非磁化水处理。磁化水处理后茄子、黄瓜、辣椒、番茄土壤孔隙度是非磁化水处理的 1.09、1.03、1.12、1.06 倍。磁化水处理栽培茄子、黄瓜、辣椒和番茄土壤容重分别是非磁化水处理的 80.0%、96.9%、92.5% 和 93.8%。由此可知，磁化水灌溉后蔬菜土壤孔隙度均高于非磁化水处理，土壤容重均低于非磁化水处理，但 pH 和含水率变化不大，可见，磁化水灌溉能够降低不同种类蔬菜的土壤容重，使

土壤更加疏松多孔，从而影响到设施土壤的养分代谢。

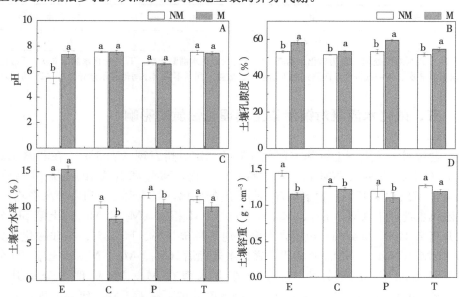

图 3-7　磁化水灌溉后设施蔬菜土壤 pH（A）、土壤孔隙度（B）、土壤含水率（C）、
　　　　土壤容重（D）变化

注：M 为磁化处理，NM 为非磁化处理，E 为设施栽培茄子，C 为设施栽培黄瓜，P 为设施栽培辣椒，T 为设施栽培番茄。图中数据为测定平均数±标准差。不同小写字母表示不同处理间差异显著（P<0.05）。

四、设施葡萄栽培土壤 pH、容重及孔隙度变化

由表 3-4 可以看出，随磁化水灌溉次数的增加，土壤容重降低，而孔隙度增大，且 T_8 处理表现最佳，与 T_0 相比，容重降低比例为 8.9%，孔隙度增长比例为 6.9%。pH 则与之变化不同，随磁化水灌溉次数的增加，对其无显著影响。因此推断，磁化水灌溉可以通过降低土壤容重以及增加孔隙度来影响土壤物理性质，改善土壤水气比例，进而影响土壤其他化学和生物学过程。

表 3-4　设施栽培土壤物理性状变化

处理	pH	土壤容重（g·cm^{-3}）	土壤孔隙度（%）
T_0	7.57±0.31a	1.34±0.05a	50.39±1.70b
T_2	7.51±0.20a	1.30±0.04ab	50.92±1.52ab
T_4	7.61±0.07a	1.29±0.05ab	51.04±1.90ab
T_6	7.71±0.17a	1.26±0.93ab	52.47±0.25ab

（续）

处理	pH	土壤容重（g·cm^{-3}）	土壤孔隙度（%）
T$_8$	7.13±3.43a	1.22±0.05b	53.87±1.73a

注：T$_0$为对照处理，T$_2$为磁化水灌溉2次，T$_4$为磁化水灌溉4次，T$_6$为磁化水灌溉6次，T$_8$为磁化水灌溉8次。表中数据为3次测定的平均数±标准差。同列不同字小写母表示差异显著（$P<0.05$）。

五、磁化水灌溉对镉污染土壤理化性质的影响

通过对镉污染下土壤基本理化性质的测定分析发现（表3-5），在非磁化处理中（NM$_0$、NM$_{50}$、NM$_{100}$），与对照NM$_0$相比，NM$_{50}$和NM$_{100}$的土壤pH分别升高0.87%和2.12%，含水率有不同程度的变化，但均没有达到显著水平差异。在磁化水处理中（M$_0$、M$_{50}$、M$_{100}$），与对照M$_0$相比，M$_{50}$和M$_{100}$的土壤pH分别升高2.24%、0.47%；土壤含水率分别下降6.16%、14.42%。与非磁化水处理（NM$_0$、NM$_{50}$、NM$_{100}$）相比，磁化水处理后（M$_0$、M$_{50}$、M$_{100}$）土壤pH分别下降1.58%、0.25%、3.17%，土壤含水率在M$_0$、M$_{50}$处理下分别升高4.19%、0.41%，但在100μmol·L^{-1}镉浓度处理下有所下降。研究发现，磁化水灌溉后含水率有一定程度的增大，这与王全九（2017）发现高矿化度磁化水灌溉能够提高土壤持水率的研究结果一致，水分子经过磁化后渗透力及活性增强，更容易进入土壤间隙或者附着在土壤颗粒上，从而增加土壤耕作层的含水量，进而改善土壤物理结构。与此同时，研究还发现经磁化水灌溉后土壤pH降低，且维持在7.9~8.0，这与Maheshwari和Grewal（2009）发现磁化处理后播种芹菜和糖荚豌豆土壤pH降低的研究结果相似。当pH>7.5时，土壤中镉形态主要为黏土矿物和氧化物结合态及残留态，此范围的pH有利于降低镉的生物有效性，由此说明了磁化水灌溉对镉污染土壤改良有积极的作用。

表3-5　磁化水处理对镉污染土壤理化性质的影响

处理	NM$_0$	NM$_{50}$	NM$_{100}$	M$_0$	M$_{50}$	M$_{100}$
pH	8.030±0.025Aa	8.100±0.012Ba	8.200±0.006Ca	7.903±0.068Aa	8.080±0.057Aa	7.940±0.023Ab
土壤含水率（%）	12.527±0.136Aa	12.245±0.112ABa	11.737±0.231Ba	13.052±0.148Aa	12.295±0.215Ba	11.407±0.187Ca

注：M$_0$为磁化＋0μmol·L^{-1}镉灌溉处理，M$_{50}$为磁化＋50μmol·L^{-1}镉灌溉处理，M$_{100}$为磁化＋100μmol·L^{-1}镉灌溉处理，NM$_0$为非磁化＋0μmol·L^{-1}镉灌溉处理，NM$_{50}$为非磁化＋50μmol·L^{-1}镉灌溉处理，NM$_{100}$为非磁化＋100μmol·L^{-1}镉灌溉处理。表中数据为3次测定的平均值±标准差，不同大写字母表示同一处理内不同镉浓度间差异达到显著水平（$P<0.05$），不同小写字母表示相同镉浓度的不同处理间差异达到显著水平（$P<0.05$）。

六、小结

(1) 0~20、20~40 和 40~60cm 三个土层中，进口磁化器处理淡水灌溉后土壤的含盐量分别较对照降低 11.8%~17.3%、19.5%~19.8% 和 10.5%~16.7%，且与对照相比差异显著（$P<0.05$）；与地下浅表层微咸水相比，自主研发磁化器处理地下浅表层微咸水灌溉后土壤含盐量降低 5.7%~8.8%，且差异显著（$P<0.05$）。

(2) 磁化处理后，灌溉水含盐量明显降低，从而诱导土壤盐分含量降低。研究发现，淡水和地下微咸水两种水源经磁化处理后用于灌溉，对滨海盐碱地土壤盐分都表现出了明显的脱盐效果，土壤中各层次的土壤含盐量显著降低，尤其在春、秋季对 20~40cm 土层土壤盐分脱盐效果最为明显。磁化灌溉处理对土壤盐分的时空分布稳定性产生了一定影响。从土壤盐分的空间分布来看，对灌溉水磁化处理后，磁化处理区域起到了良好的脱盐效果，随着时间的推移和水分蒸发等因素的综合影响，磁化处理区域土壤表层脱盐效果降低，但在 20~40cm 土层深度仍表现出了较好的脱盐效果。进入雨季后，降水量增大，磁化灌溉措施暂停，但磁化区域相较未磁化灌溉区域仍表现出了较好的土壤盐分含量的稳定性，磁化处理区域显示出了较好的土壤盐分空间结构稳定性。在秋季，磁化水处理区域土壤盐分含量明显低于未处理区域。另外，不同灌溉处理措施下土壤盐分都表现出了"表聚"现象，对比磁化灌溉处理和未磁化灌溉处理措施的时间动态变化，磁化处理措施能够有效降低土壤盐分表聚。

(3) 磁化水灌溉蔬菜和葡萄栽培土壤容重与非磁化水处理相比均有所下降。磁化水灌溉蔬菜土壤孔隙度是非磁化水处理的 1.03~1.12 倍，与非磁化水处理差异显著；磁化水灌溉处理的蔬菜土壤容重是非磁化水处理的 80.00%~96.85%，部分蔬菜磁化水处理与非磁化水处理差异不显著。磁化水灌溉葡萄栽培土壤中孔隙度相对变化较小；pH 则无显著变化。

(4) 与非磁化水处理相比，磁化水灌溉后土壤 pH 降低、含水量增加。低浓度镉污染土壤中，磁化处理后土壤交换性钙离子的含量显著提高；而且磁化处理有利于维持土壤阳离子的组成与交换能力，并对土壤理化性质改善有一定的促进作用。

第二节 磁化水灌溉对土壤养分
特征的影响

一、试验材料与方法

(一)试验材料

磁化微咸水灌溉杨树盆栽试验同第二章第二节。

磁化咸水灌溉葡萄盆栽试验同第二章第二节。

不同水源灌溉冬枣试验材料同第二章第三节。

设施蔬菜栽培土壤试验材料同第二章第四节。

(二)取样方法

磁化微咸水灌溉杨树盆栽试验同第二章第二节。

磁化咸水灌溉葡萄盆栽试验同第二章第二节。

不同水源灌溉冬枣试验同第二章第三节。

设施蔬菜栽培土壤试验同第三章第一节。

(三)测定方法

1. 土壤盐基离子含量测定

称取风干土壤 5.0g 于 50mL 离心管中,采用 1mol·L^{-1} NH_4OAc 浸提,利用原子吸收分光光度计(TAS-990MFG)测定土壤中交换性 K^+、Na^+、Ca^{2+} 和 Mg^{2+} 的含量(鲁如坤,2000)。称取过 60 目筛的风干土样 5.0g,置 50mL 离心管中,按土:水=1:5 加入超纯水,充分摇匀,震荡提取 30min 后,静置,取上清液过滤,利用原子吸收分光光度法测定水溶性盐基离子。

2. 土壤矿质元素含量

称取风干土样 0.5g,采用 H_2SO_4-$HClO_4$ 消煮法,利用原子吸收分光光度计(TAS-990MFG)测定矿质养分全量含量;有效态微量元素含量采用 ASI 浸提-原子吸收分光光度计法测定(鲁如坤,2000)。

3. 土壤碳氮磷钾含量测定

土壤有机质采用重铬酸钾容量法测定;有机碳采用重铬酸钾外加热法测定。

土壤全氮采用 H_2SO_4-H_2O_2 消煮,凯氏定氮仪法测定;碱解氮采用碱解扩散法测定;硝态氮和铵态氮测定,以 $CaCl_2$ 浸提,全自动流动分析仪测定。

土壤全磷采用 H_2SO_4-$HClO_4$ 消煮，钼锑抗比色法测定；速效磷采用 $NaHCO_3$ 浸提，钼蓝法测定。

土壤全钾含量采用 H_2SO_4-H_2O_2 消煮，原子吸收分光光度法测定；速效钾采用 NH_4OAc 浸提—原子吸收分光光度法测定。

二、磁化微咸水灌溉后杨树盆栽土壤养分特征变化

(一) 土壤交换性盐基组成和含量变化

1. 土壤交换性盐基离子组成差异

土壤交换性盐基是土壤速效盐的主要评价指标，与土壤水盐运动密切相关。受磁化作用影响，土壤中的负电荷密度和交换位点增加，增强了对 Ca^{2+}、K^+ 的吸附能力，降低了淋溶损失（Brady et al.，2007），并通过调控交换性盐基离子的组成达到调节土壤中水溶性盐含量的目的。从表 3-6 中可以看出，与对照相比（M_0、NM_0），持续微咸水灌溉（M_4、NM_4）后土壤中交换性 Ca^{2+} 及盐基交换总量（total exchange bases，TEB）显著提高，其中 M_4 较 M_0 提高 9.1% 和 8.7%，NM_4 较 NM_0 提高 10.8% 和 8.3%；土壤中交换性 Mg^{2+}、K^+、Na^+ 含量明显降低，其中 M_4 较 M_0 分别降低了 4.0%、4.0% 和 0.7%，NM_4 较 NM_0 分别降低了 2.7%、25.0% 和 7.2%。可见，微咸水灌溉条件下，Na^+ 在表土层中的富集性高于 K^+，这是由于过多 Na^+ 随水上移，使表土中 Na^+ 含量逐渐升高，导致表层土壤中交换性 K^+ 含量下降，这与张玉革（2008）对玉米地土壤淋溶的研究结果相似。而磁化水灌溉土壤中交换性 Ca^{2+}、Mg^{2+}、K^+、TEB 含量显著提高，其中 M_0 较 NM_0 分别提高了 17.7%、22.3%、20.0% 和 10.2%，M_4 较 NM_4 分别提高了 14.3%、20.7%、60.0% 和 10.6%；土壤中交换性 Na^+ 的含量则显著降低，其中 M_0 较 NM_0 降低了 56.5%，M_4 较 NM_4 降低了 55.3%。可见，磁化水灌溉大幅度提高了 Ca^{2+} 交换量和 TEB 含量，降低了 Na^+ 交换量，这是由于磁化微咸水灌溉增强了土壤胶体中的 Ca^{2+}、Mg^{2+}、K^+ 与土壤溶液中的 Na^+ 交换能力，从而影响了土壤盐基离子的组成；另外，微咸水经过磁化处理后，水的渗透性提高、运移速度加快，加速破碎盐分晶体，使 Na^+ 与水缔合能力增强，表聚能力降低，淋溶作用增强（Selim et al.，2011），从而降低了交换性 Na^+ 含量。当土壤pH>7.5 时，一半以上的交换态 Mg^{2+} 会转换成非交换性的 Mg，但是磁化作用仍维持了相对较高水平的交换性 Mg^{2+} 含量，这表示磁化作用可以通过对土壤 pH 的调整监控土壤 Ca^{2+}、K^+、Mg^{2+} 的置换能力，使土壤保持中性及适量 Ca^{2+} 含量。

表 3-6　磁化微咸水灌溉后的土壤交换性盐基离子组成及土壤阳离子交换量

处理	交换性 $1/2Ca^{2+}$ 含量 (cmol · kg^{-1})	交换性 $1/2Mg^{2+}$ 含量 (cmol · kg^{-1})	交换性 K^+ 量 (cmol · kg^{-1})	交换性 Na^+ 量 (cmol · kg^{-1})	盐基总量 (cmol · kg^{-1})
M_0	$13.35\pm0.023c$	$2.25\pm0.003a$	$0.25\pm0.000\,4a$	$0.51\pm0.003c$	$16.04\pm0.019c$
NM_0	$11.34\pm0.036d$	$1.84\pm0.007c$	$0.20\pm0.000\,9c$	$1.17\pm0.011a$	$14.55\pm0.056d$
M_4	$14.57\pm0.021a$	$2.16\pm0.012b$	$0.24\pm0.000\,7b$	$0.48\pm0.009c$	$17.44\pm0.041a$
NM_4	$12.75\pm0.044b$	$1.79\pm0.002d$	$0.15\pm0.000\,1d$	$1.08\pm0.005b$	$15.77\pm0.034b$

注：NM_0 为非磁化灌溉处理，M_0 为磁化灌溉处理，M_4 为磁化微咸水灌溉处理，NM_4 为微咸水灌溉处理。表中数据为 3 次测定的平均值±标准差，同列中不同小写字母表示处理间差异达到显著水平（$P<0.05$）。

2. 土壤盐基饱和度变化

利用交换性盐基离子饱和度（BSP）表示土壤离子的交换性，发现各离子的 BSP 大小为 $Ca^{2+}>Mg^{2+}>Na^+>K^+$，其中 Ca^{2+} 的 BSP 占据绝对的主导地位（表 3-7）。主要表现为：与对照处理相比（M_0、NM_0），供试土壤经过微咸水持续灌溉后（M_4、NM_4），土壤 K^+、Mg^{2+} 和 Na^+ 的 BSP 显著降低，其中 M_4 较 M_0 分别降低 13.4%、10.2% 和 9.3%，NM_4 较 NM_0 降低 32.4%、3.1% 和 18.8%；而 Ca^{2+} 的 BSP 则显著上升，M_4 较 M_0、NM_4 较 NM_0 分别提高了 1.5% 和 3.0%。磁化微咸水灌溉后土壤中 Ca^{2+}、K^+ 和 Mg^{2+} 的 BSP 大于非磁化微咸水灌溉处理，而 Na^+ 则相反，这与王晟强（2013）的研究结果略有不同。主要表现为：与非磁化微咸水灌溉相比，磁化微咸水灌溉土壤中 K^+、Ca^{2+} 和 Mg^{2+} 的 BSP 显著提高，其中 M_0 较 NM_0 分别增长 13.1%、5.2% 和 8.2%，M_4 较 NM_4 分别增长 43.4%、3.7% 和 1.2%；Na^+ 的 BSP 则显著降低，其中 M_4 较 M_0 降低 26.5%，NM_4 较 NM_0 降低 18.2%。总体看来，在磁化作用影响下，Ca^{2+} 的 BSP 最高且呈显著差异，占据主导地位，说明土壤中 Ca^{2+} 的交换解吸性和有效性最强，其次为 Mg^{2+} 的 BSP，这表示交换性 Ca^{2+}、Mg^{2+} 较交换性 K^+、Na^+ 更易在土壤中累积，因此土壤具有优先固持 Ca^{2+}、Mg^{2+} 的特性，这与姜勇（2005）的研究结果一致；由此可以看出，Ca^{2+} 交换量在各阳离子交换中占据优势地位，且在土壤中相对富集，这与 Jiang 等（2009）及 Zhang 等（2013）研究结果相似，这是由于磁化处理改变了液态水的理化性质，水分子偶极矩增大、氢键断裂、水分子簇变小、缔合能力增强，水分子活性增强，渗透性增加，交换性 Ca^{2+}、Mg^{2+} 的迁移速率高于交换性 K^+、Na^+，同时 Ca^{2+}、Mg^{2+} 的增加也有利于土壤团聚体的形成。

表 3-7　磁化微咸水灌溉土壤中 K^+、Ca^{2+}、Mg^{2+} 3 种离子的交换性盐基离子饱和度

处理	交换性 K^+ 盐基饱和度（%）	交换性 Ca^{2+} 盐基饱和度（%）	交换性 Mg^{2+} 盐基饱和度（%）	交换性 Na^+ 盐基饱和度（%）
M_0	$1.64\pm0.005a$	$86.47\pm0.050b$	$14.54\pm0.058a$	$3.21\pm0.07c$
NM_0	$1.45\pm0.007b$	$82.22\pm0.067d$	$13.44\pm0.222b$	$7.79\pm0.099a$
M_4	$1.42\pm0.004c$	$87.81\pm0.041a$	$13.19\pm0.045b$	$2.91\pm0.059d$
NM_4	$0.99\pm0.002d$	$84.66\pm0.060c$	$13.03\pm0.100b$	$6.37\pm0.045b$

注：NM_0 为非磁化灌溉处理，M_0 为磁化灌溉处理，M_4 为磁化微咸水灌溉处理，NM_4 为微咸水灌溉处理。表中数据为 3 次测定的平均值±标准差，同列中不同小写字母表示处理间的差异达到显著水平（$P<0.05$）。

3. 土壤盐基离子比值变化

交换性 Ca^{2+}、Mg^{2+} 在土壤中具有优先固持的特点，施肥和灌溉等农业管理措施对其组成产生影响（Zhang et al.，2013），Ca^{2+} 与 Mg^{2+} 比值的大小反映了土壤的生态变化过程和 Ca^{2+}、Mg^{2+} 的生物有效性，同时对 K^+ 的吸收产生一定的影响。由表 3-8 可以看出，土壤中各交换性盐基离子的比值均与 BSP 表现为相似的变化趋势。与对照相比，微咸水灌溉后，（Ca^{2+} ＋ Mg^{2+}）/TEB、Ca^{2+}/Mg^{2+}、Ca^{2+}/K^+ 及 Mg^{2+}/K^+ 显著增加，其中 M_4 较 M_0 分别增长 0.6%、0.9%、13.3% 和 3.9%，NM_4 较 NM_0 分别提高 1.2%、15.7%、17.3% 和 30.8%；K^+/TEB 则呈降低趋势，M_4、NM_4 分别较 M_0、NM_0 降低 13.2% 和 31.3%。研究发现，经磁化灌溉后，土壤中 Ca^{2+}/K^+、Ca^{2+}/Mg^{2+} 及 Mg^{2+}/K^+ 下降；而 K^+/TEB 显著增长，主要表现为 M_0 较 NM_0 提高 35.7%，M_4 较 NM_4 提高 47.8%。（Ca^{2+} ＋ Mg^{2+}）/TEB、Ca^{2+}/Mg^{2+}、Ca^{2+}/K^+ 和 Mg^{2+}/K^+ 均有不同幅度的降低趋势，其中 M_0 较 NM_0 降低 0.6%、3.4%、7.0% 和 3.4%，M_4 较 NM_4 降低 0.8%、5.5%、27.8% 和 23.2%；这与保护性耕作土壤中盐基离子比值降低的研究结果相似（McCarthy et al.，2003），造成这种差异的原因主要是非磁化水灌溉处理下 Mg^{2+} 含量较高，且具有明显的表聚现象，土壤质量与磁化水灌溉土壤存在差异，且磁化水灌溉后土壤交换性 K^+ 含量提高；另外，盐基离子的输入状况影响了盐基离子的比例，而磁化作用影响土壤交换性盐基离子的组成，且以交换性 K^+ 在土壤中的相对富集为主要特征，磁致效应增加了土壤胶体的交换性位点，促使土壤中非交换态 K^+ 向交换态转换（Bhattacharyya et al.，2008），使土壤交换性 K^+ 含量增加。

表 3-8　磁化微咸水灌溉后 K^+、Ca^{2+}、Mg^{2+} 3 种离子的比值

处理	$(Ca^{2+}+Mg^{2+})$/TEB	K^+/TEB	Ca^{2+}/K^+	Ca^{2+}/Mg^{2+}	Mg^{2+}/K^+
M_0	92.85±0.026d	1.59±0.005a	52.77±0.176d	5.95±0.023d	8.87±0.013c
NM_0	93.43±0.106c	1.34±0.005c	56.76±0.306c	6.16±0.034c	9.18±0.068b
M_4	93.76±0.017b	1.38±0.004b	61.88±0.212b	6.74±0.029b	9.22±0.034b
NM_4	94.57±0.022a	0.92±0.002d	85.73±0.143a	7.13±0.032a	12.01±0.021a

注：NM_0 为非磁化灌溉处理，M_0 为磁化灌溉处理，M_4 为磁化微咸水灌溉处理，NM_4 为微咸水灌溉处理。表中数据为 3 次测定的平均值±标准差，同列中不同小写字母表示处理间的差异达到显著水平（$P<0.05$）。

4. 土壤交换性盐基离子与水溶性盐离子间的相关关系

通过对土壤交换性盐基离子和水溶性盐离子之间进行相关性分析（表3-9），结果表明，交换性 K^+ 与交换性 Na^+、$(Ca^{2+}+Mg^{2+})$/TEB 和 K^+/TEB 呈极显著正相关，与水溶性盐离子均呈极显著负相关；交换性 Na^+ 与交换性 Ca^{2+}、TEB 及 $(Ca^{2+}+Mg^{2+})$/TEB 呈极显著负相关，与交换性 Mg^{2+} 和水溶性盐离子均呈极显著正相关；交换性 Ca^{2+} 与 TEB、$(Ca^{2+}+Mg^{2+})$/TEB 呈极显著正相关，与交换性 Mg^{2+} 和水溶性盐离子均呈极显著负相关；交换性 Mg^{2+} 与 TEB、$(Ca^{2+}+Mg^{2+})$/TEB 及 K^+/TEB 呈极显著负相关，与水溶性盐离子呈极显著正相关；TEB 与 $(Ca^{2+}+Mg^{2+})$/TEB 呈极显著正相关，与水溶性 Ca^{2+}、Mg^{2+} 呈显著负相关。由此可见，交换性盐基离子与水溶性盐离子之间具有极显著相关性，交换性盐基离子的组成和比例，是水溶性盐离子累积的主要影响因素。

表 3-9　磁化微咸水灌溉后土壤交换性盐基离子与
水溶性盐离子之间的相关性（$n=50$）

处理	交换性 K^+	交换性 Na^+	交换性 Ca^{2+}	交换性 Mg^{2+}	TEB
交换性 K^+	1	1	1	1	1
交换性 Na^+	0.844**	1	1	1	1
交换性 Ca^{2+}	0.506	−0.880**	1	1	1
交换性 Mg^{2+}	−0.794**	0.995**	−0.917**	1	1
TEB	0.274	−0.722**	0.962**	−0.776**	1
$(Ca^{2+}+Mg^{2+})$/TEB	0.728**	−0.982**	0.947**	−0.993**	0.827**

（续）

处理	交换性 K^+	交换性 Na^+	交换性 Ca^{2+}	交换性 Mg^{2+}	TEB
K^+/TEB	0.961**	−0.666*	0.247	−0.598*	−0.002
水溶性 K^+	−0.993**	0.788**	−0.420	0.732**	−0.179
水溶性 Na^+	−0.942**	0.954**	−0.735**	0.930**	−0.543
水溶性 Ca^{2+}	−0.910**	0.987**	−0.792**	0.967**	−0.601*
水溶性 Mg^{2+}	−0.925**	0.982**	−0.784**	0.963**	−0.595*

注：* 表示 $P<0.05$、** 表示 $P<0.01$。

（二）土壤矿质养分组成和含量变化

1. 土壤微量元素全量含量和有效态含量变化

土壤全量养分在一定程度上代表着土壤养分的源-库关系以及某种养分的潜在供应水平，有效态养分则表示被植物所吸收利用养分的有效性。研究发现，微咸水灌溉后土壤微量元素全量含量与对照相比降低，有效态微量元素含量提高（表3-10）。主要表现为：与对照相比（M_0、NM_0），微咸水灌溉中 Fe、Mn 和 Zn 全量含量降低，其中 M_4 较 M_0 降低 6.1%、13.8% 和 9.5%，NM_4 较 NM_0 降低 21.9%、7.2% 和 23.8%；Cu 全量含量提高，分别为 11.0% 和 19.6%；Fe、Mn 和 Zn 有效态含量提高，其中 M_4 较 M_0 提高 49.7%、12.4% 和 18.9%，NM_4 较 NM_0 提高 3.6%、8.2% 和 8.6%，Cu 有效态含量则降低 12.6% 和 5.0%。

磁化作用维持了相对较高水平的全量养分和较低水平的有效态养分。主要表现为：与非磁化微咸水灌溉相比（NM_0、NM_4），磁化微咸水灌溉中 Fe、Mn 和 Zn 全量含量提高，其中 M_0 较 NM_0 增长 22.4%、28.3% 和 25.5%，M_4 较 NM_4 提高 47.0%、19.2% 和 49.1%，Cu 全量含量则降低，分别为 0.7% 和 8.1%；有效态 Fe、Mn、Zn 和 Cu 含量均呈降低趋势，M_0 较 NM_0 降低 43.3%、43.1%、20.0% 和 16.8%，M_4 较 NM_4 降低 18.1%、40.9%、12.4% 和 23.4%。这表示在磁化作用下，土壤在维持相对较高水平微量元素全量含量的同时，又促进了植物体对有效态养分的吸收和利用，即有效态养分的利用率提高，使较少的有效态养分在土壤中滞留，增加了有效态养分在植株体内的富集。另外，研究发现，土壤中元素 Fe 含量最高，元素 Cu 含量最低，Kopittke 等（2004）发现土壤中有效态 Cu 与植物的生理特性密切相关，含量过高会阻碍植物生长，对于长期受盐胁迫的植物，可通过沉淀、络合、降解等调节作用降低对 Cu 的吸收利用，因此推断，长期盐胁迫环境下，土壤 Cu 含量的降低而 Fe 元素含量的提高是植物对环境的一种积极适应方式。磁化作用对土壤微量元素的改善状况是一个长期而缓慢的过程，对于土壤有效态元素含量较低的现象以及植物对有效态养分的吸收利用机制，仍缺少系统的综合评价。

表 3-10　磁化微咸水灌溉对土壤微量元素全量含量和有效态含量的影响

处理	全量含量				有效态含量			
	Fe ($\mu g \cdot g^{-1}$)	Mn ($\mu g \cdot g^{-1}$)	Zn ($\mu g \cdot g^{-1}$)	Cu ($\mu g \cdot g^{-1}$)	Fe ($\mu g \cdot g^{-1}$)	Mn ($\mu g \cdot g^{-1}$)	Zn ($\mu g \cdot g^{-1}$)	Cu ($\mu g \cdot g^{-1}$)
M_0	2 261.02± 28.87a	270.33± 2.78a	70.07± 0.41a	18.96± 0.38c	8.27± 0.09d	7.02± 0.04d	1.96± 0.03c	1.83± 0.02c
NM_0	1 846.98± 7.72c	210.67± 0.43c	55.82± 0.62c	19.10± 0.66c	14.59± 0.09b	12.34± 0.09b	2.45± 0.01b	2.20± 0.01a
M_4	2 122.16± 11.02b	232.98± 1.96b	63.39± 0.35b	20.99± 0.22b	12.38± 0.13c	7.89± 0.03c	2.33± 0.02b	1.60± 0.01d
NM_4	1 443.27± 16.95d	195.42± 2.61d	42.53± 0.32d	22.85± 0.31a	15.12± 0.9a	13.35± 0.03a	2.66± 0.07a	2.09± 0.03b

注：NM_0 为非磁化灌溉处理，M_0 为磁化灌溉处理，M_4 为磁化微咸水灌溉处理，NM_4 微咸水灌溉处理。表中数据为 3 次测定的平均值±标准差，同列中不同小写字母表示处理间的差异达到显著水平（$P<0.05$）。

2. 微量元素全量和有效态养分相关性分析

对微量元素全量和有效态之间进行相关性分析发现，各微量元素全量含量之间呈正相关，与有效态微量元素之间呈负相关关系（表 3-11）。CFe 与 CZn 的正相关系数大于 CFe 与 CMn 和 CFe 与 CCu，CFe 与 AMn 和 CFe 与 ACu 的负相关系数（−0.94，−0.99）大于 CFe 与 AFe 和 CFe 与 AZn（−0.66，−0.5）；CMn 与 CZn 的正相关系数（0.803）大于 CFe 与 CCu，CFe 与 AFe 的负相关系数大于其他元素；CZn 与各测定指标之间均表现为负相关关系；AFe 与 AZn 的正相关系数大于 AFe 与 AMn 和 AFe 与 ACu；AMn 与 ACu 之间的相关系数也较高，为 0.927。在微量元素全量和有效态中，元素 Fe 和 Zn 的相关性系数大于 Mn 和 Cu，这说明 Fe 在土壤中富集的同时，Zn 也会同步富集，影响 Fe、Zn 的积累和根系对 Fe、Zn 的吸收。

表 3-11　磁化微咸水灌溉中土壤微量元素全量和有效态养分相关性分析（$n=36$）

处理	CFe	CMn	CZn	CCu	AFe	AMn	AZn	ACu
CFe	1	1	1	1	1	1	1	1

（续）

处理	CFe	CMn	CZn	CCu	AFe	AMn	AZn	ACu
CMn	0.788	1	1	1	1	1	1	1
CZn	0.974	0.803	1	1	1	1	1	1
CCu	0.043	0.378	−0.039	1	1	1	1	1
AFe	−0.66	−0.973	−0.706	−0.441	1	1	1	1
AMn	−0.94	−0.927	−0.946	−0.182	0.848	1	1	1
AZn	−0.5	−0.905	−0.563	−0.483	0.960	0.730	1	1
ACu	−0.99	−0.747	−0.958	−0.046	0.610	0.927	0.446	1

注：CFe、CMn、CZn 和 CCu 表示土壤中 Fe、Mn、Zn 和 Cu 全量含量，AFe、AMn、AZn 和 ACu 表示土壤中 Fe、Mn、Zn 和 Cu 有效态含量。

3. 土壤碳氮磷养分特征

土壤有机碳、全氮和全磷是反映土壤质量的重要指标之一，对土壤肥力和作物生长产生直接影响，也是体现土壤生态结构和生态过程的重要因素之一（韩惠芳，2011）。有机碳是土壤不可或缺的肥力指标，其在土壤剖面中垂直分布格局是影响土壤碳动态的重要因素，也是土壤碳循环研究的重要内容。研究发现，有机碳、全氮和全磷 3 种营养元素在土壤中的含量大小依次为有机碳＞全氮＞全磷（表 3-12）。与对照相比（M_0、NM_0），微咸水灌溉中土壤有机碳和全氮含量降低，其中，M_4 较 M_0 降低 4.9% 和 31.9%，NM_4 较 NM_0 降低 24.3% 和 28.1%；全磷提高 22.4% 和 38.0%。但与非磁化微咸水灌溉相比，磁化微咸水灌溉维持了相对较高水平的有机碳含量和总氮含量以及较低水平的全磷含量。其中 M_0 较 NM_0 提高 15.9% 和 61.8%，M_4 较 NM_4 提高 45.7% 和 53.1%；全磷降低 25.0% 和 19.9%。通过对土壤交换性盐基含量的研究发现（见第三章第三节），磁化微咸水灌溉有利于土壤团聚体的形成，而团聚体的形成是土壤碳固定的重要机制，因此推断，长期磁化作用有利于提高土壤有机质的含量和腐殖化系数。而有机质含量对氮素的贡献率最大，二者存在密切关系（Wallach et al.，2001），有机质在微生物作用下对矿质碳的分解释放，是作物可直接利用的土壤中有效氮的主要来源，也是影响土壤氮素矿化过程的主要因素（Curtin et al.，1998），因此推断，磁化作用可以通过影响土壤微生物的活动，影响氮的矿化水平，维持土壤有效氮的供应。研究发现，土壤中磷含量降低，植物体内磷含量则相对提高，而植物可直接吸收利用的磷主要是土壤中的水溶态磷，水溶态磷的多少是影响土壤磷强度的主要因素，这是因为磁化作用下提高了有效化磷由土壤固相向土壤液相的释放，加之矿质元素迁移速率的提高，加速了对磷的吸收利用，同时在盐分环境下，维持土壤中一定水平的磷含量，避免磷素过量吸收对植物造成毒害。相关性分析表明二者与有机碳呈负相关关系，这表示土壤本身对碳氮磷的吸附固定具有一定的调节作用。

土壤碳氮磷比值是有机质或其他成分中碳素、氮素与磷素的比值，是衡量土壤有机质组成和土壤质量的重要指标之一。通过对碳氮磷化学计量比的计算发现（表 3-10），与对照相比（M_0、NM_0），微咸水灌溉中土壤 C/P 值和 N/P 值下降，M_4 较 M_0 降低 23.4% 和 44.5%，NM_4 较 NM_0 降低 34.0% 和 37.2%；C/N 值提高 4.5% 和 5.2%，N/P 值下降幅度最大，为 37.2%～44.5%。与非磁化微咸水灌溉相比，磁化微咸水灌溉中 C/P 值和 N/P 值提高，其中 M_0 较 NM_0 提高 54.7% 和 116.1%，M_4 较 NM_4 提高 79.4% 和 91.0%，其中磁化微咸水灌溉中 N/P 值提高幅度最大，为 91.0%～116.1%；C/N 值降低 28.4% 和 6.1%。由此看出，非磁化微咸水灌溉中，C/N 值较高，说明微生物需通过输入足够的氮来满足其自身生长的需要；而磁化微咸水灌溉中 C/N 值降低，则表示氮超过微生物生长所需要的部分可以释放到凋落物或土壤中，有机质 C/N 值与其分解速度成反比，说明在盐分环境下，受磁化作用影响，有机质的分解速度减缓，这不仅可以维持土壤微生物在生命活动过程中所需的碳素，也保证了微生物构成自己身体所需的碳素来源（Chapin et al.，2002），同时也增强了土壤的固碳能力和氮的循环。微咸水灌溉中 C/P 值和 N/P 值降低，且随盐分浓度增加而降低，这主要是因为磷属于空间变异性较小且易沉积的元素，在 0～60cm 土层中差异较小，变化较稳定，这与张立华和陈小兵（2015）的研究结果相似；研究发现磷素含量水平在 90～140mg·kg^{-1}，低于我国土壤含磷量的平均水平（0.56g·kg^{-1}），这说明盐渍化土壤中表现为氮缺乏现象；在磁化作用下，土壤维持了相对较高水平 C/P 值和 N/P 值，这可以在一定程度上补充盐分环境下氮素的不足，以及增强磷素的迁移速率，维持植株对氮磷的吸收。

C/N 值与土壤有机质的分解速率呈负相关，C/N 值较低则矿化作用较强，反之则较弱；C/P 值降低则有利于土壤中微生物的活动以及对有机质的分解和养分的释放，同时对有效磷含量有一定的提高作用。磁化微咸水灌溉中，土壤有机碳含量提高，C/N 值则降低，这说明，在盐渍化生境中，磁化作用在促进土壤微生物活动、促进有机质和有机氮分解和矿化的同时，也提高了土壤固定有机碳的能力。

表 3-12 磁化微咸水对土壤有机碳、全氮和全磷含量的影响

处理	有机碳 (mg·kg⁻¹)	全氮 (mg·kg⁻¹)	全磷 (mg·kg⁻¹)	有机碳/全氮 (C/N)	有机碳/全磷 (C/P)	全氮/全磷 (N/P)
M_0	5 570.99±59.18a	3 108.34±41.73a	93.0±0.21d	1.79±0.03b	60.01±1.79a	33.49±1.14a
NM_0	4 807.02±132.59c	1 921.30±20.12c	124.0±0.11b	2.50±0.07a	38.80±1.39c	15.50±1.33c
M_4	5 299.67±13.96b	2 117.09±26.85b	113.8±0.14c	2.47±0.03a	45.96±1.11b	18.60±1.16b
NM_4	3 638.21±128.88d	1 382.47±5.35d	142.0±0.10a	2.63±0.10a	25.62±1.65d	9.74±0.94d

注：NM_0 为非磁化灌溉处理，M_0 为磁化灌溉处理，M_4 为磁化微咸水灌溉处理，NM_4 为微咸水灌溉处理。表中数据为 3 次测定的平均值±标准差，同列中不同小写字母表示处理间的差异达到显著水平（$P<0.05$）。

4. 碳氮磷的线性分析

通过对不同碳氮磷之间线性回归方程的拟定发现（表 3-13），磁化与非磁化微咸水灌溉中，土壤有机碳、全氮和全磷 3 种元素之间存在较优的相关关系，其中有机碳与全氮呈正相关，全磷与有机碳和全磷与全氮呈负相关。

表 3-13 磁化微咸水灌溉中土壤有机碳、全氮和全磷之间的线性方程

处理	线性方程	R^2
有机碳/全氮（C/N）	$y=1.302\ 1x+2\ 610.8$	0.756 2
全磷/有机碳（P/C）	$y=-0.002\ 2x+22.572$	0.865 5
全磷/全氮（P/N）	$y=-0.002\ 8x+17.773$	0.959 2

5. 土壤微量元素含量与碳氮磷之间的相关性分析

通过对土壤微量元素与碳氮磷元素之间的相关性分析（表 3-14）发现，微量元素全量 Fe、Mn、Zn 与有机碳和全氮含量之间表现为正相关，与全磷含量表现为负相关；全量 Cu 与有机碳和全磷含量呈负相关，与全氮含量为正相关，且各相关性系数均未达到显著差异水平。微量元素有效态含量与有机碳和全氮含量均表现为负相关关系，与全磷含量呈正相关关系。由此看出，土壤碳氮的循环和磷的活化可以对土壤全量微量元素、有效态微量元素产生一定影响。

表 3-14 磁化微咸水灌溉中土壤微量元素与有机碳、
全氮和全磷之间的相关性分析

处理	全量微量养分				有效态微量养分			
	Fe	Mn	Zn	Cu	Fe	Mn	Zn	Cu
有机碳	0.939	0.632	0.908	−0.151	−0.484	−0.845	−0.298	−0.949

（续）

处理	全量微量养分				有效态微量养分			
	Fe	Mn	Zn	Cu	Fe	Mn	Zn	Cu
全氮	0.733	0.971	0.794	0.362	−0.986	−0.888	−0.933	−0.685
全磷	−0.882	−0.927	−0.913	−0.221	0.888	0.946	0.776	0.844

三、磁化咸水灌溉对葡萄盆栽土壤养分特征的影响

（一）土壤中微量元素含量

土壤作为植物营养供给的主要"库"和"源"，其矿质养分供应量和养分有效性就显得尤为重要。研究认为，土壤中 Na^+、Cl^- 的过量累积会造成 pH 的升高、土壤结构和土壤胶体电荷的改变、微生物含量和土壤酶活性的降低，从而影响土壤中的养分循环和运移，降低土壤养分供应能力和养分有效性（靳正忠，2008）。

对土壤微量元素含量分析发现（表 3-15），咸水灌溉对土壤中 Mn、Zn 含量有极显著影响，对 Fe、Cu 含量无显著影响；磁化处理对各微量元素含量均无显著影响；两处理交互作用对土壤中 Cu 含量有显著影响。主要表现为：非磁化处理条件下，咸水灌溉显著降低了土壤中的 Mn 含量，提高了 Cu 含量，而对 Fe、Zn 含量影响不显著，其中与 NM_0 相比，NM_3、NM_6 土壤中的 Mn 含量分别降低了 12.5%、9.6%，Cu 含量提高了 5.4%、14.3%。磁化处理条件下，咸水灌溉提高了土壤中 Fe、Zn 的含量，降低了 Mn 的含量，而对 Cu 含量影响不显著。与 M_0 相比，M_3 和 M_6 土壤中的 Fe、Zn 含量分别提高了 21.6%、22.4% 和 38.2%、2.8%；且 M_3 土壤中 Zn 含量和 M_6 土壤中 Fe 含量的提高达到显著水平，Mn 含量降低了 5.5%、5.3%。与非磁化咸水灌溉相比，磁化咸水灌溉提高了土壤中 Fe、Mn 的含量，与 NM_3 和 NM_6 相比，M_3 和 M_6 分别提高了 5.7%、6.0% 和 30.3%、2.7%；而对 Zn、Cu 含量的影响在各盐分水平间存在差异，其中 $3.0 \cdot L^{-1}$ 咸水灌溉下，磁化处理提高了土壤中 Zn、Cu 的含量，M_3 较 NM_3 分别提高了 4.8%、6.2%，$6.0g \cdot L^{-1}$ 咸水灌溉下，磁化处理降低了土壤中 Zn、Cu 的含量，M_6 较 NM_6 分别降低了 7.2%、10.7%；随着盐分浓度升高，磁化处理对 Fe、Cu 含量的影响程度明显增大，其中 NM_6 较 M_6，Cu 含量的降低幅度达到显著水平。由此可见，咸水灌溉下，磁化处理提高了土壤中 Fe、Mn 含量，而对 Zn、Cu 含量的影响随盐浓度的升高表现为先升高后降低的变化趋势，这表明磁化处理能够有效提高土壤养分的

供应能力，而 $6.0g \cdot L^{-1}$ 咸水灌溉下 Zn、Cu 含量的降低则是由于磁化处理提高了土壤中有效态 Zn、Cu 的含量，加速了水盐的运移造成的。张营（2015）研究发现，NaCl 的施入会影响土壤胶体运移，提高土壤中 Cu、Zn 的释放和迁移，且淋出液中 Zn 含量的升高与 Cl^- 含量存在极显著关系。梁佩玉（2012）发现低浓度 NaCl（$4.0g \cdot kg^{-1}$）处理可以提高土壤中可交换态 Zn 含量，而高浓度盐处理（$8.0g \cdot kg^{-1}$）则使土壤中有效态 Zn、Cu 含量迅速降低，碳酸结合态铜和残渣铜含量提高。因此推断，磁化咸水灌溉提高了土壤中 Zn、Cu 的有效性，且加速了对 Cu 的淋洗，这有利于植物养分的吸收，且对于土壤养分组成的改良具有重要意义。

表 3-15　磁化咸水灌溉对土壤中微量元素含量的影响

处理	Fe（$mg \cdot g^{-1}$）	Mn（$\mu g \cdot g^{-1}$）	Zn（$\mu g \cdot g^{-1}$）	Cu（$\mu g \cdot g^{-1}$）
NM_0	3.34±0.33ab	395.84±8.83a	84.00±2.53abc	40.98±1.40c
M_0	2.82±0.24b	388.15±8.66a	75.96±3.64c	42.69±0.95abc
NM_3	3.24±0.24ab	346.20±8.64b	88.66±6.19ab	43.21±1.59abc
M_3	3.43±0.24ab	366.83±5.54b	92.95±3.39a	45.88±1.32ab
NM_6	2.99±0.09ab	357.75±3.91b	84.15±2.63abc	46.83±1.41a
M_6	3.89±0.51a	367.56±4.48b	78.09±4.50bc	41.81±1.80bc
A	ns	ns	ns	ns
B	ns	14.53**	4.40**	ns
A×B	ns	ns	ns	4.32*

注：NM_0 为非磁化对照溶液处理，M_0 为磁化对照溶液处理，NM_3 为非磁化 $3.0g \cdot L^{-1} NaCl$ 溶液灌溉处理，M_3 为磁化 $3.0g \cdot L^{-1} NaCl$ 溶液灌溉处理，NM_6 为非磁化 $6.0g \cdot L^{-1} NaCl$ 溶液灌溉处理，M_6 为磁化 $6.0g \cdot L^{-1} NaCl$ 溶液灌溉处理。A 代表磁化处理，B 代表 NaCl 浓度处理，A×B 代表磁化处理与 NaCl 浓度处理的交互作用；＊表示 $P<0.05$，＊＊表示 $P<0.01$，ns 表示差异不显著。表中数据为平均值±标准差，同列数据中不同小写字母表示差异显著（$P<0.05$）。

（二）土壤中不同形态氮素含量

氮素是植物生长所需要的大量元素。土壤中氮素主要分为无机态氮和有机态氮。植物生长所吸收的氮素主要为土壤中的无机态氮和极少部分的有机态氮（如尿素、酰胺、氨基酸等），因而无机态氮的含量能够反映土壤中有效态氮素的供应水平，而土壤中氮素的形态组成和有效态氮含量是生态系统循环中氮输入、固持、转化、输出各环节共同作用的结果（Coruzzi et al.，

2000；周伟，2016）。研究发现，咸水灌溉对土壤中的硝态氮和无机态氮含量有极显著影响，对铵态氮和全氮含量无显著影响；磁化处理对土壤全氮有极显著影响；两处理交互作用对土壤中的铵态氮含量有极显著影响，对无机态氮含量有显著影响。

由表 3-16 可知，非磁化处理条件下，咸水灌溉提高了土壤中的全氮和铵态氮含量，降低了土壤中的硝态氮含量，而对土壤中无机态氮含量无显著影响，其中与 NM_0 相比，NM_3 和 NM_6 土壤中全氮、铵态氮含量分别提高了 14.6%、41.5% 和 7.4%、18.1%，硝态氮降低了 21.8% 和 9.8%；磁化处理条件下，咸水灌溉降低了土壤全氮、硝态氮和无机态氮含量，对铵态氮含量无显著影响，且硝态氮、无机态氮含量的降低均达到显著水平，其中与 M_0 相比，M_3 土壤全氮、硝态氮和无机态氮分别降低了 31.7%、54.0% 和 42.9%，M_6 分别降低了 16.64%、49.39%、36.71%。由此可见，咸水灌溉提高了土壤中的全氮和铵态氮含量，降低了硝态氮含量，而对无机态氮含量无显著影响。这与陈松河（2014）和李玲（2014）的研究结果相似，表明高盐环境对土壤全氮含量影响不大，但会影响土壤中氮的转化过程，抑制氮素矿化和硝化作用，而这是由于高盐环境抑制土壤脲酶活性和亚硝酸还原酶活性造成的。

与非磁化咸水灌溉相比，磁化处理对土壤中氮素含量和氮素形态组成的影响在各盐分水平间存在差异（表 3-16）。非咸水灌溉条件下，磁化处理降低了土壤中的全氮含量，提高了硝态氮、无机态氮含量。其中 M_0 较 NM_0 全氮含量降低了 6.7%，硝态氮、无机态氮含量提高了 17.1%、17.5%；咸水灌溉条件下，磁化咸水灌溉土壤全氮、铵态氮、硝态氮、无机态氮含量均明显降低，且在 $3.0 g \cdot L^{-1}$ 咸水灌溉条件下下降幅度最大，其中与 NM_3 相比，M_3 分别降低了 44.4%、27.8%、31.0%、29.7%，全氮、铵态氮、无机态氮含量的降低达到显著水平；与 NM_6 相比，M_6 分别降低了 27.55%、3.12%、34.28%、23.99%。由此可知，咸水灌溉条件下，磁化处理土壤全氮、硝态氮、无机态氮含量均明显降低，而植株体内氮素含量提高；且在 $3.0 g \cdot L^{-1}$ 咸水灌溉条件下土壤氮素含量和植株生物量变化幅度最大。表明磁化处理能够提高土壤中有效态氮素的供应水平，促进植物对氮素的吸收和利用，这有利于高盐环境中植物的生长和土壤—植物间氮素循环的改善（王绍强，2008）。

表 3-16　磁化咸水灌溉对土壤氮素含量的影响

处理	全氮（$\mu g \cdot g^{-1}$）	铵态氮（$\mu g \cdot g^{-1}$）	硝态氮（$\mu g \cdot g^{-1}$）	无机态氮（$\mu g \cdot g^{-1}$）
NM_0	2 419.94±205.86ab	19.81±0.87b	52.62±9.37ab	72.42±9.37ab

（续）

处理	全氮（$\mu g \cdot g^{-1}$）	铵态氮（$\mu g \cdot g^{-1}$）	硝态氮（$\mu g \cdot g^{-1}$）	无机态氮（$\mu g \cdot g^{-1}$）
M_0	2 258.55±210.15abc	23.47±1.08b	61.62±7.97a	85.09±8.57a
NM_3	2 773.51±220.76a	28.03±1.14a	41.14±4.35bc	69.18±4.83ab
M_3	1 542.95±340.30c	20.24±1.33b	28.38±4.45c	48.62±4.98c
NM_6	2 598.81±249.69ab	23.40±1.26b	47.45±7.04abc	70.85±7.67ab
M_6	1 882.72±244.22bc	22.67±1.53b	31.18±2.20c	53.85±3.32bc
A	10.97**	ns	ns	ns
B	ns	ns	6.97**	4.91**
A×B	ns	10.82**	ns	3.63*

注：NM_0 为非磁化对照溶液处理，M_0 为磁化对照溶液处理，NM_3 为非磁化 3.0 g·L^{-1} NaCl 溶液灌溉处理，M_3 为磁化 3.0 g·L^{-1} NaCl 溶液灌溉处理，NM_6 为非磁化 6.0 g·L^{-1} NaCl 溶液灌溉处理，M_6 为磁化 6.0 g·L^{-1} NaCl 溶液灌溉处理。A 代表磁化处理，B 代表 NaCl 浓度处理，A×B 代表磁化处理与 NaCl 浓度处理的交互作用；* 表示 $P<0.05$，** 表示 $P<0.01$，ns 表示差异不显著。表中数据为平均值±标准差，同列数据中不同小写字母表示差异显著（$P<0.05$）。

（三）土壤中全磷和全钾含量

磷、钾是土壤中较易受盐分环境和 pH 影响的营养元素。郝晋珉（1997）研究发现，盐渍化土壤中磷素多以无效态的 Ca_{10}-P 形态累积。对土壤中磷、钾含量的分析发现，咸水灌溉对土壤中的全磷、有效磷和速效钾含量有极显著影响；磁化处理对土壤中的有效磷含量有极显著影响，对速效钾含量有显著影响；两处理交互作用对土壤中的有效磷、速效钾含量有极显著影响（表 3-17）。

研究发现，咸水灌溉条件下土壤中全磷含量提高，其中 NM_3 较 NM_0 无显著差异，NM_6 较 NM_0 提高了 7.5%，M_3、M_6 较 M_0 显著提高了 10.5%、12.0%；全钾、有效磷、速效钾含量降低，其中 NM_3 较 NM_0 全钾、有效磷含量无明显变化，速效钾含量显著降低 17.6%，NM_6 较 NM_0 全钾、有效磷、速效钾含量分别降低 23.8%、3.9%、20.2%，M_3 和 M_6 较 M_0 分别降低 19.5%、1.6%、25.4% 和 11.3%、2.1%、17.1%，且处理间全钾和速效钾含量总体呈显著差异水平。路海玲（2011）研究发现，土壤中速效钾、有效磷的含量随着土壤盐浓度的升高而降低，本研究结果与之相似。咸水灌溉提高了土壤中全氮含量，而降低了全钾、有效磷、速效钾的含量，表明咸水灌溉影响了土壤有效态磷、钾的供应能力，造成了钾素的淋溶和无效态磷素的累积。

同浓度环境中，与非磁化处理相比，磁化处理对土壤中磷、钾含量的影响在各盐分水平间存在差异。非咸水灌溉条件下，磁化处理对土壤中磷、钾含量均无显著影响；咸水灌溉条件下，磁化处理提高了土壤中的全磷、全钾含量，其中 M_3 较 NM_3 分别提高了 7.8%、2.3%，M_6 较 NM_6 分别提高了 0.9%、2.7%；而对有效磷、速效钾含量的影响随着盐浓度的升高而发生改变，其中 M_3 较 NM_3 显著降低，为 28.5%、10.4%，M_6 较 NM_6 分别提高了 10.2%、2.7%。可见，咸水灌溉条件下，磁化处理土壤中全磷、全钾含量提高，而有效磷、速效钾在 $3.0g \cdot L^{-1}$ 咸水灌溉条件下显著降低，在 $6.0g \cdot L^{-1}$ 咸水灌溉条件下小幅度提高，这表明磁化处理能够提高土壤的养分固持能力，同时有效促进了土壤中磷、钾的解吸，提高土壤对植物的有效态磷、钾供应能力。这与 Maheshwari 和 Grewal（2009）、刘秀梅（2017）的研究结果一致，是由磁化处理条件下土壤 pH 的降低和土壤结构的改善造成的（Mostafazadeh-Fard et al.，2011；张瑞喜，2014）。

表 3-17　磁化水灌溉对土壤磷、钾含量的影响

处理	全磷（$\mu g \cdot g^{-1}$）	有效磷（$\mu g \cdot g^{-1}$）	全钾（$\mu g \cdot g^{-1}$）	速效钾（$\mu g \cdot g^{-1}$）
NM_0	82.11±1.12bcd	32.93±2.22a	2122.73±12.14ab	94.15±1.15a
M_0	79.55±1.30d	31.16±1.03ab	2140.83±40.35a	93.08±1.53a
NM_3	81.59±2.24cd	35.10±1.87a	2060.00±26.20ab	77.55±1.61b
M_3	87.92±2.63abc	25.09±0.43c	2106.67±25.39ab	69.48±1.48c
NM_6	88.27±2.14ab	25.08±0.96c	2040.83±30.11b	75.14±1.02b
M_6	89.09±2.92a	27.63±1.08bc	2096.67±19.63ab	77.19±1.38b
A	ns	7.25**	ns	4.40*
B	6.61**	8.56**	ns	125.44**
A×B	ns	10.43**	ns	7.05**

注：NM_0 为非磁化对照溶液处理，M_0 为磁化对照溶液处理，NM_3 为非磁化 $3.0g \cdot L^{-1}$ NaCl 溶液灌溉处理，M_3 为磁化 $3.0g \cdot L^{-1}$ NaCl 溶液灌溉处理，NM_6 为非磁化 $6.0g \cdot L^{-1}$ NaCl 溶液灌溉处理，M_6 为磁化 $6.0g \cdot L^{-1}$ NaCl 溶液灌溉处理。A 代表磁化处理，B 代表 NaCl 浓度处理，A×B 代表磁化处理与 NaCl 浓度处理的交互作用；* 表示 $P < 0.05$，** 表示 $P < 0.01$，ns 表示差异不显著。表中数据为平均值±标准差，同列数据中不同小写字母表示差异显著（$P < 0.05$）。

四、磁化水灌溉对冬枣栽培土壤养分特征的影响

（一）土壤交换性盐基组成和含量变化

土壤交换性盐基 K^+、Na^+、Ca^{2+} 和 Mg^{2+} 是土壤盐分的重要组成部分，交换性盐基含量的多少，直接或者间接影响着土壤酶的活性，而交换性盐基 K^+、Na^+、Ca^{2+} 和 Mg^{2+} 也与植物的生长及生理活动有密切的关系，影响着植物吸收与利用养分的能力。如 Ca 和 Mg 是植物生长所必需的元素，土壤中含量的多少影响着植物对其的吸收与利用，K 含量的提高有助于对耕地的保护，但高浓度 Na 含量则会限制植物的生长（Munns，2002），甚至对植物产生毒害作用，影响电子传递和光合作用，导致气孔关闭，降低同化物的供应（Muranaka et al.，2002）。如表 3-18 所示，磁化水灌溉显著增加了交换性 K^+ 和 Ca^{2+} 的含量，而交换性 Na^+ 含量则显著降低。其中，在Ⅰ试验区，与对照（FW_1）相比，处理 IMFW 土壤中交换性 K^+ 的含量提高 22.9%；交换性 Ca^{2+} 和 Mg^{2+} 含量分别提高 6.2% 和 3.6%；交换性 Na^+ 降低 10.1%。在Ⅱ试验区，处理 IMFW 与 FW_2 相比、DMGW 与 GW 相比，交换性 K^+ 含量分别增长 10.9% 和 7.1%；与 FW_2 相比，处理 IMFW 土壤中交换性 Ca^{2+} 含量提高 5.2%；与 GW 相比，处理 DMGW 交换性 Ca^{2+} 含量提高 1.6%；处理 IMFW 与 FW_2 相比、处理 DMGW 与 GW 相比，交换性 Na^{2+} 含量分别降低了 7.0% 和 4.2%。可见，磁化水灌溉可以显著提高土壤中交换性 K^+ 和 Ca^{2+} 含量，降低交换性 Na^+ 含量，说明这些离子组成成分含量的改变，对于改变土壤离子组成，降低盐分胁迫有重要的作用，磁化水灌溉改变了土壤盐基离子的组成和比例，对维持盐基离子平衡有良好的作用。

表 3-18　磁化水灌溉对土壤交换性盐基含量的影响

试验区	处理	交换性 K^+ 含量（cmol·kg^{-1}）	交换性 Na^+ 含量（cmol·kg^{-1}）	交换性 Ca^{2+} 含量（cmol·kg^{-1}）	交换性 Mg^{2+} 含量（cmol·kg^{-1}）
Ⅰ	FW_1（CK）	0.310±0.007b	0.258±0.004a	26.332±0.025a	6.381±0.019a
	IMFW	0.381±0.025a	0.232±0.004b	27.975±0.069a	6.613±0.028a
Ⅱ	FW_2（CK）	0.559±0.004b	0.256±0.003c	26.975±0.025b	4.906±0.001a
	IMFW	0.620±0.003a	0.238±0.006d	28.375±0.069a	5.113±0.006a
	GW（CK）	0.452±0.004d	0.274±0.002a	25.102±0.028c	4.905±0.003a
	DMGW	0.484±0.008c	0.263±0.006b	25.494±0.078c	5.053±0.007a

注：Ⅰ试验区中：FW_1 为淡水灌溉处理（CK），IMFW 为进口磁化器＋淡水灌溉处理。Ⅱ试验区中：FW_2 为淡水灌溉处理（CK），IMFW 为进口磁化器＋淡水灌溉处理，GW 为地下浅表层微咸水灌溉处理，DMGW 为自主研发磁化器＋地下浅表层微咸水灌溉处理。表中数据为平均值±标准差，同列数据中不同小写字母表示差异显著（$P<0.05$）。

（二）土壤矿质养分含量变化

土壤养分的多少直接影响土壤的肥力状况，不同的矿质元素含量对植物有不同的影响，影响植物从土壤中吸收矿质元素和植物的生长发育。从表 3-19 可以看出，I 试验区中，土层深度为 20～40cm 时，与对照（FW_1）相比，处理 IMFW 中土壤 K 含量提高 4.1%，Fe 含量增长 3.0%；土层深度为 0～20cm 时，Ca 含量提高 4.6%；土层深度为 20～40cm 时，与对照（FW_1）相比，处理 IMFW 土壤中 Na 含量降低 4.6%。II 试验区中，土层深度为 0～20cm 和 40～60cm 时，与对照（FW_2）相比，处理 IMFW 土壤中 P 含量分别提高 13.5% 和 11.5%；土层深度为 0～20cm 时，与对照（GW）相比，处理 DMGW 土壤中 P 含量提高 24.5%。在 0～20cm 和 20～40cm 土层深度下，与对照（FW_2）相比，处理 IMFW 土壤中 Ca 含量分别提高 6.1% 和 6.9%；土层深度为 0～20cm 时，与对照（GW）相比，处理 DMGW 土壤中 Ca 含量提高 4.1%。土层深度为 20～40cm 时，与对照（FW_2）相比，处理 IMFW 土壤中 Mg 的含量提高 3.4%；土层深度为 0～20、20～40 和 40～60cm 时，与对照（GW）相比，处理 DMGW 土壤中 Na 含量分别降低 5.2%、4.5% 和 3.8%。II 试验区中，在 0～20cm 土层厚度下，处理 IMFW 与处理 DMGW 相比，除了 K、Zn、Ca 的含量显著提高和 Na、Fe、Mn 的含量显著降低外，其余指标略有变化，差异不显著；而在 20～40cm 土层厚度下，处理 IMFW 与处理 DMGW 相比，除了 Zn、Ca、Mg 显著提高和 Mn 的含量显著降低外，其余指标略有变化，差异不显著；在 40～60cm 土层厚度下，处理 IMFW 与处理 DMGW 相比，除了 Ca 显著增高，K 和 Mn 显著降低以外，其他指标略有增减，差异不显著。由此可见，磁化水灌溉能有效提高土壤中部分 P、K、Fe、Ca 和 Mg 含量，降低 Na 含量，对其他矿质元素含量的影响不显著，同时也可以看出磁化地下浅表层微咸水灌溉处理下一些指标与磁化淡水处理相近或高于磁化淡水处理，甚至达显著差异水平。由此可以看出，磁化水灌溉条件下，土壤在水分移动的过程中，刺激土壤中的矿质元素含量发生改变，使土壤离子达到一种平衡状态，诱导土壤中的矿质元素含量向有利于植物生长的方向发展，从而促进了植物对矿质元素的吸收。

表3-19 磁化水灌溉对土壤养分含量的影响

土层深度	0~20cm						20~40cm						40~60cm					
试验区	I		II				I		II				I		II			
处理	FW₁(CK)	IMFW	FW₂(CK)	IMFW	GW(CK)	DMGW	FW₁(CK)	IMFW	FW₂(CK)	IMFW	GW(CK)	DMGW	FW₁(CK)	IMFW	FW₂(CK)	IMFW	GW(CK)	DMGW
P (g·kg⁻¹)	0.53±0.01a	0.53±0.02a	0.68±0.004	0.77±0.00a	0.55±0.00c	0.68±0.01b	0.39±0.01a	0.41±0.02a	0.41±0.00a	0.45±0.00a	0.43±0.00a	0.44±0.01a	0.41±0.01a	0.41±0.01a	0.38±0.01b	0.43±0.02a	0.45±0.02a	0.46±0.00a
K (g·kg⁻¹)	0.58±0.00a	0.59±0.01a	0.59±0.00a	0.60±0.008a	0.56±0.01b	0.57±0.00b	0.57±0.00b	0.59±0.01a	0.58±0.00a	0.59±0.01a	0.58±0.01a	0.58±0.01a	0.59±0.01a	0.59±0.006a	0.58±0.006b	0.59±0.01b	0.60±0.00ab	0.61±0.01a
Na (g·kg⁻¹)	0.57±0.01a	0.58±0.01a	0.55±0.01b	0.54±0.01b	0.60±0.00a	0.57±0.00b	0.57±0.01a	0.54±0.003b	0.57±0.00b	0.56±0.00b	0.60±0.00a	0.57±0.01b	0.57±0.01a	0.57±0.01a	0.58±0.00b	0.56±0.01b	0.60±0.01a	0.58±0.01b
Fe (g·kg⁻¹)	2.47±0.02a	2.48±0.02a	2.43±0.03b	2.45±0.02b	2.59±0.00a	2.60±0.04a	2.43±0.00b	2.51±0.03a	2.50±0.05a	2.52±0.04a	2.50±0.04a	2.52±0.04a	2.54±0.03a	2.55±0.05a	2.51±0.01a	2.53±0.04a	2.53±0.02a	2.60±0.05a
Mn (g·kg⁻¹)	0.43±0.00a	0.43±0.01a	0.42±0.01b	0.42±0.00b	0.45±0.00ab	0.45±0.00a	0.46±0.00a	0.46±0.01a	0.43±0.006c	0.44±0.01bc	0.45±0.00ab	0.47±0.00a	0.49±0.01a	0.50±0.01a	0.43±0.00b	0.44±0.01b	0.48±0.01a	0.49±0.00a
Zn (g·kg⁻¹)	0.06±0.00a	0.06±0.0a	0.07±0.00a	0.069±0.00b	0.06±0.00b	0.06±0.00b	0.06±0.00a	0.06±0.00a	0.07±0.00a	0.07±0.00a	0.053±0.00b	0.05±0.00b	0.06±0.00a	0.06±0.01a	0.06±0.00a	0.06±0.00a	0.05±0.00a	0.05±0.00a
Cu (g·kg⁻¹)	0.01±0.00a	0.01±0.00a	0.01±0.01b	0.014±0.00a	0.01±0.00a	0.01±0.00b	0.01±0.00a	0.012±0.00b	0.01±0.00b	0.02±0.00a	0.01±0.00a	0.01±0.01a	0.02±0.00a	0.02±0.00a	0.02±0.00a	0.02±0.00a	0.01±0.00a	0.02±0.00a
Ca (g·kg⁻¹)	30.60±0.54b	32.02±0.85a	29.02±0.08b	30.79±0.05a	29.24±0.05b	30.46±0.06a	30.77±0.68a	31.22±0.53a	29.30±0.02b	31.33±0.16a	28.56±0.14b	29.76±0.02ab	33.16±0.67a	33.56±0.53a	30.80±0.08ab	32.54±0.06a	28.10±0.13b	30.14±0.05ab
Mg (g·kg⁻¹)	7.54±0.03a	7.69±0.12a	7.18±0.00a	7.21±0.00a	7.06±0.01a	7.13±0.01a	7.55±0.04a	7.64±0.11a	7.23±0.02b	7.47±0.02a	7.14±0.01b	7.33±0.01ab	7.96±0.12a	8.01±0.06a	7.42±0.01a	7.43±0.02a	7.36±0.04a	7.42±0.04a

注：I 试验区中：FW₁为淡水灌溉处理（CK），IMFW 为进口磁化器+淡水灌溉处理，FW₂为淡水灌溉处理，DMGW 为自主研发磁化器+地下浅表层微咸水灌溉处理。II 试验区中 IMFW 为进口磁化器+淡水灌溉处理（CK），IMFW 为进口磁化器+淡水灌溉处理，GW 为地下浅表层微咸水灌溉处理，DMGW 为自主研发磁化器+地下浅表层微咸水灌溉处理。表中数据为平均值±标准差，同列数据中不同小写字母表示差异显著（P<0.05）。

五、磁化水灌溉对设施栽培蔬菜土壤养分特征的影响

(一) 土壤交换性盐基组成和含量变化

由表 3-20 可以看出，4 个蔬菜试验区中，磁化水处理后土壤交换性 K^+、Ca^+、Mg^{2+} 含量与非磁化水处理相比均有所提高。茄子、黄瓜、辣椒、番茄栽培土壤中交换性 K^+、Ca^+、Mg^{2+} 含量在磁化水和非磁化水处理之间均差异显著，茄子、番茄栽培土壤中交换性 Na^+ 含量在磁化水和非磁化水处理之间均差异显著，黄瓜、辣椒栽培土壤中交换性 Na^+ 含量在磁化水和非磁化水处理之间均差异不显著。与非磁化水灌溉处理相比，磁化水灌溉后茄子、黄瓜、辣椒和番茄土壤中交换性 K^+ 含量分别提高 7.9%、19.0%、10.5%、19.0%；交换性 Ca^+ 含量分别提高 43.9%、134.8%、22.0%、14.0%；交换性 Mg^{2+} 含量分别提高 6.1%、15.4%、15.9%、14.4%；茄子、黄瓜、辣椒土壤中交换性 Na^+ 含量分别提高 7.9%、12.5%、5.7%。由此可知，磁化水处理后蔬菜土壤交换性 K^+、Ca^+ 和 Mg^{2+} 含量均高于非磁化水处理，说明磁化水灌溉能有效提高土壤交换性 K^+、Ca^+ 和 Mg^{2+} 含量。可以看出，磁化水灌溉改变了离子组成和比例，其变化对提高土壤养分有效性、改善土壤肥力有良好的作用。

表 3-20　磁化水灌溉对设施蔬菜土壤交换性盐基含量的影响

处理	交换性 K^+ 含量 (cmol·kg^{-1})	交换性 Na^+ 含量 (cmol·kg^{-1})	交换性 Ca^{2+} 含量 (cmol·kg^{-1})	交换性 Mg^{2+} 含量 (cmol·kg^{-1})
NME	1.01±0.06b	0.85±0.03b	14.80±0.40b	11.55±0.30b
ME	1.09±0.03a	0.93±0.01a	21.29±0.75a	12.25±0.20a
NMC	0.79±0.02b	0.84±0.02b	8.92±0.42b	11.45±0.37b
MC	0.94±0.02a	0.99±0.15a	20.94±0.55a	12.18±0.14a
NMP	0.95±0.02b	0.88±0.21a	10.15±0.19b	10.53±0.36b
MP	1.05±0.03a	0.93±0.01a	12.38±0.30a	12.15±0.14a
NMP	1.00±0.05b	1.12±0.03b	17.99±0.25b	10.50±0.16b
MP	1.19±0.02a	0.93±0.05a	20.50±0.28a	12.01±0.16a

注：NME 为非磁化水灌溉茄子处理，ME 为磁化水灌溉茄子处理，NMC 为非磁化水灌溉黄瓜处理，MC 为磁化水灌溉黄瓜处理，NMP 为非磁化水灌溉辣椒处理，MP 为磁化水灌溉辣椒处理，NMT 为非磁化水灌溉番茄处理，MT 为磁化水灌溉番茄处理。表中数据为测定平均数±标准差，同列数据中不同小写字母表示差异显著（$P<0.05$）。

(二) 土壤微量元素含量变化

从表 3-21 可以看出，在 4 个蔬菜试验区中，磁化水处理后土壤 Fe、Mn

含量均有所提高，Cu 含量均有所下降。茄子、黄瓜、辣椒、番茄栽培土壤中 Fe、Cu 含量在磁化水和非磁化水处理之间均差异显著。茄子、番茄栽培土壤中 Mn、Zn 含量在磁化水和非磁化水处理之间均差异不显著，黄瓜和辣椒栽培土壤中 Mn、Zn 含量在磁化水和非磁化水处理之间均差异显著。与非磁化水灌溉处理相比，磁化水灌溉后茄子、黄瓜、辣椒、番茄土壤中 Fe 含量分别提高 4.4%、2.4%、5.7%、0.7%；土壤 Cu 含量是非磁化水处理的 88.1%、70.7%、77.7%、83.3%；土壤 Mn 含量分别提高 1.0%、7.8%、6.5%、6.0%；磁化水灌溉后黄瓜、辣椒、番茄栽培土壤中 Zn 含量分别提高 16.1%、6.8%、2.3%。由此可知，磁化水处理后蔬菜土壤 Fe、Mn 含量均高于非磁化水处理，土壤 Cu 含量均低于非磁化水处理，说明了磁化水灌溉能增加土壤 Fe、Mn 含量，降低 Cu 含量。磁化水进入土壤中，与土壤中的离子带电体会发生一定的感应，改变了土壤中离子的运动状态，从而影响了土壤微量元素含量变化，这对植物正常生长发育和新陈代谢有着重要作用。

表 3-21　磁化水灌溉对设施蔬菜土壤微量元素的影响

处理	Fe (mg·kg^{-1})	Mn (mg·kg^{-1})	Zn (mg·kg^{-1})	Cu (mg·kg^{-1})
NME	2 199.59±32.64b	627.88±19.45a	285.52±10.10a	73.66±4.08a
ME	2 296.35±43.32a	634.12±25.69a	277.66±4.58a	64.87±3.67b
NMC	2 351.55±22.97b	449.89±16.15b	159.74±1.69b	34.97±3.34a
MC	2 408.11±21.15a	500.41±16.15a	185.43±12.17a	24.73±0.90b
NMP	2 109.49±30.08b	485.10±7.54b	325.51±3.91b	135.58±5.06a
MP	2 229.35±25.25a	516.77±4.04a	347.80±8.17a	105.39±2.93b
NMT	2 470.58±30.08b	416.93±10.91a	234.53±6.81a	46.35±3.10a
MT	2 487.06±34.12a	441.93±25.13a	239.94±16.33a	38.61±1.01b

注：NME 为非磁化水灌溉茄子处理，ME 为磁化水灌溉茄子处理，NMC 为非磁化水灌溉黄瓜处理，MC 为磁化水灌溉黄瓜处理，NMP 为非磁化水灌溉辣椒处理，MP 为磁化水灌溉辣椒处理，NMT 为非磁化水灌溉番茄处理，MT 为磁化水灌溉番茄处理。表中数据为测定平均数±标准差。同列数据中不同小写字母表示差异显著（$P<0.05$）。

（三）土壤矿质养分组成和含量变化

由图 3-8 可以看出，在 4 个蔬菜试验区中，磁化水处理后土壤有机质、碱解氮和有效磷含量均有所提高。茄子、黄瓜、辣椒、番茄栽培土壤中有机质、碱解氮、有效磷含量在磁化水和非磁化水处理之间均差异显著。茄子、黄瓜、番茄栽培土壤中全氮含量在磁化水和非磁化水处理之间均差异不显著，辣椒栽培土壤中全氮含量在磁化水和非磁化水处理之间差异显著。茄子、辣椒、番茄栽培土壤中全磷含量在磁化水和非磁化水处理之间均差异不显著，黄瓜栽培土壤中全氮含量在磁化水和非磁化水处理之间差异显著。与非磁化水灌溉处理相比，磁化水灌溉后茄子、黄瓜、辣椒、番茄栽培土壤中有机质含量分别提高12.2%、1.9%、13.3%、7.1%；碱解氮含量分别提高60.8%、31.9%、40.5%、13.1%；有效磷含量分别提高21.1%、116.3%、27.9%、18.8%。磁化水灌溉后茄子、辣椒、番茄栽培土壤中全氮含量与非磁化水处理相比分别提高11.6%、11.9%、9.6%；茄子、辣椒土壤中全磷含量分别提高3.4%、0.4%。由此可知，磁化水处理后蔬菜土壤有机质、碱解氮、有效磷含量均高于非磁化水处理，除黄瓜以外，其他三种蔬菜磁化水处理后土壤全氮含量均高于非磁化水灌溉，蔬菜磁化水和非磁化水处理土壤全磷含量变化不大，说明了磁化水灌溉对不同种类蔬菜土壤养分含量有一定的提高作用，尤其是土壤有机质和有效养分含量明显提高，对于减缓农业土壤退化有重要的意义。

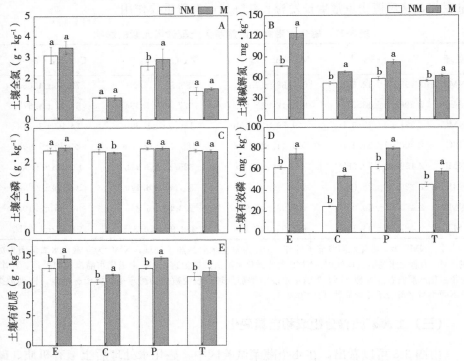

图3-8　磁化水灌溉对设施蔬菜土壤全氮（A）、土壤碱解氮（B）、土壤全磷（C）、
　　　　土壤有效磷（D）、土壤有机质（E）的影响

注：M为磁化处理，NM为非磁化处理。E为设施栽培茄子土壤，C为设施栽培黄瓜土壤，P为设施栽培辣椒土壤，T为设施栽培番茄土壤。图中数据为测定平均数±标准差，不同小写字母表示不同处理间差异显著（$P < 0.05$）。

六、磁化水灌溉对设施栽培葡萄土壤养分特征的影响

（一）设施栽培葡萄土壤碳氮磷养分含量

保护地栽培土壤养分状况直接影响作物的生长、产量品质的提高以及耕作土壤的可持续生产，充足有效的营养供给是作物产量形成和品质改善的基础。研究发现，磁化水灌溉保护地耕作土壤中氮和磷全量含量变化较小，但随磁化水灌溉次数的增加，硝态氮和铵态氮以及有效磷等养分含量升高，这与樱桃根际氮和磷全量含量在生长季内处于亏缺状态而有效磷和速效钾等在根际相对富集的研究结果相似（秦嗣军，2006），且陈竹君（2007）发现日光温室栽培土壤有机质、硝态氮、有效磷等养分显著累积，本研究结果与之相一致；对葡萄果实中氮和磷含量的测定发现（表 3-22），两者均呈富集状态，这说明磁化作用可以有效刺激葡萄根系吸收更多的氮和磷，并通过作用于微生物活动、提高矿质氮的释放以及土壤对铵态氮的吸附能力，促进磷的活化、增强土壤中有效养分的累积和供应程度。

表 3-22　设施栽培葡萄土壤碳氮磷养分含量变化

处理	有机质 （g·kg^{-1}）	硝态氮 （g·kg^{-1}）	铵态氮 （g·kg^{-1}）	有效磷 （mg·kg^{-1}）	全氮 （g·kg^{-1}）	全磷 （g·kg^{-1}）
T_0	7.65±0.25a	0.20±0.02b	0.16±0.03a	24.24±10.30b	1.32±0.17b	0.30±0.01a
T_2	7.64±0.49a	0.24±0.06a	0.17±0.02a	25.71±19.45b	1.37±0.35ab	0.31±0.07a
T_4	7.67±0.38a	0.28±0.04b	0.19±0.05a	46.08±25.49b	1.45±0.07ab	0.34±0.07a
T_6	7.84±0.46a	0.29±0.08b	0.19±0.04a	142.73±34.89a	1.52±0.11ab	0.35±0.08a
T_8	7.81±0.27a	0.66±0.18a	0.20±0.03a	171.82±18.04a	1.63±0.12a	0.38±0.13a

注：T_0 为对照处理，T_2 为磁化水灌溉 2 次，T_4 为磁化水灌溉 4 次，T_6 为磁化水灌溉 6 次，T_8 为磁化水灌溉 8 次。表中数据为 3 次测定的平均数±标准差。同列不同小写字母表示不同处理间差异显著（$P<0.05$）。

（二）设施栽培葡萄土壤微量元素含量变化

土壤微量元素是相对大量元素而划分的，是植物生态环境因子中重要的组成部分。由表 3-23 可以看出，随着灌溉次数的不同，T_8 处理中 Fe 和 Zn 含量最高，相较对照处理分别提高 30.2% 和 16.8%；而且土壤中 Fe 含量最高且提高比例最大，这满足了葡萄叶绿体蛋白合成所需的 Fe 元素，同时 Zn 含量的提高可促进叶绿素的合成，提高葡萄果实品质和质量（Srivastava and Singh，2005）。而 Mn 和 Cu 含量则变化不明显。

表 3-23　设施栽培葡萄土壤微量元素含量变化

处理	Fe (mg·kg^{-1})	Mn (mg·kg^{-1})	Zn (mg·kg^{-1})	Cu (mg·kg^{-1})
T_0	1 859.68±1052.91a	343.64±0.67a	117.29±2.70b	24.46±8.75a
T_2	2 305.27±19.72a	343.99±0.26a	121.58±2.05ab	26.87±3.76a
T_4	2 344.81±50.78a	343.41±0.51a	128.15±2.85ab	20.00±5.38a
T_6	2 372.72±74.12a	343.71±0.37a	131.08±3.02ab	24.91±2.76a
T_8	2 420.55±73.48a	343.39±0.95a	136.99±3.09a	24.90±3.60a

注：T_0 为对照处理，T_2 为磁化水灌溉 2 次，T_4 为磁化水灌溉 4 次，T_6 为磁化水灌溉 6 次，T_8 为磁化水灌溉 8 次。表中数据为 3 次测定的平均数±标准差。同列数据中不同小写字母表示差异显著（$P<0.05$）。

七、磁化水灌溉对镉胁迫下土壤栽培杨树养分特征的影响

（一）磁化水处理对土壤养分有效性及交换性阳离子的影响

通过对土壤交换性阳离子含量的测定分析发现（表 3-24），土壤镉污染导致交换性 K^+、Na^+、Mg^{2+} 含量降低，非磁化水处理中（NM_0、NM_{50}、NM_{100}），与对照 NM_0 相比，NM_{50}、NM_{100} 中交换性 K^+ 含量分别显著下降 15.5%、35.8%（$P<0.05$），交换性 Na^+ 和交换性 Mg^{2+} 含量分别下降 5.5%、5.0% 和 1.2%、1.9%，其中交换性 Na^+ 含量在 NM_0 与 NM_{100} 间差异显著（$P<0.05$），交换性 Mg^{2+} 含量在 NM_0 与 NM_{100} 之间差异达到显著水平（$P<0.05$），交换性 Ca^{2+} 含量则在 NM_{50} 中下降 8.3%，在 NM_{100} 中升高 1.1%。磁化水灌溉后，与对照 M_0 相比，M_{50}、M_{100} 中交换性 K^+ 含量分别下降 19.9%、11.8%，M_0 与 M_{50} 之间差异达到显著水平（$P<0.05$）；M_{50}、M_{100} 的交换性 Na^+ 和交换性 Mg^{2+} 含量分别下降 1.5%、1.5% 和 18.8%、1.3%，但差异不显著。

与非磁化水处理相比（NM_0、NM_{50}、NM_{100}），磁化水处理土壤交换性 K^+ 含量在 0、50μmol·L^{-1} 镉处理下显著下降 12.3%、16.8%，但经 100μmol·L^{-1} 镉浓度处理后则显著升高 20.5%（$P<0.05$）；交换性 Na^+ 含量在 M_{50}、M_{100} 分别升高 2.4%、2.0%，交换性 Ca^{2+} 含量在 0、50μmol·L^{-1} 镉浓度处理下升高 2.2%、1.5%，且 M_0 与 NM_0 间差异达显著水平（$P<0.05$）；交换性 Mg^{2+} 含量在 M_0、M_{50}、M_{100} 中分别升高 1.2%、0.13%、0.75%，但差异均不显著。磁化水处理可提高镉污染土壤交换性 Mg^{2+} 的含量，维持土壤交换性阳离子的组成与稳定。

表 3-24　磁化水处理对镉污染土壤交换性阳离子的影响

处理	交换性 K^+ 含量 （cmol·kg^{-1}）	交换性 Na^+ 含量 （cmol·kg^{-1}）	交换性 $1/2Ca^{2+}$ 含量 （cmol·kg^{-1}）	交换性 $1/2Mg^{2+}$ 含量 （cmol·kg^{-1}）
NM_0	0.562±0.009Aa	1.130±0.014Aa	12.132±0.132Aa	14.771±0.031Aa
NM_{50}	0.475±0.004Ba	1.068±0.013Ba	12.109±0.066Aa	14.588±0.048Ba
NM_{100}	0.361±0.013Cb	1.073±0.035ABa	12.265±0.016Aa	14.494±0.039Ba
M_0	0.493±0.038Aa	1.111±0.013Aa	12.403±0.073Aa	14.794±0.157Aa
M_{50}	0.395±0.004Bb	1.094±0.019Aa	12.289±0.021Aa	14.607±0.084Aa
M_{100}	0.435±0.007ABa	1.094±0.013Aa	11.981±0.034ABb	14.603±0.035Aa

注：M_0 为磁化＋0μmol·L^{-1}镉灌溉处理，M_{50} 为磁化＋50μmol·L^{-1}镉灌溉处理，M_{100} 为磁化＋100μmol·L^{-1}镉灌溉处理，NM_0 为非磁化＋0μmol·L^{-1}镉灌溉处理，NM_{50} 为非磁化＋50μmol·L^{-1}镉灌溉处理，NM_{100} 为非磁化＋100μmol·L^{-1}镉灌溉处理。表中数据为 3 次测定的平均值±标准差，不同大写字母表示同一处理内不同镉浓度间差异达到显著水平（$P<0.05$），不同小写字母表示相同镉浓度的不同处理间差异达到显著水平（$P<0.05$）。

（二）磁化水处理对土壤碳氮磷化学计量的影响

土壤 C、N、P 是重要的元素，可直接反映土壤的营养状况，其化学计量的比值是衡量土壤有机质组成和质量的重要指标。土壤 C/N 是土壤质量的敏感指标，直接反映土壤内部的碳氮循环（Treseder et al.，2001；任书杰，2006）。对土壤全氮、全磷含量测定分析发现（表 3-25），非磁化水处理条件下，随着镉浓度升高，土壤全磷含量呈先升高后下降的趋势，与对照 NM_0 相比，土壤全磷含量在 NM_{50} 中显著升高 28.3%（$P<0.05$），在 NM_{100} 中下降 14.0%；土壤全氮含量则呈下降趋势，与对照相比，NM_{50}、NM_{100} 的全氮含量分别降低 2.7%、31.4%。在磁化水处理中，在 50、100μmol·L^{-1} 镉浓度处理下全磷和全氮含量分别下降 12.8%、16.3% 和 12.8%、16.3%，其中全磷下降差异在各处理间分别达显著水平（$P<0.05$）。磁化水处理使土壤全氮、全磷含量维持较稳定的状态，提高土壤有机碳含量，与非磁化水处理相比（NM_0、NM_{50}、NM_{100}），磁化水处理（M_0、M_{50}、M_{100}）土壤的有机碳含量分别提高 71.3%、68.9%、59.8%，且差异分别达显著水平（$P<0.05$）；磁化水处理提高了 0、100μmol·L^{-1} 镉浓度处理条件下土壤全磷含量，比例分别为 4.0%、1.2%，但差异不显著；磁化水处理显著提高了 100μmol·L^{-1} 镉浓度处理下土壤全氮的含量，比例为 18.2%。

通过碳氮磷化学计量分析发现，非磁化水处理中（NM_0、NM_{50}、

NM_{100}），与对照 NM_0 相比，NM_{50}、NM_{100} 处理中土壤 N/P 值分别显著降低 23.9%、20.3%（$P<0.05$）。磁化水灌溉后，与对照 M_0 相比，M_{50}、M_{100} 处理中 N/P 值则分别显著升高 13.7%、12.1%（$P<0.05$）；土壤 C/P 值较对照 NM_0 和 M_0 则分别降低 35.9%、14.1% 和 7.1%、17.5%，仅 NM_0 与 NM_{50}、M_0 和 M_{100} 间差异显著（$P<0.05$）；土壤 C/N 值的变化则不尽相同。镉污染条件下，磁化水处理提高土壤 N/P、C/P、C/N 值，在 50、100 $\mu mol \cdot L^{-1}$ 镉浓度下，经过磁化水灌溉土壤的 N/P、C/P 和 C/N 值均显著高于非磁化水处理（$P<0.05$），分别为非磁化水处理的 1.24、1.17 倍，2.38、1.58 倍和 1.92、1.34 倍。可见，镉污染条件下磁化水处理的土壤 C/N 值显著高于非磁化水处理，表明磁化作用下土壤氮的矿化率更高，碳的矿化速率相对较低，表明磁化作用有利于土壤碳库的积累（汪其同，2018）。研究发现，镉污染土壤全磷含量在 80～130 $mg \cdot kg^{-1}$ 范围内，低于我国平均水平（0.56 $g \cdot kg^{-1}$），且镉污染导致土壤氮磷比下降，表明镉污染导致土壤氮素缺乏，与胡荣桂（1990）发现镉阻碍土壤氮素循环的研究结果一致。土壤碳磷比通常被认为是土壤磷素矿化能力的标志，磁化水处理后土壤维持较高水平的碳磷，可能是磁化作用促进了微生物矿化土壤有机物质释放磷，或者有利于土壤微生物对磷的固持。

通过对有效性养分含量的测定分析发现，与对照 NM_0 相比，NM_{50} 和 NM_{100} 中土壤硝态氮、有效磷含量分别下降 5.5%、1.7% 和 32.3%、12.4%，且只在 NM_0 与 NM_{100} 之间差异达显著水平（$P<0.05$）；土壤铵态氮含量分别下降 1.3%、7.0%，但差异不显著。在磁化水处理中（M_0、M_{50}、M_{100}），随着镉浓度升高土壤有效性养分呈现不同变化趋势，土壤硝态氮含量随镉浓度升高而下降，铵态氮、有效磷含量呈先下降后升高的趋势，且有效性养分含量均低于对照 M_0。与 M_0 相比，M_{50} 和 M_{100} 中土壤硝态氮和铵态氮含量分别显著下降 36.5%、33.0% 和 48.5%、16.7%（$P<0.05$），有效磷含量分别显著下降 14.2%、12.7%（$P<0.05$）。经过磁化水处理后（M_0、M_{50}、M_{100}），与非磁化水处理相比（NM_0、NM_{50}、NM_{100}），土壤硝态氮和铵态氮含量在 M_0、M_{100} 中分别提高 43.8%、9.4% 和 13.6%、1.8%，但差异不显著；在 M_{50} 中则分别下降 3.4%、22.8%，且铵态氮含量在 NM_{50} 与 M_{50} 间差异达显著水平（$P<0.05$）；有效磷含量在 M_0、M_{50}、M_{100} 中则分别升高 32.6%、15.8%、32.1%，且差异分别达显著水平（$P<0.05$）。由此可见，经过磁化水灌溉后镉污染土壤全磷、硝态氮含量升高，有效磷含量显著升高，尤其是对高浓度镉污染土壤的效果最佳，说明磁化水灌溉可以提高土壤养分有效性，降低氮、磷含量的过剩性累积。

表 3-25 磁化水处理对镉污染下土壤碳氮磷化学计量的影响

处理	全磷 (mg·kg⁻¹)	全氮 (mg·g⁻¹)	有机碳 (g·kg⁻¹)	N/P	C/P	C/N	硝态氮 (mg·g⁻¹)	铵态氮 (mg·g⁻¹)	有效磷 (mg·g⁻¹)
NM₀	94.910± 2.041Ba	0.522± 0.008Aa	0.720± 0.073Ab	5.507± 0.189Aa	7.609± 0.882Ab	1.379± 0.139Ab	37.621± 2.594Ab	33.546± 0.737Ab	13.562± 0.129Ab
NM₅₀	121.781± 6.223Aa	0.508± 0.010Aa	0.591± 0.006ABb	4.191± 0.148Bb	4.880± 0.265Bb	1.163± 0.021Ab	35.555± 0.996Aa	33.100± 1.321Aa	13.325± 0.492Ab
NM₁₀₀	81.598± 1.526Ba	0.358± 0.020Bb	0.533± 0.003Bb	4.391± 0.279Bb	6.536± 0.131Bb	1.500± 0.095Ab	25.470± 0.694Ba	31.187± 0.660Aa	11.876± 0.399Bb
M₀	98.703± 1.097Aa	0.451± 0.010Ab	1.233± 0.023Aa	4.566± 0.060Bb	12.495± 0.130Aa	2.737± 0.013Aa	54.082± 1.930Aa	38.117± 0.916Aa	17.978± 0.559Aa
M₅₀	86.102± 2.879Bb	0.446± 0.002Ab	0.998± 0.022Ba	5.192± 0.158Aa	11.605± 0.294ABa	2.237± 0.051Ba	34.332± 1.140Ba	25.544± 0.812Cb	15.426± 0.761Ba
M₁₀₀	82.605± 1.153Ba	0.423± 0.005Aa	0.850± 0.052Ba	5.120± 0.033Aa	10.305± 0.780Ba	2.013± 0.150Ba	27.866± 0.577Ca	31.736± 0.870Ba	15.691± 0.236Ba

注：M_0 为磁化＋$0\mu mol·L^{-1}$镉灌溉处理，M_{50} 为磁化＋$50\mu mol·L^{-1}$镉灌溉处理，M_{100} 为磁化＋$100\mu mol·L^{-1}$镉灌溉处理，NM_0 为非磁化＋$0\mu mol·L^{-1}$镉灌溉处理，NM_{50} 为非磁化＋$50\mu mol·L^{-1}$镉灌溉处理，NM_{100} 为非磁化＋$100\mu mol·L^{-1}$镉灌溉处理。表中数据为 3 次测定的平均值±标准差，不同大写字母表示同一处理内不同镉浓度间差异达到显著水平（$P<0.05$），不同小写字母表示相同镉浓度的不同处理间差异达到显著水平（$P<0.05$）。

八、小结

（1）磁化微咸水灌溉在不同程度上提高了土壤交换性 Ca^{2+}、K^+ 及 TEB 含量，显著提高幅度为 3.7%～43.4%（$P<0.05$），且呈正相关关系，与水溶性盐分含量总体呈极显著负相关（$P<0.01$）；交换性 Na^+ 及 Mg^{2+} 含量表现为下降趋势，降低幅度为 17.4%～56.5%，均与水溶性盐分呈极显著正相关（$P<0.01$）。Ca^{2+} 和 K^+ 的 BSP（3.7%～43.4%）显著增加，这有利于提高土壤阳离子的交换能力、提高土壤养分有效性、改善土壤理化性质、促进土壤团聚体的形成。交换性 Na^+ 的含量（降幅 55.3%～56.5%）显著降低，从而减轻了 Na^+ 向土壤表层聚集，延缓甚至减轻土壤盐渍化程度。磁化微咸水灌溉条件下，全量微量元素 Fe、Mn 和 Zn 含量提高 19.2%～49.1%，4 种有效态微量元素含量降低 12.4%～43.3%；有机碳、全氮、C/P 和 N/P 值提高 15.9%～116.1%；这说明土壤碳氮磷的循环还是会对微量元素的分解和释放产生一定的影响。

（2）与非磁化处理相比，磁化处理提高了土壤中 Fe、Mn、全磷、全钾含量，降低了全氮、无机氮含量；Zn、Cu 和有效磷、速效钾含量在 $3.0g \cdot L^{-1}$ 咸水灌溉下表现为降低趋势且总体呈显著差异（$P<0.05$），在 $6.0g \cdot L^{-1}$ 咸水灌溉下则升高。

（3）通过研究磁化水灌溉处理对土壤矿质养分的影响发现，在不同土层厚度下，磁化水灌溉的 K 和 Ca 盐基交换量与非磁化水灌溉相比分别提高 7.1%～10.9%、1.6%～5.2%；磁化水灌溉后 Na 与非磁化水灌溉相比降低 4.2%～7.0%，部分达显著差异水平（$P<0.05$）。磁化水灌溉处理可以显著增高土壤中 P、K、Fe、Ca 和 Mg 含量，降低 Na 含量。

（4）利用磁化水对设施蔬菜进行灌溉发现：磁化水处理能提高蔬菜土壤的有机质（1.9%～13.3%）、碱解氮（13.1%～60.8%）、有效磷（18.8%～116.3%）含量，使蔬菜土壤有机质和有效性养分含量增加。土壤微量元素 Fe（0.7%～5.7%）、Cu（70.7%～88.1%）和土壤交换性 K^+（7.9%～19.0%）、Ca^{2+}（14.0%～134.8%）、Mg^{2+}（6.1%～15.9%）含量均增加。另外，磁化作用对蔬菜栽培土壤中阳离子的交换能力也有一定的提高作用。

（5）通过分析设施栽培葡萄土壤养分特征发现，磁化水灌溉有利于全量养分的富集和有效态养分的解析，特别是随磁化水灌溉次数的增加，土壤硝态氮和有效磷含量增加明显，微量元素 Fe 和 Zn 含量提高，但土壤全量养分以及微量元素 Mn 和 Cu 含量变化较小。

（6）磁化水处理增加了镉污染土壤中硝态氮、有效磷、有机碳的含量，提高了土壤全磷含量，这说明磁化水灌溉可以改善镉胁迫下欧美杨根系形态，促进根系分泌物的产生，促进有效性养分的释放，刺激土壤内的碳氮循环，提高土壤肥力。磁化水处理可以有效提高镉胁迫环境下欧美杨植株对养分的征调能力，改善植株体内养分的转运，对各营养元素的积累分配也有一定的影响，尤其是促进了 Ca、Fe、Zn、N 在杨树体内的积累，这说明磁化作用可以改善营养元素的吸收和养分分配格局，改变杨树对镉胁迫的自主调控机制，缓解镉胁迫对叶片和根系的损伤，维持镉胁迫下杨树养分平衡和生理功能稳定。

第三节　磁化水灌溉对土壤生物酶活性特征的影响

一、试验材料与方法

（一）试验材料

磁化水灌溉镉胁迫后土壤栽培杨树试验材料同第二章第二节。

不同水源灌溉冬枣试验材料同第二章第三节。

设施栽培土壤试验材料同第二章第四节。

(二) 研究方法

土壤取样测定方法同第三章第一节。

(三) 测定方法

称取鲜土样 5.0g 于 50mL 三角瓶中，加入 1mL 甲苯、10mL 10％尿素溶液和 20mL pH6.7 柠檬酸盐缓冲溶液，摇匀后在 37℃恒温箱培养 24h，过滤，采用苯酚钠-次氯酸钠紫外分光光度比色法（双光束分光光度计 TU-1900）测定土壤中的脲酶含量（严昶升，1988）。

称取鲜土样 5.0g 置于 50mL 容量瓶中，加 1.5mL 甲苯和 10mL 磷酸苯二钠溶液和 20mL 缓冲液，摇匀后放入恒温箱，37℃下培养 12h。用 38℃的去离子水定容至 50mL，迅速过滤，采用磷酸苯二钠比色法测定土壤中磷酸酶的活性（严昶升，1988）。

称取鲜土样 5.0g 置于 50mL 三角瓶中，注入 15mL 8％蔗糖溶液，5mL pH5.5 磷酸缓冲液和 5 滴甲苯，在 37℃下培养 24h 后迅速过滤，采用 3，5-二硝基水杨酸比色法测定土壤蔗糖酶活性（严昶升，1988）。

称取鲜土样 5.0g 于具塞三角瓶中，加入 0.5mL 甲苯，于 4℃冰箱中放置 30min。取出，立刻加入 25mL 冰箱贮存的 3％过氧化氢水溶液，再置于冰箱中放置 1h。取出后加入冷却的 2mol·L^{-1}硫酸溶液 25mL，过滤，采用高锰酸钾滴定法测定土壤过氧化氢酶活性（严昶升，1988）。

二、不同水源磁化处理后灌溉对冬枣栽培土壤生物酶活性的影响

土壤酶在一定程度上可以间接反映土壤的肥力状况，是植物合成与分解的一种活性物质，参与某些无机物的氧化还原反应，是生态系统能量与物质转化的纽带。土壤酶的种类和活性与土壤养分的有效性有一定的联系，影响着土壤养分的吸收与利用。研究发现（表 3-26），磁化水灌溉处理可提高脲酶、磷酸酶、蔗糖酶和过氧化氢酶活性。其中，Ⅰ试验区中，与对照（FW$_1$）相比，处理 IMFW 中土壤脲酶、蔗糖酶和过氧化氢酶活性显著提高，分别为 3.9％、22.4％和 5.1％；磷酸酶活性提高 2.4％。Ⅱ试验区中，与对照（FW$_2$）相比，处理 IMFW 的土壤蔗糖酶活性提高 11.5％，差异显著；脲酶、磷酸酶、过氧化氢酶活性分别提高 10.6％、5.8％和 0.8％。与对照（GW）相比，处理

DMGW 中土壤蔗糖酶和过氧化氢酶活性分别提高 15.2% 和 7.0%；脲酶和磷酸酶活性分别提高 4.4% 和 10.0%。在 Ⅱ 试验区中，处理 IMFW 和处理 DMGW 相比，除了蔗糖酶活性显著提高以外，其他酶活性指标变化不明显。以上说明磁化水灌溉能有效地促进土壤中脲酶、磷酸酶、蔗糖酶和过氧化氢酶活性，对土壤的物质循环起到了积极的作用；利用磁化地下浅表层微咸水进行灌溉的土壤并没有对酶的活性造成不良影响，而过氧化氢酶的活性甚至超过了淡水灌溉的土壤酶活性，但差异不显著。

表 3-26　磁化水灌溉对土壤生物酶活性的影响

试验区	处理	脲酶 [mg・ (g・24h)$^{-1}$]	磷酸酶 [mg・ (g・12h)$^{-1}$]	蔗糖酶 [mg・ (g・12h)$^{-1}$]	过氧化氢酶 [mL (0.1mol・L^{-1}KMnO$_4$)・ (h・g)$^{-1}$]
Ⅰ	FW$_1$ (CK)	1.314±0.014b	16.008±0.385a	6.841±0.237b	44.499±2.787b
	IMFW	1.365±0.052a	16.392±0.472a	8.372±0.302a	46.747±1.961a
Ⅱ	FW$_2$ (CK)	1.255±0.017ab	12.536±0.213ab	6.556±0.180b	34.844±0.503a
	IMFW	1.388±0.056a	13.265±0.668a	7.313±0.195a	35.124±0.323a
	GW (CK)	1.244±0.061b	11.674±0.501b	5.769±0.270c	33.072±0.915b
	DMGW	1.299±0.037ab	12.841±0.065a	6.648±0.162b	35.372±0.175a

注：Ⅰ试验区中，FW$_1$为淡水灌溉处理（CK），IMFW 为进口磁化器＋淡水灌溉处理。Ⅱ试验区中，FW$_2$为淡水灌溉（CK），IMFW 为进口磁化器＋淡水灌溉，GW 为地下浅表层微咸水灌溉，DMGW 为自主研发磁化器＋地下浅表层微咸水灌溉。表中数据为平均值±标准差，同列数据后不同小写字母表示差异显著（$P<0.05$）。

三、磁化水灌溉对设施栽培蔬菜土壤生物酶活性的影响

由图 3-9 可以看出，4 个蔬菜试验区中，磁化水处理后土壤脲酶、蔗糖酶、磷酸酶、过氧化氢酶活性与非磁化水处理相比均有所提高。茄子、黄瓜、辣椒、番茄的土壤脲酶、蔗糖酶、磷酸酶活性在磁化水和非磁化水处理之间均差异显著，茄子、黄瓜、辣椒栽培土壤中过氧化氢酶活性在磁化水和非磁化水处理之间均差异显著，番茄栽培土壤中过氧化氢酶活性在磁化水和非磁化水处理之间差异不显著。与非磁化水灌溉处理相比，磁化水灌溉后茄子、黄瓜、辣椒、番茄栽培土壤中脲酶活性分别提高 18.7%、51.8%、25.6%、36.1%；蔗糖酶活性分别提高 14.0%、19.7%、52.7%、17.5%；磷酸酶活性分别提高 41.2%、20.0%、16.4%、58.7%；过氧化氢酶活性分别提高 17.2%、

25.1%、17.0%、10.7%。可以看出，磁化水灌溉对土壤环境中的能量交换、物质循环有着积极的作用，使土壤养分处于平衡状态，促进了各种生化反应的正常进行，使土壤酶比较活跃，因而酶活性增大。同时显著提高了脲酶、蔗糖酶和磷酸酶活性，与栗杰（2007）、夏艳玲（1997）、刘秀梅（2017）以及Maheshwari 和 Grewal（2009）的研究结果相似。关于磁场对棕壤土壤酶活性影响的研究中发现，通过磁场处理后，棕壤耕作层中土壤过氧化氢酶以及中性、酸性、碱性磷酸酶的活性均有不同程度的提高（栗杰，2007）。关于磁场处理对佳木斯麦田的三种土壤磷酸酶活性影响的研究结果表明，磁场处理对棕土、黑土和白浆土的三种磷酸酶的活性均有一定的提高作用，碱性磷酸酶的变化最为明显（夏艳玲，1997）。

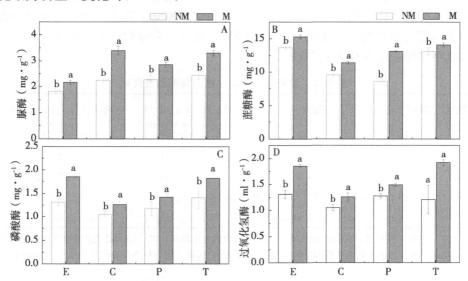

图3-9　磁化水灌溉对设施栽培蔬菜土壤脲酶（A）、蔗糖酶（B）、磷酸酶（C）、过氧化氢酶（D）活性的影响

注：M 为磁化处理，NM 为非磁化处理。E 为设施栽培茄子，C 为设施栽培黄瓜，P 为设施栽培辣椒，T 为设施栽培番茄。图中数据为 3 次测定的平均数±标准差，不同小写字母表示不同处理间差异显著（$P < 0.05$）。

四、磁化水灌溉对设施栽培葡萄土壤生物酶活性的影响

土壤酶活性是评价土壤生物活性和土壤肥力的重要指标。生物酶活性的增强对促进土壤代谢、提高土壤养分形态转化、改善土壤理化性质等具有重要意义。郭继勋（1997）研究表明，脲酶和磷酸酶活性与微生物量密切相

关，其活性随生物量的增加而不断增强，二者的变化趋势基本保持同步。由表3-27可以看出，与非磁化水灌溉（T_0）处理相比，磁化水灌溉对保护地栽培土壤中不同种类生物酶活性影响不同，其中土壤蔗糖酶活性最高，平均为104.47mg·g^{-1}；其次是过氧化氢酶，为4.71mg·g^{-1}。磁化水灌溉处理中脲酶、蔗糖酶和磷酸酶等生物酶活性与T_0相比均提高，其中，磷酸酶提高幅度最大，平均为105.1%；蔗糖酶次之，平均为90.95%；脲酶提高幅度较小，平均为27.1%；过氧化氢酶变化较小，且差异不显著。可见，磁化水灌溉对保护地栽培土壤中磷酸酶和蔗糖酶活性影响较明显，一方面磁化水灌溉下葡萄植株生长旺盛，根系分泌物增加，同时磁化作用丰富了土壤微生物多样性，使土壤酶活性增强；另一方面，磁化水灌溉期间，土壤水分条件改善，促进了有效磷养分的吸附，磷酸酶活性随之提高。磁化水灌溉保护地土壤中蔗糖酶活性的提高则可以提高土壤中碳水化合物的转化强度，为葡萄产量形成和品质改善提供更多可吸收利用的营养物质。

表3-27 设施栽培葡萄土壤生物酶活性变化

处理	脲酶（mg·g^{-1}）	蔗糖酶（mg·g^{-1}）	磷酸酶（mg·g^{-1}）	过氧化氢酶（mL·g^{-1}）
T_0	0.83±0.09a	60.47±2.15c	0.98±0.06ab	4.64±0.23a
T_2	0.98±0.06a	66.47±2.48c	1.70±0.04b	4.61±0.03a
T_4	1.02±0.09a	114.77±2.31b	1.95±0.03ab	4.67±0.29a
T_6	1.03±0.06a	117.37±2.91b	2.18±0.09a	4.79±0.43a
T_8	1.19±0.03a	163.26±3.86a	2.21±0.05a	4.86±0.28a

注：T_0为对照处理，T_2为磁化水灌溉2次，T_4为磁化水灌溉4次，T_6为磁化水灌溉6次，T_8为磁化水灌溉8次。表中数据为3次测定的平均数±标准差。同列不同小写字母表示差异显著（$P<0.05$）。

五、磁化水处理对镉污染下土壤功能酶活性的影响

土壤酶活性可以作为评价土壤环境质量的重要指标之一。土壤脲酶、碱性磷酸酶、蔗糖酶活性在土壤有机质的转化过程中发挥着重要的作用，可促进土壤养分的分解，其活性的高低与土壤有效性养分含量的高低有直接关系。由土壤酶活性的测定分析可知（表3-28），在土壤镉污染条件下，非磁化水处理中（NM_0、NM_{50}、NM_{100}），与对照NM_0相比，NM_{50}、NM_{100}中土壤脲酶和蔗糖酶的活性分别下降3.2%、12.1%和23.0%、6.9%；碱性磷酸酶的活性分别显著下降23.7%、8.4%（$P<0.05$）；过氧化氢酶活性在NM_{50}中显著下降64.4%（$P<0.05$），在NM_{100}中升高4.9%，但未达到显著水平。由此可见，

镉污染抑制了土壤脲酶、碱性磷酸酶、蔗糖酶的活性，这可能是由于镉与酶分子中的活性部位——巯基和含咪唑的配位体结合形成较稳定的络合物，从而与底物产生竞争性抑制。

　　磁化水处理后，与对照 M_0 相比，在 M_{50}、M_{100} 中，土壤脲酶、过氧化氢酶的活性分别显著降低 19.7％、30.5％和 9.0％、17.9％；碱性磷酸酶的活性分别下降 12.8％、7.6％，且 M_{50} 与 M_0 差异显著（$P<0.05$）；蔗糖酶活性分别下降 5.7％、12.6％，且 M_{100} 与 M_0 差异显著（$P<0.05$）。与非磁化处理相比（NM_0、NM_{50}、NM_{100}），磁化水处理后（M_0、M_{50}、M_{100}），土壤脲酶的活性分别显著升高 36.1％、12.8％、22.7％；碱性磷酸酶的活性分别显著下降 13.3％、0.84％、12.53％；过氧化氢酶和蔗糖酶的活性分别升高 27.5％、42.9％、3.2％和 15.8％、24.3％、8.7％，除 M_{100} 与 NM_{100} 外，差异分别达显著水平（$P<0.05$）。可见，磁化水处理显著提高了镉污染下土壤脲酶的活性，过氧化氢酶、蔗糖酶的活性也有不同程度的升高，这与栗杰（2007）发现磁化处理可以提高土壤过氧化氢酶的结果一致，说明磁化处理可以增强污染土壤功能酶的活性，这可能与磁化水处理下欧美杨植株可以改善镉胁迫下欧美杨根系形态，促进根系分泌物的产生，增强土壤酶的活性；或者与磁化水处理改变土壤养分，改善土壤微生态环境，促进土壤内C、N 循环和能量流动有关。

表 3-28　磁化水处理对镉胁迫下土壤酶活性的影响

处理	脲酶 （mg·g^{-1}）	过氧化氢酶 （mL·g^{-1}）	碱性磷酸酶 （mg·g^{-1}）	蔗糖酶 （mg·g^{-1}）
NM_0	2.762±0.072Ab	3.442±0.074Ab	1.245±0.032Aa	7.279±0.120Aa
NM_{50}	2.675±0.098Ab	2.798±0.174Bb	0.950±0.010Ca	6.397±0.366Bb
NM_{100}	2.128±0.060Bb	3.491±0.093Aa	1.141±0.024Ba	6.780±0.012ABa
M_0	3.759±0.036Aa	4.390±0.167Aa	1.080±0.045Ab	8.432±0.250Ab
M_{50}	3.018±0.048Ba	3.998±0.031Ba	0.942±0.034Bb	7.954±0.027ABa
M_{100}	2.611±0.174Ca	3.604±0.052Ca	0.998±0.030Ab	7.369±0.186Ba

　　注：M_0 为磁化＋0μmol·L^{-1}镉灌溉处理，M_{50} 为磁化＋50μmol·L^{-1}镉灌溉处理，M_{100} 为磁化＋100μmol·L^{-1}镉灌溉处理，NM_0 为非磁化＋0μmol·L^{-1}镉灌溉处理，NM_{50} 为非磁化＋50μmol·L^{-1}镉灌溉处理，NM_{100} 为非磁化＋100μmol·L^{-1}灌溉处理。表中数据为 3 次测定的平均值±标准差，不同大写字母表示同一处理内不同镉浓度间差异达到显著水平（$P<0.05$），不同小写字母表示相同镉浓度的不同处理间差异达到显著水平（$P<0.05$）。

六、小结

（1）磁化水灌溉冬枣栽培土壤后，脲酶、磷酸酶、蔗糖酶活性与非磁化水灌溉相比分别提高 4.4%～10.6%、5.8%～10.0% 和 11.5%～15.2%，磁化地下浅表层微咸水灌溉的土壤过氧化氢酶活性提高 7.0%，差异显著（$P<0.05$）。

（2）不同蔬菜栽培土壤经磁化水灌溉后对不同土壤生物酶活性均有明显的促进作用。表现为，土壤脲酶（18.7%～51.8%）、蔗糖酶（14.0%～52.7%）、磷酸酶（16.4%～58.7%）等土壤酶活性增大，这有利于土壤团聚体的形成。

（3）长期使用磁化水灌溉设施的葡萄栽培土壤，随使用磁化水灌溉次数的增加，土壤中生物酶活性均有不同程度的变化，如土壤中蔗糖酶活性最高，磷酸酶提高比例最大，这对改善保护地栽培土壤质量具有重要作用，同时也影响着土壤养分的循环和能量的转化。

（4）土壤镉添加后显著抑制了土壤脲酶、碱性磷酸酶、蔗糖酶活性，但对过氧化氢酶活性影响较小。磁化水处理后，土壤脲酶活性显著升高 36.1%、12.8%、22.7%，过氧化氢酶和蔗糖酶活性分别提高 27.5%、42.9%、3.2% 和 15.8%、24.3%、8.7%，碱性磷酸酶活性则降低 13.3%、0.8%、12.5%。

第四节　磁化水灌溉对设施栽培蔬菜土壤微生物群落特征的影响

一、试验材料与方法

（一）试验材料

试验材料同第三章第三节。

（二）研究方法

细菌 16S rRNA 基因测序：采用 E. Z. N. A. @ Soil DNA Kit（Omega Bio. tek，Norcross，GA，U. S.）提取土壤总 DNA，利用 1% 琼脂糖凝胶电泳检测抽提的基因组 DNA。对 16S rRNA 基因的 V3-V4 高变区片段进行 PCR 扩增，引物序列（Yu et al.，2015）为 338F（5′-ACTCCTACGGGAGGCAGCA-3′）和

806R（5′-GGACTACHVGGGTWTCTAAT -3′）。扩增条件：95℃预变性2 min，接着进行25个循环，包括95℃变性30 s，55℃退火30 s，72℃延伸30 s；循环结束后72℃最终延伸5 min。每个样本3个重复，将同一样本的 PCR 产物混合后用2％琼脂糖凝胶电泳检测，使用 AxyPrepDNA 凝胶回收试剂盒（AXYGEN 公司）切胶回收 PCR 产物，Tris-HCl 洗脱；2％琼脂糖凝胶电泳检测。参照电泳初步定量结果，将 PCR 产物用 QuantiFluorTM-ST 蓝色荧光定量系统（Promega 公司）进行检测定量，按照每个样本的测序量要求，进行相应比例的混合。测序在上海美吉生物医药科技有限公司的 Illumina Miseq PE300 平台进行。

生物信息处理：利用 Mothur（V.1.36.1）对原始 DNA 序列进行过滤处理，去除嵌合体，得到优化序列；按照97％相似性将优化序列划分为可操作分类单元（OUTs，Operational Taxonomic Units）；基于 OTUs 进行稀释性曲线分析，并计算 Chao1 丰度指数、覆盖度（Coverage）和 Shannon 多样性指数。利用主成分分析（PCA）分析各样品间 OTUs 相似性。对比 Silva（Release119，http：//www.arb-silva.de）16S rRNA 数据库，采用 RDP Classifier（http：//rdp.cme.msu.edu/）贝叶斯算法对97％相似水平的 OTUs 代表序列进行分类学分析，并在各个分类水平上统计每个样品的群落组成；利用冗余分析研究土壤化学指标与细菌群落的关系。

二、磁化水灌溉后土壤样品测序合理性分析

对茄子、黄瓜、辣椒、番茄磁化水和非磁化水处理后土壤样品进行了 Illumina MiSeq 高通量测序，根据结果对序列进行统计，从茄子、黄瓜、辣椒、番茄磁化水和非磁化水处理土壤中分别获得76 979和76 168、74 962和73 421、73 652和73 350、74 114和71 832条原始序列，其中有效序列分别为50 534和48 744、63 891和62 033、56 541和52 015、62 148和58 908条。在序列为28 738条时，磁化水和非磁化水处理下不同蔬菜栽培土壤样品的稀释性曲线均趋于平坦，显示不同蔬菜磁化水和非磁化水处理的土壤细菌测序深度已近乎饱和。茄子、黄瓜、辣椒、番茄磁化水和非磁化水处理的土壤 DNA 文库的覆盖率分别为97.3％和97.8％、98.6％和98.7％、97.7％和97.8％、97.1％和96.9％，说明土壤样品中基因序列被检出的概率很高，本次测序结果能够代表不同蔬菜磁化水和非磁化水处理土壤细菌群落的真实情况（图3-10）。

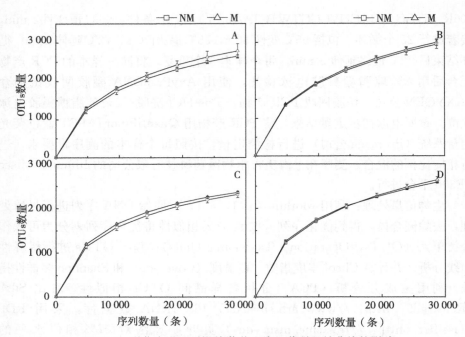

图 3-10　磁化水灌溉对设施蔬菜土壤细菌稀释性曲线的影响

注：OTUs 为操作分类单元。A 为设施栽培茄子土壤，B 为设施栽培黄瓜土壤，C 为设施栽培辣椒土壤，D 为设施栽培番茄土壤。

三、磁化水灌溉对土壤细菌 α 多样性的影响

由表 3-29 得知，茄子、黄瓜、番茄栽培土壤中细菌 OTUs 数在磁化水和非磁化水处理之间差异显著，而辣椒栽培土壤中细菌 OTUs 数在磁化水和非磁化水处理之间差异不显著。磁化水处理后茄子、黄瓜、辣椒、番茄土壤中分别含有 OTUs 数 2 653.7、2 963.0、2 384.3、2 673.0 个，是非磁化水处理的 1.03、1.04、1.01、1.03 倍。茄子、黄瓜、辣椒、番茄土壤的细菌 Chao1、ACE 指数在磁化水和非磁化水处理之间差异显著，而土壤细菌 Shannon、Simpson 指数在磁化水和非磁化水处理之间差异不显著。磁化水处理的茄子、黄瓜、辣椒、番茄土壤细菌 Chao1 指数分别是 3 656.69、4 151.81、2 793.41、3 586.71，分别是非磁化水处理的 1.21、1.03、1.03、1.03 倍；土壤细菌 ACE 指数分别是 3 674.85、4 252.07、2 989.03、3 567.92，分别是非磁化水处理的 1.23、1.04、1.06、1.03 倍；土壤细菌 Shannon 指数分别是非磁化水处理的 1.01、1.01、1.02、1.02 倍。磁化水处理后茄子、辣椒栽培

土壤中细菌 Simpson 指数与非磁化水灌溉中土壤细菌 Simpson 指数相等，磁化水处理后黄瓜、番茄栽培土壤中细菌 Simpson 指数低于非磁化水处理，磁化水处理后黄瓜、番茄栽培土壤细菌 Simpson 指数分别是非磁化水处理的99.90％、99.10％。由以上数据可知，磁化水灌溉对不同种类蔬菜土壤细菌多样性有一定差异的影响。而设施蔬菜栽培土壤中细菌 Chao1、ACE 指数均为磁化水处理＞非磁化水处理，说明了磁化水处理的设施蔬菜土壤细菌多样性较高。这可能是因为磁化水有效地提高了蔬菜土壤中有效养分含量的利用效率，增加蔬菜土壤中各种功能酶的活性，为细菌提供了丰富的食物来源，有利于细菌的生长发育（杜璨，2017）；磁化水促进植物的生长发育，植物通过对土壤养分的影响，改变土壤微生物群落结构，由于磁化水灌溉蔬菜栽培土壤养分的差异，形成了不同的微生物群落结构（Fu et al.，2015）。

表 3-29　磁化水灌溉对设施蔬菜土壤细菌多样性的影响

处理	97％相似水平				
	OTUs	Chao1 指数	ACE 指数	Shannon 指数	Simpson 指数
NME	2 553.67±40.87b	3 011.07±49.74b	2 977.71±53.01b	9.30±0.07a	0.993±0.002a
ME	2 653.67±31.62a	3 656.69±26.93a	3 674.85±25.02a	9.32±0.22a	0.993±0.002a
NMC	2 843.67±58.92b	4 023.05±30.29b	4 071.89±36.33b	9.58±0.12a	0.996±0.001a
MC	2 963.00±37.99a	4 151.81±34.07a	4 252.07±15.53a	9.60±0.05a	0.995±0.001a
NMP	2 361.00±23.64a	2 723.04±19.35b	2 831.59±43.24b	9.17±0.02a	0.994±0.001a
MP	2 384.33±17.79a	2 793.41±33.70a	2 989.03±12.18a	9.23±0.13a	0.994±0.002a
NMT	2 594.00±36.06b	3 479.46±11.31b	3 457.53±15.41b	9.44±0.02a	0.996±0.001a
MT	2 673.00±20.81a	3 586.71±7.56a	3 567.95±26.61a	9.46±0.21a	0.987±0.009a

注：NME 为非磁化水灌溉茄子处理，ME 为磁化水灌溉茄子处理，NMC 为非磁化水灌溉黄瓜处理，MC 为磁化水灌溉黄瓜处理，NMP 为非磁化水灌溉辣椒处理，MP 为磁化水灌溉辣椒处理，NMT 为非磁化水灌溉番茄处理，MT 为磁化水灌溉番茄处理。OTUs 为操作分类单元。表中数据为 3 次测定的平均数±标准差。同列不同小写字母表示不同处理间差异显著（$P < 0.05$）。

四、磁化水灌溉对土壤细菌群落结构的影响

（一）门水平上土壤细菌群落结构变化

由图 3-11 可知，在门水平上看，磁化水和非磁化水灌溉后茄子、黄瓜、辣椒、番茄土壤所包含的细菌分别有 42 和 44 门、44 和 42 门、40 和 40 门、39 和 39 门。磁化水和非磁化水灌溉后茄子、黄瓜、辣椒土壤细菌主要包含 9 个群落（相对丰度＞1％），分别为变形菌门（Proteobacteria）、厚壁菌门

(Firmicutes)、拟杆菌门（Bacteroidetes）、放线菌门（Actinobacteria）、绿弯菌门（Chloroflexi）、酸杆菌门（Acidobacteria）、芽单胞菌门（Gemmatimonadetes）、浮霉菌门（Planctomycetes）、热微菌门（Thermomicrobia），其相对丰度之和分别为95.2%和95.8%、95.9%和96.0%、96.3%和96.4%。磁化水和非磁化水灌溉后番茄土壤细菌主要包含9个群落（相对丰度＞1%），分别为变形菌门（Proteobacteria）、厚壁菌门（Firmicutes）、拟杆菌门（Bacteroidetes）、放线菌门（Actinobacteria）、绿弯菌门（Chloroflexi）、酸杆菌门（Acidobacteria）、芽单胞菌门（Gemmatimonadetes）、浮霉菌门（Planctomycetes）、热球菌门（Deinococcus-Thermus），其相对丰度之和分别为95.8%和95.2%。磁化水和非磁化水灌溉后茄子、黄瓜、辣椒、番茄土壤中相对丰度小于1%的细菌门用其他表示，其相对丰度分别为4.3%和3.6%、3.8%和3.6%、3.2%和3.2%、3.2%和3.8%。土壤中尚未被分类到门的细菌用未分类表示，磁化水和非磁化水处理的茄子、黄瓜、辣椒、番茄土壤中未分类细菌分别占0.54%和0.57%、0.36%和0.45%、0.51%和0.43%、0.27%和0.34%。

　　磁化水和非磁化水灌溉后茄子、黄瓜、辣椒土壤中优势菌门均为变形菌门（Proteobacteria）、厚壁菌门（Firmicutes）和放线菌门（Actinobacteria），磁化水和非磁化水灌溉后番茄土壤中优势菌门为变形菌门（Proteobacteria）、厚壁菌门（Firmicutes）、拟杆菌门（Bacteroidetes）和放线菌门（Actinobacteria），优势菌门的相对丰度均超过10%。茄子栽培土壤中，磁化水灌溉后相对丰度最高的菌门为变形菌门（Proteobacteria），其次为拟杆菌门（Bacteroidetes）、放线菌门（Actinobacteria）、酸杆菌门（Acidobacteria）、浮霉菌门（Planctomycetes），5个菌门相对丰度均高于非磁化水灌溉栽培土壤；厚壁菌门（Firmicutes）、绿弯菌门（Chloroflexi）、芽单胞菌门（Gemmatimonadetes）、热微菌门（Thermomicrobia）4个菌门相对丰度均低于非磁化水灌溉土壤，且非磁化水灌溉后相对丰度最高的菌门为厚壁菌门（Firmicutes）。黄瓜栽培土壤中，磁化水灌溉后土壤中变形菌门（Proteobacteria）、放线菌门（Actinobacteria）、绿弯菌门（Chloroflexi）、酸杆菌门（Acidobacteria）、浮霉菌门（Planctomycetes）的相对丰度均大于非磁化水处理土壤，且变形菌门相对丰度最高、为40.2%；厚壁菌门（Firmicutes）、拟杆菌门（Bacteroidetes）、芽单胞菌门（Gemmatimonadetes）、热微菌门（Thermomicrobia）相对丰度均低于非磁化水灌溉处理。辣椒栽培土壤中，磁化水处理中土壤变形菌门（Proteobacteria）、放线菌门（Actinobacteria）、绿弯菌门（Chloroflexi）、酸杆菌门（Acidobacteria）、浮霉菌门

（Planctomycetes）、热微菌门（Thermomicrobia）的相对丰度均大于非磁化水处理，且变形菌门相对丰度最高，为31.2%；而厚壁菌门（Firmicutes）、拟杆菌门（Bacteroidetes）、芽单胞菌门（Gemmatimonadetes）相对丰度均低于非磁化水处理。番茄栽培土壤中，磁化水灌溉后土壤中变形菌门（Proteobacteria）、厚壁菌门（Firmicutes）、拟杆菌门（Bacteroidetes）、绿弯菌门（Chloroflexi）、酸杆菌门（Acidobacteria）、芽单胞菌门（Gemmatimonadetes）的相对丰度均大于非磁化水灌溉处理，且磁化水灌溉土壤中变形菌门相对丰度最高，为35.8%；变形菌门（Proteobacteria）、放线菌门（Actinobacteria）、浮霉菌门（Planctomycetes）、热球菌门（Deinococcus-Thermus）4个菌门相对丰度均低于非磁化水灌溉土壤，且非磁化水灌溉土壤中变形菌门相对丰度最高，为38.7%。

另外，SR1、WWE3、SBR1093细菌仅分布在非磁化水处理茄子土壤中，BJ-169细菌仅分布在磁化水处理茄子栽培土壤中；RBG-1、Zixibacteria、PAUC34f细菌仅分布在磁化水处理的黄瓜栽培土壤中；Lentisphaerae、GAL15细菌仅分布在磁化水处理辣椒栽培土壤中，FCPU426、SBR1093细菌仅分布在非磁化水处理的辣椒栽培土壤中。

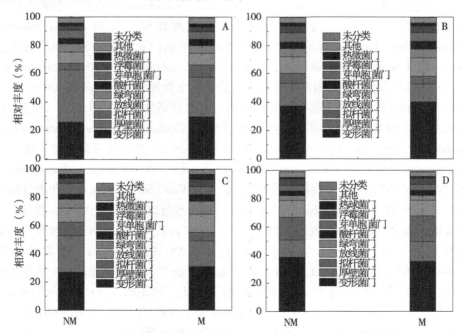

图3-11　磁化水灌溉对设施蔬菜在门水平上土壤细菌结构的影响

注：NM为非磁化处理，M为磁化处理。A为设施栽培茄子土壤，B为设施栽培黄瓜土壤，C为设施栽培辣椒土壤，D为设施栽培番茄土壤。

（二）属水平上土壤细菌群落结构变化

由图 3-12 可知，在属水平上看，磁化水和非磁化水处理的茄子、黄瓜、辣椒、番茄栽培土壤所包含的细菌分别有 475 和 462 属、388 和 428 属、426 和 449 属、451 和 458 属，相对丰度超过 1% 的属分别有 5 和 5 属、6 和 7 属、9 和 10 属、6 和 10 属，超过 1% 的属相对丰度总和分别为 28.5% 和 29.1%、14.7% 和 17.5%、30.9% 和 28.0%、24.0% 和 21.9%。土壤中相对丰度较小的细菌属用其他表示，磁化水和非磁化水处理的茄子、黄瓜、辣椒、番茄栽培土壤中相对丰度总和分别为 24.3% 和 24.7%、20.1% 和 21.0%、22.3% 和 21.2%、23.8% 和 26.7%。土壤中尚未被分类到属的细菌用未分类表示，磁化水和非磁化水处理的茄子、黄瓜、辣椒、番茄栽培土壤中相对丰度总和分别为 47.2% 和 46.2%、58.3% 和 56.5%、46.8% 和 50.8%、44.0% 和 46.7%。

磁化水和非磁化水处理后，茄子、黄瓜、辣椒栽培土壤中优势菌属均为芽孢杆菌属（*Bacillus*），番茄栽培土壤中优势菌属为芽孢杆菌属（*Bacillus*）、*Galbibacter* 属，优势菌属的相对丰度均超过 4%。主要表现为：茄子栽培土壤中，磁化水灌溉后 *Chryseolinea*、*Streptomyces*、*Luteimonas* 3 属细菌相对丰度分别为 2.41%、1.03%、0.98%，均高于非磁化水处理；*Bacillus*、*Galbibacter*、*Nocardioides*、*Paenibacillus* 等 4 属细菌均低于非磁化水灌溉处理。黄瓜栽培土壤中，磁化水灌溉后 *Galbibacter*、微泡菌属（*Microbulbifer*）、*Rhodospirillaceae*、*Nocardioides* 等 4 属细菌相对丰度均高于非磁化水处理；芽孢杆菌属（*Bacillus*）、*Tumebacillus* 2 属细菌在非磁化水处理中相对丰度分别为 8.2%、1.0%，均高于磁化水处理。辣椒栽培土壤中，磁化水灌溉后 *Crenotalea*、*Gemmatimonadaceae*、*Galbibacter*、*Paenibacillus*、*Lysinibacillus*、*Vitellibacter* 共 6 属细菌相对丰度均高于非磁化水处理；*Microbulbifer*、*Rhodospirillaceae*、*Nocardioides*、*Luteimonas* 4 属细菌相对丰度均低于非磁化水灌溉处理；而且 *Vitellibacter* 属仅在磁化水处理的辣椒土壤中检测到，*Microbulbifer* 属仅在非磁化水处理的辣椒土壤中检测到。番茄栽培土壤中，磁化水灌溉后芽孢杆菌属（*Bacillus*）、*Galbibacter* 2 属细菌相对丰度分别为 7.2%、8.9%，均高于非磁化水处理；*Chryseolinea*、藤黄单胞菌（*Luteimonas*）、溶杆菌属（*Lysobacter*）、*Vitellibacter* 共 4 属细菌相对丰度均低于非磁化水灌溉处理。另外，研究发现，*RB41*、*Microbulbifer*、*Pseudomonas*、*Truepera*、*Gemmatimona-daceae*、*Tumebacillus*、*Crenotalea*、*Rhodospirillaceae*、*Vitellibacter* 属细菌在茄子磁化水和非磁化水处理的土壤中相对丰度介于 0.02%～0.71%。*Chryseolinea* 属、链霉菌属（*Streptomyces*）、类芽胞杆菌（*Paenibacillus*）细菌在磁化水和非磁化水处理的黄瓜栽培土壤中相对丰度介于 0.92%～2.43%。

Chryseolinea、*Pseudomonas*、*Truepera*、*Streptomyces*、*Steroidobacter*、*RB41*、*Vitellibacter* 属细菌在磁化水和非磁化水处理的辣椒栽培土壤中相对丰度介于 0.10%～1.74%。假单胞菌属（*Pseudomonas*）、*Truepera*、链霉菌属（*Streptomyces*）、浮霉状菌属（*Planctomyces*）细菌在磁化水和非磁化水处理的番茄栽培土壤中相对丰度介于 0.99%～3.84%。

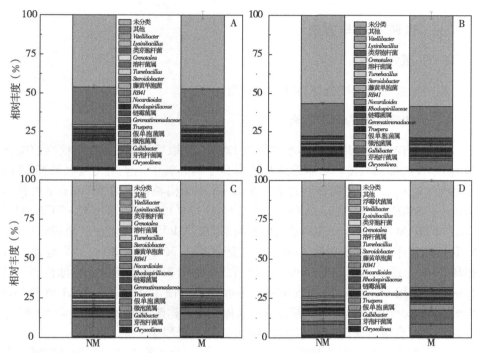

图 3-12　磁化水灌溉对设施蔬菜在属水平上土壤细菌结构的影响
注：NM 为非磁化处理，M 为磁化处理。A 为设施栽培茄子土壤，B 为设施栽培黄瓜土壤，C 为设施栽培辣椒土壤，D 为设施栽培番茄土壤。

五、小结

采用高通量技术测定磁化水灌溉后设施蔬菜栽培土壤细菌群落的变化发现：磁化水处理的蔬菜土壤细菌 Chao1 指数和 ACE 指数分别是非磁化水处理的 1.03～1.09 和 1.03～1.23 倍，磁化和非磁化水处理的蔬菜土壤优势菌门均表现为变形菌门（Proteobacteria）、厚壁菌门（Firmicutes）、放线菌门（Actinobacteria），土壤优势菌属均表现为芽孢杆菌属（*Bacillus*），其相对丰度有差异。磁化水灌溉能有效提高设施蔬菜土壤养分含量、土壤酶活性，影响土壤细菌生存环境，使设施蔬菜土壤细菌的组成和比例发生变化，从而改变设施蔬菜的土壤细菌结构多样性，对土壤细菌群落的变化具有重大意义。

第五节　磁化水灌溉对镉污染土壤细菌多样性的影响

一、试验材料与方法

（一）试验材料

镉污染栽培土壤试验材料同第二章第二节。

（二）土壤细菌的测定方法

采用 CTAB 法提取土壤样本中的总 DNA，提取后再用 2%琼脂糖凝胶电泳检测 DNA 纯度和浓度，然后取适量的样品于离心管中，使用无菌水稀释 DNA 样品至 1ng·μL^{-1}。把稀释后的基因组 DNA 作为模板，使用带 Barcode 的特异引物——515F（5′-GTG CCA GCM GCC GCG G-3′）、907R（5′-CCG TCA ATT CMT TTR AGT TT-3′）和高效高保真酶对 16S V4-V5 双高可变区域进行扩增。PCR 反应程序：98℃预变性 1min，98℃变性 30s，50℃退火 30s，72℃延伸 30s，循环 30 次，最后 72℃延伸 5min。扩增后的产物用 2%琼脂糖凝胶电泳检测，对目的条带使用 GeneJET 胶回收试剂盒回收产物。使用 TruSeq® DNA PCR-Free Sample Preparation Kit 建库试剂盒进行文库构建，构建好的文库经过 Qubit 和 Q-PCR 定量，合格后使用 HiSeq2500 PE250 进行上机测序。

下机数据中存在低质量数据影响实验结果，为了除去这些低质量数据，在数据下机后首先根据 Barcode 序列和 PCR 扩增引物序列拆分出各样品数据，然后将各样品数据截去 Barcode 和引物序列后使用 FLASH（Magoc et al.，2011）对每个样品的 reads 进行拼接，得到的拼接序列为原始 Tags 数据；拼接得到的原始 Tags 数据，经过严格的过滤处理得到高质量的 Tags 数据。经过以上处理后得到的 Tags 序列需要与数据库进行比对检测嵌合体序列，并去除嵌合体序列（Bokulich et al.，2013），得到最终的有效数据。

（三）数据处理

运用 Microsoft Excel 2013 进行数据整理和表格绘制，采用方差分析（one-way ANOVA），以 Duncan 法检验不同处理间的差异性（$\alpha=0.05$）；土壤样品的稀释性曲线使用 Sigmaplot 12.5 软件绘制，应用 Origin 软件对图像进行处理。

采用 Uparse 软件聚类分析每个土壤样品的 Effective Tags 序列，以 97％的相似水平将序列聚类成为 OTUs（Operational Taxonomic Units），构建OTUs 时选取 OTUs 中出现频率最高的序列，由 Green Gene 和 RDP Classifier 贝叶斯算法数据库将代表性序列集合注释分析样品物种（王伏伟，2015）。基于 OTUs 进行稀释性曲线分析，为研究样品物种组成的多样性，利用 QIIME（Version1.7.0）软件计算样品的 α 多样性，包括 Chao1 指数、ACE 指数、Shannon 指数、Simpson 指数。

二、磁化水灌溉后土壤测序深度合理性分析

由图 3-13 分析可知，通过对不同镉污染下磁化水与非磁化水土壤样品进行 Illumina HiSeq 高通量测序，利用所有序列绘制稀释性曲线，在序列为38 134 条时，所有处理土壤样品的稀释性曲线均趋于平坦，表示非磁化水处理（NM_0、NM_{50}、NM_{100}）和磁化水处理（M_0、M_{50}、M_{100}）土壤样品细菌测序深度已近乎饱和，而且土壤样品中基因序列被检出的概率较高，表明本次测序结果能够代表不同镉污染下磁化水处理与非磁化水处理土壤细菌群落的真实情况。

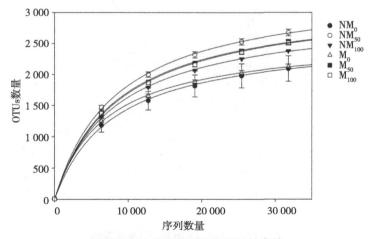

图 3-13　土壤细菌测序的稀释性曲线

注：M_0 为磁化＋$0\mu mol \cdot L^{-1}$镉灌溉处理，M_{50} 为磁化＋$50\mu mol \cdot L^{-1}$镉灌溉处理，M_{100} 为磁化＋$100\mu mol \cdot L^{-1}$镉灌溉处理，NM_0 为非磁化＋$0\mu mol \cdot L^{-1}$镉灌溉处理，NM_{50} 为非磁化＋$50\mu mol \cdot L^{-1}$镉灌溉处理，NM_{100} 为非磁化＋$100\mu mol \cdot L^{-1}$镉灌溉处理。

三、磁化水灌溉对镉污染下土壤细菌群落多样性的影响

6个区组中包含共有的土壤细菌群落OTUs为1 825条，每个处理中含特有的OTUs，非磁化水处理中特有的OTUs分别为164、162、192条，磁化水处理中特有的OTUs分别为210、230、159条（图3-14），所有区组中土壤细菌群落的覆盖度均大于98.0%。镉污染土壤条件下，非磁化水处理中，与对照相比，土壤细菌Chao1指数和ACE指数分别升高12.7%、7.4%和13.7%、5.2%，Shannon指数和Simpson指数分别升高8.8%、0.5%和2.1%、0.6%；磁化水处理中，与对照M_0相比，镉污染土壤Chao1指数、ACE指数分别升高30.3%、29.1%和26.4%、26.0%。经磁化水处理后，与非磁化水处理相比，50、100μmol·L^{-1}镉浓度处理下土壤细菌Chao1指数分别提高0.4%、4.4%，且在100μmol·L^{-1}高浓度镉处理下差异达显著水平（$P<0.05$）；在100μmol·L^{-1}镉浓度处理下土壤ACE指数则提高3.6%，但差异不显著。可见，镉污染导致土壤细菌Chao1、ACE等多样性指数增大，与江伟（2018）采用盆栽试验发现高浓度镉污染提高土壤微生物多样性的研究结果一致，说明一定程度的镉污染会导致土壤细菌多样性升高，这可能是由于

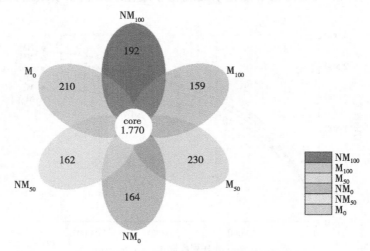

图3-14　土壤细菌群落OTUs花瓣图

注：M_0为磁化＋0mol·L^{-1}镉灌溉处理，M_{50}为磁化＋50μmol·L^{-1}镉灌溉处理，M_{100}为磁化＋100μmol·L^{-1}镉灌溉处理，NM_0为非磁化＋0μmol·L^{-1}镉灌溉处理，NM_{50}为非磁化＋50μmol·L^{-1}镉灌溉处理，NM_{100}为非磁化＋100μmol·L^{-1}镉灌溉处理。

土壤中重金属镉的添加会使优势种的优势度降低，减小了优势种与其他细菌的竞争，从而提高了细菌群落的多样性。

在 0、100μmol·L^{-1}镉浓度处理下，磁化水处理土壤的 Shannon 指数和 Simpson 指数均高于非磁化水处理土壤，M_0、M_{100} 的 Shannon 指数是 8.6、9.1，分别为非磁化水处理土壤的 1.01、1.06 倍，且差异达显著水平（P<0.05）；M_0、M_{100} 的 Simpson 指数是 0.980、0.983，分别为非磁化水处理土壤的 1.008、1.005 倍，但差异不显著（表 3-30）。由此可见，磁化水处理对镉污染土壤细菌群落多样性产生一定程度的影响，尤其是高浓度镉污染土壤，4个细菌群落多样性指数均有不同程度的升高，与武爱莲（2016）发现生物炭能提高细菌的 OTUs 数目、丰富度指数，改变微生物群落组分的研究结果相似，这可能是因为磁化水灌溉促进了镉污染下欧美杨植株根系的生长发育，从而改变根系分泌物，通过根系分泌物和凋落物的输入，为微生物的生长提供必要的碳源。

表 3-30　磁化水处理对镉污染土壤细菌群落多样性指数的影响

指数	97%相似水平				
	Chao1 指数	ACE 指数	Shannon 指数	Simpson 指数	覆盖度
NM_0	2 714.17±22.54Ba	2 751.34±18.38Ba	8.51±0.006 1Bb	0.972±0.004 3Ba	98.77%
NM_{50}	3 057.89±68.63Aa	3 128.06±63.76Aa	9.26±0.167 8Aa	0.992±0.002 4Aa	98.57%
NM_{100}	2 914.72±20.99Ab	2 893.15±48.74bBa	8.55±0.015 5Bb	0.978±0.007 4Aa	98.73%
M_0	2 357.72±23.90Bb	2 378.80±66.06Bb	8.62±0.038 1Ca	0.980±0.003 8Aa	99.13%
M_{50}	3 071.04±23.92Aa	3 005.60±60.78Aa	8.97±0.006 4Ba	0.985±0.005 3Aa	98.60%
M_{100}	3 042.77±18.12Aa	2 998.12±61.46Aa	9.05±0.006 9Aa	0.983±0.005 3Aa	98.47%

注：M_0 为磁化＋0μmol·L^{-1}镉灌溉处理，M_{50} 为磁化＋50μmol·L^{-1}镉灌溉处理，M_{100} 为磁化＋100μmol·L^{-1}镉灌溉处理，NM_0 为非磁化＋0μmol·L^{-1}镉灌溉处理，NM_{50} 为非磁化＋50μmol·L^{-1}镉灌溉处理，NM_{100} 为非磁化＋100μmol·L^{-1}镉灌溉处理。表中数据为 3 次测定的平均值±标准差，不同大写字母表示同一处理内不同镉浓度间差异达到显著水平（P<0.05），不同小写字母表示相同镉浓度的不同处理间差异达到显著水平（P<0.05）。

四、磁化水灌溉对土壤细菌群落多样性的影响

（一）门水平上土壤细菌多样性分析

由图 3-15 可知，在门分类水平上看，非磁化水处理（NM_0、NM_{50}、NM_{100}）和磁化水处理（M_0、M_{50}、M_{100}）土壤中共检测出 52 个细菌门，其中 NM_0、

NM$_{50}$、NM$_{100}$、M$_0$、M$_{50}$ 和 M$_{100}$ 所包含的细菌门分别有 44、48、47、42、43 和 49 个，6 组处理中排名前 10 的细菌门分别为变形菌门（Proteobacteria）、酸杆菌门（Acidobacteria）、芽单胞菌门（Gemmatimonadetes）、绿弯菌门（Chloroflexi）、放线菌门（Actinobacteria）、厚壁菌门（Firmicutes）、硝化螺旋菌门（Nitrospirae）、浮霉菌门（Planctomycetes）、Latescibacteria、热微菌门（Thermomicrobia），除热微菌门（Thermomicrobia）外，其余 9 个菌门相对丰度均超过 1%。另外，磁化水处理土壤与非磁化水处理土壤中的优势菌门为变形菌门（Proteobacteria）、酸杆菌门（Acidobacteria）。研究发现：非磁化水处理（NM$_0$、NM$_{50}$、NM$_{100}$）中优势菌门的相对丰度之和分别为 95.8%、94.7%、95.4%，磁化水处理（M$_0$、M$_{50}$、M$_{100}$）中优势菌门的相对丰度之和分别为 95.2%、95.0%、94.7%。变形菌门（Proteobacteria）、酸杆菌门（Acidobacteria）2 门细菌在所有处理土壤中相对丰度均超过 10%，明显高于其他细菌群落，为优势菌门。变形菌门（Proteobacteria）在非磁化水与磁化水处理土壤中相对丰度最高，在非磁化水处理中相对丰度介于 54.9%～45.8%，且镉污染导致土壤变形菌门（Proteobacteria）相对丰度下降，与对照 NM$_0$ 相比，下降比例分别为 16.9%、16.6%；在磁化水处理中相对丰度介于 45.7%～47.4%，

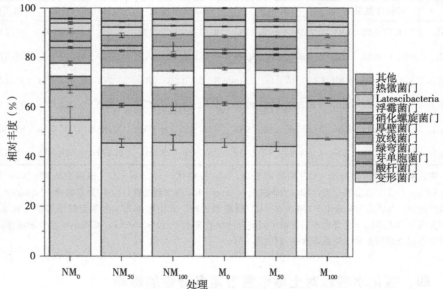

图 3-15　不同处理下门水平上土壤细菌群落结构

注：M$_0$ 为磁化＋0μmol·L^{-1}镉灌溉处理，M$_{50}$ 为磁化＋50μmol·L^{-1}镉灌溉处理，M$_{100}$ 为磁化＋100μmol·L^{-1}镉灌溉处理，NM$_0$ 为非磁化＋0μmol·L^{-1}镉灌溉处理，NM$_{50}$ 为非磁化＋50μmol·L^{-1}镉灌溉处理，NM$_{100}$ 为非磁化＋100μmol·L^{-1}镉灌溉处理。

其中，M_{100} 的相对丰度明显高于 NM_{100}。酸杆菌门（Acidobacteria）在非磁化水处理中相对丰度介于 15.2%～12.3%，磁化水处理中相对丰度介于 16.4%～15.3%，与非磁化水处理相比，磁化水处理提高了镉污染下土壤中酸杆菌门（Acidobacteria）的相对丰度，比例分别为 28.4%、7.8%、5.4%，但差异不显著。非磁化水处理（NM_0、NM_{50}、NM_{100}）和磁化水处理（M_0、M_{50} 和 M_{100}）土壤中相对丰度小于 1% 的细菌门以其他表示，其相对丰度分别为 4.4%、5.4%、4.7% 和 5.0%、5.6%、5.6%。

（二）属水平上土壤细菌多样性分析

通过分析属水平上土壤细菌群落可知，非磁化水处理和磁化水处理土壤样品所包含的细菌分别有 380、304、265 属和 228、219、216 属，在 6 个土壤区组中相对丰度大于 1% 的细菌属只有 9 个属，非磁化水处理与磁化水处理中相对丰度超过 1% 的属分别有 7、5、6 个和 6、7、6 个，且相对丰度总和分别为 35.4%、13.6%、19.6% 和 22.3%、21.0%、22.1%。进一步分析各处理土壤中细菌群落属水平上物种分类信息可知（图 3-16），6 个处理属水平上细菌群落的组成存在较大差异。非磁化水处理（NM_0、NM_{50}、NM_{100}）土壤中 NM_0 的优势菌属分别为叶杆菌属（Phyllobacterium）、雷氏菌属（Ralstonia），且相对丰度均大于 4%，NM_{50}、NM_{100} 的优势菌属为叶杆菌属（Phyllobacterium），相对丰度分别为 6.5%、10.5%；磁化水处理（M_0、M_{50}、M_{100}）土壤中 M_0、M_{100} 的优势菌属为叶杆菌属（Phyllobacterium），相对丰度分别为 13.6%、9.5%，M_{50} 的优势菌属为叶杆菌属（Phyllobacterium）、RB41，且相对丰度均大于 4%。另外叶杆菌属（Phyllobacterium）、雷氏菌属（Ralstonia）、乳酸杆菌属（Lactobacillus）、H16 在所有区组的土壤中相对丰度均超过 1%，为该区组土壤的主要细菌群落。在相对丰度超过 1% 的细菌属中，非磁化水处理中（NM_0、NM_{50}、NM_{100}），与对照 NM_0 相比，镉污染降低了叶杆菌属（Phyllobacterium）、Ralstonia、乳酸杆菌属（Lactobacillus）、代尔夫特菌属（Delftia）、红球菌属（Rhodococcus）、假单胞菌属（Pseudomonas）的相对丰度，其中在 NM_{50} 中下降比例分别为 71.9%、66.5%、34.4%、20.4%、86.8%、29.8%，在 NM_{100} 中下降比例分别为 54.6%、50.3%、27.8%、60.5%、79.9%、51.0%，其中叶杆菌属（Phyllobacterium）显著下降。与非磁化水处理相比（NM_0、NM_{50}、NM_{100}），磁化水处理（M_0、M_{50}、M_{100}）提高了镉污染土壤中 RB41、乳酸杆菌属（Lactobacillus）、代尔夫特菌属（Delftia）、H16、红球菌属（Rhodococcus）、假单胞菌属（Pseudomonas）的相对丰度，在 M_{50} 中的提高比例分别为 63.9%、22.2%、45.3%、10.8%、389.1%、83.1%，M_{100} 中的提高比例分别为 22.0%、64.4%、88.2%、24.0%、47.3%、45.0%。可见，镉污染土壤中优势菌属的种类和丰度均有一定变化，这可能是因为土壤微生物本身对土壤环境较为敏感，镉的添加导致土壤环境发生变化，一些功能菌的相对丰度也会随之发生改变，此外磁化水处理下镉污染土壤细菌群落结构也发生一定程度的改变，增加了 *RB41*、乳酸杆菌属 (*Lactobacillus*)、代尔夫特菌属 (*Delftia*)、*H16*、红球菌属 (*Rhodococcus*)、假单胞菌属 (*Pseudomonas*) 等菌属的相对丰度，其中假单胞菌属 (*Pseudomonas*)、代尔夫特菌属 (*Delftia*) 均属于植物根际促生菌 (plant growth-promoting rhizobacteria, 简称 PGPR)，有利于调控根际生态平衡，促进植物生长、提高抗逆性 (Weller et al.，2007)。此外，郭山 (2018) 研究指出，假单胞菌属 (*Pseudomonas*) 中的 *R12*、*R15*、*R16* 可影响镉由土壤向植物根系的迁移，有利于镉污染土壤的修复，可见磁化水处理有利于调控镉污染土壤微生物群落的代谢功能和结构，改善镉污染土壤微生物群落结构与多样性。

图 3-16　属水平上不同区组相对丰度大于 1% 的土壤细菌相对丰度

注：M_0 为磁化 + $0\mu mol \cdot L^{-1}$ 镉灌溉处理，M_{50} 为磁化 + $50\mu mol \cdot L^{-1}$ 镉灌溉处理，M_{100} 为磁化 + $100\mu mol \cdot L^{-1}$ 镉灌溉处理，NM_0 为非磁化 + $0\mu mol \cdot L^{-1}$ 镉灌溉处理，NM_{50} 为非磁化 + $50\mu mol \cdot L^{-1}$ 镉灌溉处理，NM_{100} 为非磁化 + $100\mu mol \cdot L^{-1}$ 镉灌溉处理。

五、小结

基于高通量技术分析磁化水灌溉后不同镉污染土壤细菌群落的变化发现，高浓度镉污染土壤的微生物多样性提高，增加了 *RB41*、乳酸杆菌属

（*Lactobacillus*）、代尔夫特菌属（*Delftia*）、*H16*、红球菌属（*Rhodococcus*）、假单胞菌属（*Pseudomonas*）等菌属的相对丰度，其中假单胞菌属（*Pseudomonas*）、代尔夫特菌属（*Delftia*）均属于植物根际促生菌（plant growth-promoting rhizobacteria，PGPR），有利于调控根际-土壤微生态平衡。

第四章　磁场效应影响林木生理生态特性

第一节　磁化水灌溉对林木光合性能的影响

一、试验材料与方法

(一) 试验材料

磁化微咸水灌溉和镉胁迫杨树盆栽试验同第二章第二节。

高矿化度咸水灌溉绒毛白蜡和桑树盆栽试验同第二章第二节。

磁化咸水灌溉和外源施氮＋磁化处理葡萄盆栽试验同第二章第二节。

(二) 研究方法

CIRAS-2 光合测定系统：于叶绿素荧光动力学曲线测定当日 10：00～11：00，利用 GIRAS-2 光合作用测定系统对标记叶片同步测定净光合速率 (Pn)、蒸腾速率 (Tr)、气孔导度 (Gs)、细胞间 CO_2 浓度 (Ci) 等参数，每片叶片连续测定 3 次，取平均值作为该植株光合特性特征值，以 WUE＝Pn/Tr 作为光合作用水分利用效率。

JIP-test 曲线：采用连续激发式荧光仪测定，其工作原理是通过短时间光源照射后荧光信号变化测定暗反应前光系统 Ⅱ 的光化学反应。可以捕捉到 $O\sim P$ 的荧光变化信息。将时间坐标改为对数坐标，得到 OJIP 荧光动力学曲线。

叶绿素荧光动力学曲线：刚暴露在光下时的最低荧光定义为 O 点，荧光的最高峰定义为 P 点，快速叶绿素荧光诱导学曲线指的就是从 O 点到 P 点的荧光变化过程，主要反映了 PSⅡ 的原初光化学反应及光合机构的结构和状态等的变化，而下降阶段主要反映了光合碳代谢的变化，随着光合碳代谢速率的上升，荧光强度逐渐下降。

测定时间为灌溉水处理后晴日的第 20 天当日 7：00，选择并标记当年抽生新梢中部 5 片成熟叶片，利用 Pocket PEA 植物效率仪测定叶片的叶绿素荧光动力学曲线，重复 5 次。

叶绿素荧光特性：采用便携式调制荧光仪进行测定，叶绿素的荧光与机器发射的光是可以分开的，可以在同一光背景下进行荧光测定。测定时，打开光源，测量已进行暗适应叶片的最小荧光 F_o。再用饱和光源测量暗适应叶片 F_m，用作用光使植物材料进行光合作用。植物达到 F_s 时，用饱和脉冲光测定光适应植物的 F_m'，关掉光源，用远红外光氧化光系统，测定 F_o'。计算暗适应和光适应下光系统 Ⅱ 的最大光化学效率、实际光化学效率等。

选择晴日的第 30、48、70 天当日 7：00，选择并标记当年抽生新梢中部 5 片成熟叶片，利用 FMS-2 叶绿素荧光分析仪分别测定当年新梢中部叶片的 F_O、F_s、F_m 等叶绿素荧光动力学特征参数，计算得出实际光化学效率（$\Phi_{PSⅡ}$），最大光化学效率（F_v/F_m），$\Phi_{PSⅡ}=(F_m'-F_s)/F_m'$，连续测定 5 次，取其平均值作为该植株的叶绿素荧光动力学特征值。

二、磁化微咸水灌溉对杨树光合特性的影响

（一）叶片光合气体交换参数

盐分胁迫损伤光合器官，抑制或损伤光合作用的电子传递系统，降低植物光合强度，其影响程度因植物耐盐性强弱而异。从表 4-1 中看出，盐分胁迫导致 Pn、Gs、Ci 及 Tr、WUE 显著降低，下降幅度达 1.5%～51.1%，气孔限制值（Ls）则显著增大。其中，与对照 NM_0 和 M_0 相比，加盐胁迫处理 NM_4 和 M_4 处理中 Pn 降低 13.6% 和 24.8%，Gs 降低 51.1% 和 44.4%，Tr 降低 18.3% 和 17.9%，Ci 降低 5.6% 和 10.4%，WUE 降低 12.3% 和 22.2%，Ls 则提高 26.7% 和 12.2%；方差分析结果表明，除 Tr 外，其他各气体交换参数均与对照呈极显著水平差异。由此可以看出，NaCl 胁迫导致欧美杨 I-107 Pn、Gs、Ci、Tr 及 WUE 降低，Ls 升高；主要是过量的 Na^+ 累积导致膜系统 H^+/K^+ 质子泵损伤，细胞渗透势降低，引起气孔导度下降、气体交换阻力增大、光合速率下降，这在一定程度上佐证了 Farquhar 等（1982）、Çavuşoğlu（2007）、刘正祥（2014）等的研究结果。与非磁化微咸水灌溉 NM_0 和 NM_4 相比，磁化微咸水灌溉 M_0 和 M_4 中，Gs、Pn 和 WUE 则分别提高了 12.1% 和 29.3%、20.9% 和 5.3%、15.5% 和 7.2%，Tr、Ls 分别降低了 1.2% 和 0.7%、38.4% 和 45.4%。可见，磁化微咸水灌溉可以通过提高 Gs、降低 Ls 的方式，维持较高的 Pn 和 WUE，因此推断，盐分胁迫下植株光合速率下降主要是由气孔限制因素引起的，而磁化微咸水灌溉能有效降低气孔限制作用，维持气体交换能力；同时磁化微咸水灌溉植株 Tr 略有下降，Pn 及 WUE 显著提高，这说明磁化微咸水灌溉能有效减少气孔蒸腾耗水，从而大幅度提高水分的物质生产能力。

表 4-1　磁化微咸水灌溉和微咸水灌溉对植株叶片气体交换参数的影响

处理	净光合速率 Pn (μmol $CO_2 \cdot m^{-2} \cdot s^{-1}$)	气孔导度 Gs (mmol $\cdot$ $m^{-2} \cdot s^{-1}$)	蒸腾速率 Tr (mmol $\cdot$ $m^{-2} \cdot s^{-1}$)	胞间 CO_2 浓度 Ci (mmol $\cdot$ mol^{-1})	气孔限制值 Ls	水分利用效率 WUE(μmol $CO_2 \cdot$ $mmol^{-1} \cdot H_2O$)
NM_0	$10.09\pm0.040B$	$294.4\pm1.54B$	$3.44\pm0.022A$	$314.6\pm0.549C$	$0.172\pm0.001B$	$3.10\pm0.020B$
NM_4	$8.72\pm0.150D$	$143.9\pm1.912D$	$2.81\pm0.035B$	$297.0\pm1.262D$	$0.218\pm0.003A$	$2.72\pm0.026C$
M_0	$12.20\pm0.15A$	$334.8\pm1.295A$	$3.40\pm0.104A$	$373.8\pm0.604A$	$0.106\pm0.002D$	$3.58\pm0.145A$
M_4	$9.18\pm0.123C$	$186.0\pm1.862C$	$2.79\pm0.042B$	$334.8\pm1.937B$	$0.119\pm0.005C$	$2.93\pm0.030BC$

注：NM_0 为非磁化灌溉处理，M_0 为磁化灌溉处理，M_4 为磁化微咸水灌溉处理，NM_4 为非磁化微咸水灌溉处理。表中数据为平均值±标准差，同列中不同大写字母表示处理间的差异达到极显著水平（$P<0.01$）。

(二) 叶绿素荧光特性

最大光化学效率（F_v/F_m）表示 PSⅡ原初光能转化效率，能够较准确地反映光抑制，比值越低证明光抑制程度越高（沈亮，2015）；光合性能指数（PI_{ABS}）是反映 PSⅡ整体功能的主要指标之一，在逆境中最容易受到伤害；量子产额（Φ_{Eo}）在光能向化学能转化过程中起重要作用，反映光合作用中光能的利用效率。通过对第 10、20、30 天的测试结果分析发现（表 4-2），盐分胁迫下 F_v/F_m、PI_{ABS} 及 Φ_{Eo} 表现为相同的变化趋势，均为先下降后上升，即在处理第 20 d 时降到最低后开始回升。NM_4 和 M_4 与对照 NM_0 和 M_0 相比，3个参数的降低幅度分别达到 0.2%～2.8%、13.6%～29.5% 和 0.4%～1.6%，其中 PI_{ABS} 下降幅度最大，且各处理之间在不同测定时期总体呈极显著水平差异；可见，盐分胁迫对 Φ_{Eo} 与 F_v/F_m、PI_{ABS} 均表现为不同程度的抑制作用，其中 PI_{ABS} 下降幅度最大，这说明盐分胁迫能够抑制叶片转换光能为化学能的效率，损伤光合机构功能，阻碍光合作用的正常进行，植株生长受抑，这是由于 NaCl 胁迫造成 PSⅡ反应中心部分失活、反应中心电子供体侧放氧复合体和受体侧电子传递体受损造成的（Yao et al.，2010；李旭新，2013）。

研究发现，处理第 20 d 时，盐分胁迫对叶绿素荧光参数抑制作用最显著，且随着植株对盐分环境适应能力的加强，各参数均有不同幅度的上升。而经磁化水灌溉后杨树叶片维持了较高且稳定的 F_v/F_m、PI_{ABS} 及 Φ_{Eo}，增幅分别达到 0.2%～0.5%、3.0%～18.2% 和 0.23%～1.6%，且 PI_{ABS} 增幅较明显且呈极显著差异。由此可见，在磁化作用下，植株维持了相对较高的 F_v/F_m、PI_{ABS} 与 Φ_{Eo}，这表示磁化微咸水灌溉处理中植株叶片 PSⅡ光化学效率和电子传递受盐分胁迫影响程度小于非磁化微咸水灌溉处理，使用磁化微咸水灌溉有利于植株对光能的吸收和利用，满足正常的光合生理需求。

表 4-2 磁化微咸水灌溉和微咸水灌溉对植株叶绿素荧光参数的影响

处理	时间（d）	最大光化学效率 （F_v/F_m）	光合性能指数 （PI_{ABS}）	量子产额 （Φ_{EO}）
NM_0	10	0.843±0.000 5B	14.847±0.093B	0.844±0.000 3B
	20	0.802±0.000 3B	6.652±0.007A	0.817±0.000 1B
	30	0.850±0.000 6B	12.209±0.130B	0.850±0.000 1B
NM_4	10	0.841±0.000 3B	12.107±0.027D	0.830±0.000 1C
	20	0.781±0.000 4C	4.692±0.143C	0.806±0.000 8D
	30	0.845±0.000 9C	10.549±0.195D	0.847±0.000 1B
M_0	10	0.847±0.000 3A	16.720±0.060A	0.848±0.000 2A
	20	0.806±0.000 6A	6.859±0.022A	0.822±0.000 1A
	30	0.854±0.000 5A	13.727±0.005A	0.854±0.000 2A
M_4	10	0.842±0.000 3B	12.823±0.013C	0.844±0.000 3B
	20	0.783±0.000 1C	5.545±0.018B	0.811±0.000 6C
	30	0.848±0.000 7B	11.059±0.022C	0.849±0.000 2B

注：NM_0 为非磁化灌溉处理，M_0 为磁化灌溉处理，M_4 为磁化微咸水灌溉处理，NM_4 为非磁化微咸水灌溉处理。表中数据为平均值±标准差，同列中不同大写字母表示处理间的差异达到极显著水平（$P<0.01$）。

三、高矿化度咸水灌溉对绒毛白蜡光合特性的影响

（一）绒毛白蜡叶片光合气体交换参数

逆境胁迫下，植物光合效率降低的因素主要有气孔限制和非气孔限制两类，前者使胞间 CO_2 浓度（Ci）降低，后者使 Ci 增高，两因素同时存在时，Ci 主要取决于占优势的因素。判断的标准为 Ci 和气孔限制值（Ls）的变化方向，Gs 和 Ci 同时下降才表明光合效率受气孔限制，反之为非气孔限制（Farquhar，1982）。表 4-3 显示了绒毛白蜡在磁化、非磁化处理对光合参数的影响。随着盐分浓度的提高，Ci 呈上升趋势，而净光合速率（Pn）、蒸腾速率（Tr）、气孔导度（Gs）均呈下降趋势，表明光合作用的主要限制因素是非气孔因素，即由叶肉细胞的光合活性降低引起的。说明盐分处理对磁化与非磁化植株的光合作用产生了一定的干扰。

在相同盐分浓度下，磁化处理后 Ci 低于对照，而 Pn、Tr 及 Gs 都高于对照。与 NM_0、NM_6 相比，M_0、M_6 对 Pn 的提高分别为 37%、141.25%；M_{10} 植株的 Pn 维持在 1.25 μmol·$(m^2 \cdot s)^{-1}$ 左右，而 NM_{10} 的 Pn 出现负值，说明高盐条件下，非磁化处理的植株呼吸速率高于净光合速率。磁化处理和盐浓度处

理与绒毛白蜡 Ci、Tr、Pn、Gs 的关系极为显著。可见，磁化处理对植物光合作用有显著的促进作用。光合作用的提高说明植株在逆境中受到的伤害较小，同时，光合作用还可以保证植株生长过程中养分的供应，对增加植物生长量，根系伸长等都有有利影响。因此，光合作用的提高是促进植物生长的关键，对提高植株适应盐分环境具有重要意义（平晓燕，2010；张会慧，2012）。

表 4-3　磁化处理对绒毛白蜡光合、蒸腾作用的影响

处理	净光合速率 Pn $[\mu mol \cdot (m^2 \cdot s)^{-1}]$	蒸腾速率 Tr $[mmol \cdot (m^2 \cdot s)^{-1}]$	气孔导度 Gs $[mmol \cdot (m^2 \cdot s)^{-1}]$	胞间 CO_2 浓度 Ci $(mmol \cdot mol^{-1})$	水分利用效率 WUE $(\mu mol \cdot mmol^{-1})$
NM	7.25 ± 0.31	3.42 ± 0.03	186.50 ± 4.12	280.00 ± 1.63	2.11
M_0	9.90 ± 0.00	3.61 ± 0.03	194.00 ± 3.16	255.25 ± 0.96	2.74
NM_6	0.80 ± 0.00	1.20 ± 0.05	34.50 ± 1.29	310.75 ± 1.89	0.67
M_6	1.93 ± 0.10	2.22 ± 0.08	101.75 ± 3.77	326.25 ± 0.96	0.87
NM_{10}	-0.55 ± 0.13	0.80 ± 0.14	31.00 ± 3.37	391.75 ± 8.30	-0.69
M_{10}	1.25 ± 0.06	1.49 ± 0.02	52.25 ± 1.71	317.00 ± 0.00	0.84
A	943.03**	454.37**	556.86**	366.23**	
B	7324.15**	2327.73**	4556.64**	1183.48**	
A×B	53.15**	64.93**	177.50**	318.30**	

注：NM 为非磁化处理，M 为磁化处理。0、6、10 分别表示盐分浓度为 0、6‰ 和 10‰。A 为盐分处理，B 为磁化处理，A×B 为二者交互作用。* 表示 $P < 0.05$，** 表示 $P < 0.01$。

（二）绒毛白蜡叶片叶绿素荧光特性

表 4-4 是磁化、非磁化处理第 30、48、70 天时绒毛白蜡叶绿素荧光最大光化学效率（Φ_{PSII}）和实际光化学效率（F_v/F_m）。由表 4-4 可以看出，磁化处理的 Φ_{PSII} 和 F_v/F_m 均高于对照。30 d 时，随着处理盐分浓度提高，磁化处理的绒毛白蜡 F_v/F_m 分别比对照提高了 85%、50%、9%，Φ_{PSII} 分别提高了 17%、3%、7%；70 d 时，Φ_{PSII} 较对照分别提高了 8%、3%、3%。3 次测定结果均显示，磁化处理的 F_v/F_m 和 Φ_{PSII} 高于对照，30 d 时磁化水处理 F_v/F_m 和 Φ_{PSII} 与对照相比达到极显著差异水平。30 d 和 70 d 的非磁化处理，F_v/F_m 和 Φ_{PSII} 都是先升后降，而磁化处理的 F_v/F_m 先降后升。

表 4-4　磁化处理对绒毛白蜡叶绿素荧光动力学特征的影响

处理	实际光化学效率（F_v/F_m）			最大光化学效率（Φ_{PSII}）		
	30 d	48 d	70 d	30 d	48 d	70 d
NM_0	0.27 ± 0.06	0.76 ± 0.00	0.59 ± 0.02	0.59 ± 0.02	0.83 ± 0.00	0.75 ± 0.01

（续）

处理	实际光化学效率（F_v/F_m）			最大光化学效率（Φ_{PSII}）		
	30 d	48 d	70 d	30 d	48 d	70 d
M_0	0.50±0.07	0.77±0.01	0.66±0.00	0.69±0.01	0.84±0.01	0.81±0.02
NM_6	0.32±0.03	0.46±0.11	0.59±0.01	0.75±0.02	0.78±0.00	0.79±0.01
M_6	0.48±0.01	0.59±0.22	0.61±0.01	0.77±0.02	0.79±0.03	0.81±0.01
NM_{10}	0.54±0.06	0.56±0.18	0.57±0.01	0.74±0.04	0.74±0.10	0.76±0.03
M_{10}	0.59±0.18	0.71±0.03	0.63±0.12	0.79±0.05	0.76±0.11	0.78±0.01
A	11.49**	ns	ns	15.47**	ns	30.11**
B	7.61**	4.91*	ns	30.28**	ns	7.78*
A×B	ns	ns	ns	ns	ns	ns

注：NM 为非磁化处理，M 为磁化处理。0、6、10 分别表示盐分浓度为 0、6‰和 10‰。A 为盐分处理，B 为磁化处理，A×B 为二者交互作用。* 表示 $P<0.05$，** 表示 $P<0.01$，ns 表示差异不显著。

（三）绒毛白蜡叶绿素荧光动力学曲线

典型的快速叶绿素荧光诱导动力学曲线有 O（$20\sim50\ \mu s$）、J（$2\times10^3\ \mu s$）、I（$3\times10^4\ \mu s$）、P（$3\times10^5\sim10\times10^5\ \mu s$）等相，植物绿色器官在经过充分暗适应后，PSII 的电子受体 QA、QB 及 PQ 等均完全失去电子而被氧化。这时 PSII 的受体侧接受电子的能力最大，PSII 反应中心可最大限度地接受光量子，即处于"完全开放"状态，此时样品受光后发射的荧光最小，处于初始相"O"（F_0）。$O\sim J$ 段是当植物材料经过暗处理以后照以强光时，PSII 反应中心被激发后产生的电子经由 Pheo（去镁叶绿素）传给 QA（质体醌），将其还原成 QA-的过程，QA-的大量积累导致了 J 点的出现；$J\sim I$ 段的荧光是电子传递过程中快还原型 PQ 库先被完全还原造成的，$I\sim P$ 段的荧光是慢还原型 PQ 库被还原造成的，QA 和 Pheo 完全进入还原状态。此时 PSII 反应中心完全关闭，不再接受光量子，荧光产量最高，出现 P 点。在电子从 QA-向 QB 传递过程中出现的 I 点反映了 PQ 库的异质性，即电子传递过程中快还原型 PQ 库先被完全还原，随后才是慢还原型 PQ 库被还原。如图 4-1 所示，盐分梯度分别为 0‰、4‰、8‰，进行磁化和非磁化两种处理，在快速叶绿素荧光诱导动力学曲线的 J、I、P 点，非磁化处理的 3 种盐分梯度都分别低于磁化处理，其中非磁化处理、8‰盐分浓度的曲线明显较低，说明非磁化处理、8‰盐分浓度的 PSII 结构受到严重破坏，说明 PQ 库被还原的能力不断下降。而液态水经过磁化处理后自由水分子增多，易与叶绿素 a 分子形成更多氢键，分子间氢键能使叶绿素 a 内转换速率增加。叶绿素 a 内转换速率加快从而提高了光化学反应在光能转化中的地位；同时，内转换速率提高本身就可以增强光合作用。盐分胁迫使天线色素首先受到破坏，使得PSⅡ聚光能力减小，导致有活性的反应中心数目降低，为了维持电子传递的正常进行，PSⅡ单位反应中心效率增加，但PSⅡ受体侧接收电子的能力下降，最终导致PSⅡ功能的衰退（韩彪，2010）。磁化处理提高了被处理植株光合能力，进而提高植株抗逆能力。

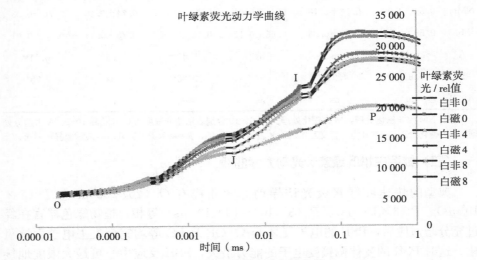

图4-1　叶绿素荧光动力学曲线
注：非表示非磁化处理，磁表示磁化处理。0、4、8分别表示盐分浓度为0‰、4‰和8‰。

（四）绒毛白蜡比活性参数变化

在雷达图中（图4-2），ABS/RC（$t=0$时，单位反应中心吸收的光能）、DI_O/RC（单位反应中心耗散掉的能量）、TR_O/RC（$t=0$时，单位反应中心捕获的用于还原QA的能量）和ET_O/RC（$t=0$时，单位反应中心捕获的用于电子传递的能量）的变化趋势是随着盐分梯度增大而增大，非磁化处理也分别大于相对应盐分浓度的磁化处理值，说明叶片受到盐分胁迫时，单位反应中心承担的光能转换任务更多，在一定盐分胁迫程度下，PSII的中心色素结构基本稳定，有活性的反应中心数目急剧下降，剩下的活性反应中心承担了越来越多的光能转换任务，活性中心捕获的光能优先保证推动PSII电子传递（ET_O/RC）。

N（从开始照光到到达FM的时间段内QA被还原的次数），S_m（标准化后OJIP曲线，F=FM及y轴间的面积）表明不断增加的盐分胁迫使单位QA承担的电子传递任务更大，$PhiE_O$（$t=0$时，用于电子传递的量子产额）数值下降说明 PSII 受体测电子传递能力不断下降。盐分胁迫使 PSII 受体侧 PQ 库被还原能力急剧降低，库容减少，QA 自身氧化还原越来越难，导致受体侧电子传递受阻，最终影响了电子传递进程。与非磁化处理相比，磁化处理总是优于或受到少的伤害。

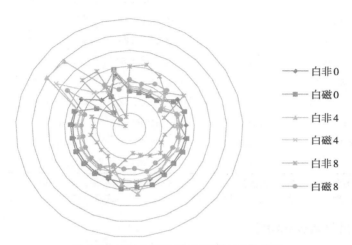

图 4-2　绒毛白蜡叶绿素荧光比活性参数

注：白非表示非磁化处理，白磁表示磁化处理。0、4、8 分别表示盐分浓度为 0‰、4‰和 8‰。

四、高矿化度咸水灌溉对桑树光合特性的影响

（一）桑树光合气体交换参数

逆境环境中，植物通过改变气孔的开度等方式来调节与环境的 CO_2 和水气交换，进而调节光合速率和蒸腾速率，以适应逆境环境条件。由表 4-5 可以看出，随着盐分浓度的提高，胞间 CO_2 浓度（Ci）的变化趋势与净光合速率（Pn）、蒸腾速率（Tr）、气孔导度（Gs）没有明显规律可循，表明光合作用的主要限制因素不是单纯由气孔或非气孔因素引起的，是由环境影响与光合系统活性降低共同引起的。盐分与磁化处理对植株的光合作用产生了一定的干扰。而随盐分浓度增加，Pn、Tr 及 WUE 整体呈下降趋势，而磁化处理比非磁化处理得到的数值高，Gs、Ci 随着盐分浓度和磁化处理的增加变化不规律。

与 NM_0、NM_6、NM_{10} 相比，M_0、M_6、M_{10} 对 Pn 的提高分别为 35%、63%、32%；磁化处理和盐浓度处理与绒毛白蜡 Ci、Tr、Pn、Gs 的关系极为显著。磁化处理显著提高了植株的抗盐能力（平晓燕，2010；张会慧，2012）。

表 4-5　磁化处理对桑树光合、蒸腾作用的影响

处理	净光合速率 Pn $[\mu mol \cdot (m^2 \cdot s)^{-1}]$	蒸腾速率 Tr $[mmol \cdot (m^2 \cdot s)^{-1}]$	气孔导度 Gs $[mmol \cdot (m^2 \cdot s)^{-1}]$	胞间 CO_2 浓度 Ci $(\mu mol \cdot mol^{-1})$	水分利用效率 WUE $(\mu mol \cdot mmol^{-1})$
NM_0	3.25 ± 0.53	2.11 ± 0.08	100.50 ± 6.86	324.75 ± 6.80	1.54
M_0	4.40 ± 0.08	2.32 ± 0.03	96.00 ± 1.41	292.50 ± 0.58	1.90
NM_6	1.45 ± 0.51	1.42 ± 0.07	54.25 ± 3.86	336.75 ± 14.80	1.02
M_6	2.37 ± 0.05	3.15 ± 0.01	192.75 ± 4.50	352.75 ± 0.96	0.75
NM_8	0.68 ± 0.15	1.36 ± 0.09	50.25 ± 5.12	334.25 ± 7.27	0.50
M_8	0.90 ± 0.00	1.72 ± 0.09	67.67 ± 5.03	338.33 ± 1.53	0.52
A	56.59**	1 000.19**	851.06**	ns	
B	211.18**	332.76**	398.06**	45.93**	
A×B	ns	298.68**	524.37**	20.16**	

注：NM 为非磁化处理，M 为磁化处理。0、6、8 分别表示盐分浓度为 0、6‰和 8‰。A 为盐分处理，B 为磁化处理，A×B 为二者交互作用。＊表示 $P<0.05$，＊＊表示 $P<0.01$，ns 表示差异不显著。

（二）叶绿素荧光特性

由表 4-6 可以看出，磁化处理中最大光化学效率（Φ_{PSII}）和实际光化学效率（F_v/F_m）均高于对照。处理 48 d 时，随着处理盐分浓度提高，磁化处理的桑树 F_v/F_m 分别比对照提高了 1.5％、6.3％、43％。处理 70 d 时，F_v/F_m 分别提高了 7.8％、24％、48％；Φ_{PSII} 较对照分别提高了 3％、4.2％、5.5％；并有显著差异。3 次测定结果均显示，磁化处理后叶片 F_v/F_m 和 Φ_{PSII} 高于对照，70 d 时磁化处理 F_v/F_m 和 Φ_{PSII} 与对照相比达到极显著差异水平。对照组与磁化处理组的实际光化学效率与最高光化学效率整体都随盐分浓度的提高而降低，符合一般盐分处理对植物荧光的影响规律。

表 4-6　磁化处理对桑树叶绿素荧光的影响

处理	最大光化学效率（Φ_{PSII}）			实际光化学效率（F_v/F_m）		
	30 d	48 d	70 d	30 d	48 d	70 d
NM_0	0.39 ± 0.10	0.67 ± 0.00	0.64 ± 0.00	0.72 ± 0.01	0.78 ± 0.01	0.76 ± 0.01
M_0	0.47 ± 0.22	0.68 ± 0.06	0.69 ± 0.02	0.74 ± 0.06	0.79 ± 0.01	0.78 ± 0.01
NM_6	0.40 ± 0.06	0.64 ± 0.02	0.51 ± 0.01	0.74 ± 0.01	0.78 ± 0.01	0.75 ± 0.01
M_6	0.41 ± 0.04	0.68 ± 0.03	0.63 ± 0.00	0.74 ± 0.01	0.78 ± 0.10	0.75 ± 0.01
NM_8	0.28 ± 0.09	0.47 ± 0.10	0.40 ± 0.06	0.73 ± 0.01	0.74 ± 0.04	0.73 ± 0.01
M_8	0.42 ± 0.03	0.67 ± 0.06	0.59 ± 0.03	0.75 ± 0.06	0.77 ± 0.02	0.77 ± 0.01

处理	最大光化学效率（Φ_{PSII}）			实际光化学效率（F_v/F_m）		
	30 d	48 d	70 d	30 d	48 d	70 d
A	ns	12.95**	86.00**	ns	ns	42.58**
B	ns	7.28*	56.97**	ns	ns	20.62**
A×B	ns	5.67*	9.95**	ns	ns	ns

注：NM 为非磁化处理，M 为磁化处理。0、6、8 分别表示盐分浓度为 0、6‰和 8‰。A 为盐分处理，B 为磁化处理，A×B 为二者交互作用。*表示 $P<0.05$，**表示 $P<0.01$，ns 表示差异不显著。

五、磁化咸水灌溉对葡萄光合特性的影响

（一）光合色素含量

植物的光合机构主要包括色素系统、光系统、膜系统和酶系统。其中，光合色素作为植物光合机构的重要组成部分，不仅参与光能的吸收和转化，同时在逆境条件下植物光合机构的自我保护机制中扮演重要角色，因而被作为评判植物抗逆性的重要指标之一。表 4-7 所示，NaCl 处理对葡萄叶片的叶绿素 a、叶绿素 b、叶绿素 a+b 和类胡萝卜素有极显著影响；磁化处理对葡萄叶片叶绿素 a 和叶绿素 a+b 含量有极显著影响，对叶绿素 b 含量有显著影响；NaCl 处理和磁化处理对叶绿素 a/b 无显著影响，两者交互作用对葡萄光合色素各参数的影响均不显著。

非磁化处理条件（NM）下，葡萄叶片的叶绿素 a、叶绿素 b、叶绿素 a+b 和类胡萝卜素含量随着盐分浓度的升高而降低；与对照（NM_0）相比，3.0 $g \cdot L^{-1}$ 咸水灌溉下（NM_3）葡萄叶片叶绿素 a、叶绿素 b、叶绿素 a+b 和类胡萝卜素含量分别降低了 7.5%、3.2%、6.6%和 11.2%，处理间各参数差异不显著；而 6.0 $g \cdot L^{-1}$ 咸水灌溉下（NM_6）各参数分别降低了 24.7%、24.0%、24.6%和 30.5%，处理间呈显著差异。随着盐分浓度升高，磁化处理条件下（M）葡萄叶片的叶绿素 a、叶绿素 b、叶绿素 a+b 和类胡萝卜素含量的变化趋势与非磁化处理（NM）相同；且同浓度盐分水平上，磁化处理植株叶绿素含量的降幅明显大于非磁化处理，类胡萝卜素含量的变化幅度则相对降低。其中，M_3 处理下葡萄叶片的叶绿素 a、叶绿素 b、叶绿素 a+b 含量分别比 M_0 处理降低了 12.0%、11.6%、11.9%，处理间叶绿素 a 和叶绿素 a+b 差异达显著水平，类胡萝卜素含量无显著差异；M_6 处理下葡萄叶片的叶绿素 a、叶绿素 b、叶绿素 a+b 和类胡萝卜素含量较 M_0 处理均显著降低，分别降低了 31.0%、36.2%、32.4%和 20.7%。可见，对'夏黑'葡萄进行为期 42 d

的咸水灌溉后，葡萄叶片中的叶绿素 a、叶绿素 b 和类胡萝卜素含量降低，且随着盐分浓度升高降幅明显增大，$6.0 \text{ g} \cdot \text{L}^{-1}$ 咸水灌溉下达到显著水平，这与李学孚（2015）的研究结果相似，表明咸水灌溉造成了葡萄叶绿体结构的损伤，同时引发了叶片中叶绿素的合成受阻和降解加速。

相同盐分浓度环境下，与非磁化处理相比，磁化处理植株的叶绿素 a、叶绿素 b 含量提高，但随着盐分浓度的升高处理间差异明显降低。其中 M_0 与 NM_0 相比，叶绿素 a、叶绿素 b 和叶绿素 a＋b 含量分别提高了 17.6％、23.4％和 18.8％；M_3 和 M_6 处理下葡萄叶绿素 a、叶绿素 b 含量较 NM_3 和 NM_6 分别提高 11.92％、12.79％和 7.8％、3.6％，处理间叶绿素 a＋b 含量无显著差异。类胡萝卜素是植物光合作用中的重要色素，不仅作为捕光色素存在于天线复合体 $LHCII$ 中，且在逆境条件下植物的光破坏防御机制中扮演着重要角色（冷轩，2016）。对照溶液处理（$0 \text{ g} \cdot \text{L}^{-1}$）中，磁化与非磁化处理植株的类胡萝卜素无明显差异。咸水灌溉条件下，磁化处理植株的类胡萝卜素含量提高，且随着盐分浓度的升高处理间差异增大，其中 M_3 较 NM_3 类胡萝卜素含量提高了 6.95％，M_6 较 NM_6 提高了 10.3％。多重比较结果发现，M_3 处理下葡萄叶片光合色素含量最高，其中叶绿素 a、叶绿素 a＋b 和类胡萝卜素含量均与对照（NM_0）无显著差异，而叶绿素 b 含量则提高了 9.16％。可见，磁化处理可以提高咸水灌溉下葡萄叶片的光合色素含量，调整色素比例，这与 Shine 等（2012）和 Haq 等（2016）的研究结果相似，说明磁化处理能够提高葡萄的光合能力，缓解咸水灌溉下葡萄叶绿体的损伤，但这一保护效应随着盐分浓度升高逐渐减弱。磁化处理对类胡萝卜素含量的影响则与之相反。其中非咸水灌溉条件下，磁化处理对葡萄的类胡萝卜素含量作用不明显；而磁化咸水灌溉植株类胡萝卜素含量明显提高，且提高幅度随着盐分浓度的升高明显增大，而且，$3.0 \text{ g} \cdot \text{L}^{-1}$ 磁化咸水灌溉下含量最高。类胡萝卜素不仅作为捕光色素存在于天线复合体（$LHCII$）中，同时也在植物光系统的自我保护机制中发挥着重要作用。一方面可以通过非光化学猝灭快速降低反应中心的激发能累积；另一方面也能猝灭已形成的叶绿素三线态，保护光系统免遭活性氧的伤害（Mirkovic et al.，2016），为葡萄的光能捕获和利用提供良好的基础，同时为盐分胁迫下葡萄光破坏防御机制的运转提供了有利条件。

表 4-7　磁化处理和咸水灌溉对葡萄幼苗叶片光合色素含量的影响

处理	叶绿素 a ($mg \cdot g^{-1}$)	叶绿素 b ($mg \cdot g^{-1}$)	叶绿素 a＋b ($mg \cdot g^{-1}$)	叶绿素 a/b	类胡萝卜素 ($mg \cdot g^{-1}$)
NM_0	1.16±0.03b	0.44±0.01b	1.61±0.04b	2.64±0.05a	0.28±0.01a

（续）

处理	叶绿素 a (mg·g⁻¹)	叶绿素 b (mg·g⁻¹)	叶绿素 a+b (mg·g⁻¹)	叶绿素 a/b	类胡萝卜素 (mg·g⁻¹)
M_0	1.37±0.06a	0.55±0.04a	1.91±0.09a	2.63±0.05a	0.27±0.01a
NM_3	1.08±0.03bc	0.43±0.02bc	1.50±0.05b	2.55±0.08a	0.25±0.01ab
M_3	1.20±0.03b	0.48±0.03ab	1.69±0.05b	2.67±0.02a	0.27±0.01a
NM_6	0.88±0.09d	0.34±0.03d	1.21±0.11c	2.61±0.17a	0.19±0.01c
M_6	0.94±0.07cd	0.35±0.03cd	1.29±0.09c	2.72±0.06a	0.21±0.02bc
A	11.22**	5.78*	10.76**	ns	0.79ns
B	24.43**	12.90**	23.35**	ns	13.88**
A×B	ns	ns	ns	ns	ns

注：NM_0 为非磁化对照溶液处理，M_0 为磁化对照溶液处理，NM_3 为非磁化 3.0 g·L⁻¹NaCl 溶液灌溉处理，M_3 为磁化 3.0 g·L⁻¹NaCl 溶液灌溉处理，NM_6 为非磁化 6.0 g·L⁻¹NaCl 溶液灌溉处理，M_6 为磁化 6.0 g·L⁻¹NaCl 溶液灌溉处理。A 代表磁化处理，B 代表 NaCl 浓度处理，A×B 代表磁化处理与 NaCl 浓度处理的交互作用；* 表示 $P<0.05$，**表示 $P<0.01$，ns 表示差异不显著。表中数据为平均值±标准差，同列数据后不同小写字母表示差异显著（$P<0.05$）。

（二）光合气体交换参数

1. 双因素方差分析

表 4-8 所示，NaCl 处理对葡萄叶片的 Pn、Gs、Tr、Ci 和 WUE 有极显著影响，对 Ls 有显著影响；磁化处理对葡萄 Pn、Gs、Tr 有显著影响，对 Ci、Ls 和 WUE 影响不显著；NaCl 处理和磁化处理的交互作用对葡萄 Ls 有极显著影响。Ls 是判定胁迫环境下植物光合速率降低原因的重要指标，因此，在检验咸水灌溉和磁化处理的交互作用对葡萄光合气体交换参数的影响时，分别固定了磁化处理和咸水灌溉浓度进行单因素分析。

表 4-8　磁化处理和咸水灌溉对葡萄幼苗光合气体交换参数的影响

处理	净光合速率 Pn [μmol·(m²·s)⁻¹]	气孔导度 Gs [mol·(m²·s)⁻¹]	蒸腾速率 Tr [mmol·(m²·s)⁻¹]	胞间 CO₂ 浓度 Ci (μmol·mol⁻¹)	气孔限制值 Ls	水分利用效率 WUE (μmol·mmol⁻¹)
F_A	6.29*	5.51*	4.98*	ns	ns	ns
F_B	58.41**	29.03**	44.96**	14.56**	4.64*	6.12**
$F_{A×B}$	ns	ns	ns	ns	6.10**	ns

注：A 代表磁化处理，B 代表 NaCl 浓度处理，A×B 代表磁化处理与 NaCl 浓度处理的交互作用；* 表示 $P<0.05$，**表示 $P<0.01$，ns 表示差异不显著。

2. 咸水灌溉和磁化处理影响葡萄光合气体交换参数

植物干物质的 90％ 以上来自光合作用，Pn 直接影响着植物的生长和生物量。研究发现，Pn 同时受气孔和非气孔因素的影响，根据 Ls 和 Ci 的变化方向可以准确判定两者中占据主导地位的一方。研究发现，非磁化处理（NM）中葡萄 Pn、Gs、Tr、Ls 和 WUE 随盐分浓度的升高而降低，Ci 随盐分浓度的升高而升高（图 4-3）。其中，$3.0\ \mathrm{g\cdot L^{-1}}$ 咸水灌溉下（NM_3 和 M_3）葡萄 Pn、Gs、Tr 较对照（NM_0、M_0）显著降低，分别降低 66.6％、43.4％、49.01％ 和 54.3％、52.4％、49.3％；NM_6 和 M_6 处理植株叶片 Pn、Gs、Tr 较对照分别降低 78.9％、61.1％、62.6％ 和 77.1％、69.2％、69.1％；而随着盐分浓度的升高，磁化处理后植株 Ci、Ls 和 WUE 的变化则与非磁化处理

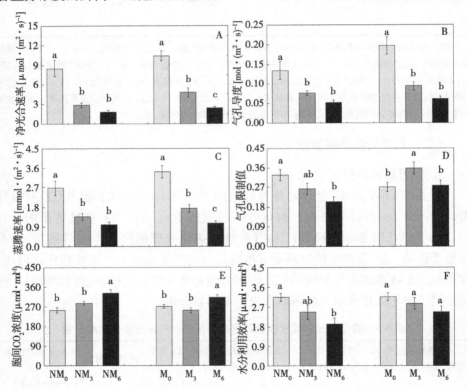

图 4-3　咸水灌溉对非磁化处理（NM）和磁化处理（M）下葡萄光合气体交换
　　　　参数的影响

注：NM_0 为非磁化对照溶液处理，M_0 为磁化对照溶液处理，NM_3 为非磁化 $3.0\ \mathrm{g\cdot L^{-1}}$ NaCl 溶液灌溉处理，M_3 为磁化 $3.0\ \mathrm{g\cdot L^{-1}}$ NaCl 溶液灌溉处理，NM_6 为非磁化 $6.0\ \mathrm{g\cdot L^{-1}}$ NaCl 溶液灌溉处理，M_6 为磁化 $6.0\ \mathrm{g\cdot L^{-1}}$ NaCl 溶液灌溉处理。图中数据为平均值±标准差。不同小写字母表示差异显著（$P<0.05$）。

存在差异。3.0 g·L⁻¹咸水灌溉条件下，磁化与非磁化处理植株 Ci 和 Ls 呈现出相反的变化趋势；其中 NM₃ 与 NM₀ 相比，Ls 降低 19.8%，Ci 提高 12.8%；M₃ 与 M₀ 相比，Ls 提高 32.7%，Ci 降低 6.6%。与非磁化处理相比，6.0 g·L⁻¹咸水灌溉条件下，磁化处理后植株 Ci 和 Ls 变化趋势与之相同，但其变化幅度明显小于非磁化处理。其中 NM₆ 与 NM₀ 相比，Ls 降低了 37.6%，Ci 提高了 30.3%；M₆ 与 M₀ 相比 Ls 无明显差异，Ci 提高 14.8%。按照 Farquhar 和 Sharkey（1982）关于光合速率降低主要原因的评判依据分析可知，咸水灌溉中葡萄 Pn 随着盐分的升高而显著降低，且 3.0 g·L⁻¹和 6.0 g·L⁻¹咸水灌溉下植株 Ls 降低，Ci 提高，由此判定两浓度咸水灌溉均抑制了葡萄的光合作用，且光合速率降低的主要原因为非气孔限制，即是由叶肉细胞光合活性的降低造成的；且随着盐分浓度的升高，非气孔限制对葡萄光合作用的影响显著提高。而磁化处理能够降低咸水灌溉下非气孔限制对葡萄光合作用的影响，并将 3.0 g·L⁻¹盐分浓度下植株净光合速率降低的主要原因转为了气孔限制。磁化处理下葡萄 WUE 维持在相对较高的水平，并未随着盐分浓度的升高显著降低，说明磁化处理有利于盐分生境中葡萄体内的水分利用和水分平衡的维持。

3. 同浓度咸水灌溉下磁化处理对葡萄光合气体交换参数的影响

由图 4-4 可以看出，同盐分浓度环境下，磁化处理（M）植株 Pn 均高于非磁化处理（NM），表现为：3.0 g·L⁻¹处理＞6.0 g·L⁻¹处理＞0 g·L⁻¹处理，提高幅度分别为 70.0%、32.14% 和 22.01%，其中 M₃ 较 NM₃，Pn 差异达显著水平。可见，磁化咸水灌溉处理植株 Pn 均有不同程度的提高，3.0 g·L⁻¹咸水灌溉条件下提高幅度最大且表现最优，表明磁化处理能够有效提高葡萄的光合碳同化能力，缓解咸水灌溉对葡萄光合作用的抑制；这与磁化处理和咸水灌溉交互作用下葡萄 Pn 的变化趋势表现一致。0 g·L⁻¹咸水灌溉条件下，磁化处理植株 Gs、Tr 提高，Ls 降低，表明葡萄净光合速率的提高是通过改善气孔导度，提高叶肉细胞与外界的 H_2O、O_2 和 CO_2 等气体交换实现的。咸水灌溉条件下（3.0、6.0 g·L⁻¹），与非磁化处理相比，磁化处理植株 Gs、Tr、Ls 和 WUE 提高，Ci 降低；与 NM₃ 相比，M₃ 的 Pn、Gs、Tr、Ls 和 WUE 分别提高了 67.0%、23.4%、27.7%、36.4% 和 15.8%，Ci 降低了 11.6%，且 Pn、Ls 和 Ci 呈显著差异水平；而随着盐分浓度升高，磁化处理对植株光合参数的影响明显降低，M₆ 较 NM₆，仅 Ls 提高了 35.7%，其余参数均无显著差异。而对 Ls 和 Ci 的分析发现，磁化处理和咸水灌溉的交互作用对葡萄 Ls 都有极显著影响（$P<0.01$），磁化咸水灌溉植株 Ls 显著提高（$P<0.05$），Ci 降低，且 3.0 g·L⁻¹咸水灌溉下磁化处理植株 Pn 降低的主要原因为气孔限制，表明磁化处理能够有效缓解咸水灌溉下葡萄羧化效率的降低，减

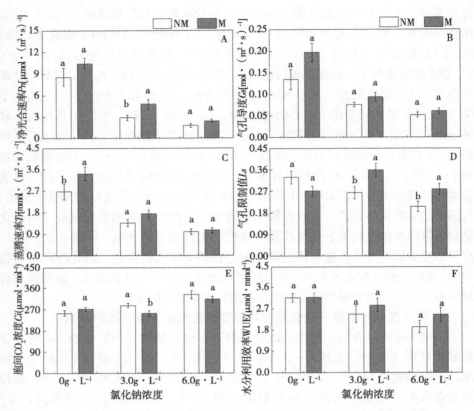

图4-4　同浓度咸水灌溉下磁化处理对葡萄光合气体交换参数的影响

注：NM为非磁化处理，M为磁化处理。图中数据为平均值±标准差。不同小写字母表示差异显著（$P<0.05$）。

少非气孔限制的影响。可见磁化处理下葡萄光合碳同化能力的提高与植物的光合同化力的形成、Rubisco的活性和1,5-二磷酸（RuBP）的羧化、再生能力等因素密切相关。

（三）叶绿素荧光动力学

1. 快速叶绿素荧光诱导动力学曲线

光系统Ⅱ（photosystemⅡ，PSⅡ）作为植物光能吸收、转化和利用的重要部位，在植物对盐胁迫的响应中起着重要作用，同时也是光抑制、光破坏发生的主要位置。叶绿素荧光和光合原初反应存在密切联系，通过快速叶绿素荧光诱导动力学曲线结合 JIP-Test 分析，能够准确反映盐胁迫下植物光合机构的结构、功能状态和胁迫对植物光系统的影响位点（张会慧，2013）。

由图 4-5A 可知，咸水灌溉导致葡萄叶片 OJIP 曲线发生了明显变化，与 NM_0 相比，NM_3 和 NM_6 处理下葡萄 $J \sim P$ 段荧光强度明显降低，且随盐分浓

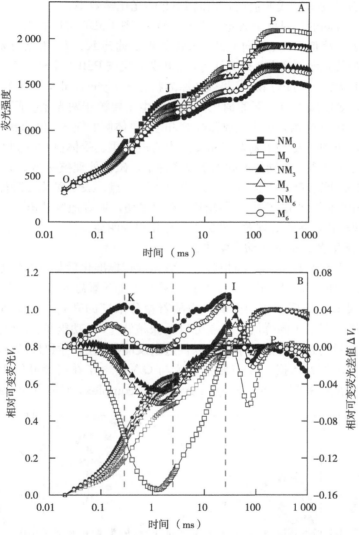

图 4-5　磁化咸水灌溉对葡萄叶绿素荧光快速诱导动力学曲线和
相对可变荧光曲线的影响

注：A 为葡萄的叶绿素荧光快速诱导动力学曲线，B 为葡萄的相对可变荧光 V_t 和相对可变荧光差值 ΔV_t。NM_0 为非磁化对照溶液处理，M_0 为磁化对照溶液处理，NM_3 为非磁化 $3.0\ \mathrm{g} \cdot \mathrm{L}^{-1}$ NaCl 溶液灌溉处理，M_3 为磁化 $3.0\ \mathrm{g} \cdot \mathrm{L}^{-1}$ NaCl 溶液灌溉处理，NM_6 为非磁化 $6.0\ \mathrm{g} \cdot \mathrm{L}^{-1}$ NaCl 溶液灌溉处理，M_6 为磁化 $6.0\ \mathrm{g} \cdot \mathrm{L}^{-1}$ NaCl 溶液灌溉处理。

度升高 F_p 荧光强度下降幅度明显增大；与非磁化处理相比，同浓度咸水灌溉条件下，磁化处理缓解了葡萄 $I \sim P$ 段荧光产量的下降幅度，表明磁化处理能够有效缓解盐胁迫造成的损伤，提高 PSⅡ 的光化学效率。

由各处理间的相对可变荧光差值图（ΔV_t，图 4-5B）可以看出，NM$_3$ 处理下葡萄 K、J 点降低，I 点正向上升；NM$_6$ 处理下葡萄 K、J、I 点荧光均明显升高，且 I 相荧光增幅最大。研究认为，I 相荧光代表 PSII 和 PSI 两系统供需关系短暂平衡时大部分的 PQ 和 PC 将被还原的状态（Jolyhe et al.，2007），而 I 相荧光的升高，表明咸水灌溉下葡萄光抑制的发生主要源于两光系统间电子传递效率的降低，其中 NM$_3$ 处理未造成葡萄 PSII 电子供体侧的损伤，仅抑制了受体侧的电子传递；而 NM$_6$ 处理下葡萄 PSII 反应中心电子供、受体侧均受到伤害，且受体侧损伤更为严重。相同浓度咸水灌溉条件下，磁化处理植株 K、J、I 点荧光较非磁化处理明显降低，且 K、J 点降幅大于 I 点，表明磁化处理能缓解盐分胁迫对 PSII 反应中心电子供、受体侧结构的损伤，更好地维持电子传递的通畅性，与 PSI 相比，磁化处理对 PSII 的保护作用更为明显。

2. 叶绿素荧光标准化动力学曲线

对 O、J 点和 O、K 点间相对可变荧光进行标准化后与对照作差可以得到 W_{oj} 和 W_{ok}，如图 4-6A、图 4-6B 所示，NM$_3$ 处理下葡萄 K 点荧光与 NM$_0$ 无明显差异，仅 L 点出现了正向升高；而随着盐分浓度的升高，NM$_6$ 处理下葡萄 K、L 点均出现了正向峰值。L 点可以反映植物 PSⅡ 功能单元间的能量传递状态，而能量传递的连通性不仅可以促进激发能的利用，同时可以作为光系统结构稳定性的评判依据。K 点则被认为与 QA 前电子在脱镁叶绿素的累积有关，通常表征放氧复合体（oxygen evolution complex，OEC）的损伤。研究

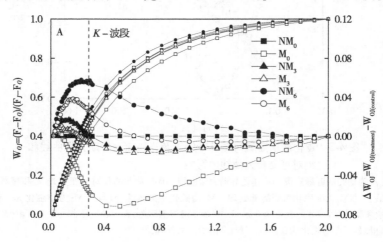

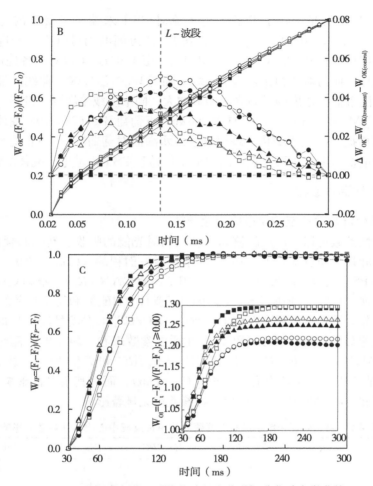

图 4-6　磁化咸水灌溉对葡萄叶绿素荧光标准化动力学曲线

W_{oj}、W_{ok}、W_{oi}（$\geqslant$1.00）和 W_{ip} 的影响

注：A 为 $F_o - F_j$ 的标准化荧光动力学曲线 W_{oj}（左）和荧光差值曲线 ΔW_{oj}（右）。B 为
$F_o - F_k$ 的标准化荧光动力学曲线 W_{ok}（左）和荧光差值曲线 ΔW_{ok}（右）。C 为 $F_o - F_i$ 进行标准
化的荧光动力学曲线 W_{oi}（$\geqslant$1.00）和 $F_i - F_p$ 的标准化荧光动力学曲线 W_{ip}。NM_0 为非磁化对
照溶液处理，M_0 为磁化对照溶液处理，NM_3 为非磁化 3.0 g·L^{-1}NaCl 溶液灌溉处理，M_3 为磁
化 3.0 g·L^{-1}NaCl 溶液灌溉处理，NM_6 为非磁化 6.0 g·L^{-1}NaCl 溶液灌溉处理，M_6 为磁化
6.0 g·L^{-1}NaCl 溶液灌溉处理。

发现，与非磁化处理（NM_3 和 NM_6）相比，M_3 处理下 L 点和 M_6 处理下 K 点
荧光明显降低，表明磁化处理缓解了盐分胁迫对葡萄 PSⅡ 电子供体侧的损伤，
维持了 PSⅡ 供体侧的能量传递和电子供应。

$O \sim I$ 相荧光反映了光系统捕获激子用于还原 PSⅠ 之前电子受体 PQ 库的

过程，$I \sim P$ 相荧光反映了 PQH2 电子流对 PSⅠ末端电子受体的还原过程（Hamdani et al.，2015）。对 O、I 点和 I、P 点间的相对可变荧光进行标准化并与对照作差得到 W_{oi}（$\geqslant 0.00$）和 W_{ip}（图 4-6C），可以看出各处理间 W_{ip} 无明显差异；而与对照相比，咸水灌溉下葡萄 W_{oi}（$\geqslant 0.00$）曲线的最大振幅降低，且随着盐分浓度的升高降幅明显增大；同浓度咸水灌溉条件下，与非磁化处理（NM_3 和 NM_6）相比，M_3 和 M_6 处理下葡萄 W_{oi}（$\geqslant 0.00$）曲线的最大振幅均明显提高，表明磁化处理缓解了咸水灌溉对葡萄叶片 PSⅡ受体侧电子传递链的损伤，促进了两光系统间的电子传递和 PSⅠ末端电子受体的还原。

（四）比活性参数

1. 葡萄叶片单位反应中心比活性参数

比活性参数可以准确反映植物光合机构对光能的吸收、转化和耗散状况，通过分析叶片单位反应中心（RC）和单位激发面积的（CS_m）的量子效率参数，包括 PSⅡ反应中心吸收（ABS）、用于还原 QA（TR_o）、推动 QA 下游受体电子传递（ET_o）、还原 PSⅠ受体侧电子受体（RE_o）和用于耗散的（DI_o）的量子产额，及单位面积中反应中心数量（RC/CS_m）分析植物叶片的光能利用率。从葡萄单位反应中心（RC）的比活性参数来看（表 4-9），磁化处理对葡萄的 ABS/RC、TR_o/RC、ET_o/RC、RE_o/RC 和 DI_o/RC 无显著影响；NaCl 处理仅对 RE_o/RC 有显著影响（$P < 0.05$），而对其余参数影响不显著；磁化处理和 NaCl 处理的交互作用对各参数均无显著影响。

表 4-9　磁化处理和咸水灌溉对葡萄叶片单位反应中心比活性参数的影响

处理	ABS/RC	TR_o/RC	ET_o/RC	RE_o/RC	DI_o/RC
F_A	ns	ns	ns	ns	ns
F_B	ns	ns	ns	4.17*	ns
$F_{A \times B}$	ns	ns	ns	ns	ns

注：A 代表磁化处理，B 代表 NaCl 浓度处理，A×B 代表磁化处理与 NaCl 浓度处理的交互作用；* 表示 $P < 0.05$，** 表示 $P < 0.01$，ns 表示差异不显著。ABS/RC 为单位反应中心吸收的光能，TR_o/RC 为单位反应中心捕获的用于还原 QA 的能量（在 $t = 0$ 时），ET_o/RC 为单位反应中心捕获的用于电子传递的能量（在 $t = 0$ 时），RE_o/RC 为 PSⅠ单位反应中心捕获的光能，DI_o/RC 为单位反应中心耗散掉的能量（在 $t = 0$ 时）。

由磁化处理和 NaCl 处理交互作用结果分析可以看出（图 4-7A），非磁化处理条件下，随着盐分浓度升高，葡萄 ABS/RC、TR_o/RC 和 DI_o/RC 升高，RE_o/RC 降低，处理间 ET_o/RC 无明显差异；其中 RE_o/RC 和 DI_o/RC 变化最为迅速，与 NM_0 相比，NM_3 处理下 RE_o/RC 显著降低 17.5%，DI_o/RC 提高了 25.6%，其余参数均无显著差异；而 NM_6 处理下葡萄 ABS/RC、TR_o/RC

和 DI_o/RC 分别比 NM_0 提高了 21.9%、11.1% 和 59.7%，RE_o/RC 降低了17.3%，处理间仅 DI_o/RC 和 RE_o/RC 呈显著差异水平。说明咸水灌溉虽然一定程度上提高了葡萄 PSⅡ 单位反应中心对光能的吸收和捕获能力，但严重抑制了光系统间的电子传递，导致反应中心的激发能压力增大，迫使葡萄为避免光破坏的发生而提高能量耗散比例。

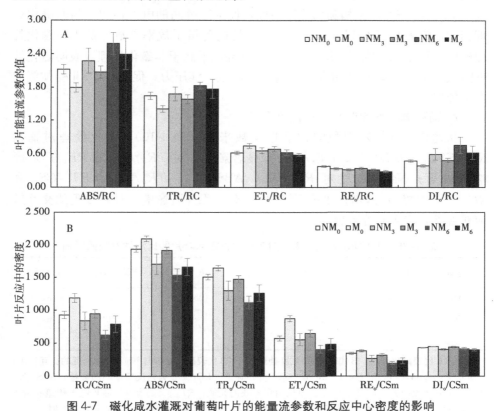

图 4-7 磁化咸水灌溉对葡萄叶片的能量流参数和反应中心密度的影响

注：A 为葡萄单位反应中心的能量分配参数，B 为葡萄单位叶面积的光能利用参数。NM_0 为非磁化对照溶液处理，M_0 为磁化对照溶液处理，NM_3 为非磁化 $3.0 \text{ g} \cdot \text{L}^{-1}$ NaCl 溶液灌溉处理，M_3 为磁化 $3.0 \text{ g} \cdot \text{L}^{-1}$ NaCl 溶液灌溉处理，NM_6 为非磁化 $6.0 \text{ g} \cdot \text{L}^{-1}$ NaCl 溶液灌溉处理，M_6 为磁化 $6.0 \text{ g} \cdot \text{L}^{-1}$ NaCl 溶液灌溉处理。图中数据为平均值±标准差。不同小写字母表示不同处理间差异显著（$P<0.05$）。

与非磁化处理相比，咸水灌溉对磁化处理植株单位反应中心（RC）比活性参数的影响存在差异。磁化咸水灌溉植株 ET_o/RC 波动较大，其随着盐分浓度的升高而显著降低；ABS/RC、TR_o/RC、DI_o/RC 和 RE_o/RC 的变化趋势与非磁化处理相同，但变化幅度存在明显差异。其中 ABS/RC、TR_o/RC 的提高幅度明显大于非磁化处理，与 M_0 相比，M_3 处理下葡萄叶片 ABS/RC、

TR_o/RC 分别提高了 15.4% 和 12.7%；M_6 处理下分别提高了 33.7% 和 25.9%；而 RE_o/RC 的下降幅度明显较低，其中 M_3 较 M_0 无显著差异，M_6 较 M_0 降低了 13.9%；与 M_0 相比，M_3 和 M_6 的 DI_o/RC 分别提高了 25.4% 和 61.9%，变化幅度与非磁化处理无明显差异。可见，同浓度盐分条件下，磁化处理不仅能够更好地促进反应中心的光能吸收和转化，同时有利于维持咸水灌溉下 PSⅠ、PSⅡ 的结构和功能完整性，促进系统间的电子传递。与非磁化处理相比，除 ET_o/RC 以外，磁化处理植株的各量子效率参数均低于非磁化处理植株，ET_o/RC 在 0、3.0 g·L^{-1} 盐分环境下高于非磁化处理。表明磁化处理降低了咸水灌溉下 PSⅡ 单位反应中心的激发能压力，促进了 PSⅡ 受体侧的电子传递。

2. 葡萄单位面积叶片的比活性参数

从葡萄单位激发面积的比活性参数来看（表 4-10），磁化处理对葡萄 RC/CS_m、ABS/CS_m、ET_o/CS_m 有显著影响，对 TR_o/CS_m 和 RE_o/CS_m 影响不显著；NaCl 处理对 RC/CS_m、ABS/CS_m、TR_o/CS_m、ET_o/CS_m 和 RE_o/CS_m 有极显著影响；两处理对 DI_o/CS_m 无显著影响，且两处理的交互效应对各参数均无显著影响。

表 4-10　磁化处理和咸水灌溉对葡萄单位面积叶片的比活性参数的影响

处理	RC/CS_m	ABS/CS_m	TR_o/CS_m	ET_o/CS_m	RE_o/CS_m	DI_o/CS_m
F_A	5.61*	4.25*	ns	8.63**	ns	ns
F_B	7.39**	9.10**	8.44**	9.07**	11.36**	ns
$F_{A \times B}$	ns	ns	ns	ns	ns	ns

注：A 代表磁化处理，B 代表 NaCl 浓度处理，A×B 代表磁化处理与 NaCl 浓度处理的交互作用；* 表示 $P<0.05$，** 表示 $P<0.01$，ns 表示差异不显著。RC/CS_m 为内反应中心的数量，ABS/CS_m 为单位面积吸收的光能，TR_o/CS_m 为单位面积捕获的光能，ET_o/CS_m 为单位面积电子传递的量子产额，RE_o/CS_m 为单位面积传递到 PSⅠ 的光能，DI_o/CS_m 为单位面积的热耗散（在 $t=0$ 时）。

从磁化处理和 NaCl 处理交互作用结果分析可以看出（图 4-7B），非磁化处理中，葡萄的 RC/CS_m、ABS/CS_m、TR_o/CS_m、ET_o/CS_m、RE_o/CS_m 随着盐分浓度的升高而降低；其中，NM_3 处理下各参数分别比 NM_0 降低了 9.7%、12.0%、13.8%、3.2%、22.8%，处理间 RE_o/CS_m 差异最大；NM_6 处理下各参数分别比 NM_0 降低了 32.4%、20.7%、25.6%、28.6%、42.8%，处理间 RC/CS_m、RE_o/CS_m 差异最大，各参数总体呈显著差异水平；各浓度盐分处理间葡萄 DI_o/CS_m 均无显著差异。说明咸水灌溉主要影响了葡萄 PSⅡ 受体侧的电子传递，尤其对 PSⅠ 的还原过程；而随着盐分浓度的升高，反应中心的失活也加剧了葡萄光能利用率的降低。

与非磁化处理相比，咸水灌溉对磁化处理植株单位叶面积（CS_m）比活性参数的影响存在差异。从咸水灌溉下各参数的变化趋势和幅度来看，DI_o/CS_m的变化趋势存在差异，非磁化处理植株 DI_o/CS_m 变化较平稳，而磁化处理下葡萄的 DI_o/CS_m 随盐分浓度的升高显著降低；说明磁化处理降低了咸水灌溉下葡萄 PSⅡ的能量耗散。而随盐分浓度的升高，RC/CS_m、ABS/CS_m、TR_o/CS_m、ET_o/CS_m、RE_o/CS_m 的变化趋势与非磁化处理相同，但变化幅度存在明显差异；其中 M_3 与 M_0 相比，分别降低了 20.4%、8.5%、10.5%、25.8%、17.4%，处理间 RC/CS_m、ET_o/CS_m 差异大于非磁化处理；M_6 与 M_0 相比，分别降低了 33.7%、20.6%、23.3%、44.8%、39.6%，处理间 ET_o/CS_m 差异大于非磁化处理。说明磁化处理下咸水灌溉同样降低了葡萄 PSⅡ的反应中心数量和 QA 下游电子的传递；且同浓度盐分环境中，磁化处理对植株 ET_o/CS_m 的影响明显加剧。

同浓度盐分环境下，与非磁化处理相比，磁化处理植株的 RC/CS_m、ABS/CS_m、TR_o/CS_m、ET_o/CS_m、RE_o/CS_m 均明显提高，且处理间 RC/CS_m、ET_o/CS_m、RE_o/CS_m 差异最大；其中 M_0 与 NM_0 相比，RC/CS_m、ABS/CS_m、TR_o/CS_m、ET_o/CS_m、RE_o/CS_m 分别提高 28.1%、8.1%、9.3%、52.6%、11.1%，ET_o/CS_m 差异达显著水平；M_3 与 NM_3 相比，分别提高了 12.8%、12.3%、13.5%、17.0%、18.8%；M_6 与 NM_6 相比，分别提高了 25.7%、8.2%、12.6%、18.1%、17.3%，DI_o/CS_m 的变化各盐分水平上存在差异。与非磁化处理相比，磁化 0 和 3.0 g·L^{-1} 咸水灌溉处理植株 DI_o/CS_m 有所提高，而 6.0 g·L^{-1} 中 DI_o/CS_m 明显降低。与 NM_0 相比，3.0 g·L^{-1} 磁化咸水灌溉下（M_3）葡萄 ET_o/CS_m 提高了 13.3%，RE_o/CS_m 降低 8.3%，且无显著差异。表明磁化处理能够缓解咸水灌溉对葡萄光系统的损伤，并通过提高叶片中活跃的 PSⅡ反应中心数量，促进光合电子传递和 PSⅠ受体侧电子的还原，提高葡萄的量子效率。

（五）光合性能指标

1. 双因素分析

PI_{ABS}、PI_{total} 作为光合性能指数能综合反映植物光合机构的性能；其中，PI_{ABS} 以吸收光能为基础反映 PSⅡ的光合性能，PI_{total} 则包含了光系统间的电子传递，综合反映植株光合机构（PSⅠ和 PSⅡ）的整体性能；RC/ABS 和 φ_{Po}、Ψ_o、δ_{Ro} 作为构成植物光合性能指数的独立参数，分别表征植物叶绿素（Chl_{total}）中所含反应中心（Chl_{RC}）的比例和 PSⅡ反应中心中激发能中用于还原 QA、推动 QA 下游电子传递、还原 PSⅠ 电子受体的能量效率。由表 4-11 可知，磁化处理对葡萄叶片 PI_{ABS} 有极显著影响，对 RC/ABS、Ψ_o、δ_{Ro} 有显著影响，对 φ_{Po}、PI_{total} 影响不显著；NaCl 处理对葡萄的 Ψ_o、PI_{ABS}、PI_{total} 有极显著影响，对 RC/ABS 有显著影响，对 φ_{Po}、δ_{Ro} 影响不显著；两者的交互效应对葡萄 δ_{Ro}、PI_{ABS} 有显著影响，对其余指标影响均不显著。

表 4-11 磁化处理和咸水灌溉对葡萄 PSⅡ 光合性能指数的影响

处理	RC/ABS	φ_{Po}	Ψ_o	δ_{Ro}	光合性能指数 （PI_{ABS}）	综合性能指数 （PI_{total}）
F_A	4.32*	ns	6.80*	4.98*	10.42**	ns
F_B	4.36*	ns	5.22**	ns	6.13**	7.9**
$F_{A \times B}$	ns	ns	ns	3.29*	3.32*	ns

注：A 代表磁化处理，B 代表 NaCl 浓度处理，A×B 代表磁化处理与 NaCl 浓度处理的交互作用；* 表示 $P<0.05$，** 表示 $P<0.01$，ns 表示差异不显著。RC/ABS 为单位反应中心吸收的光能，φ_{Po} 为递链中超过 QA 的其他电子受体的激子占用来推动 QA 还原激子的比例（在 $t=0$ 时），δ_{Ro} 为电子从系统间传递到电子传递链末端 PSⅠ 电子受体的概率。

2. 光合性能指标变化

研究发现，磁化作用能够促进植物的羧化效率，加速光合磷酸化，从而提高植物光系统的性能和结构稳定性。Shine（2012）将磁化处理对植物光系统的影响总结为高光捕获率和低自由基累积。本文研究结果与之相似，磁化咸水灌溉处理有效提高了葡萄光系统（PSⅠ 和 PSⅡ）的整体性能。其中非咸水灌溉下，磁化处理植株 ET_o/CS_m、Ψ_o、PI_{ABS} 显著提高（$P<0.05$），δ_{Ro} 显著降低，表明磁化处理加速了葡萄 PSⅡ 受体侧的电子传递，提高了葡萄光系统的量子效率，且磁化处理对葡萄光系统的影响主要表现在对 PSⅡ 光合性能的提升。而咸水灌溉条件下，磁化处理对葡萄光系统的影响主要表现在对光系统（尤其是 PSⅠ）的保护，葡萄 I 点荧光降低，$W_{oi} \geqslant 0$ 振幅的增大，表明磁化处理有效缓解了咸水灌溉下葡萄的光合磷酸化抑制和 PSⅠ 损伤，维持了光系统间高效的电子传递。而高效的光合电子传递，一方面能够促进葡萄叶片对 PSⅡ 光能的转化、利用，为植物的碳同化、光呼吸、氧还原和氮代谢等生理代谢过程供能（Foyer et al.，2005）。另一方面也有效避免了电子传递链的过度还原和反应中心激发能的累积，缓解了 PSⅡ 损伤，促使 PSⅡ 反应中心活性和量子效率（RC/CS_m、ABS/CS_m、TR_o/CS_m、ET_o/CS_m、RE_o/CS_m）明显提高。这是由于这种高效的能量传递来自磁场作用下色素分子有序性的增强。色素分子间内转换速率的提高是磁化处理后

水分子结构改变、自由水分子增多、水分子簇变小结合位点增加的结果，但其作用机制尚不明确。

对磁化处理和咸水灌溉交互作用下葡萄的光合性能分析（图 4-8）发现：非磁化处理中葡萄的 RC/ABS、φ_{Po}、δ_{Ro}、PI_{total} 随着盐分浓度的升高而降低，其中 NM_3 较 NM_0，φ_{Po}、δ_{Ro}、PI_{total} 分别降低 3.4%、18.3%、25.4%，处理间 δ_{Ro} 呈显著差异水平，RC/ABS 则无明显差异；NM_6 较 NM_0，RC/ABS、φ_{Po}、δ_{Ro}、PI_{total} 分别降低 16.5%、7.2%、16.9%、58.4%，处理间 φ_{Po}、δ_{Ro}、PI_{total} 呈显著差异水平。Ψ_o 和 PI_{ABS} 随着盐分浓度的升高表现为先升高后降低的变化趋势，但处理间差异不显著。说明咸水灌溉主要抑制了葡萄 PSⅡ 的光能捕获和 PSⅠ、PSⅡ 间的能量传递；且与 PSⅡ 相比，PSⅠ 对盐分胁迫更为敏感。

随着盐分浓度的升高，磁化处理植株的 RC/ABS、φ_{Po}、PI_{total} 表现出与非磁化处理相同变化趋势，但与 NM_0 和 NM_6 相比，M_0 和 M_6 之间 φ_{Po}、PI_{total} 的差异明显降低。M_3 和 M_6 处理下植株的 RC/ABS、φ_{Po}、PI_{total} 较 M_0 分别降低了 12.7% 和 20.1%、2.2% 和 4.4%、24.9% 和 44.8%；说明磁化处理能够缓解高盐胁迫下葡萄 PSⅡ 光能捕获能力和光系统整体性能的降低。磁化处理中 Ψ_o、δ_{Ro} 和 PI_{ABS} 的变化趋势与非磁化处理相比存在差异。其中，Ψ_o 和 PI_{ABS} 随着盐分的升高而显著降低，M_3、M_6 与 M_0 相比，分别降低了 17.1%、31.9% 和 40.4%、57.2%；δ_{Ro} 则无显著差异。表明磁化咸水灌溉降低了 PSⅡ 用于电子传递的能量比例和 PSⅡ 的光能利用率，但较好地维持了 PSⅠ、PSⅡ 间的能量传递。

磁化处理植株的 RC/ABS、φ_{Po}、Ψ_o、PI_{ABS}、PI_{total} 均有不同幅度的提高。与 NM_0 相比，M_0 的 RC/ABS、Ψ_o、PI_{ABS} 和 PI_{total} 分别提高 18.3%、40.4%、25.0%、133.8% 和 17.7%，δ_{Ro} 降低 25.0%，处理间 Ψ_o、PI_{ABS}、δ_{Ro} 呈显著差异水平，φ_{Po} 则无显著差异。说明非咸水灌溉条件下，磁化处理能够通过提高葡萄叶片中的 PSⅡ 反应中心数量和对光能的转化利用效率，改善葡萄光系统（PSⅠ、PSⅡ）的整体性能；且磁化处理对 PSⅡ 光合性能的提升大于 PSⅠ。咸水灌溉条件下，与非磁化处理相比，磁化处理提高了葡萄的 RC/ABS、φ_{Po}、Ψ_o 和 PI_{ABS}、PI_{total}，其中 RC/ABS、φ_{Po}、Ψ_o 的提高幅度均未达到显著水平，但交互作用下葡萄的 PI_{ABS}、PI_{total} 大幅度提升，与 NM_3 和 NM_6 相比，M_3 和 M_6 的 PI_{ABS}、PI_{total} 分别提高了 18.4%、18.4% 和 50.9%、55.9%。且 M_3 与 NM_0 相比，PI_{ABS}、PI_{total} 均无显著差异。可见，磁化处理能够有效改善咸水灌溉下葡萄光系统（PSⅠ、PSⅡ）的整体性能，并随着盐分浓度的提高，提升幅度明显增大。

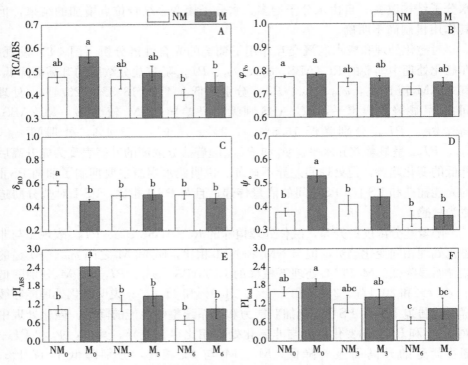

图 4-8　磁化咸水灌溉对葡萄 PSⅡ 的性能指数的影响

注：RC/ABS 为单位反应中心吸收的光能，φ_{Po} 为递链中超过 QA 的其他电子受体的激子占用来推动 QA 还原激子的比例（在 $t=0$ 时），δ_{Ro} 为电子从系统间传递到电子传递链末端 PSI 电子受体的概率。

六、磁化水灌溉对外源施氮后葡萄光合特性的影响

（一）磁化水灌溉后光合色素含量变化

合理的施氮可以有效提高植物的生物量、叶面积、叶绿素含量和净光合速率（剧成欣，2018），本文研究结果与之相似。主要表现为：与对照（NM_0、M_0）相比，施氮处理（NMN、MN）下葡萄叶绿素 a、叶绿素 b、叶绿素 a＋b、类胡萝卜素含量提高（表 4-12），其中 NMN 较 NM_0 分别提高了 16.1%、23.1%、18.2%、13.3%；MN 较 M_0 分别提高了 14.6%、9.2%、13.1%、7.4%；处理间差异均未达到显著水平。施氮处理和磁化处理均对叶绿素 a/b 影响不显著，但是各浓度氮素环境中磁化水灌溉均有利于葡萄叶片中光合色素含量的提高，且低氮环境中磁化水灌溉对葡萄叶片光合色素的影响大于施氮处理。不同氮素环境中，磁化水灌溉植株叶绿素 a、叶绿素 b、叶绿素 a＋b 和类

胡萝卜素含量均高于非磁化处理，且处理间叶绿素 a、叶绿素 a＋b 呈显著差异水平。其中 M_0 较 NM_0 分别提高了 25.5％、22.4％、24.8％、27.8％，且叶绿素 a、叶绿素 a＋b 和类胡萝卜素达显著水平；MN 较 NMN 分别提高 23.8％、8.6％、19.3％、21.1％，且叶绿素 a 和叶绿素 a＋b 达显著水平；由此可以看出，磁化水灌溉有效促进了葡萄叶片叶绿素的合成。Boussadia 等 (2010) 研究发现，植物体内叶绿素 a 含量受供氮水平的影响，随供氮水平的提高，植物体内的叶绿素 a 含量显著提高。因此推断，磁化水灌溉对施氮条件下葡萄叶片叶绿素含量的显著提高可能是由于磁化处理促进了葡萄氮素的高效利用，提高了叶片的氮素含量与氮代谢活性，促使氮素更多地向叶绿体分配造成的。

表 4-12　磁化水灌溉对施氮条件下葡萄光合色素含量的影响

处理	叶绿素 a ($mg \cdot g^{-1}$)	叶绿素 b ($mg \cdot g^{-1}$)	叶绿素 a＋b ($mg \cdot g^{-1}$)	叶绿素 a/b	类胡萝卜素 ($mg \cdot g^{-1}$)
NM_0	1.04±0.05c	0.38±0.02b	1.42±0.07c	2.77±0.07a	0.23±0.01b
M_0	1.31±0.06ab	0.46±0.02ab	1.77±0.07ab	2.83±0.10a	0.29±0.02a
NMN	1.21±0.07bc	0.47±0.04ab	1.68±0.11bc	2.68±0.14a	0.26±0.02ab
MN	1.50±0.11a	0.51±0.04a	2.00±0.14a	2.99±0.16a	0.31±0.02a

注：M_0 为磁化水灌溉处理，NM_0 为非磁化水灌溉处理，MN 为磁化施氮处理，NMN 为非磁化施氮处理。表中数据为平均数±标准差。同列小写字母表示不同处理之间差异显著（$P<0.05$）。

（二）光合气体交换参数

施氮处理下葡萄叶片 Pn、Gs 和 Tr 提高，Ci、WUE 差异不显著（表 4-13）；其中 NMN 与 NM_0 相比，葡萄叶片的 Pn、Gs 和 Tr 分别提高了 14.3％、15.5％和 10.9％，Pn、Tr 的提高幅度达到显著水平；MN 较 M_0 各参数分别提高了 12.9％、10.9％和 6.0％，且 Pn 达显著水平。

同浓度氮素环境下，磁化水灌溉植株 Pn、Gs 和 Tr 提高，且处理间 Pn 的提高幅度均达到显著水平。其中 M_0 与 NM_0 相比，Pn、Gs 和 Tr 分别提高了 9.4％、10.4％和 7.1％，MN 与 NMN 相比，Pn、Gs 分别提高了 8.1％、6.1％，Tr 无显著差异；磁化水灌溉下 Ci 则呈现相反的变化趋势，与 NM_0、NMN 相比，M_0、MN 处理下葡萄叶片 Ci 显著降低，分别为 5.7％、6.3％。上述光合气体交换参数分析结果与闫慧 (2013) 的研究结果相似，即施氮处理提高了葡萄叶片 Pn、Gs 和 Tr，表明施氮处理能够改善葡萄叶片叶肉细胞与外界的气体交换，促进了 CO_2 的吸收。而磁化处理同样提高了

葡萄叶片的 Pn、Gs 和 Tr，促使施氮条件下磁化水灌溉植株具有更高的 CO_2 供应能力。且 CO_2 的高效供应和羧化效率共同促成了施氮条件下磁化水灌溉植株光合碳同化能力的显著提高。

表 4-13　磁化水灌溉对施氮条件下葡萄光合气体交换参数的影响

处理	净光合速率 Pn [μmol · $(m^2 \cdot s)^{-1}$]	气孔导度 Gs [mmol · $(m^2 \cdot s)^{-1}$]	蒸腾速率 Tr [mmol · $(m^2 \cdot s)^{-1}$]	胞间 CO_2 浓度 Ci (μmol · mol^{-1})	水分利用效率 WUE (μmol · $mmol^{-1}$)
NM_0	12.33±0.45c	129.54±6.92b	3.40±0.08b	317.00±4.35a	3.66±0.14a
M_0	13.49±0.39b	143.05±12.58ab	3.64±0.10ab	298.85±3.98b	3.75±0.12a
NMN	14.08±0.42b	149.57±7.57ab	3.78±0.14a	313.46±5.37a	3.82±0.14a
MN	15.23±0.23a	158.63±7.29a	3.86±0.11a	293.77±3.53b	4.03±0.14a

注：M_0 为磁化水灌溉处理，NM_0 为非磁化水灌溉处理，MN 为磁化施氮处理，NMN 为非磁化施氮处理。表中数据为平均数±标准差。同列小写字母表示不同处理之间差异显著（$P<0.05$）。

（三）叶绿素荧光参数

光能的捕获、电子传递和羧化过程是植物光合作用的主要内容，而植物叶片中捕光系统、电子传递链和羧化系统中所获得的氮素分配比例和氮素水平直接影响植物的光合能力（Warren et al.，2006）。因此，合理施氮能够提高植物 PSⅡ的光能转化效率，促进光合电子传递，协调两光系统间的能量分配，从而提升植物的光系统性能（李耕，2010）。

施氮处理和磁化处理对葡萄叶片的最小荧光 F_0 无显著影响（图 4-9A）。施氮处理后葡萄 F_m、F_v/F_m、$\Phi_{PSⅡ}$ 提高（图 4-9B、C、D），其中 NMN 与 NM_0 相比，分别提高了 11.6%、2.2%、15.3%；MN 与 M_0 相比，分别提高了 6.1%、2.5%、12.9%，F_v/F_m、$\Phi_{PSⅡ}$ 的提高幅度达到显著水平。同浓度氮素环境下，与非磁化处理相比，磁化处理葡萄的 $\Phi_{PSⅡ}$ 显著提高，其中 M_0 与 NM_0 相比，$\Phi_{PSⅡ}$ 提高了 12.1%，MN 与 NMN 相比，$\Phi_{PSⅡ}$ 提高了 9.8%；磁化处理下植株 F_m 的变化在不同氮素水平中存在差异，其中 M_0 与 NM_0 相比提高了 4.8%，MN 与 NMN 相比则无显著差异。施氮后，磁化水灌溉均对 F_v/F_m 无显著影响，表明磁化处理并未影响葡萄 PSⅡ的最大光能转化效率，而是通过促进电子传递，提高了 PSⅡ反应中心的激发能利用率。

随氮素浓度提高，葡萄叶片的 q_P 显著提高（图 4-9E），q_N、NPQ、$1-q_P$ 降低（图 4-9F、G、H），其中 NMN 较 NM_0，q_P 提高了 9.8%，q_N、NPQ 和 $1-q_P$ 分别降低了 4.1%、6.9% 和 20.4%，MN 较 M_0，q_P 提高了 7.1%，

q_N、NPQ 和 $1-q_P$ 分别降低了 8.2%、13.88% 和 21.09%。与非磁化处理相比，磁化水灌溉植株 q_P 显著提高，q_N、NPQ、$1-q_P$ 降低；其中，M_0 较 NM_0，q_P 提高了 10.7%，q_N、NPQ 和 $1-q_P$ 分别降低了 8.5%、16.7% 和 22.2%，MN 较 NMN，q_P 提高了 8.0%，q_N、NPQ 和 $1-q_P$ 分别降低了 12.5%、22.9% 和 22.8%，且随着供氮水平提高处理间差异明显增大，施氮条件下处理间各参数总体呈现显著差异。表明单独施氮和磁化水灌溉均能有效促进葡萄 PSⅡ 受体侧的电子传递，降低 PSⅡ 反应中心激发能压力，进而减少能量耗散比例，提高 PSⅡ 的光能利用率。

由此可见，施氮处理下葡萄 F_m、F_v/F_m、$\Phi_{PSⅡ}$ 和 q_P 显著提高，NPQ、$1-q_P$ 降低，q_N 无显著差异，表明施氮处理提高了葡萄 PSⅡ 的光能捕获能力，促进了系统间的电子传递，从而减少了反应中心激发能的累积，降低了耗散比例，促使更多光能被用于同化力的形成。施氮条件下，磁化处理显著提高了葡萄的 $\Phi_{PSⅡ}$ 和 q_P，降低了 q_N、NPQ、$1-q_P$，而对 F_v/F_m 无显著影响，表明磁化处理对施氮条件下葡萄光系统性能的提高主要是通过提高电子传递效率，降低光系统中激发能的累积促成的。且与单独施氮处理相比，磁化水灌溉下葡萄 q_N 显著降低，表明磁化水灌溉在有效降低葡萄的激发能耗散损失的同时，也验证了 PSⅡ 反应中心能量传递的高效性。但这种表现是否与葡萄叶片中氮素向电子传递链和羧化系统中的分配比例较高有关，仍需进一步研究。

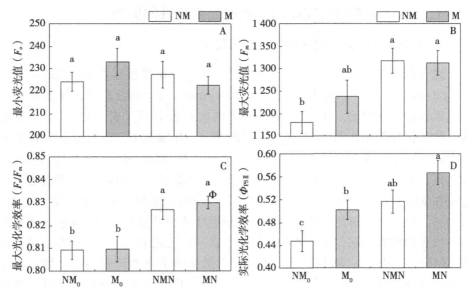

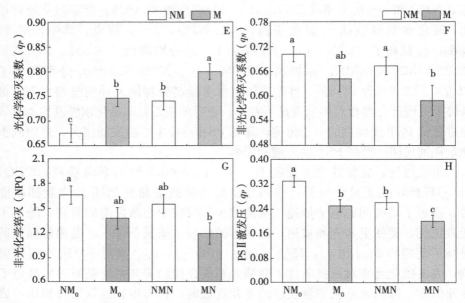

图4-9 磁化水灌溉对施氮条件下葡萄最小荧光值（A）、最大荧光值（B）、最大光化学效率（C）、实际光化学效率（D）以及非荧光猝灭系数（E）、非化学猝灭系数（F）、非光化学猝灭（G）和PSⅡ激发压（H）的影响

注：图中数据为平均值±标准差。不同小写字母表示不同处理之间差异显著（$P<0.05$）。

七、磁化水灌溉对镉胁迫下杨树光合特性的影响

（一）磁化水灌溉后杨树叶片色素含量变化

光合色素是光合作用的基础，其含量与光合速率呈正相关（Sairam and Srivastava，2002）。研究发现，50 和 100 $\mu mol \cdot L^{-1}$镉处理下，杨树叶片光合色素含量显著降低，且随着镉浓度的增加显著下降（表 4-14）。主要表现为：非磁化处理中，与 NM_0 相比，叶绿素 a、叶绿素 b、类胡萝卜素含量在 NM_{50} 中分别下降 9.6%、12.5%、19.3%，在 NM_{100} 中分别下降 40.9%、43.2%、46.4%。磁化处理中，与 M_0 相比，叶绿素 a、叶绿素 b、类胡萝卜素含量在 M_{50} 中分别下降 17.7%、14.1%、17.9%，在 M_{100} 中分别下降 29.2%、27.4%、31.2%；可见，外源镉胁迫对杨树叶片中叶绿素 a、叶绿素 b 及类胡萝卜素含量均有抑制作用，这与万雪琴（2008）发现镉胁迫使欧美杂交杨无性系 XMH-4、MH-8、XMH-10 总叶绿素含量显著下降的研究结果一致，说明镉胁迫会抑制叶绿素酸酯还原酶（protochlophyllide reductase）的活性，破坏

光合色素的动态平衡。

镉胁迫下，磁化水灌溉对杨树光合色素含量有不同程度的促进作用（表 4-14）。主要表现为：与非磁化处理（NM_0、NM_{50}、NM_{100}）相比，磁化处理（M_0、M_{50}、M_{100}）后叶绿素 a 含量分别提高 17.0%、6.6%、40.2%，叶绿素 b 含量分别提高 8.7%、6.7%、39.1%，类胡萝卜素含量分别提高 17.3%、19.4% 和 50.5%，其中 M_0 与 NM_0、M_{100} 与 NM_{100} 差异分别达到显著水平，M_{50} 与 NM_{50} 差异则不显著。磁化处理后欧美杨色素总浓度分别为 3.50、2.95 和 2.49 mg·g^{-1}，M_0、M_{100} 显著高于 NM_0、NM_{100}。可见，磁化水灌溉明显提高了杨树叶片光合色素的含量，这与张帆（2011）利用磁化水灌溉提高杨树叶绿素含量研究结果相似，说明磁化水处理可以通过提高叶绿素含量来增强光合作用以适应外源镉胁迫。与之不同的是，本研究发现，磁化水处理大幅提高了镉胁迫下欧美杨叶片中类胡萝卜素含量，这可能是由于磁化水处理活化或者诱导了合成酶基因的表达，从而促进类胡萝卜素的合成（何士敏，2000），镉胁迫下磁化水处理中杨树体内较高的类胡萝卜素含量有助于活性氧的淬灭和过剩激发能的消除，降低镉引起的膜脂过氧化水平，稳定植株细胞内活性氧平衡。

表 4-14 磁化水处理对镉胁迫下欧美杨光合色素含量的影响

处理	叶绿素 a（mg·g^{-1}）	叶绿素 b（mg·g^{-1}）	类胡萝卜素（mg·g^{-1}）	色素浓度（mg·g^{-1}）
NM_0	1.907±0.033Ab	0.784±0.016Ab	0.358±0.005Ab	3.049±0.052Ab
NM_{50}	1.724±0.089Aa	0.686±0.029Ba	0.289±0.027Ba	2.699±0.139Ba
NM_{100}	1.127±0.052Bb	0.445±0.020Cb	0.192±0.008Cb	1.763±0.080Cb
M_0	2.231±0.024Aa	0.852±0.012Aa	0.420±0.007Aa	3.503±0.039Aa
M_{50}	1.837±0.035Ba	0.732±0.013Ba	0.345±0.009Ba	2.950±0.056Ba
M_{100}	1.580±0.033Ca	0.619±0.009Ca	0.289±0.006Ca	2.488±0.048Ca

注：M_0 为磁化＋0 $\mu mol \cdot L^{-1}$ 镉灌溉处理，M_{50} 为磁化＋50 $\mu mol \cdot L^{-1}$ 镉灌溉处理，M_{100} 为磁化＋100 $\mu mol \cdot L^{-1}$ 镉灌溉处理，NM_0 为非磁化＋0 $\mu mol \cdot L^{-1}$ 镉灌溉处理，NM_{50} 为非磁化＋50 $\mu mol \cdot L^{-1}$ 镉灌溉处理，NM_{100} 为非磁化＋100 $\mu mol \cdot L^{-1}$ 镉灌溉处理。表中数据为平均值±标准差，不同大写字母表示同一处理内不同镉浓度间差异达到显著水平（$P<0.05$），不同小写字母表示相同镉浓度的不同处理间差异达到显著水平（$P<0.05$）。

（二）磁化水灌溉后杨树叶片光合气体交换参数变化

镉离子进入细胞内会破坏光合系统的电子传递，抑制电子供体 DPC 活性，损伤光合反应中心，使光合速率下降。通过对叶片光合气体交换参数的测定分析（表 4-15）发现，非磁化处理中，与 NM_0 相比，叶片净光合速率（Pn）、蒸腾速率（Tr）和胞间二氧化碳浓度（Ci）在 NM_{50} 和 NM_{100} 中分别显著下降 13.7% 和 33.7%、8.1% 和 27.8%、5.0% 和 15.0%，气孔导度（Gs）在

NM_{100} 处理中显著降低 35.3％，在 NM_{50} 中差异不显著；水分利用效率（WUE）在 NM_{50} 和 NM_{100} 中差异均不显著。磁化处理中，与 M_0 相比，Tr、Gs、Ci 在 M_{50} 和 M_{100} 中均显著降低，Pn、WUE 仅在 M_{100} 中显著下降 43.1％、32.0％，在 M_{50} 中差异均不显著；可见，镉胁迫导致叶片的 Pn、Gs、Ci 下降，与戴前莉（2017）的研究结果一致，这说明杨树体内过量的镉增加了叶片气孔阻力，使 Gs 和 Ci 降低，RuBP（核酮糖-1,5-二磷酸）羧化反应受阻，导致净光合速率下降（Mobin et al.，2007）。

研究发现，与非磁化处理相比（NM_0、NM_{50}、NM_{100}），磁化处理后（M_0、M_{50}、M_{100}）叶片 Pn 分别提高 28.8％、28.9％、10.0％，其中 M_{50} 与 NM_{50} 显著差异，但 M_0 与 NM_0、M_{100} 与 NM_{100} 差异则不显著；Gs、Ci、WUE 分别显著提高 39.4％、11.7％、29.5％，5.8％、4.5％、6.1％，68.8％、70.9％、25.4％；Tr 则显著降低 24.2％、23.3％、12.1％。可见，磁化水灌溉处理显著提高了镉胁迫下欧美杨叶片 WUE、Gs 和 Ci，说明磁化处理可以通过提高镉胁迫下杨树幼苗的水分利用效率和气孔调节能力来协调 CO_2 供应和水分利用效率的关系，提高欧美杨光合速率，这与万晓（2016）研究发现高矿化度磁化水灌溉可以提高绒毛白蜡光合速率的结果一致。

表 4-15　磁化水处理对镉胁迫下欧美杨叶片气体交换参数的影响

处理	净光合速率 Pn [mmol・$(m^2 \cdot s)^{-1}$]	蒸腾速率 Tr [mmol・$(m^2 \cdot s)^{-1}$]	气孔导度 Gs [mmol・$(m^2 \cdot s)^{-1}$]	胞间 CO_2 浓度 Ci (mmol・mol^{-1})	水分利用效率 WUE (μmol・mol^{-1})
NM_0	9.50±0.15Aa	4.71±0.17Aa	329.67±14.84Ab	331.22±2.79Ab	2.02±0.11Ab
NM_{50}	8.20±0.23Bb	4.33±0.04Ba	298.89±3.90Ab	314.67±1.39Bb	1.89±0.05Ab
NM_{100}	6.30±0.17Ca	3.40±0.07Ca	213.33±5.72Bb	281.56±5.31Cb	1.85±0.03Ab
M_0	12.17±0.92Aa	3.57±0.33Ab	459.55±9.65Aa	350.44±2.25Aa	3.41±0.25Aa
M_{50}	10.57±0.09Aa	3.32±0.29Bb	333.89±2.63Ba	328.89±2.99Ba	3.23±0.24Aa
M_{100}	6.93±0.51Ba	2.99±0.04Cb	276.22±22.37Ba	298.78±2.48Ca	2.32±0.01Ba

注：M_0 为磁化＋0 μmol・L^{-1}镉灌溉处理，M_{50} 为磁化＋50 μmol・L^{-1}镉灌溉处理，M_{100} 为磁化＋100 μmol・L^{-1}镉灌溉处理，NM_0 为非磁化＋0 μmol・L^{-1}镉灌溉处理，NM_{50} 为非磁化＋50 μmol・L^{-1}镉灌溉处理，NM_{100} 为非磁化＋100 μmol・L^{-1}镉灌溉处理。表中数据为平均值±标准差，不同大写字母表示同一处理内不同镉浓度间差异达到显著水平（$P<0.05$），不同小写字母表示相同镉浓度的不同处理间差异达到显著水平（$P<0.05$）。

（三）磁化水灌溉后杨树叶片叶绿素荧光特性变化

由表 4-16 可知，镉胁迫条件下，非磁化处理中，与 NM_0 相比，PSⅡ潜在活性（F_v/F_o）及最大光化学速率（F_v/F_m）、量子产额（Φ_{E_o}）在 NM_{50} 中分别降低 0.5%、2.4%、1.1%，但差异并不显著，在 NM_{100} 中则显著降低 1.7%、9.0%、5.9%；光化学性能指数（PI_{ABS}）在 NM_{50} 和 NM_{100} 中显著降低 14.11% 和 27.2%。磁化处理中，与 M_0 相比，M_{50} 和 M_{100} 处理的 F_v/F_m、F_v/F_0、PI_{ABS} 分别显著降低 0.7%、4.1%、12.2% 和 1.0%、5.9%、19.1%，Φ_{E_o} 降低 0.9%、1.5%。由此可知，镉胁迫降低了杨树幼苗的 F_v/F_m、F_v/F_0、PI_{ABS}、Φ_{E_o}，这说明植株对镉的摄入降低了光合反应中心的活性。但与非磁化处理（NM_0、NM_{50}、NM_{100}）不同的是，磁化处理后（M_0、M_{50}、M_{100}）欧美杨叶片 F_v/F_m、F_v/F_0、PI_{ABS} 和 Φ_{E_o} 均有不同程度提高，F_v/F_m 和 F_v/F_0 分别显著提高 0.8%、0.6%、1.6% 和 5.7%、3.9%、1.6%（$P<0.05$）；PI_{ABS} 显著提高 18.0%、20.6%、31.1%；Φ_{E_o} 提高 3.2%、3.5%、8.1%，但仅在 M_{100} 与 NM_{100} 之间差异达到显著水平。可见，磁化水处理能使镉胁迫下杨树幼苗维持较高且稳定的叶绿素荧光参数，这表明磁化作用在降低镉胁迫对光合机构影响（Appenroth et al.，2001）的同时还能提高 PSⅡ受体侧电子传递速率，维持稳定的跨膜质子梯度，利于偶联 ATP 形成光合磷酸化同化力，加之稳定的 PSⅡ反应中心活性，有利于光合碳同化进行（李鹏民，2005），缓解镉离子对植株的毒害。

表 4-16　磁化水处理对镉胁迫下欧美杨叶绿素荧光参数的影响

处理	最大光化学效率	PSⅡ潜在活性	光化学性能指数	量子产额
NM_0	$0.832\pm0.001Ab$	$4.931\pm0.038Ab$	$7.803\pm0.038Ab$	$0.527\pm0.009Aa$
NM_{50}	$0.828\pm0.002Ab$	$4.814\pm0.056Ab$	$6.702\pm0.056Bb$	$0.521\pm0.004Aa$
NM_{100}	$0.818\pm0.001Bb$	$4.485\pm0.045Bb$	$5.680\pm0.045Cb$	$0.496\pm0.004Bb$
M_0	$0.839\pm0.001Aa$	$5.213\pm0.032Aa$	$9.208\pm0.032Aa$	$0.544\pm0.002Aa$
M_{50}	$0.833\pm0.001Ba$	$5.001\pm0.052Ba$	$8.085\pm0.052Ba$	$0.539\pm0.008Aa$
M_{100}	$0.831\pm0.001Ba$	$4.905\pm0.042Ba$	$7.446\pm0.042Ba$	$0.536\pm0.002Aa$

注：M_0 为磁化 $+0$ $\mu mol \cdot L^{-1}$ 镉灌溉处理，M_{50} 为磁化 $+50$ $\mu mol \cdot L^{-1}$ 镉灌溉处理，M_{100} 为磁化 $+100$ $\mu mol \cdot L^{-1}$ 镉灌溉处理，NM_0 为非磁化 $+0$ $\mu mol \cdot L^{-1}$ 镉灌溉处理，NM_{50} 为非磁化 $+50$ $\mu mol \cdot L^{-1}$ 镉灌溉处理，NM_{100} 为非磁化 $+100$ $\mu mol \cdot L^{-1}$ 镉灌溉处理。表中数据为平均值±标准差，不同大写字母表示同一处理内不同镉浓度间差异达到显著水平（$P<0.05$），不同小写字母表示相同镉浓度的不同处理间差异达到显著水平（$P<0.05$）。

八、小结

（1）盐分胁迫显著抑制植株叶面积，与对照相比降低比例达 10.7%～11.4%，致使光合有效叶面积减少，Pn、Gs、Ci、Tr 及 WUE 的降低幅度达

$1.5\%\sim51.1\%$，Ls 值则极显著增大，这使得光合碳同化产物减少，进而抑制植株高径生长，抑制比例达 $41.3\%\sim55.8\%$；由于叶片光合作用会影响生物量的累积及分配格局，当根叶生物量累积降低，茎生物量则增大。磁化微咸水灌溉后，植株单叶面积提高，为 $11.1\%\sim11.9\%$，光合总叶面积增大，Pn、Gs 升高，增幅 $5.3\%\sim29.3\%$，Ls、PI_{ABS} 降低，为 $3.0\%\sim45.4\%$，F_v/F_m 较高且稳定维持在 0.85 左右，这说明磁化作用有利于维持光合系统的结构和功能完整性，使植株受盐分胁迫伤害程度较轻，提高了植物在盐分环境的生存能力。

（2）磁化处理和盐浓度处理与绒毛白蜡胞间 CO_2 浓度、蒸腾速率、净光合速率、气孔导度的关系极为显著。磁化处理显著提高了植株的抗盐能力。初期最高光化学效率比中期低的原因可能是，绒毛白蜡和桑树刚开始接受盐分胁迫，光合作用受到了较大影响，后期由于渐渐适应，最高光化学反应恢复到一个较稳定的水平。结果显示，磁化处理总体上比对照组的光化学效率高。其中，磁化处理在中期和末期对实际光化学效率的影响极显著，在末期对最高光化学效率影响极显著。

通过对比绒毛白蜡、桑树生长与光合能力的增加量，推测盐害是抑制绒毛白蜡生长的最重要因素，而对于桑树而言，除盐害外，其他因素诸如光照、空气温度湿度也会对其生长状况产生较大影响。

在快速叶绿素荧光诱导动力学曲线的 J、I、P 点，非磁化处理的三种梯度 0‰、4‰和 8‰都分别低于磁化处理，其中非磁化 8‰的曲线明显较低，说明非磁化 8‰的 PSⅡ结构受到严重破坏。PQ 库被还原的能力不断下降。叶片受到盐分胁迫时，单位反应中心承担的光能转换任务更多，在一定盐分胁迫程度下，PSⅡ的中心色素结构基本稳定，有活性的反应中心数目急剧下降，剩下的活性反应中心承担了越来越多的光能转换任务，活性反应中心捕获的光能优先保证推动 PSⅡ电子传递。PSⅡ受体侧电子传递能力不断下降。盐分胁迫使 PSⅡ受体侧 PQ 库被还原能力急剧降低，库容减少，QA 自身氧化还原越来越难，导致受体侧电子传递受阻，最终影响了电子传递进程。

（3）磁化处理降低了咸水灌溉下葡萄的光合机构损伤，维持了叶肉细胞的光合活性，促进光系统间高效的电子传递，进而提高了葡萄的光合碳同化能力。与非磁化咸水灌溉相比，磁化处理提高了葡萄叶片的叶绿素 a、叶绿素 b 和类胡萝卜素含量，改变了叶片中的光合色素比例；缓解了咸水灌溉下葡萄叶片气孔调节能力和羧化效率的降低，并将 $3.0\ g\cdot L^{-1}$ 咸水灌溉下影响葡萄光合作用的主要因素转化为气孔限制。同时，磁化咸水灌溉下葡萄较好地维持了光系统PSⅠ、PSⅡ间的电子传递，减少了激发能的累积，从而有效缓解了葡萄光系统的损伤，为盐分胁迫下葡萄的光能吸收、转化及同化力的形成提供了良好基础。

（4）外源施氮条件下，磁化水灌溉能够进一步提高葡萄的叶绿素 a、叶绿素 b 和类胡萝卜素含量，提高葡萄的气孔导度和叶肉细胞光合活性，减少叶肉细胞中的 CO_2 累积，进而提高葡萄叶片的光合碳同化能力；同时，磁化水灌溉显著提高了葡萄光系统中用于光化学反应的光能比例，降低反应中心的激发能压力，减少能量耗散，改善了葡萄光系统性能，有效提高了葡萄 PSII 的光化学效率。

（5）镉胁迫导致光合色素含量降低，杨树光能利用效率下降，影响光合机构功能和碳同化速率，抑制植株的生长发育。而磁化水处理可以缓解镉累积对杨树幼苗生长发育的抑制，增加杨树幼苗中光合色素的含量，维持较高且稳定的叶绿素荧光参数及 PSII 反应中心活性，减轻镉胁迫对光合机构的伤害，提高光合碳同化速率，从而有助于植株对光能的吸收利用，提高植株生长及根茎叶生物量的累积，增强杨树对镉的耐受程度。

第二节　磁化水灌溉对植物营养分布特征的影响

一、试验材料与方法

（一）试验材料

磁化微咸水灌溉和镉胁迫杨树盆栽试验同第二章第二节。

磁化微咸水灌溉葡萄盆栽试验同第二章第二节。

（二）测定方法

将处理植株功能叶片、新梢、细根，经 105℃ 杀青 30 min 后于 80℃ 烘干至恒重，粉碎并经 100 目过筛，称取 0.1 g，在高温消化炉中利用浓 H_2SO_4-H_2O_2 消煮至样品透明状，冷却后，加入 20 ml 去离子水，用定量滤纸过滤到 50 ml 容量瓶内，用热的 1% HCl 溶液洗涤三角瓶和滤渣，直至无 Fe^{3+} 反应为止。用去离子水定容。利用原子吸收分光光度法（AAS）测定各处理植株根系和叶片中 K^+、Ca^{2+}、Na^+、Mg^{2+} 离子含量（章家恩，2007）。

植株总氮和硝态氮含量采用 H_2SO_4-H_2O_2 消煮-紫外分光光度法测定；铵态氮采用靛酚蓝比色法测定；总磷采用钒钼黄比色法测定；总碳采用重铬酸钾容量法测定。

二、磁化微咸水灌溉对杨树矿质养分分布特征的影响

（一）磁化水灌溉后不同组织微量元素含量变化

在叶片组织中，Fe、Mn、Zn 和 Cu 4 种微量元素在 4 个处理中总体表现为

显著差异（表 4-17）。与对照相比（M_0、NM_0），微咸水灌溉处理中（M_4、NM_4），Fe 含量降低，为 16.6%～19.3%；Zn、Mn 和 Cu 提高，分别为 6.7%～17.6%、51.8%～61.7% 和 15.0%～29.8%，其中，微咸水灌溉中 Mn 含量提高幅度最大。与非磁化微咸水灌溉相比，磁化微咸水灌溉提高了 Fe、Zn 和 Cu 3 种元素的含量，其中 M_0 较 NM_0 增长 72.8%、4.8% 和 50.6%，M_4 较 NM_4 增长 78.5%、12.1% 和 33.4%，由此看出，磁化微咸水灌溉对 Fe 的提高幅度最大，Mn 含量则降低。

在根系组织中，微咸水灌溉后 Fe、Mn、Zn 含量呈降低趋势（表 4-17），M_4 较 M_0 分别降低 3.9%、19.2% 和 23.4%，NM_4 较 NM_0 分别降低 20.5%、36.9% 和 25.2%，其中非磁化微咸水灌溉中 Fe、Mn、Zn 含量降低幅度大于磁化微咸水灌溉植株，且总体表现为显著差异；Cu 含量较对照提高，分别为 1.2% 和 3.4%。磁化微咸水灌溉后根系 Fe、Zn 和 Cu 含量提高，M_0 较 NM_0 分别提高 24.5%、6.7% 和 3.9%，M_4 较 NM_4 分别提高 50.4%、9.2% 和 1.8%，其中，磁化微咸水灌溉中 Fe 含量提高幅度大于其他元素，Mn 含量则降低，为 13.3% 和 36.9%。

叶片与根系相比，根系中 Fe、Mn 和 Cu 含量高于叶片，微咸水灌溉中元素 Zn 含量低于叶片组织，且磁化微咸水灌溉中元素 Fe 含量的提高幅度大于其他元素。Fe 是植物正常生长发育的第三大限制性营养元素，在植物体内的运输一般是通过木质部，而在韧皮部的移动性较差，磁化水灌溉后大量 Fe 在根系积累而不容易运输到其他新生器官，使其利用率下降，同时这也说明了 Fe 的移动性较差，很难从一个器官运输到另一个器官，而细胞内过高的 Fe^{3+}/Fe^{2+} 氧化还原势则会产生超氧化合物，对细胞造成伤害；Bienfait 等（1987）的试验表明，植物对缺铁逆境的适应信号反应位于根系部分，而不是地上部分，盐分环境下，叶片和根系中 Fe 吸收量降低，累积量下降，对叶片颜色的观察结果发现，颜色较对照处理浅，且含量低于对照处理，这可能是叶片缺铁，导致叶绿素合成受阻；James 等（1982）发现 Fe 对叶绿素构成的影响要大于对叶绿素合成的影响，在整个光合系统的作用过程中起着重要作用，同时还影响到蒸腾作用和气孔开闭。

与元素 Fe 表现不同的是，元素 Zn 则较多地在叶片中累积，这说明在盐分环境下，植株根部对 Zn 吸收能力较强、根部到叶片的快速传输能力较快，同时地上部各器官对 Zn 具有较强的解毒和储存能力（闫妍，2008），致使大量元素 Zn 在叶片中聚集，较少量滞留于根系。磁化微咸水灌溉后，植株 Fe、Zn 和 Cu 含量均高于非磁化微咸水灌溉植株，这与王俊花（2006）对黄瓜、Harsharn 等（2011）对雪豆和鹰嘴豆中微量元素含量的研究结果相似，推断这是由于在植株体内长期磁致效应作用于养分的迁移所致，而磁场的存在会使某些激素含量增加，如 Turker 等（2007）发现，磁场作用提高了向日葵中赤霉素、吲哚乙酸、玉米素等内源激素含量，可以刺激植物增强对营养元素的吸收；Fe、Zn 含量的增加可以促进叶绿素的更新，维持光合作用和呼吸作用的进行，延缓衰老；Cu 是植物生长必需的微量元素之一，其含量的多少对氮代谢、蛋白质合成及光合作用产生影响，磁化作用维持了相对较高水平的 Cu，这不仅可以增强蛋白质的活性，还可以维持光合作用的正常进行。

表 4-17　磁化微咸水灌溉对叶片和根系组织中 Fe、Mn、Zn 和 Cu 4 种微量元素含量的影响（$\mu g \cdot g^{-1}$）

处理	叶片				根系			
	Fe	Mn	Zn	Cu	Fe	Mn	Zn	Cu
M_0	65.79± 1.11a	17.01± 0.28b	12.02± 0.31c	3.99± 0.08b	927.05± 12.89a	49.16± 0.60b	15.70± 0.59a	7.37± 0.23a
NM_0	38.07± 2.66c	20.39± 0.10ab	11.47± 0.16c	2.65± 0.29d	744.43± 9.21b	55.69± 0.35a	14.71± 0.12a	7.09± 0.22a
M_4	54.84± 0.80b	20.01± 0.31c	19.44± 0.27a	4.59± 0.08a	890.62± 16.99a	39.72± 0.71c	12.03± 0.14b	7.46± 0.12a
NM_4	30.73± 0.97d	21.84± 0.82a	17.34± 0.45b	3.44± 0.08c	592.13± 9.73c	54.39± 1.18a	11.01± 0.25b	7.33± 0.64a

注：NM_0 为非磁化灌溉处理，M_0 为磁化灌溉处理，M_4 为磁化微咸水灌溉处理，NM_4 为非磁化微咸水灌溉处理。表中数据为 3 次测定的平均值±标准差，同列中不同小写字母表示处理间的差异达到显著水平（$P<0.05$）。

（二）不同组织间微量元素相关性分析

通过对叶片和根系中 Fe、Mn、Zn 和 Cu 4 种微量元素之间进行相关性分析（表 4-18），结果发现，LFe 与 LZn、RMn 和 RCu 呈负相关，与 LMn、LCu、RFe 和 RZn 呈正相关，但均未达到显著差异水平；LMn 与 LZn、LCu 和 RCu 呈正相关，与 RFe、RMn 和 RZn 呈负相关；LZn 与根系中 4 种微量元素均表现为负相关；LCu 与 RMn 和 RZn 呈负相关，与 RFe 和 RCu 呈正相关；RFe 与 RMn 和 RZn 呈负相关，与 RCu 呈正相关；RMn 与 RMn 和 RCu 均呈正相关；RZn 和 RCu 表现为负相关。由此看出，叶片中 Fe 可能与 Cu 存在协同作用，与 Mn、Zn 表现为竞争性吸收；根系中 Fe 的含量也会影响地上部叶片对 Fe 元素的吸收以及根系向地上部的运输。Mn 在叶片中累积的同时，也促进了叶片中 Zn 和 Cu 的积累。

表 4-18　磁化微咸水灌溉中叶片和根系 Fe、Mn、Zn、Cu 4 种微量元素
相关性分析

处理	LFe	LMn	LZn	LCu	RFe	RMn	RZn	RCu
LFe	1	1	1	1	1	1	1	1
LMn	0.609	1	1	1	1	1	1	1
LZn	−0.864	0.694	1	1	1	1	1	1
LCu	0.603	0.107	0.376	1	1	1	1	1
RFe	0.892	−0.38	−0.799	0.797	1	1	1	1
RMn	−0.208	−0.548	−0.179	−0.534	−0.281	1	1	1
RZn	0.227	−0.735	−0.26	−0.525	−0.15	0.8	1	1
RCu	−0.092	0.072	−0.189	0.82	0.046	0.259	−0.031	1

注：LFe、LMn、LZn 和 LCu 表示叶片中 Fe、Mn、Zn 和 Cu 4 种微量元素含量；RFe、RMn、RZn 和 RCu 表示根系中 Fe、Mn、Zn 和 Cu 4 种微量元素含量；* 表示 $P<0.05$，** 表示 $P<0.01$。

（三）不同组织 C、N、P 养分含量

N 和 P 是植物生长所需的基本营养元素，是构成各种蛋白质和遗传物质的重要元素，光合作用同化的碳是植物生理生化过程中的底物和能量来源（Yang et al.，2011），3 种元素在植物生长发育过程中起到重要作用，其分配特征在养分循环过程中占据重要地位。在叶片组织中，植株总碳、全氮和全磷含量表现为总碳＞全氮＞全磷，总碳含量较高，为 246.6～559.8 mg·kg^{-1}，较全氮和全磷含量高 472.2％和 207.7％。植株总碳、全氮和全磷含量表现为：M$_4$ 较 M$_0$ 降低 39.7％、4.3％和 0.1％，NM$_4$ 较 NM$_0$ 降低 28.9％、8.1％和 25.9％，且总碳含量下降幅度最大，为 28.9％～39.7％。而磁化微咸水灌溉增强了叶片中总碳和全磷的积累量，M$_0$ 较 NM$_0$ 提高 61.3％和 65.5％，M$_4$ 较 NM$_4$ 提高 36.9％和 123.3％；全氮含量则表现为降低趋势，为 10.5％～14.0％。根系中，微咸水灌溉后总碳含量提高，为 103.7％～123.8％；但全氮和全磷含量则降低，M$_4$ 较 M$_0$ 降低 13.6％和 31.9％，NM$_4$ 较 NM$_0$ 降低 10.4％和 7.0％。与之不同的是，磁化微咸水灌溉后根系总碳含量提高，其中 M$_0$ 较 NM$_0$ 提高 33.7％，M$_4$ 较 NM$_4$ 提高 21.7％；全氮含量则降低，分别为 42.8％和 45.0％；而对全磷累积影响不明显。

对 C、N、P 化学计量比的研究发现（表 4-19）：叶片中，微咸水灌溉后 C/N 值降低幅度为 21.7％～36.9％，而对 C/P 和 N/P 值并无显著影响；磁化微咸水灌溉提高了 C/N 值，为 53.1％～90.0％。根系中，微咸水灌溉后 C/N 和 C/P 值提高，其中，M$_4$ 较 M$_0$ 增长 135.8％和 201.4％，NM$_4$ 较 NM$_0$ 提高

148.6%和140.5%，但对 N/P 值没有明显影响；磁化微咸水灌溉后 C/N 和 C/P 值提高，其中 M_0 较 NM_0 提高 133.0%和 12.4%，M_4 较 NM_4 提高 121.0%和 40.0%；N/P 值则降低，分别为 51.7%和 36.8%。

综上所述，微咸水灌溉后，叶片和根系中 C、N、P 积累量及其化学计量比降低，但根系中 C、N 储量高于叶片、C/N 和 N/P 值低于叶片，这说明，在盐分环境下，植物从土壤中吸收和储存养分的能力不同，分布特征也存在差异（张希彪，2006）。微咸水灌溉后叶片和根系中 C 含量最高，这表示盐分环境下，植株可以维持一定水平的 C 含量，但仍低于对照水平，说明叶片和根系中有机质的含量和 C 累积量均较低；叶片中 P 含量次之、N 含量最少，这与任书杰（2006）的研究结果略有差异，即叶片中 P 的累积量增加，而 N 的富集量则降低，叶片中 N 含量的多少可以直接决定植物光合能力的强弱，微咸水灌溉后 N 水平下降则说明，光合能力降低；根系 N 含量次之、P 含量最少，这可能是大量可溶性 P 随盐分淋溶损失，导致耕层中 P 含量降低，而土壤中盐分离子的摄入，会影响有效态氮的含量水平，以及植物对有效态氮的直接吸收利用。较非磁化微咸水灌溉处理相比，磁化微咸水灌溉后，叶片和根系维持了相对较高水平的总碳和全磷含量，且叶片中累积量高于根系，但总氮含量降低，且叶片中的富集量低于根系，这说明磁化作用改变了植物 C、N、P3 种营养元素的分布格局，并有利于 C、P 在植株体内的富集。

C/N 和 C/P 值表示植物的生长速度与 N、P 利用率之间的相关性，N/P 值反映植物生长受 N 或者 P 的限制情况（Elser et al.，2003；Makino et al.，2003）。磁化作用下，叶片中 C/N 值提高，C/P 和 N/P 值下降，根系中 C/N 和 C/P 值提高，N/P 值下降，由此看出，叶片和根系中 C/N 值较非磁化灌溉中提高，且根系低于叶片，这说明根系是光合产物的暂时储存和运输器官，适度较低的 C/N 值则表示光合产物向外运输的高效性；N/P 值较低，维持在 0.23～3.37，以及较低的 N 含量，则说明在盐分环境下，植株受 N、P 共同作用的同时更容易受 N 的影响。相关性分析结果表明（表 4-20），根系中 N 含量均与叶片 C、N、P 含量呈负相关，这体现了叶片—根系间养分吸收和分配的经济策略（Sterner et al.，2002）。

表 4-19　磁化微咸水灌溉对叶片和根系总碳、全氮和全磷含量的影响

项目	叶片				根系			
	M_0	NM_0	M_4	NM_4	M_0	NM_0	M_4	NM_4
总碳	559.80±	347.00±	337.80±	246.60±	253.80±	189.80±	517.00±	424.80±
(mg·kg⁻¹)	61.68a	18.03b	18.81b	19.80b	24.68c	20.76c	5.00a	38.78b

（续）

项目	叶片				根系			
	M_0	NM_0	M_4	NM_4	M_0	NM_0	M_4	NM_4
全氮 $(mg \cdot kg^{-1})$	65.15± 0.99ab	75.79± 2.09a	62.36± 5.87b	69.68± 4.10ab	100.10± 5.64b	174.88± 35.40a	86.24± 4.31b	156.66± 24.10ab
全磷 $(mg \cdot kg^{-1})$	287.01± 16.82a	173.41± 10.44b	286.75± 41.18a	128.45± 9.70b	59.34± 12.84a	49.96± 9.82b	40.40± 3.63b	46.49± 1.96b
C/N	8.59± 1.09a	4.52± 0.12b	5.42± 0.67b	3.54± 0.06b	2.54± 0.31bc	1.09± 0.42c	5.99± 0.68a	2.71± 0.65ab
C/P	1.95± 0.84ab	2.00± 0.24a	1.18± 0.13b	1.92± 1.35ab	4.27± 0.51c	3.80± 0.12d	12.80± 0.36a	9.14± 0.17b
N/P	0.23± 0.08ab	0.44± 0.07b	0.22± 0.21ab	0.54± 0.13a	1.69± 0.21c	3.50± 0.08ab	2.13± 0.04b	3.37± 0.16a

注：NM_0 为非磁化灌溉处理，M_0 为磁化灌溉处理，M_4 为磁化微咸水灌溉处理，NM_4 为非磁化微咸水灌溉处理。表中数据为 3 次测定的平均值±标准差，同行中不同小写字母表示处理间的差异达到显著水平（$P<0.05$）。

（四）不同组织间 C、N、P 养分相关性分析

通过对叶片和根系中，总碳、全氮和全磷含量之间进行相关性分析，结果表明，LTC 与 RTN 呈负相关，与 LTN、LTP、RTC 和 RTP 呈正相关；LTN 与 RTN 呈负相关，与 LTP、RTC 和 RTP 呈正相关；LTP 与 RTN 和 RTP 呈负相关，与 RTC 呈正相关；RTC 与 RTN 呈负相关，与 RTP 呈正相关；RTN 与 RTP 呈负相关。RTN 与其他各测试指标之间均表现为负相关性，这说明根系对氮的吸收可能会影响到 C、P 在植株体内的吸收、转运和分布。

表 4-20　磁化微咸水灌溉中叶片和根系总碳、全氮和全磷相关性分析

处理	LTC	LTN	LTP	RTC	RTN	RTP
LTC	1	1	1	1	1	1
LTN	0.555	1	1	1	1	1
LTP	0.163	0.286	1	1	1	1
RTC	0.906	0.701	0.244	1	1	1
RTN	−0.600	−0.897	−0.123	−0.691	1	1
RTP	0.428	0.320	−0.489	0.318	−0.447	1

注：LTC、LTN、LTP 表示叶片中总碳、全氮和全磷含量；RTC、RTN、RTP 表示根系中总碳、全氮和全磷含量；＊表示 $P<0.05$，＊＊表示 $P<0.01$。

（五）不同组织间微量元素与 C、N、P 养分相关性分析

植物微量元素与 C、N、P 养分之间存在一定的相关性（表 4-21）。研究发现，叶片和根系中 C 与 Fe 相关系数高于其他元素，Fe 在植物细胞呼吸、光合作用以及金属蛋白的催化反应等生理过程中发挥着重要的作用，是非常重要的电子传递体，在植物生命活动过程中起不可替代的作用（Colangelo et al.，2006）。Fe 是叶绿体的主要构成元素，叶绿体是进行光合作用的重要场所，植物对光能的吸收、传递和转化均是通过叶绿体上的类囊体膜实现的，可利用光能将 CO_2 转化为碳水化合物，并释放能量，而 CO_2 的同化循环过程的发生部位则是叶绿体基质，因此，推断 Fe 元素的吸收和分配对调节碳循环、改善植物的光合效率具有重要意义。研究发现，Mn 和 Zn 的吸收和转运与 N 的吸收和分配呈负相关，这说明 N 与 Mn、Zn 之间存在拮抗作用，即随着 Mn 和 Zn 在叶片和根系中的富集，降低了对 N 的积累。另外，在叶片和根系中，总碳与元素 Fe 呈正相关，全氮与 Mn、Zn 均表现为负相关，即碳氮的循环会影响叶片和根系组织中微量元素的转运和积累。

表 4-21 磁化微咸水灌溉对叶片和根系中微量元素及碳氮磷含量相关性分析

处理		叶片			根系		
		总碳	全氮	全磷	总碳	全氮	全磷
叶片	Fe	0.826	0.179	0.403	0.920	0.375	−0.082
	Mn	−0.591	0.421	0.398	−0.442	−0.297	−0.698
	Zn	−0.863	0.244	0.196	−0.764	−0.534	−0.311
	Cu	−0.032	0.568	0.469	0.107	0.256	−0.670
根系	Fe	0.723	0.327	0.562	0.876	0.302	−0.296
	Mn	0.144	−0.226	−0.720	−0.087	0.238	0.725
	Zn	0.307	−0.616	−0.685	0.157	0.356	0.785
	Cu	0.087	−0.006	−0.154	−0.064	0.225	0.058

三、磁化咸水灌溉对葡萄矿质养分分布特征的影响

（一）磁化水灌溉后葡萄微量元素含量变化

Fe、Mn、Zn、Cu 是植物生长不可或缺的微量元素，是植物维生素、酶和多种生长激素的重要组分。盐胁迫下，植物对微量元素的吸收和调控机制比较复杂，植物种类、盐基离子组成、胁迫浓度的不同均会造成植物体内离子组

成和调控的差异,同一物种间的研究也可能出现相反的变化趋势。如表 4-22、表 4-23 所示,咸水灌溉和磁化处理均影响了葡萄体内微量元素的吸收和累积。其中,咸水灌溉对葡萄各器官中 Fe 和叶片、根系中 Mn、Zn 含量有极显著影响,对葡萄叶片中 Cu 和茎中 Mn、Zn、Cu 含量无显著影响;磁化处理对葡萄茎中 Zn 含量有显著影响;两处理均对葡萄根系中 Cu 含量有极显著影响;两处理交互作用对葡萄叶片和根系中 Zn 含量有极显著影响,对 Fe、Mn 含量有显著影响。

1. Fe 和 Mn 含量变化

由表 4-22 可知,咸水灌溉条件下,葡萄叶片和根系中 Fe 含量提高,茎中显著降低;而随着盐分浓度升高,叶片和根系中 Fe 含量提高,茎中含量降低。其中,与 NM_0 相比,NM_3、NM_6 叶片和根系中 Fe 含量分别提高了 18.9%、70.3% 和 35.0%、41.4%,茎降低了 48.5%、39.0%;与 M_0 相比,M_3、M_6 叶片和根系中 Fe 含量分别提高了 5.1%、87.2% 和 2.7%、18.5%,茎降低了 51.7%、49.4%。表明咸水灌溉抑制了葡萄对 Fe 的吸收且随盐分浓度升高葡萄中 Fe 的分配向叶片转移,这是由于咸水灌溉促使土壤 pH 升高,而土壤中 Fe 的有效性与 pH 呈负相关关系,从而导致更多 Fe 以 Fe^{3+} 的形式累积,影响了葡萄对 Fe 的吸收。咸水灌溉条件下,葡萄叶片和根系中 Mn 含量显著提高,茎中无显著差异。而随着盐分浓度升高,Mn 含量的变化趋势在磁化与非磁化处理植株间存在差异。其中,非磁化处理条件下,葡萄叶片和根系的 Mn 含量随着盐浓度的升高呈现先升高后降低的变化趋势,而茎的变化与之相反。与 NM_0 相比,NM_3、NM_6 叶片和根系中 Mn 含量提高了 30.76%、13.15% 和 32.15%、24.27%,茎中降低了 13.68%、0.64%,NM_6 叶片的 Mn 含量较 NM_3 显著降低。磁化处理条件下,葡萄叶片、茎、根系中 Mn 含量均随着盐浓度的升高而升高;与 M_0 相比,M_3 和 M_6 处理中叶片、茎、根系中 Mn 含量分别提高了 25.1%、21.6%、5.8% 和 41.5%、28.9%、21.0%。这表明咸水灌溉同样促使葡萄体内的 Mn 向叶片和根系富集,但随着盐分浓度的升高,葡萄茎—叶间的 Mn 运输受到抑制,叶片含量显著降低。磁化处理能够有效缓解高浓度咸水灌溉对葡萄体内 Mn 运输的抑制作用,促进 Mn 在叶片的累积。

与非磁化处理相比,磁化处理对葡萄 Fe、Mn 含量的影响在各盐分水平上存在差异。磁化 $0\ g \cdot L^{-1}$ 咸水灌溉提高了葡萄叶片、茎、根系中的 Fe 含量和根系中 Mn 含量,M_0 较 NM_0 提高了 5.4%、22.1%、14.9% 和 7.4%,且茎中 Fe 含量提高达到显著水平;叶片、茎中 Mn 含量分别降低了 7.6%、14.7%。$3.0\ g \cdot L^{-1}$ 咸水灌溉条件下,磁化处理提高了葡萄茎中 Fe、Mn 含量,M_3 较

NM$_3$提高了 14.6%、20.2%，叶片和根系则降低，分别为 6.8%、11.6%和 12.6%、14.1%。6.0 g·L^{-1}咸水灌溉条件下，磁化处理提高了葡萄叶片中 Fe、Mn 含量和茎、根的 Mn 含量，M$_6$较 NM$_6$分别提高了 15.9%、15.6%和 10.7%、4.5%，且叶片中 Fe、Mn 含量提高均达到显著水平。结合葡萄生物量分析发现，非咸水灌溉和低浓度（3.0 g·L^{-1}）咸水灌溉条件下，磁化处理对葡萄体内 Fe、Mn 含量的影响与生物量呈现相反的变化趋势，因此，磁化处理下葡萄叶、根中 Fe、Mn 含量的降低可能是由于葡萄的快速生长和生物量累积造成的。而随着盐分浓度的提高，葡萄生长抑制加剧，6.0 g·L^{-1}咸水灌溉下，磁化处理对 Fe、Mn 含量的提高幅度明显增大，这有利于葡萄及时调整物质分配适应胁迫环境。

表 4-22 磁化微咸水灌溉对葡萄体内 Fe、Mn 含量的影响

处理	Fe (mg·g^{-1})			Mn (μg·g^{-1})		
	叶片	茎	根系	叶片	茎	根系
NM$_0$	0.37±0.01d	0.20±0.02b	1.32±0.11c	56.64±2.85bc	39.00±3.89ab	94.08±3.12d
M$_0$	0.39±0.001cd	0.24±0.02a	1.51±0.04c	52.33±3.37c	33.27±2.81b	101.00±1.93cd
NM$_3$	0.44±0.02c	0.10±0.01c	1.78±0.08ab	74.06±2.61a	33.67±0.88b	124.33±7.32a
M$_3$	0.41±0.02cd	0.12±0.02c	1.55±0.09bc	65.47±2.10ab	40.45±2.44ab	106.83±5.54bcd
NM$_6$	0.63±0.03b	0.12±0.01c	1.86±0.08a	64.08±2.12b	38.75±3.50ab	116.92±6.33abc
M$_6$	0.73±0.03a	0.12±0.01c	1.79±0.06ab	74.06±4.28a	42.90±3.08a	122.17±5.96ab
A	ns	ns	ns	ns	ns	ns
B	101.84**	32.75**	12.98**	17.20**	ns	9.47**
A×B	4.60*	ns	3.39*	4.45*	ns	3.24*

注：NM$_0$为非磁化对照溶液处理，M$_0$为磁化对照溶液处理，NM$_3$为非磁化 3.0 g·L^{-1}NaCl 溶液灌溉处理，M$_3$为磁化 3.0 g·L^{-1}NaCl 溶液灌溉处理，NM$_6$为非磁化 6.0 g·L^{-1}NaCl 溶液灌溉处理，M$_6$为磁化 6.0 g·L^{-1}NaCl 溶液灌溉处理。A 代表磁化处理，B 代表 NaCl 浓度处理，A×B 代表磁化处理与 NaCl 浓度处理的交互作用；* 表示 $P<0.05$，** 表示 $P<0.01$，ns 表示差异不显著。表中数据为平均值±标准差，同列数据后不同小写字母表示差异显著（$P<0.05$）。

2. Zn 和 Cu 含量变化

Zn、Cu 是植物生长所需的重要营养物质，过量的吸收和累积也会对植株造成毒害。由表 4-23 可以看出，咸水灌溉下葡萄各器官中 Zn 含量提高，而随着盐分浓度升高，葡萄各器官 Zn 的变化趋势在磁化与非磁化处理间差异显著。非磁化处理下，葡萄叶片、茎中 Zn 含量随着盐分浓度的升高呈现先升高

后降低的变化趋势，根系则与之相反。主要表现为：与 NM_0 相比，NM_3、NM_6 叶片和茎中 Zn 含量分别提高了 125.94%、67.73% 和 31.60%、19.50%；NM_3 根系中 Zn 含量降低了 18.03%，NM_6 提高了 49.79%。磁化处理下，葡萄叶片、茎中 Zn 含量随着盐分浓度的升高无显著变化，在根系中则持续升高。与 M_0 相比，M_3、M_6 处理后根系中 Zn 含量分别提高了 75.89%、105.75%。磁化咸水灌溉提高了葡萄茎和根系中 Zn 含量，与 NM_3、NM_6 相比，M_3、M_6 分别提高了 7.14%、11.32% 和 68.06%、7.59%，其中 M_3 处理下根系中 Zn 含量的提高达到显著水平。可见，磁化处理能够促进咸水灌溉下葡萄对 Zn 的吸收和根系中的累积，同时提高了茎、叶片对 Zn 的调控能力，维持了叶片 Zn 含量的稳定性，避免了 Zn 毒害的发生。咸水灌溉和磁化处理对葡萄根系中 Cu 含量影响较明显，而在叶片和茎中无显著影响。咸水灌溉提高了葡萄根系的 Cu 含量，且随着盐分浓度的升高根系中 Cu 含量呈现先升高后降低的变化趋势，其中 NM_3、NM_6 较 NM_0 分别提高了 26.57%、6.05%，M_3、M_6 较 M_0 分别提高了 25.39%、2.88%，3.0 $g \cdot L^{-1}$ 咸水灌溉条件下（NM_3、M_3）提高幅度达到显著水平。同浓度盐分环境中，与非磁化处理相比，磁化处理植株根系中 Cu 含量显著降低，与 NM_0、NM_3、NM_6 相比，M_0、M_3、M_6 分别降低了 17.49%、18.26%、19.96%。

表 4-23　磁化微咸水灌溉对葡萄体内 Zn、Cu 含量的影响（$\mu g \cdot g^{-1}$）

处理	Zn			Cu		
	叶片	茎	根系	叶片	茎	根系
NM_0	24.94±2.18c	17.67±2.05b	38.83±4.53b	17.47±0.84a	11.33±0.50a	38.58±2.99bc
M_0	39.20±3.29b	24.64±2.31a	30.42±3.74b	16.67±0.67a	10.55±0.51a	31.83±1.91d
NM_3	56.35±4.87a	23.25±1.63ab	31.83±3.18b	16.06±0.63a	9.50±0.48a	48.83±2.08a
M_3	45.41±3.83b	24.91±1.26a	53.50±3.81a	15.59±0.53a	9.60±0.62a	39.92±1.88b
NM_6	41.83±4.07b	21.11±2.52ab	58.17±5.18a	16.09±0.49a	10.00±0.53a	40.92±1.85b
M_6	40.73±4.01b	23.50±2.29ab	62.58±4.88a	16.93±0.55a	9.78±0.89a	32.75±1.95cd
A	ns	4.83*	ns	ns	ns	20.63**
B	12.89**	ns	19.03**	ns	ns	9.99**
A×B	5.74**	ns	6.21**	ns	ns	ns

注：NM_0 为非磁化对照溶液处理，M_0 为磁化对照溶液处理，NM_3 为非磁化 3.0 $g \cdot L^{-1}$ NaCl 溶液灌溉处理，M_3 为磁化 3.0 $g \cdot L^{-1}$ NaCl 溶液灌溉处理，NM_6 为非磁化 6.0 $g \cdot L^{-1}$ NaCl 溶液灌溉处理，M_6 为磁化 6.0 $g \cdot L^{-1}$ NaCl 溶液灌溉处理。A 代表磁化处理，B 代表 NaCl 浓度处理，A×B 代表磁化处理与 NaCl 浓度处理的交互作用；＊表示 $P < 0.05$，＊＊表示 $P < 0.01$，ns 表示差异不显著。表中数据为平均值±标准差，同列数据后不同小写字母表示差异显著（$P < 0.05$）。

从养分的分配角度分析发现，咸水灌溉改变了葡萄体内微量元素的分配格局，提高 Fe、Mn 在叶片、根系中的分配比例以及促进了 Cu 在根系中的累积，而 Zn 在叶片、根系中的分配则随着盐浓度升高存在差异，这与刘正祥（2017）的研究结果相似。表明微量元素的吸收和养分分配格局的变化对于缓解葡萄叶片和根系的盐害损伤，维持生理活跃区域内的养分平衡和功能稳定具有重要意义。与非磁化咸水灌溉相比，磁化处理促进了葡萄对 Fe、Mn、Zn 的吸收，降低了 Cu 在葡萄体内的累积，这与 Maheshwari 和 Grewal（2009）的研究结果相似，说明磁化处理有效提高了植株叶、根对养分征调的能力，改善了盐分胁迫下植株体内的养分运输。其中 6.0 g·L⁻¹ 磁化咸水灌溉下，葡萄叶片中的 Fe、Mn 含量显著提高，茎、根中则无明显变化，表明磁化处理有效缓解了咸水灌溉对葡萄茎叶间 Fe、Mn 运输的抑制，提高了 Fe、Mn 在叶片中的分配比例。Fe 和 Mn 是植物叶绿素的重要构成要素和水氧化过程的重要辅助因子，而磁化处理显著提高了葡萄叶片中 Fe、Mn 含量，这对于盐分胁迫下植株叶片中叶绿素的合成、光合机构的修复和性能的提高具有重要意义（刘正祥，2017）。Zn、Cu 是植物体内较为特殊的营养元素，适量的 Zn、Cu 供应能有效提高植物体内抗氧化酶活性，促进活性氧的清除；沈嵘（2013）和徐隆华（2014）研究发现，高盐胁迫下低浓度的 Zn 供应能有效缓解水稻、小麦根尖细胞的程序性死亡。过量的 Zn、Cu 则会产生胁迫，造成植物细胞的离子毒害。磁化咸水灌溉提高了葡萄根系中的 Zn 含量，减少了 Cu 的吸收，从而维持了叶、茎中 Zn、Cu 含量的稳定性，有效避免了地上部 Zn、Cu 毒害的发生。

（二）磁化水灌溉后葡萄 C、N、P 养分含量变化

N 和 P 是植物生长和形态建成所必需的矿质营养元素，是植物能量代谢、遗传信息表达的物质载体（Chameides et al.，1997）。过量盐基离子累积和高 pH 会造成土壤中 N、P 含量和有效性的降低，抑制植物对 N、P 的吸收和相应代谢酶的活性，造成植物 N、P 亏缺，从而影响植物生长（Khan et al.，1998）。双因素方差分析结果显示（表 4-24），咸水灌溉对葡萄根系 N、P 含量有极显著影响，对叶片 P 含量和茎 N、P 含量有显著影响，对叶片 N 含量无显著影响；磁化处理对葡萄根系 N 含量和茎 P 含量有极显著影响，对叶片 N 含量有显著影响。两处理交互作用对葡萄根系 N、P 含量和茎中 P 含量有极显著影响。

研究发现，咸水灌溉抑制了葡萄对 N、P 元素的吸收，表现为：非磁化咸水灌溉后，葡萄叶片 N 含量和茎中 N、P 含量随盐分浓度的升高呈现先降低

后升高的变化趋势，处理间差异均不显著；而根系中 N、P 含量显著降低，其中 NM_3、NM_6 较 NM_0，根系中 N 和 P 含量分别降低了 21.7%、30.2% 和 16.8%、23.1%。说明盐分离子的摄入改变了葡萄体内 N、P 的分配格局，通过降低其在根系中的分配比例，以维持对叶、茎较高的养分供应。磁化水灌溉提高了咸水灌溉下葡萄叶片内 N、P 的运输能力和 N、P 在叶片中的分配比例。主要表现为：M_3 与 NM_3 相比，葡萄叶片 N 含量和茎中 N、P 含量分别提高 6.9%～23.8%，根系 N、P 含量分别降低 11.5%、6.9%；M_6 与 NM_6 相比，葡萄叶片和根系中 N、P 含量分别提高了 16.6%、9.3% 和 5.65%、42.9%，茎中则降低了 4.9%、2.4%。可见，磁化处理能够有效缓解咸水灌溉下葡萄叶片中 N、P 含量的降低，促进了高盐环境下植株根系中的 N、P 累积；同时，随着盐分浓度的升高，磁化处理植株茎中 P 含量降低，叶片和根系中 N、P 含量提高，表明咸水灌溉下磁化处理能够有效提高植株生理功能活跃区域对养分的征调能力，加速根、冠养分代谢，以提高植物对盐分胁迫的适应能力（林郑和，2010；刘正祥，2017）。

植物的生长和生物量累积受养分供应的影响，同样植物的生长速度也直接影响植物体内的养分浓度。Maheshwari 和 Grewal（2009）研究认为，植物的快速生长对体内盐基离子含量存在稀释效应。Stephen（2008）研究表明，植株的快速生长会造成木质部 N 含量的降低，而在生长结束时提高。因而，结合生物量分析（表 4-24）可以发现，磁化处理对咸水灌溉下葡萄叶、根微量元素及 N、P 含量的提高幅度随盐浓度的升高明显增大，且在 $6.0 \text{ g} \cdot \text{L}^{-1}$ 咸水灌溉下整体呈显著水平（$P<0.05$），可能与高浓度盐胁迫对葡萄的生长抑制造成叶片、根系生长及代谢速度的降低有关。而 $3.0 \text{ g} \cdot \text{L}^{-1}$ 咸水灌溉下，磁化处理与非磁化处理植株间叶片养分含量整体差异不显著，且 Fe、Mn 含量降低，茎中 Fe、Mn、N、P 提高，与生物量呈相反的变化趋势，也验证了这一观点。

表 4-24　磁化微咸水灌溉对葡萄体内 N、P 含量的影响（$\text{g} \cdot \text{kg}^{-1}$）

处理	N			P		
	叶片	茎	根系	叶片	茎	根系
NM_0	12.53±0.59ab	6.05±0.18abc	26.87±1.02a	3.19±0.09b	3.01±0.11bc	1.57±0.08a
M_0	12.51±0.76ab	5.49±0.19c	22.29±0.71b	3.06±0.09b	3.78±0.22a	1.39±0.07b
NM_3	10.77±0.69b	5.73±0.24bc	21.03±0.64bc	3.31±0.11ab	2.69±0.06c	1.31±0.05bc
M_3	13.19±0.88a	6.13±0.35abc	18.61±0.58d	3.26±0.08ab	3.32±0.12b	1.22±0.04c
NM_6	11.26±0.74ab	6.66±0.20a	18.75±0.69d	3.22±0.05ab	3.14±0.10b	1.21±0.04c

（续）

处理	N			P		
	叶片	茎	根系	叶片	茎	根系
M_6	13.13±0.80ab	6.33±0.26ab	19.81±0.45cd	3.51±0.12a	3.07±0.09bc	1.73±0.03a
A	5.25*	ns	11.91**	ns	15.86**	ns
B	ns	4.35*	34.44**	3.15*	4.78*	9.47**
A×B	ns	ns	8.20**	ns	5.11**	23.32**

注：NM_0 为非磁化对照溶液处理，M_0 为磁化对照溶液处理，NM_3 为非磁化 3.0 g·L^{-1} NaCl 溶液灌溉处理，M_3 为磁化 3.0 g·L^{-1} NaCl 溶液灌溉处理，NM_6 为非磁化 6.0 g·L^{-1} NaCl 溶液灌溉处理，M_6 为磁化 6.0 g·L^{-1} NaCl 溶液灌溉处理。A 代表磁化处理，B 代表 NaCl 浓度处理，A×B 代表磁化处理与 NaCl 浓度处理的交互作用；* 表示 $P<0.05$，** 表示 $P<0.01$，ns 表示差异不显著。表中数据为平均值±标准差，同列数据后不同小写字母表示差异显著（$P<0.05$）。

四、磁化水灌溉对外源镉胁迫下基质栽培杨树矿质养分特征的影响

（一）磁化水灌溉后不同组织 K、Ca、Na、Mg 含量变化

重金属镉影响植物对营养元素的吸收和运输，导致植物体内营养元素不足或营养元素间失衡，扰乱了植物的新陈代谢，进而抑制植物生长（Zhang et al.，2002）。研究发现，外源镉源对杨树叶片中 K、Ca、Na、Mg 4 种矿质元素的影响不同（图 4-10）。其中镉胁迫（M_{100}、NM_{100}）诱导 K 含量升高（图 4-10A），分别为 52.78% 和 8.58%，且 M_{100} 与 M_0 呈显著差异；与 M_0 相比，Ca 含量在 M_{100} 中降低 9.9%（图 4-10B），而与 NM_0 处理相比，NM_{100} 处理则显著促进了 Ca 含量的积累，为 17.1%；与 M_0 相比，M_{100} 处理提高了 Na 含量（图 4-10D），提高比例为 9.1%，但 NM_{100} 抑制了 Na 的吸收，与 NM_0 相比，其降低比例为 9.3%，而各处理间 Na 含量变化无显著差异；镉胁迫后叶片中 Mg 含量（图 4-10C）略微上升，为 0.2%～2.9%。外源镉源诱导根系中 K、Ca 和 Na 含量上升（图 4-10A、B、D），其中 M_{100} 与 M_0 相比分别提高 3.8%、104.6% 和 12.4%，NM_{100} 与 NM_0 相比分别提高 2.1%、49.3% 和 4.2%；而 Mg 含量则呈降低趋势，为 1.1%～4.5%。由此可见，镉胁迫促进了根系对 K 的吸收以及从根部向叶片中的转运，诱导叶片中 K 含量提高；但是镉胁迫对根系和叶片中 Mg 含量影响较小。Hernández 等（1997）指出介质中 Cd 浓度与植物对 K^+ 的吸收和运输相关；镉胁迫后根系中 K^+ 浓度随 Cd^{2+} 的累积而增加且均高于叶片，这可能是在杨树根系中 Cd^{2+} 与 K^+ 存在某种形式的交互作用（Ghnaya et al.，2005）；并

且，杨树吸收的 Ca、Na 在叶片中的累积量高于根系；Ca^{2+} 与 Cd^{2+} 的离子半径相近，能够同时被杨树根系吸收，且存在竞争关系，叶片中 Ca^{2+} 积累量增多是抑制杨树根系 Cd^{2+} 向地上部运输而大量在根系中积累的主要原因，且 Ca^{2+} 的存在可使 Cd^{2+} 的吸收被抑制。

磁化处理（M_0、M_{100}）显著抑制了叶片对 K 的吸收（图 4-10A），较非磁化处理 K 含量减少比例为 33.8％～53.0％；但却有利于 Ca 和 Mg 两种矿质元素在叶片中的累积（图 4-10B、C），其中 M_0 较 NM_0 提高 32.3％和 0.1％，M_{100} 较 NM_{100} 提高 1.7％和 2.9％；而对 Na 含量影响不明显，M_0 与 NM_0 相比降低 8.3％，M_{100} 较 NM_{100} 提高 9.3％（图 4-10D）。另外，M_0 和 M_{100} 处理显著促进了根系对 K 和 Ca 元素的吸收，其上升比例分别为 17.8％～38.8％、19.8％～90.2％，且 Ca 含量在根系中提高幅度最大，平均为 64.5％；与 K、Ca 元素变化相反，M_0 和 M_{100} 诱导根系中 Na 和 Mg 吸收量减少，其降低比例分别为 12.0％和 6.9％、5.3％和 3.7％。可见，而磁化作用下根系 K 含量随

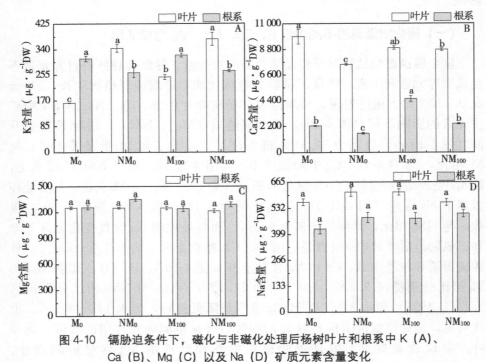

图 4-10　镉胁迫条件下，磁化与非磁化处理后杨树叶片和根系中 K（A）、
Ca（B）、Mg（C）以及 Na（D）矿质元素含量变化

注：NM_0 为非磁化灌溉处理，M_0 为磁化灌溉处理，M_{100} 为磁化＋100 $\mu mol \cdot L^{-1}$ Cd（NO_3）$_2 \cdot$ $4H_2O$ 灌溉处理，NM_{100} 为非磁化＋100 $\mu mol \cdot L^{-1}$ Cd（NO_3）$_2 \cdot 4H_2O$ 灌溉处理。图中数据为 3 次测定的平均值±标准差，不同小写字母表示处理间的差异达到显著水平（$P < 0.05$）。

Cd 累积量的增加而提高，这说明根系中磁化处理可刺激过量 Cd 与 ATP 结合导致跨膜运输系统可利用的能量减少，从而抑制了杨树地上部对 K 的吸收 (Ghnaya et al.，2005)。镉胁迫后磁化作用促使根系吸收 Ca 以及向地上部转移分配能力增强，使较多 Ca 在叶片中积累，且叶片 Ca 浓度的变化可促使钙离子转运体来调节杨树细胞内 Ca^{2+} 浓度，诱发钙信号产生，激活钙依赖蛋白激酶 (calcium dependent protein kinase，CDPK) 类蛋白，以应对镉胁迫环境产生的信号转导以及参与杨树生长发育的调节。K 和 Na 含量是反映植物细胞离子平衡和离子伤害症状的重要指标 (Maathuis and Amtmann，1999)。磁化处理诱导镉胁迫后 Na 含量总体呈降低趋势，且叶片中 K/Na 降低而在根系中提高，这说明磁化作用下镉胁迫对叶片离子平衡调控能力有一定影响，进而影响叶片对整株水平的离子调控。

(二) 磁化水灌溉后不同组织间 Fe、Mn、Zn、Cu 含量变化

由图 4-11 可以看出，外源镉源添加后促进了叶片对 Fe、Mn 和 Zn 的吸收 (图 4-11A、B、C)，其中，M_{100} 较 M_0 分别提高 9.8％、7.1％ 和 21.0％，NM_{100} 较 NM_0 分别提高 1.0％、11.5％ 和 5.6％，且 Fe 含量变化在 M_0 和 M_{100} 中呈显著差异 (图 4-11A)；与 M_0 相比，M_{100} 处理中 Cu 含量降低 15.8％ (图 4-11D)，而 NM_{100} 处理则与之表现相反，其 Cu 含量较 NM_0 提高 3.7％。外源镉源对杨树根系中 Fe、Mn、Zn、Cu 含量的影响不同。其中，M_{100} 处理中 Fe、Zn 较 M_0 下降，为 13.2％ 和 32.2％，NM_{100} 处理较 NM_0 下降，为 34.1％ 和 34.1％，且 Zn 含量降低幅度最大，平均为 33.1％；与二者不同的是，镉胁迫促进了 Mn 在叶片中的积累 (图 4-11B)，其提高比例为 7.0％ 和 4.2％；Cu 含量变化在 M_{100} 中表现为促进、提高，比例为 30.5％ (图 4-11D)，而在 NM_{100} 中则表现为小幅度降低，其下降比例为 2.9％。可见，镉胁迫后促使 Mn 元素在叶片中积累，过量 Mn 主要对植物地上部造成毒害，导致植物叶片叶褐斑形成、失绿及叶片皱缩，我们推断，这可能是由于 Cd^{2+} 介导 Mn^{2+} 在植物体内快速运输造成的 (Dučić and Polle，2005)，也是造成杨树生长过程中叶片失绿以及叶片皱缩的主要原因。然而，杨树可通过调节 Fe、Zn 和 Mg 在根系和叶片中的吸收和运输，缓解 Cd^{2+} 对 Fe^{2+}、Zn^{2+} 的替代作用；另外，Cd 与 Zn 具有相近的核外电子构型而发生替代作用，镉胁迫后杨树叶片 Zn 累积量的增加，可降低因叶绿素中心离子组成改变而失活造成的损伤，这是杨树对镉胁迫环境的一种适应能力。

磁化处理促进 Fe、Mn、Zn 和 Cu 4 种微量元素在叶片中的积累，其中 M_0 较 NM_0 分别提高 5.3％、42.1％、19.6％和 84.1％；M_{100} 较 NM_{100} 分别提

高 14.4%、36.5%、37.1%和 49.6%；可见，磁化处理中 Cu 的累计增幅最大，平均为 66.9%，其次为 Mn，平均为 39.3%。另外，磁化处理促进了元素 Fe 在根系中的累积，但却降低了根系中 Mn、Zn 和 Cu 等元素含量。与 NM_0、NM_{100} 相比，M_0 和 M_{100} 处理中 Fe 含量分别提高 24.9% 和 64.7%，且 M_{100} 与 NM_{100} 呈显著差异。与 NM_0 相比，M_0 处理中 Mn、Zn 和 Cu 含量分别降低 42.2%、23.2% 和 38.4%；而 M_{100} 较 NM_{100} 则分别降低 40.7%、20.9% 和 20.8%；且 Mn 元素在根系中降低幅度最大，平均为 41.45%。同时研究发现，磁化作用对杨树根系形态的发育有促进作用，这是提高杨树对 Fe 的吸收和 Fe 在根系中积累的重要基础，且 *FIT* 和 *bHLH* 基因的组成型表达可以有效地诱导 *IRT* 和 *FRO2* 基因的表达，以调控 Fe 元素逐渐向地上部累积（Yuan et al.，2008），避免大量 Fe 在根系细胞质积累而造成毒害；Fe 参与生化反应均在叶绿体中完成，叶绿体为植物细胞中最大的铁库，磁化作用后叶片 Fe 含量提高，同时磁化处理中 Mg 和 K 含量增加，这有利于维持叶绿体结构以及类

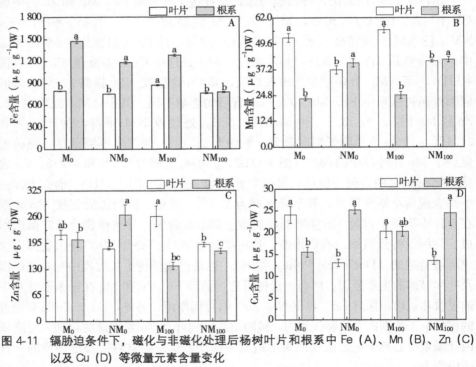

图 4-11　镉胁迫条件下，磁化与非磁化处理后杨树叶片和根系中 Fe (A)、Mn (B)、Zn (C)
以及 Cu (D) 等微量元素含量变化

注：NM_0 为非磁化灌溉处理，M_0 为磁化灌溉处理，M_{100} 为磁化＋100 μmol·L^{-1}Cd（NO_3）$_2$·$4H_2O$ 灌溉处理，NM_{100} 为非磁化＋100 μmol·L^{-1}Cd（NO_3）$_2$·$4H_2O$ 灌溉处理。图中数据为 3 次测定的平均值±标准差，不同小写字母表示处理间的差异达到显著水平（$P<0.05$）。

囊体数量，促进叶绿体中光合电子链传递，减轻镉胁迫造成的光化学损伤（Duy et al.，2007）。磁化作用刺激杨树根系对 Mn、Zn 和 Cu 的吸收，以及促进了 Mn、Zn 和 Cu 向地上部的转运，提高了其在叶片中的累积量，这可降低 Cd 对反应中心金属元素的替代作用，诱导杨树细胞重金属结合蛋白 Cu/Zn-SOD 的产生，且过量的重金属 Cd 能够增加 Cu/Zn-SOD 酶的活性，而该酶活性增加后，可以清除植物体内超氧化物阴离子，减少 ROS 的积累（Schellingen et al.，2015），从而维持杨树正常的渗透性和稳定性。

五、磁化水灌溉对外源镉胁迫下土壤栽培杨树矿质养分特征的影响

（一）磁化水灌溉对镉胁迫下欧美杨植株根叶 N、P 吸收的影响

N 和 P 是植物生长所需的基本营养元素，在蛋白质、糖类等代谢活动中有重要作用，并对细胞分裂和植物各器官分化发育起重要作用，同时也是植物体最容易短缺的元素。由表 4-25 可知，镉胁迫抑制欧美杨对 N 的吸收，且欧美杨根系和叶片中 N 含量随镉浓度升高呈下降趋势，其中非磁化水处理中（NM_0、NM_{50}、NM_{100}），与对照 NM_0 相比，NM_{50}、NM_{100} 中根系 N 含量分别下降 5.88%、13.34%，但差异不显著；叶片中 N 含量则下降 25.77%、34.99%，且各处理间差异达显著水平（$P<0.05$）。磁化水处理中（M_0、M_{50}、M_{100}），与对照 M_0 相比，M_{50}、M_{100} 根系中 N 含量分别下降 11.27%、15.87%，仅 M_0 与 M_{100} 差异达显著水平（$P<0.05$）；M_{50}、M_{100} 叶片中 N 含量分别显著下降 21.92%、27.90%（$P<0.05$）。经过磁化水处理后，植株 N 含量显著升高，与非磁化水处理相比（NM_0、NM_{50}、NM_{100}），根系中 N 含量分别显著提高 25.69%、18.49%、22.02%（$P<0.05$），叶片中 N 含量分别显著提高 7.08%、12.64%、18.76%（$P<0.05$）。

对 P 含量分析发现，镉胁迫条件下植株根系和叶片中 P 含量也有不同程度的降低，非磁化水处理中（NM_0、NM_{50}、NM_{100}），与对照 NM_0 相比，NM_{50}、NM_{100} 根系中 P 含量分别下降 15.9%、12.3%，但差异不显著；叶片中 P 含量则分别下降 12.1%、39.3%，仅 M_0 与 M_{100} 差异达显著水平。经过磁化水处理后（M_0、M_{50}、M_{100}），植株根系 P 含量则明显提高，与非磁化水处理（NM_0、NM_{50}、NM_{100}）相比分别提高 36.6%、44.2%、14.4%，除 NM_{100} 与 M_{100} 外，各处理间差异均达显著水平（$P<0.05$）；在 0、100 $\mu mol \cdot L^{-1}$ 镉浓度处理下，叶片中 P 含量分别提高

12.8%、15.2%，50 μmol·L^{-1} 镉浓度处理下则降低 16.9%，但差异均不显著。由此可见，磁化水处理可显著提高根系和叶片中 N 含量，维持植株 P 含量在一个相对稳定的状态，缓解外源镉胁迫对植株根系、叶片 N、P 吸收的影响。

综上所述，外源添加镉后，欧美杨根系和叶片中 N、P 含量均有不同程度的降低，与王岑涅（2017）发现镉影响红椿（*Toona ciliate Roem.*）幼苗对N、P 吸收的结果一致，可能是镉影响了硝酸还原酶（NR）、谷氨酸合成酶（GOGAT）、谷氨酰胺合成酶（GS）等与 N 代谢相关酶的活性，从而影响了根系对 N 的吸收（钱雷晓，2015），也可能与镉胁迫条件下植物养分吸收受限有关。Liu 等（2016）证明镉胁迫将会导致土壤 P 成为限制植物生长的重要因子之一。与非磁化水处理相比，磁化水处理后，植株根系 N、P 含量有不同程度的升高，叶片中 N 积累量显著升高，P 则降低，且根系中 P 的积累量高于叶片，这说明磁化作用改变了镉胁迫下欧美杨植株根系和叶片中 N、P 的分配比例，促进根系对 N、P 的吸收。

表 4-25　磁化水处理对镉胁迫下欧美杨幼苗 N、P 含量的影响（mg·g^{-1}）

处理	根系		叶片	
	N	P	N	P
NM$_0$	28.003±0.350bcdAb	2.166±0.024bcAb	31.625±0.197bAb	2.157±0.203abAa
NM$_{50}$	26.356±1.276cdABb	1.821±0.121cAb	23.474±0.277dBb	1.897±0.120bcAa
NM$_{100}$	24.267±0.287dBb	1.900±0.341cAb	20.561±0.222eCb	1.309±0.111dBa
M$_0$	35.196±2.121aAa	2.958±0.146aAa	33.865±1.315aAa	2.433±0.164aAa
M$_{50}$	31.230±2.259abAa	2.625±0.088abAa	26.441±1.055Ba	1.576±0.077cdBa
M$_{100}$	29.610±0.469bcAa	2.174±0.027bcBa	24.418±0.086Ba	1.508±0.023cdBa

注：M$_0$ 为磁化＋0 μmol·L^{-1} 镉灌溉处理，M$_{50}$ 为磁化＋50 μmol·L^{-1} 镉灌溉处理，M$_{100}$ 为磁化＋100 μmol·L^{-1} 镉灌溉处理，NM$_0$ 为非磁化＋0 μmol·L^{-1} 镉灌溉处理，NM$_{50}$ 为非磁化＋50 μmol·L^{-1} 镉灌溉处理，NM$_{100}$ 为非磁化＋100 μmol·L^{-1} 镉灌溉处理。表中数据为 3 次测定的平均值±标准差，不同大写字母表示同一处理内不同镉浓度间差异达到显著水平（$P<0.05$），不同小写字母表示相同镉浓度的不同处理间差异达到显著水平（$P<0.05$）。

（二）磁化水灌溉对镉胁迫下欧美杨植株营养元素的影响

K、Ca、Mg 是植株生长必需的大量元素，在植物的生长发育中起到不可或缺的作用。镉影响欧美杨营养元素的吸收及转运，使植株营养元素失衡，干扰正常的生理代谢，进一步影响植株正常的生长发育（Zhang et al.，2002）。根据表 4-26，对欧美杨植株大量元素 K 含量的分析可知，镉胁迫抑制欧美杨根系对 K 吸收，导致叶片中 K 吸收紊乱。主要表现为：非磁化水处理中（NM_0、NM_{50}、NM_{100}），与对照 NM_0 相比，根系中 K 含量分别降低 9.1%、6.0%，各处理间差异分别达显著水平（$P<0.05$）；叶片中 K 含量则呈先升后降的趋势，NM_{50} 较对照 NM_0 升高 7.59%，NM_{100} 则显著下降 17.6%（$P<0.05$）。磁化水处理促进了植株对 K 的吸收，与非磁化水处理相比（NM_0、NM_{50}、NM_{100}），镉胁迫下根系中 K 含量分别提高 2.1%、6.6%、2.6%，且 M_0 与 NM_0、M_{100} 与 NM_{100} 差异达显著水平（$P<0.05$）；叶片中 K 含量则分别提高 1.9%、3.5%、16.1%，且 M_{100} 与 NM_{100} 差异达显著水平（$P<0.05$）。

镉胁迫抑制欧美杨对 Mg 的吸收，非磁化水处理中（NM_0、NM_{50}、NM_{100}），与对照 NM_0 相比，根系中 Mg 含量分别降低 9.2%、2.8%，其中 NM_0 与 NM_{50}、NM_{100} 间差异达显著水平（$P<0.05$）；叶片中 Mg 含量则分别显著降低 17.1%、18.4%（$P<0.05$）。磁化水处理明显促进了镉胁迫下植株叶片中 Mg 的积累，与非磁化水处理相比（NM_0、NM_{50}、NM_{100}），叶片中 Mg 含量分别提高 1.2%、28.6%、6.8%，其中在 50、100 $\mu mol \cdot L^{-1}$ 镉浓度处理下差异分别达显著水平（$P<0.05$）。

对大量元素 Ca 的吸收而言，非磁化水处理中（NM_0、NM_{50}、NM_{100}），50 $\mu mol \cdot L^{-1}$ 镉浓度处理抑制根系对 Ca 的吸收，下降幅度为 9.1%，100 $\mu mol \cdot L^{-1}$ 高浓度镉处理则促进根系对 Ca 的积累，增长比例为 1.2%。磁化水处理对根系 Ca 含量的影响也不尽相同，与非磁化水处理相比（NM_0、NM_{50}、NM_{100}），0、50 $\mu mol \cdot L^{-1}$ 镉浓度处理促进欧美杨根系对 Ca 的吸收，增长比例分别为 8.1%、4.8%，100 $\mu mol \cdot L^{-1}$ 镉浓度处理则降低根系 Ca 含量，降低比例为 8.4%，但差异不显著。同时，对植株叶片 Ca 含量的分析可知，镉胁迫导致植株叶片中 Ca 含量升高，非磁化水处理条件下（NM_0、NM_{50}、NM_{100}），与对照 NM_0 相比，NM_{50}、NM_{100} 中 Ca 含量分别显著升高 69.9%、71.0%；磁化水处理中（M_0、M_{50}、M_{100}），与对照 M_0 相比，M_{50}、M_{100} 中 Ca 含量则分别显著升高 302.8%、334.4%（$P<0.05$）。经磁化水处理后，欧美杨幼苗叶片中 Ca 含量明显提高，分别为非磁化水处理的 1.38、3.26、3.49 倍，其中在 50、100 $\mu mol \cdot L^{-1}$ 镉浓度处理下差异达显著水平（$P<0.05$）。

综上所述，研究发现，镉胁迫明显抑制了根系对 K 和 Mg 元素的吸收，而叶片中 K 表现为先升后降，Mg 则不断降低，表明高浓度镉处理显著抑制欧美杨植株对 K 的吸收，与段瑞军（2016）、Kim（2003）等对海雀稗和欧洲赤松的研究中发现镉胁迫抑制 K 吸收的研究一致，但也有研究表明镉胁迫对 K 的吸收无影响（李虹颖，2012），这可能与试验植株的种类、镉处理时间的长短不同有关，镉胁迫对植株中 K 含量是否有直接影响还需进一步研究。镉胁迫抑制 Mg 的向上运输，Mg 与植株叶绿素的合成有关，叶片中 Mg 元素缺乏必然影响植株的光合作用，这与本研究中镉胁迫导致欧美杨光合速率下降的结果一致。而磁化水处理提高了植株根系和叶片中 K 含量水平，促进 Mg 由根系向叶片运输的能力，维持叶片中 Mg 含量的稳定，与王俊花（2006）研究结果相似，说明磁化处理可以有效提高植株对养分选择性吸收的能力，改善镉胁迫下植株体内养分的运输，一方面 K 含量的升高可以调节镉胁迫下细胞的渗透压，提高抗逆性（Alaoui-Sossé et al.，2004）；另一方面，叶片中 Mg 含量的稳定可以维持叶绿素合成的平衡，维持植株正常的光合作用，减小镉胁迫对植株的影响，提高欧美杨对 Cd 的耐受性。同时，研究还发现，欧美杨根系中 Ca 含量表现为先降后升，叶片中则显著升高，表明镉胁迫下欧美杨通过调控 Ca 向叶片的运输，增加叶片中 Ca 的积累量来抑制根系对 Cd 的吸收，从而有利于杨树适应镉胁迫环境，同时这也进一步证实了 Ca^{2+}、Cd^{2+} 之间的竞争关系，与 Farzadfar 等（2013）研究发现 Ca 诱导母菊（*Matricaria chamomilla L.*）Cd 浓度降低的结果一致。研究表明，磁化作用显著降低了 100 $\mu mol \cdot L^{-1}$ 高浓度镉处理下欧美杨植株体内 Ca、Mg 含量，可能与磁化作用下欧美杨植株根系 Cd 积累量较多有关，间接证明了 Ca^{2+}、Mg^{2+} 与 Cd^{2+} 的拮抗关系。磁化水处理促进了镉胁迫下欧美杨根系对 Ca 的吸收并增强其向上运输的能力，增加了欧美杨叶片中 Ca 的积累量。叶片中 Ca^{2+} 升高后，Ca^{2+} 作为第二信使可促进 CaM 的合成，CaM 可以激活生物膜上的钙转运系统 Ca^{2+}-ATPase 和钙离子/钙调蛋白激酶 II（calcium/calmodulin-dependent proteinkinase II，CaMK II）的活性来介导细胞生理功能的稳定，应对镉胁迫产生的信号转导，调控欧美杨的生理反应（赵士诚，2008）。

Cd 是植株生长发育的非必需元素，从土壤进入植株根系细胞需要借助 Fe、Mn、Zn、Cu 等阳离子转运体系，这样必然对 Fe、Mn、Zn、Cu 等元素的吸收产生影响（He et al.，2013；张参俊，2015）。对镉胁迫下欧美杨植株根叶中微量元素含量的测定分析可知，非磁化水处理中（NM_0、NM_{50}、NM_{100}），与对照 NM_0 相比，根系中 Fe 含量随镉浓度升高呈下降趋势，叶片中则先降后升；磁化水处理（M_0、M_{50}、M_{100}）则促进了 Fe 的吸收，与非磁化水处理相比（NM_0、NM_{50}、NM_{100}），根系中 Fe 分别显著提高 58.2%、45.9%、15.3%，叶片中则维持较稳定的状态，在 0 $\mu mol \cdot L^{-1}$、50 $\mu mol \cdot L^{-1}$ 镉浓度下 Fe 含量均大于非磁化水处理（NM_0、NM_{50}、NM_{100}），增幅分别为 0.5%、1.6%。非磁化水处理中（NM_0、NM_{50}、NM_{100}），根系中 Mn 和 Cu 含量则在 50 $\mu mol \cdot L^{-1}$ 镉浓度处理下降低，100 $\mu mol \cdot L^{-1}$ 镉浓度下降低，其中，50 $\mu mol \cdot L^{-1}$ 镉浓度处理下与对照相比，Mn 含量显著升高 15.8%，Cu 含量显著升高 23.3%（$P < 0.05$）；

100 $\mu mol \cdot L^{-1}$ 镉浓度处理条件下，与对照（NM_0、M_0）相比，根系 Mn 和 Cu 含量则分别下降 5.8% 和 0.6%，但差异不显著。磁化水处理维持了根系 Mn 和 Cu 含量的稳定，与非磁化水处理（NM_0、NM_{50}、NM_{100}）相比，在 0、100 $\mu mol \cdot L^{-1}$ 镉浓度处理下，根系中 Mn 和 Cu 含量分别提高 37.0%、10.5% 和 46.3%、6.8%，其中 NM_0 与 M_0 之间差异达显著水平（$P<0.05$）。镉胁迫抑制了欧美杨根系和叶片对 Zn 的吸收，非磁化水处理中（NM_0、NM_{50}、NM_{100}），与对照 NM_0 相比，根系中 Zn 含量分别降低 0.6%、2.0%，但差异不显著；叶片组织中 Zn 含量则分别下降 8.1%、29.6%，其中在 100 $\mu mol \cdot L^{-1}$ 高浓度镉处理下差异达显著水平（$P<0.05$）。磁化水处理不同程度地促进了镉胁迫下欧美杨根系对 Zn 的吸收，与非磁化水处理（NM_0、NM_{50}、NM_{100}）相比，在 0 $\mu mol \cdot L^{-1}$、50 $\mu mol \cdot L^{-1}$ 镉浓度处理下增幅分别为 19.5%、9.2%，且 NM_0 与 M_0 间差异达显著水平（$P<0.05$）；磁化水处理提高了 50、100 $\mu mol \cdot L^{-1}$ 镉浓度处理下欧美杨叶片中 Zn 和 Cu 的含量，分别为非磁化水处理的 1.11、1.88 倍和 1.26、1.39 倍。

上述研究结果表明，土壤中添加镉源后抑制了根系对 Fe 的吸收，但对叶片中 Fe 的积累影响较小。从欧美杨根叶 Fe、Mn 的分配来看，镉胁迫影响了 Fe、Mn 在杨树体内的分配格局，减小了 Fe 在根中的分配比例，维持了叶片中 Fe 含量的稳定，并且促进叶片中 Mn 的积累，这可能是杨树适应镉胁迫环境的自我调节，说明微量元素的吸收和养分在植株体内分配比例的变化有利于缓解镉胁迫对叶片和根系的损伤，这对于维持镉胁迫下杨树养分平衡和生理功能稳定具有重要意义。本研究发现镉胁迫抑制了欧美杨根系和叶片对 Zn 的吸收，一方面这可能是由于 Cd 与 Zn 为同族元素，且都为二价离子，具有相近的核外电子构型，Cd 在细胞表面或者进入细胞后会竞争 Zn-酶的结合位点，导致 Zn-酶的活性降低，甚至失活，从而降低欧美杨对 Zn 的吸收；另一方面，可能是因为土壤中 Cd 的添加，导致欧美杨植株根系周围 Cd^{2+} 浓度升高，根系周围 Zn 的浓度则相对降低，植株吸收 Zn 的量就减少。同时，研究发现，磁化作用可显著增加镉胁迫下欧美杨叶片中 Zn、Cu 的含量，这可降低 Cd 对由 Zn、Cu 等金属元素构成的蛋白中心的竞争作用，介导细胞重金属结合蛋白 Cu/Zn-SOD 的产生；叶肉细胞中较多 Cd^{2+} 的存在还可以激活 Cu/Zn-SOD 酶的活性，Cu/Zn-SOD 酶的活性被激活后，不仅可以清除植物体内超氧化物阴离子，减少 ROS 的积累，还可以与由分子伴侣运送来的 Cd^{2+} 结合，降低细胞内 Cd 的浓度，经过磁化处理后欧美植株叶片中 Cd 的降低也可能与 Cu/Zn-SOD 酶的作用有关（时萌，2016），由此磁化作用可促进欧美杨对微量元素的选择性吸收，提高欧美杨植株的抗氧化能力，维持镉胁迫下植株正常的渗透压和稳定性。

表4-26 磁化水处理对镉胁迫下欧美杨植株营养元素含量的影响 （mg·kg⁻¹）

部位	处理	大量·中量元素				微量元素		
		K	Ca	Mg	Fe	Mn	Zn	Cu
根系	NM_0	981.25±4.09Ab	2.87±0.03ABa	526.15±0.93Aa	1 504.47±26.76Ab	175.73±5.20Bb	203.11±2.78Ab	36.87±3.76Bb
	NM_{50}	891.78±6.30Ca	2.61±0.13Ba	477.96±4.73Bb	1 317.16±13.99Bb	203.56±5.30Aa	202.00±4.11Aa	45.46±1.33Aa
	NM_{100}	922.13±16.73Bb	2.91±0.04Aa	511.46±4.20Cb	1 269.93±31.60Bb	165.50±8.17Ba	199.14±1.76Aa	36.66±0.71Ba
	M_0	1 001.80±6.34Aa	3.11±0.12Aa	544.25±7.00Aa	2 380.58±99.30Aa	240.79±18.76Aa	242.65±8.33Aa	53.92±2.2Aa
	M_{50}	950.23±7.52Ba	2.74±0.09Ba	444.57±6.86Ba	1 922.01±90.30Ba	187.40±2.93Ba	220.53±8.86Ba	43.77±0.82Ba
	M_{100}	945.60±5.94Ba	2.66±0.05Ba	460.66±7.95Ca	1 454.432±22.754Ba	184.996±7.733Ba	195.355±6.031Ca	39.156±3.315Ba
叶片	NM_0	766.42±25.43Aa	2.38±0.21Ba	413.11±9.96Aa	452.26±2.31Aa	96.78±1.79Bb	194.68±14.79Aa	26.75±0.40Aa
	NM_{50}	824.62±16.45Aa	4.04±0.36Ab	342.59±19.75Bb	444.901±2.389Ba	144.78±13.69Aa	178.86±7.86Aa	22.02±0.92Ab
	NM_{100}	631.84±39.82Bb	4.07±0.09Ab	337.29±15.05Bb	456.180±0.724Aa	126.10±1.56Aa	137.13±1.70Ba	17.69±0.43Bb
	M_0	780.92±10.03Aa	3.27±0.13bBa	418.08±19.0Aa	454.35±1.22Aa	125.71±2.12Aa	172.54±3.22Ba	26.58±0.30ABa
	M_{50}	853.70±4.25Ba	13.18±0.37Aa	440.49±1.35Aa	451.81±0.65Aa	130.90±0.49Aa	194.58±14.59ABa	27.66±0.07Aa
	M_{100}	734.19±16.33Aa	14.21±0.68Aa	446.29±11.02Aa	451.87±2.67Aa	130.82±1.37Aa	257.34±7.84Ab	24.57±1.89Ba

注：M_0为磁化+0 μmol·L⁻¹镉灌溉处理，M_{50}为磁化+50 μmol·L⁻¹镉灌溉处理，M_{100}为磁化+100 μmol·L⁻¹镉灌溉处理，NM_0为非磁化+0 μmol·L⁻¹镉灌溉处理，NM_{50}为非磁化+50 μmol·L⁻¹镉灌溉处理，NM_{100}为非磁化+100 μmol·L⁻¹镉灌溉处理。表中数据为3次测定的平均值±标准差，不同大写字母表示同一处理内不同镉浓度间差异达到显著水平，不同小写字母表示同一镉浓度下不同处理间差异达到显著水平（$P<0.05$）。

（三）磁化水灌溉对欧美杨植株镉离子富集及转运的影响

通过对植株根茎叶的镉含量测定分析可知（表 4-27），外源镉胁迫下，非磁化水处理中（NM_0、NM_{50}、NM_{100}），欧美杨根中的镉含量显著升高（$P<$ 0.05），NM_{50}、NM_{100} 中根的镉含量分别为对照 NM_0 的 5.6、9.2 倍；茎叶的镉含量升高，NM_{50} 和 NM_{100} 中茎、叶的镉含量分别为对照 NM_0 的 5.0、5.9 倍和 7.8、9.3 倍。磁化水处理中，欧美杨根、茎、叶的镉含量随着镉浓度升高呈升高的趋势，M_{50} 和 M_{100} 中根、茎、叶的镉含量分别为对照 M_0 的 6.8、7.7、5.3 和 15.1、9.5、7.5 倍。与非磁化水处理（NM_0、NM_{50}、NM_{100}）相比，磁化水处理（M_0、M_{50}、M_{100}）后欧美杨根中的镉含量分别提高 4.1%、26.7%、66.7%，且 M_{50} 与 NM_{50}、M_{100} 与 NM_{100} 差异显著（$P<0.05$）；茎中的镉含量分别下降 53.6%、29.5%、25.9%，除 NM_0 与 M_0 外均达显著水平（$P<0.05$）；M_0 中叶的镉含量升高 10.9%，但差异不显著，M_{50}、M_{100} 中叶的镉含量分别显著下降 24.1%、11.7%（$P<0.05$）。

对生物富集系数的分析发现，镉污染土壤中欧美杨体内的镉含量随着镉浓度的升高而增加，且在不同镉浓度处理下均存在显著性差异（$P<0.05$）。在 50 $\mu mol \cdot L^{-1}$ 镉浓度处理下（M_{50} 和 NM_{50}），欧美杨根和地上部器官内富集的镉超过 40 $mg \cdot kg^{-1}$，而在 100 $\mu mol \cdot L^{-1}$ 镉浓度处理下（M_{100} 和 NM_{100}），欧美杨根部和地上部器官内累积的镉分别高达 87.4 $mg \cdot kg^{-1}$ 和 61.4 $mg \cdot kg^{-1}$。富集系数可以显示植物体对重金属的富集能力，与非磁化水处理的 NM_{50}、NM_{100} 相比，磁化水处理中 M_{50}、M_{100} 的富集系数分别提高 22.2%、70.6%，且差异分别达到显著水平（$P<0.05$）。对转运系数的分析发现，与对照 NM_0、M_0 相比，NM_{50} 和 M_{50} 的转运系数增大，比例分别为 21.0% 和 16.4%；但 NM_{100} 和 M_{100} 的转运系数下降，比例分别为 12.6%、48.5%。磁化水处理导致镉转运系数降低，在对照组中（M_0、NM_0），欧美杨植株的转运系数相差较小，无显著变化；但在镉污染土壤中，经过磁化水处理的欧美杨植株转运系数明显下降，其中与 NM_{50} 和 NM_{100} 相比，M_{50} 和 M_{100} 的转运系数分别降低 16.5%、48.8%，但差异不显著。

对于重金属在植物体内的分配而言，大量的研究表明，植物体将重金属积累到不活跃的组织或器官中有利于减轻重金属对植株的伤害（Chen et al.，2014；陈良华，2015）。上述研究结果发现，欧美杨各器官中富集的镉含量主要分布在根系中，其次为叶、茎，这与石坚（2018）发现楝科幼苗在镉污染土壤中根部镉积累量最大的研究结果一致，表明将镉截留在根部是欧美杨自主防御镉胁迫的主要策略（陆秀君，2008）。与此同时，本研究还表明经过磁化水处理后欧美杨植株根部的镉富集量显著大于非磁化水处理，且转运系数明显降低，与刘阿梅（2013）添加生物炭可降低圆萝卜（*Raphanus sativus* L.）和小青菜（*Brassica chinensis* L.）地上部分镉积累量的研究结果一致。转运系数是评价重金属由地下部分到地上部分转运能力的直接指标（Chen et al.，2014），说明磁化作用不仅促进了镉在欧美杨根部的积累，降低了镉向地上部分转移的能力，而且有利于将大部分镉固定在根部，进入根系皮层细胞内的镉与细胞中的蛋白质、多糖等大分子物质形成稳定的络合物或不溶性有机物被沉积固定在根部，从而降低其向地上部分的转运，减小镉离子对植株生长代谢的伤害（Pietrini et al.，2010）。

表 4-27　磁化水处理对镉胁迫下欧美杨植株镉富集及转运的影响

处理	镉含量（mg·kg^{-1}）			生物富集系数	转运系数
	根系	茎	叶片		
NM$_0$	4.567±0.385Aa	0.686±0.158Ba	1.517±0.051Ba	8.578±0.653Ba	0.485±0.020Aa
NM$_{50}$	25.621±2.417Bb	3.476±0.186Aa	11.841±0.424Aa	12.060±0.915Ab	0.587±0.124Aa
NM$_{100}$	43.068±0.672Bb	4.073±0.446Aa	14.232±1.610Aa	11.313±0.470Ab	0.424±0.017ABa
M$_0$	4.753±0.489Ca	0.318±0.070Aa	1.683±0.245Ca	8.518±0.417Ca	0.421±0.050ABa
M$_{50}$	32.457±2.921Ba	2.450±0.259Bb	8.992±0.476Bb	14.737±1.273Ba	0.490±0.106Aa
M$_{100}$	71.773±3.226Aa	3.020±0.443Bb	12.568±0.796Aa	19.295±0.551Aa	0.217±0.014Ba

注：M$_0$ 为磁化＋0 μmol·L^{-1}镉灌溉处理，M$_{50}$ 为磁化＋50 μmol·L^{-1}镉灌溉处理，M$_{100}$ 为磁化＋100 μmol·L^{-1}镉灌溉处理，NM$_0$ 为非磁化＋0 μmol·L^{-1}镉灌溉处理，NM$_{50}$ 为非磁化＋50 μmol·L^{-1}镉灌溉处理，NM$_{100}$ 为非磁化＋100 μmol·L^{-1}镉灌溉处理。表中数据为 3 次测定的平均值±标准差，不同大写字母表示同一处理内不同镉浓度间差异达到显著水平（$P<0.05$），不同小写字母表示相同镉浓度的不同处理间差异达到显著水平（$P<0.05$）。

六、小结

（1）磁化微咸水灌溉促进了植株对营养元素的吸收。在叶片和根系组织中，微咸水灌溉后 Fe 含量均降低，为 3.9%～20.5%，元素 Cu 含量表现为上升趋势，为 1.2%～29.8%，Fe、Mn、Cu 在根系中的累积量大于叶片，这说明 Fe、Mn、Cu 不易随水分运移而较多地积累在根部，且受蒸腾作用影响较小；磁化微咸水灌溉中，提高了 Fe、Zn、Cu 的含量，叶片中 C、N 含量升高，降低了 P 的富集，而根系中 C 与叶片表现为相同的变化趋势，这有利于增强光合作用及 N 代谢，维持植株正常新陈代谢。

（2）磁化咸水灌溉通过作用于土壤中矿质养分累积及养分有效性，促进葡萄体内养分的运输，提高矿质营养元素在叶片、根系中的分配比例。磁化处理提高了葡萄体内 Fe、Mn、Zn、N、P 含量，降低了 Cu 含量；提高了 Zn、Cu 的解毒能力；且 $6.0\ g \cdot L^{-1}$ 咸水灌溉下，磁化处理对葡萄叶片中 Fe、Mn、P 和根系中 Cu 含量的影响达到显著水平（$P < 0.05$）。

（3）研究表明，$100\ \mu mol \cdot L^{-1}$ 镉胁迫处理可明显改变杨树体内矿质养分的积累与分配，非磁化处理条件下，元素 Ca、Na 和 Cu 在叶片中的积累量高于根系，而 Cd 含量低于根系。磁化处理后，促进了元素 Fe、Zn、Mg 和 K 向地上部的转运，叶片中积累量提高，同时降低了 Cd 对金属离子的替代作用。

（4）磁化水处理可以有效提高镉胁迫环境下欧美杨植株对养分征调的能力，改善植株体内养分的转运，对各营养元素的积累分配也有一定的影响，尤其是促进了 Ca、Fe、Zn、N 在杨树体内的积累，这说明磁化作用可以改善营养元素的吸收和养分分配格局，改变杨树对镉胁迫的自主调控机制，缓解镉胁迫对叶片和根系的损伤，维持镉胁迫下杨树养分平衡和生理功能稳定。

第三节　磁化水灌溉对植物氮素代谢能力的影响

一、试验材料与方法

（一）试验材料

磁化微咸水灌溉和镉胁迫杨树盆栽试验同第二章第二节。
磁化咸水灌溉葡萄盆栽试验同第二章第二节。

（二）细胞非损伤微测技术测定铵根和硝酸根离子

在美国扬格（旭月北京）非损伤中心，使用非损伤微测技术（Non-invasive Micro-test Technology，NMT）检测叶片和根部铵根（NH_4^+）和硝酸根（NO_3^-）离子流。取尖端直径为 $5\ \mu m$ 的玻璃流速传感器，使用注射器，在管腔中注入相应的传感器灌充液（NH_4^+：$100\ mmol \cdot L^{-1}$ NH_4Cl；NO_3^-：$10\ mmol \cdot L^{-1}$ KNO_3；pH 7.0），液柱长度约为 1 cm。然后，在显微镜下用玻璃传感器的尖端，从相应的液态离子交换剂（liquid ion-exchanger cocktail，LIX；NH_4^+：XY-SJ-NH_4；NO_3^-：XY-SJ-NO_3；Sigma 60031，Younger USA）载体中，吸取固定长度的液态离子交换剂（NH_4^+：$50\ \mu m$；NO_3^-：$80\ \mu m$）。

将制作好的传感器安装到非损伤微测系统上，在检测前，对传感器进行校正。校正的目的是检查传感器在溶液中的电位值与溶液浓度之间的关系是否符合理论的能斯特方程标准。要求校正时，得出的校正曲线斜率 NH_4^+ 在 58 ± 5 mV/decade 之间，NO_3^- 在-58 ± 5 mV/decade 之间。校正时，使用高、低浓度校正液与测试液，进行三点校正。两种溶液中，除了含有待测离子的化合物成分浓度不同外，其余成分及其对应浓度均保持一致。待测离子的浓度设置原则为：$C_{高浓度校正液}>C_{测试液}>C_{低浓度校正液}$，$C_{高浓度校正液}=10C_{低浓度校正液}$。

完成校正后，剪下一条需要检测的植株根，置于培养皿中。使用树脂块和滤纸条将根固定在培养皿底部，暴露出待检测部位。加入测试液（NH_4^+ 测试液为：0.1 mmol·L^{-1} NH_4NO_3，0.1 mmol·L^{-1} $CaCl_2$，0.3 mmol·L^{-1} MES，pH 5.5；NO_3^- 测试液为：0.1 mmol·L^{-1} NH_4NO_3，1.0 mmol·L^{-1} KCl，0.1 mmol·L^{-1} $CaCl_2$，0.3 mmol·L^{-1} MES，pH 5.5），浸没根部。将传感器尖端定位到根部的待测位点（待测位点分别距离根尖 10 mm、15 mm），此时传感器尖端距离根部表面待测位点的距离约为 5 μm。启动检测，传感器将在距离根部表面待测位点 55 μm 及 355 μm 的两点（$dx=30$ μm），做往复运动，周期为 6 s。传感器在这两点获取的浓度差即 dc。非损伤微测系统（美国扬格公司）的流速检测软件 imFluxes 2.0 会自动将上述参数，通过菲克第一扩散定律转换成流速 J，单位是 pmol·$(cm^2·s)^{-1}$。每点检测 10 min。

叶肉细胞检测时，先取叶片，撕开叶片后，用双面胶将叶片黏附于培养皿底部，加入测试液，浸没叶片。将传感器定位到叶片切口暴露出的叶肉组织表面，此时传感器尖端距离叶肉组织表面的距离约为 105 μm，剩余步骤与根部检测一致，每样检测 10 min，每种离子流速重复测定 8 次，取其平均值。

（三）全氮含量和^{15}N 丰度测定

每处理取 9 棵植株，全株取出带回实验室。植株解析后，分根、茎、叶三部分，样品按照清水→洗涤剂→清水→1％盐酸→3 次去离子水的顺序冲洗后，105℃杀青 30 min 后，85℃烘干至恒重，粉碎后过 60 目筛，混合均匀后备用。

称取一定量样品，用 Flash 2000 HT 同位素比质谱仪（美产）联用元素分析仪（Thermo Scientific Flash 2000 HT；Thermo Fisher）进行全氮含量测定；用 CNOHS 同位素质谱仪（Isotope Ratio Mass Spectrometer；DETAV Advantage；Thermo Fisher）进行^{15}N 丰度的测定，并通过植物根、茎、叶^{15}N丰度、全氮含量、生物量计算以下参数：

植株各器官（根、茎、叶）总氮量（g）＝各器官氮含量（％）×各器官生物量（g）

植株总氮量（g）＝根总氮量（g）＋茎总氮量（g）＋叶总氮量（g）

^{15}N 原子百分超＝样品丰度－自然丰度

植株各器官中来自肥料的 ^{15}N 量对该器官总氮量的贡献率 Ndff（％）＝（样品 ^{15}N 丰度－自然丰度）／（肥料丰度－自然丰度）×100％

植株各器官中来自土壤的氮量对该器官总氮量的贡献率 Ndfs（％）＝1－Ndff（％）

植株各器官总氮量中来自氮肥的 ^{15}N 量（g）＝植株各器官 Ndff（％）×各器官总氮量（g）

植株各器官总氮量中来自土壤的氮量（g）＝植株各器官 Ndfs（％）×各器官总氮量（g）

植株总氮量中来自氮肥的 ^{15}N 量（g）＝叶总氮量中来自氮肥的 ^{15}N 量（g）＋茎总氮量中来自氮肥的 ^{15}N 量（g）＋根总氮量中来自氮肥的 ^{15}N 量（g）

植株总氮量中来自土壤的氮量（g）＝叶总氮量中来自土壤的氮量（g）＋茎总氮量中来自土壤的氮量（g）＋根总氮量中来自土壤的氮量（g）

植株各器官的总氮分配率（％）＝各器官总氮量（g）/植株总氮量（g）×100％

植株各器官来自氮肥的氮素的分配率（％）＝植株各器官总氮量中来自氮肥的 ^{15}N 量（g）／植株总氮量中来自氮肥的 ^{15}N 量（g）×100％

植株各器官来自土壤的氮素的分配率（％）＝植株各器官总氮量中来自土壤的氮量（g）/植株总氮量中来自土壤的氮量（g）×100％

植株各器官的氮肥利用率（％）＝植物各器官中 ^{15}N 吸收量（g）/肥料的 ^{15}N 施用量（g）＝［各器官氮含量（％）×各器官生物量（g）×各器官 ^{15}N 原子百分超］／［施肥量（g）×肥料含氮量（％）×肥料 ^{15}N 原子百分超］×100％

土壤总氮量（g）＝土壤氮含量（％）×土壤质量（g）

肥料 ^{15}N 的利用率（％）＝植株总氮量中来自氮肥的 ^{15}N 量（g）/肥料的 ^{15}N 施用量（g）×100％

肥料 ^{15}N 的残留率（％）＝土壤总氮量（g）×土壤 Ndff（％）/肥料的 ^{15}N 施用量×100％

肥料 ^{15}N 的回收率（％）＝肥料 ^{15}N 的利用率（％）＋肥料 ^{15}N 的残留率（％）

肥料 ^{15}N 的损失率（％）＝1－肥料 ^{15}N 的回收率（％）

注：N 自然丰度为 0.366％。

二、磁化微咸水灌溉对杨树氮素代谢特征的影响

（一）磁化微咸水灌溉对不同形态氮素含量的影响

植物生长需要多种营养元素，其中以氮素最为重要。氮素不仅是蛋白

质、核酸和磷脂的主要成分，又是原生质、细胞核和生物膜的重要组成成分，在植物生命活动中起特殊作用，被称为生命元素（唐辉，2014）。图4-12 可以看出，盐分胁迫后，杨树叶片和根系中全氮含量降低（图 4-12A），与 M_0 和 NM_0 相比，M_4 与 NM_4 降低 $20.0\%\sim55.5\%$；与之不同的是，受磁化作用影响，盐分胁迫后叶片和根系中全氮含量较 NM_0 和 NM_4 提高，为 $7.7\%\sim98.3\%$，且根系中全氮含量提高幅度较大，平均为 60.5%。盐分胁迫后，$NO_3^-\text{-}N$ 含量在叶片和根系中表现不同（图 4-12B），在叶片中含量降低（为 $17.6\%\sim47.8\%$），而在根系中含量升高（$6.9\%\sim9.5\%$），且根系中其含量为叶片的 7.0 倍。经磁化水灌溉后，于叶片中，M_0 处理 $NO_3^-\text{-}N$ 含量最高，NM_0 中含量最低；根系则与之表现不同，M_4 处理中 $NO_3^-\text{-}N$ 含量最高，而 NM_4 中含量最低；另外，磁化水处理均高于非磁化处理，为 $31.7\%\sim115.1\%$。$NH_4^+\text{-}N$ 含量与 TN 和 $NO_3^-\text{-}N$ 表现不同（图 4-12C），盐分胁迫后，$NH_4^+\text{-}N$ 于叶片和根系中含量增加，表现为叶片中 M_4 处理含量最高（$334.05\ \mu g\ N \cdot g^{-1}\ FW$），而于根系中 NM_4 处理含量最高（$287.58\ \mu g\ N \cdot g^{-1}\ FW$），分别较非盐胁迫处理提高 $68.3\%\sim112.1\%$ 和 $58.0\%\sim66.1\%$。另外，盐胁迫后，叶片中 $NH_4^+\text{-}N$ 含量于 M_4 处理高于 NM_4，根系 $NH_4^+\text{-}N$ 含量于 M_4 处理低于 NM_4，二者表现相反。与非磁化处理相比，受磁化作用影响，叶片中 $NH_4^+\text{-}N$ 含量提高而在根系中降低，分别为 $17.0\%\sim57.0\%$ 和 $25.2\%\sim26.2\%$。由此可见，盐分胁迫不仅降低了杨树叶片和根系对全氮的吸收，而且还影响了叶片和根系中氮素的存在形态及其含量。除根系中 $NH_4^+\text{-}N$ 含量外，受磁化作用影响，叶片和根系中不同形态氮素含量均提高，进而促进了杨树对盐分环境的适应。

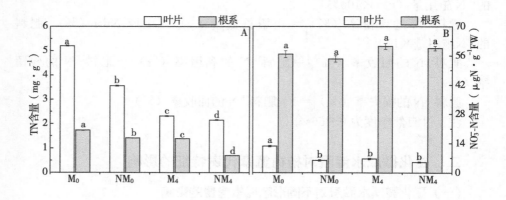

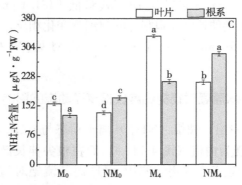

图 4-12 盐分胁迫下磁化微咸水灌溉后杨树叶片和根系中全氮（TN，A）、
硝态氮（NO_3^--N，B）和铵态氮（NH_4^+-N，C）含量变化

注：NM_0为非磁化灌溉处理，M_0为磁化灌溉处理，M_4为磁化微咸水灌溉处理，NM_4为非磁化微咸水灌溉处理。图中数据为 3 次测定的平均值±标准差。不同小写字母表示处理间的差异达到显著水平（$P < 0.05$）。

（二）磁化微咸水灌溉对杨树细胞硝酸根离子动态的影响

利用细胞非损伤微测技术对杨树叶肉细胞和根尖伸长区 15 mm 处硝酸根（NO_3^-）离子动态的测定发现，NO_3^- 均表现为外流（图 4-13）。盐分胁迫下，10 min 测试时间内，NO_3^- 外流量均高于非盐胁迫处理，叶肉细胞中为235.1～290.2 pmol·$(cm^2 \cdot s)^{-1}$（图 4-13A），根尖伸长区细胞为 123.5～157.5 pmol·$(cm^2 \cdot s)^{-1}$（图 4-13B），且叶肉细胞外流量高于根尖伸长区细胞。与非磁化处理相比，磁化处理后叶肉细胞中 NO_3^- 离子外流量显著提高，其中，M_4

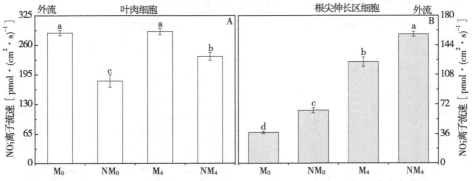

图 4-13 叶肉细胞（A）和根尖伸长区细胞（B）中 NO_3^- 离子动态变化

注：NM_0为非磁化灌溉处理，M_0为磁化灌溉处理，M_4磁化微咸水灌溉处理，NM_4为非磁化微咸水灌溉处理。图中数据为8次测定的平均值±标准差，不同小写字母表示处理间的差异达到显著水平（$P < 0.05$）。

最高 [290.2 pmol·(cm²·s)⁻¹],而 NM₀ 最低 [181.4 pmol·(cm²·s)⁻¹]。受磁化作用影响,根尖伸长区细胞则与叶肉细胞变化相反,NM₄ 处理中 NO₃⁻ 离子外流量最高 [157.51 pmol·(cm²·s)⁻¹],而 M₀ 处理中最低 [38.05 pmol·(cm²·s)⁻¹]。

(三)磁化微咸水灌溉对杨树细胞铵根离子动态的影响

由图 4-14 可以看出,铵根(NH₄⁺)离子动态与 NO₃⁻ 离子动态变化不同,其在叶肉细胞中表现为内流(图 4-14A),而在根尖伸长区细胞中表现为外流(图 4-14B)。盐分胁迫下,叶肉细胞中 NH₄⁺ 离子流绝对值高于非盐胁迫,其中 M₀ 内流量最大 [−2 518.85 pmol·(cm²·s)⁻¹],其次为 M₄ [1 164.15 pmol·(cm²·s)⁻¹];另外,NM₄ 与 NM₀ 相比变化较小,无显著差异。与叶肉细胞表现不同的是,根尖伸长区细胞中 NH₄⁺ 表现为外流,其中,M₄ 外流量最大为 186.83 pmol·(cm²·s)⁻¹,并与 M₀ 相比呈显著差异;NM₄ 则与 NM₀ 外流量相近,无显著差异。由此可见,受磁化作用影响,叶肉细胞中 NH₄⁺ 摄入量明显优于 NO₃⁻,且 NH₄⁺ 作为一种氮素形态,其在细胞内的摄入有利于促进盐分环境下蛋白的合成以及降低能量消耗,这与 Bloom 等(1993)发现较高浓度的 NH₄⁺ 并不会抑制根系生长的研究结果相似。另外,于根系中,磁化作用诱导根尖伸长区细胞中 NH₄⁺ 外流量增大的同时 NH₄⁺-N 含量降低,且根尖伸长区细胞对 NH₄⁺ 摄入量低于叶肉细胞,这有利于根系形态建成。这是由于,磁化作用诱导 NH₄⁺ 同化生成氨基酸的同时可产生一个质子,而质子通常被释放到根际,且 NH₄⁺ 同化使根尖环境酸化,改变根尖部分的 pH,改善细胞壁的扩展,从而加快根系形态建成。

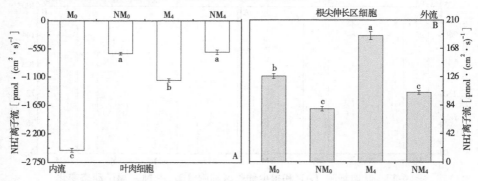

图 4-14 叶肉细胞(A)和根尖伸长区细胞(B)中 NH₄⁺ 离子动态变化

注:NM₀ 为非磁化灌溉处理,M₀ 为磁化灌溉处理,M₄ 为磁化微咸水灌溉处理,NM₄ 为非磁化微咸水灌溉处理。图中数据为 8 次测定的平均值±标准差,不同小写字母表示处理间的差异达到显著水平(P<0.05)。

（四）磁化微咸水灌溉对杨树氮素代谢酶活性的影响

由图 4-15 可以看出，盐分胁迫诱导叶片中硝酸还原酶（NR）活性显著升高（图 4-15A），而在根系中降低，且叶片中 NR 活性高于根系。叶片中，M_4 和 NM_4 处理中 NR 活性较 M_0 和 NM_0 提高 24.6%～32.3%，根系中则降低 15.2%～17.1%；这与盐分胁迫下玉米 NR 活性表现一致（Abd-ElBaki et al.，2000），而叶片中较高的 NR 活性可能与较高水平 NR 蛋白表达、光能利用率以及氮素还原能力有关（Lillo，2004）。亚硝酸还原酶（NiR）活性变化与 NR 不同，盐分胁迫诱导叶片中 NiR 活性提高，但于根系中降低（图 4-15B）。表现为：叶片中，NM_4 处理 NiR 活性最高 [3 145.97 μmol·$(h \cdot g)^{-1}$ FW]，其次为 NM_0 [3 081.54 μmol·$(h \cdot g)^{-1}$ FW]，二者活性相近且无显著差异。M_4 较 M_0 提高 20.3%，且呈显著差异。根系中，M_0 处理 NiR 活性最高 [3 210.08 μmol·$(h \cdot g)^{-1}$ FW]，而 M_4 和 NM_4 则较非盐胁迫处理降低，为 0.8%～6.1%。同时，研究发现，根系中 NO_3^--N 含量高于叶片，这是由于盐分胁迫刺激了 NR 活性表达、诱导叶肉细胞中 NO_3^- 外流量增大且根系中 NiR 活性提高，促进叶片中大量 NO_3^- 涌入根系，使根系中 NO_3^- 增加。与非磁化处理表现不同的是（NM_0 和 NM_4），磁化处理诱导叶片和根系中 NR 活性提高，且叶片中活性高于根系。其中，M_0 和 M_4 处理叶片中 NR 活性较 NM_0 和 NM_4 提高 27.7%～35.6%；根系中提高 6.8%～9.2%，且处理间差异不显著。而磁化处理诱导叶片中 NiR 活性降低而根系中升高，为 7.5%～21.5% 和 10.6%～17.1%。其中，M_0 处理下 NiR 活性于叶片中最低 [2 419.66 μmol·$(h \cdot g)^{-1}$ FW]，但于根系中活性最高，NM_4 处理下 NiR 活性于叶片中最高 [3 145.97 μmol·$(h \cdot g)^{-1}$ FW]，但于根系中则有所降低 [2 727.77 μmol·$(h \cdot g)^{-1}$ FW]。结合 NO_3^- 离子动态和 NO_3^--N 含量得知，磁化作用可诱导盐分胁迫下 NO_3^- 外流量和 NO_3^--N 含量降低，刺激根系 NR 和 NiR 活性表达，从而促进 NO_3^--N 还原。

谷氨酰胺合成酶（GS）、谷氨酸脱氢酶（GDH）和谷氨酸合成酶（GOGAT）在植物生长发育过程中发挥着重要作用，其可诱导铵同化产生谷氨酸用以合成氨基酸。Debouba 等（2006）发现，NaCl 胁迫可促进番茄（*Solanum lycopersicum*）中 GS 活性表达，抑制 GOGAT 活性。由图 4-15 可以看出，盐分胁迫诱导 GS、GDH 和 GOGAT 总体表现为叶片中活性高于根系。与非盐胁迫处理不同的是，盐分胁迫诱导 GS 活性在不同处理中均有不同程度的提高，且叶片和根系中变化趋势相同（图 4-15C）。M_4 和 NM_4 处理后 GS 活性在叶片中提高幅度较大，为 22.0%～23.8%，但在根系中变化较

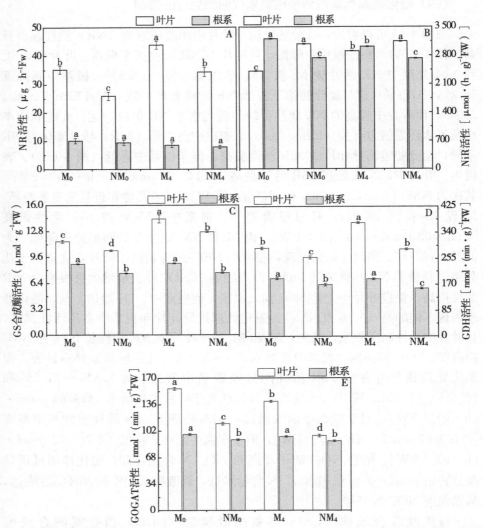

图 4-15　叶片和根系中硝酸还原酶（NR, NO₂⁻ μg・h⁻¹・g⁻¹ FW; A）、亚硝酸还原酶（NiR, μmol・h⁻¹・g⁻¹ FW; B）、谷氨酰胺合成酶（GS, μmol・g⁻¹ FW; C）、谷氨酸脱氢酶（GDH, nmol・min⁻¹・g⁻¹ FW; D）、谷氨酸合成酶（GOGAT, nmol・min⁻¹・g⁻¹ FW; E）活性变化

注：NM₀ 为非磁化灌溉处理，M₀ 为磁化灌溉处理，M₄ 为磁化微咸水灌溉处理，NM₄ 为非磁化微咸水灌溉处理。图中数据为 3 次测定的平均值±标准差，不同小写字母表示处理间的差异达到显著水平（$P < 0.05$）。

小且无显著差异。GDH 活性于叶片中升高而在根系中降低，与非盐胁迫处理表现不同（图 4-15D）。表现为：叶片中，盐分胁迫诱导 GDH 活性提高 $10.6\%\sim28.5\%$，且处理之间呈显著差异；相反，盐分胁迫诱导根系中 GDH 活性降低、为 $0.7\%\sim6.9\%$。另外，M_4 处理下根系中 GDH 活性 [187.85 nmol・$(min・g)^{-1}$ FW] 与 M_0 相近 [189.21 nmol・$(min・g)^{-1}$ FW]，无显著差异。盐分胁迫对叶片和根系中 GOGAT 活性均有抑制作用（图 4-15E），较非盐胁迫处理降低 $2.0\%\sim14.1\%$；且对叶片的抑制作用高于根系，其活性降低幅度较大为 $10.5\%\sim14.1\%$。同时，研究发现，盐胁迫后根系 NH_4^+ 摄入量以及 NH_4^+-N 含量降低，结合 GS、GDH 和 GOGAT 活性降低，说明根系中铵同化能力低于叶片，NH_4^+ 由根系大量向叶片中运输，从而降低根系铵毒害，维持生长，这是杨树对盐分胁迫的一种适应。Singh 等（2016）则发现不同水平外源氮素供应后番茄叶片和根系中 GDH 显著降低，本文研究结果与之不同，盐分胁迫刺激了叶片中 GDH 活性的表达，而根系中 GDH 则大量消耗，因此推断，盐分胁迫氨化活动需要消耗大量 GDH，以参与根系中铵解毒，从而降低根系中铵毒害；同时得以谷氨酸库补充，这是植物产生保护性代谢产物所必需的。

　　非磁化处理后不同处理间 GS、GDH 和 GOGAT 活性均有不同程度的下降，与之不同的是，受磁化作用影响 3 种酶活性在叶片和根系中均升高，这与外源添加 γ-聚谷氨酸（poly γ-glutamic acid）可刺激白菜（*Brassica campestris* L. ssp. *chinensis* Makino cv. Aijiaohuang）叶片和根系中 GS、GDH 和 GOGAT 活性以及提高叶片全氮含量的研究结果一致（Xu et al.，2014）。受磁化作用影响，GS 活性于叶片和根系中分别提高 $10.7\%\sim15.2\%$ 和 $12.3\%\sim15.0\%$；其中，M_4 处理后 GS 活性于叶片和根系中最高，分别为 14.31 U・g^{-1} FW 和 8.83 U・g^{-1} FW；而 NM_0 则最低，分别为 10.44 U・g^{-1} FW 和 7.59 U・g^{-1} FW。叶片和根系中 GDH 活性上升（$11.5\%\sim30.0\%$），且对叶片的刺激作用较根系略微明显，这与非磁化处理表现不同。GOGAT 活性与 GDH 表现相似，盐分环境中，磁化处理对叶片和根系中 GOGAT 活性均有一定的刺激作用，且叶片较根系明显，其在叶片中显著提高、为 $40.7\%\sim46.5\%$，根系中提高为 $6.4\%\sim7.5\%$。GS 和 GOGAT 为影响 GS-GOGAT 循环效率的关键酶，磁化处理后其活性的提高，不仅可以促进谷氨酸的合成，还可以提高氮素的代谢效率。

（五）磁化微咸水灌溉对氮素代谢物质含量的影响

　　通过对氮素代谢物质的测定发现（图 4-16），盐分胁迫诱导叶片中还原型谷胱甘肽（GSH）含量降低、为 25.0％～26.5％，但 GSH 在根系中含量则较非盐胁迫处理提高，为 17.9％～35.8％（图 4-16A）。与 GSH 表现不同，盐分胁迫促进了氧化型谷胱甘肽（GSSG）在叶片和根系中的累积，其累积量较非盐胁迫处理上升（7.0％～153.9％）（图 4-16B），且于根系中上升比例较大，为 78.2％～153.9％。可见，盐分胁迫诱导叶片中 GSH 和 GSSG 合成量均高于根系，这与 Kaur 和 Bhatla（2016）利用 SNP（sodium nitroprusside）处理向日葵幼苗的研究结果相似。与 GSH 和 GSSG 表现不同，盐分胁迫诱导 GSH 总量（叶片＋根系，图 4-16C）以及 GSH＋GSSG（叶片与根系中 GSH 与 GSSG 总和，图 4-16D）降低，分别为 11.5％～17.6％和 6.2％～9.22％；但却促进了 GSSG 总量（叶片＋根系，图 4-16C）的合成，为 31.4％～65.2％。

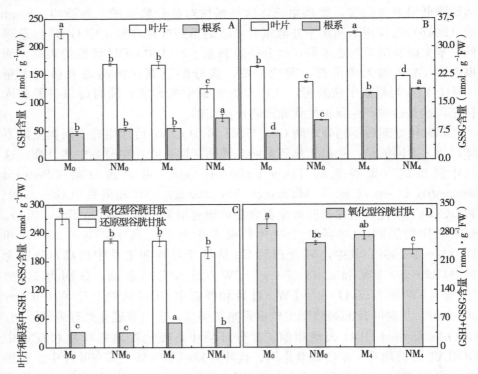

图 4-16　叶片和根系中还原型谷胱甘肽（GSH，μmol・g^{-1} FW；A）、氧化型谷胱甘肽（GSSG，nmol・g^{-1} FW；B）、还原型和氧化型谷胱甘肽总含量（叶片＋根系；C）以及总谷胱甘肽含量（GSH＋GSSG，nmol・g^{-1}FN；D）变化

注：NM$_0$ 为非磁化灌溉处理，M$_0$ 为磁化灌溉处理，M$_4$ 为磁化微咸水灌溉处理，NM$_4$ 为非磁化微咸水灌溉处理。图中数据为 3 次测定的平均值±标准差，不同小写字母表示处理间的差异达到显著水平（$P < 0.05$）。

磁化处理则抑制了盐分胁迫后 GSH 在叶片的合成，其含量较非磁化处理降低 32.5%～34.8%；从而促进了其在根系中的累积，GSH 含量较非磁化处理提高 14.1%～25.3%。GSSG 与 GSH 表现相反，磁化处理刺激了叶片中 GSSG 含量累积，却抑制了根系中 GSSG 的合成。与非磁化处理相比，其含量于叶片中平均升高 36.4%，于根系中平均降低 19.4%，且不同处理间呈显著差异。另外，盐分环境中，磁化处理对杨树 GSH 总量、GSSG 总量以及 GSH+GSSG 均有不同程度的促进作用，其含量较非磁化处理提高 2.1%～25.8%。由此可见，磁化处理可通过影响 GS、GOGAT 以及 GDH 活性的表达以调节盐分胁迫下氮素代谢物质在叶片和根系中的合成、降解、利用和运输。

三、磁化水灌溉对外源镉胁迫下杨树氮素代谢特征的影响

（一）磁化水灌溉影响镉胁迫下不同组织中氮素含量

氮素是植物必需营养中最核心的大量元素之一，其代谢过程贯穿植物生命活动的基本过程。铵态氮和硝态氮是植物从土壤中所吸收的主要氮素形态，其中硝态氮可直接被植物吸收利用，且 NO_3^--N 的利用速度反映了氮素代谢的快慢。植物吸收硝酸盐后，一部分在叶片中还原，另一部分在根系中经硝酸还原酶作用还原为亚硝酸盐，亚硝酸盐进入质体后由 NiR 还原为铵，铵最终同化为氨基酸和蛋白质。研究发现，镉源添加后叶片中 NH_4^+-N（图 4-17A）、NO_3^--N（图 4-17B）及 TN（图 4-17C）含量均较对照降低，其中 M_{100} 较 M_0 分别降低 64.0%、31.3% 和 27.9%；NM_{100} 较 NM_0 分别降低 61.3%、18.4% 和 25.8%；可见，NH_4^+-N 下降比例最大为 61.3%～64.0%。磁化水灌溉处理后均有利于叶片中无机氮含量的积累，与 NM_0 处理相比，M_0 处理中 NH_4^+-N、NO_3^--N 及 TN 含量分别提高 65.1%、50.5% 和 7.1%；与 NM_{100} 处理相比，M_{100} 处理中无机氮含量分别提高 53.5%、26.8% 和 4.1%；同时，各处理中 NH_4^+-N 与 NO_3^--N 含量均呈显著差异，且磁化处理中 NH_4^+-N 提高比例最高为 53.5%～65.1%。

根系中无机氮累积状况与叶片中表现略有不同（图 4-17）。与对照相比（M_0、NM_0），添加镉源后（M_{100}、NM_{100}），NH_4^+-N 和 NO_3^--N 含量显著下降，分别为 11.2%、75.1% 和 28.7%、10.7%；且 NH_4^+-N 水平下降比例最大（图 4-17A），平均为 43.1%；TN 含量变化与之相反（图 4-17C），镉胁迫处理与对照相比，TN 含量分别提高 32.2% 和 5.0%。与之不同的是，磁化处理（M_0、M_{100}）提高了 NH_4^+-N 和 TN 在根系中的累积。NH_4^+-N 含量提高幅度最大，其中，M_0 较 NM_0 提高 2.0 倍，M_{100} 较 NM_{100} 提高 9.6 倍；TN 含量提高幅度相对较

小，分别为 20.32% 和 51.4%；与 NH_4^+-N 和 TN 变化趋势相反，磁化处理降低了 NO_3^--N 在根系中的含量（图 4-17B），为 8.1%～26.6%。

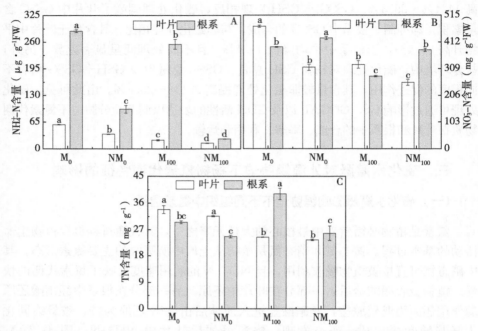

图 4-17　镉胁迫条件下，磁化与非磁化处理后杨树叶片和根系中铵态氮（NH_4^+-N；μg·g^{-1} FW；A）、硝态氮（NO_3^--N，mg·g^{-1}FW；B）以及全氮（TN，mg·g^{-1}；C）含量

注：NM_0 为非磁化灌溉处理，M_0 为磁化灌溉处理，M_{100} 为磁化＋100 μmol·L^{-1}Cd（NO_3）$_2$·4H$_2$O 灌溉处理，NM_{100} 为非磁化＋100 μmol·L^{-1}Cd（NO_3）$_2$·4H$_2$O 灌溉处理。图中数据为 3 次测定的平均值±标准差，不同小写字母表示处理间的差异达到显著水平（$P<0.05$）。

（二）磁化水灌溉影响镉胁迫下不同组织中氮素代谢关键酶活性

由图 4-18 可以看出，100 μmol·L^{-1} 镉胁迫促进了硝酸还原酶（NR）、谷氨酰胺合成酶（GS）和谷氨酸合成酶（GOGAT）活性表达，限制了亚硝酸还原酶（NiR）活性。主要表现为：镉胁迫诱导叶片 NR 活性大幅提高（图 4-18A），为 16.8%～67.4%；GS 活性提高 7.2%～9.1%（图 4-18C）；GOGAT 活性提高 9.2%～16.7%（图 4-18D）；与之不同的是，镉胁迫诱导 NiR 活性小幅度降低，为 3.4%～7.6%（图 4-18B）。与叶片表现相似，镉胁迫可刺激根系中 NR、GS 和 GOGAT 活性的表达（图 4-18A、C、D），M_{100} 处理较 M_0 处理分别提高 36.5%、32.1% 和 30.6%，NM_{100} 处理较 NM_0 处理分别提高 21.5%、17.2% 和 11.2%，且镉胁迫对根系中 NR 活性的促进作用最明显，平均为 29.0％；相反，镉胁迫抑制了根系 NiR 活性的表达（图 4-18B），M_{100} 处理和 NM_{100} 处理较对照处理相比略有降低，分别为 1.0％和 5.8％。同时，研究发现杨树体内总氮含量表现为：根系对总氮的吸收被抑制以及叶片中总氮的含量降低，且 NiR 活性和总氮含量表现一致，为叶片高于根系，叶片中较高的总氮含量会保证叶片的生产性能，以最大的碳固定率维持正常的新陈代谢（Broadley et al.，2000），这也是杨树对镉胁迫环境的一种适应。同时，推断 NiR 可能是杨树幼苗生长过程中氮素转运的关键限速酶。

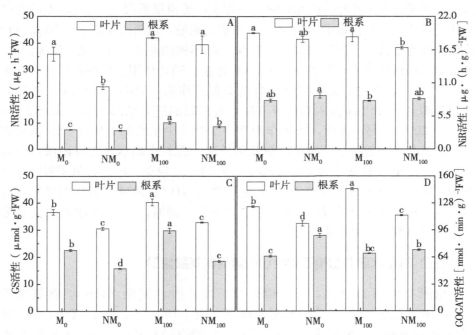

图 4-18　镉胁迫条件下，磁化与非磁化处理后杨树叶片和根系中硝酸还原酶（NR，A）、亚硝酸还原酶（NiR，B）、谷氨酰胺合成酶（GS，C）以及谷氨酸合成酶（GOGAT，D）活性变化

注：NM_0 为非磁化灌溉处理，M_0 为磁化灌溉处理，M_{100} 为磁化＋100 $\mu mol \cdot L^{-1}$ Cd（NO_3）$_2 \cdot$ $4H_2O$ 灌溉处理，NM_{100} 为非磁化＋100 $\mu mol \cdot L^{-1}$ Cd（NO_3）$_2 \cdot 4H_2O$ 灌溉处理。图中数据为 3 次测定的平均值±标准差，不同小写字母表示处理间的差异达到显著水平（$P < 0.05$）。

与非磁化咸水灌溉不同的是，磁化处理均诱导了叶片中较高的 NR、NiR、GS 和 GOGAT 活性表达。表现为：M_0 处理较 NM_0 处理分别提高 52.5％、5.6％、16.7％和 19.3％；M_{100} 处理较 NM_{100} 处理分别提高 6.4％、10.4％、22.6％和 27.4％。但是，在根系中，磁化处理有利于 NR、GS 和 GOGAT 活性的表达。其中，与 NM_0 处理相比，其活性在 M_0 处理中分别提高 5.0％、

43.1%和 4.8%；与 NM_{100} 处理相比，其活性在 M_{100} 处理中分别提高 18.0%、61.3%和 23.1%；由此看出，磁化处理下 GS 活性的增幅最大，平均为 52.17%；与 NR、GS 和 GOGAT 不同的是，NiR 活性经磁化处理后降低，为 4.1%～8.8%。可见，磁化处理诱导叶片中 NO_3^--N 含量大幅度上升，但在根系中其含量降低；同时，磁化作用诱导了叶片和根系中较高 NR 活性的表达，且叶片中活性是根系的 4～5 倍；NiR 活性表现与 NO_3^--N 一致，叶片中促进，根系中降解加速，且其叶片中活性是根系的 2 倍多；另外，NH_4^+-N 含量在根系中累积量远大于叶片。由此判断，一方面，杨树根系吸收的 NH_4^+ 不能直接运输到叶片，促使根系中 NO_3^- 向叶片中优先运输，从而诱导根系中 NO_3^- 含量降低而叶片中升高；NO_3^- 是诱导 NR 和 NiR 活性的主要信号，在一定范围内，NR 和 NiR 活性取决于营养介质中 NO_3^- 浓度；磁化作用诱导杨树叶片中充足的 NO_3^- 供应，其对 NR 和 NiR 活性皆有促进作用（Malagoli et al.，1994），这与外源 Ca^{2+} 和 SA 施入后诱导 NR 活性提高的研究结果相似（Bergareche et al.，2000）。另一方面，磁化作用诱导了叶片中较高的 NR 和 NiR 活性表达，这提高了硝酸盐还原成亚硝酸盐的效率，有利于硝酸盐向亚硝酸盐的转化；且叶片中 NiR 活性的提高可消耗大量 NH_4^+，避免亚硝酸盐累积对叶片组织的毒害；根系中 NiR 促使 NO_3^- 大量还原为 NH_4^+，造成 NiR 大量消耗，这可能是造成根系中 NiR 活性降低的主要原因；同时，NH_4^+ 在根系中大量累积，为氨基酸合成提供原料物质。

（三）磁化水灌溉影响不同组织间游离氨基酸含量

由图 4-19 可以看出，添加镉源后，叶片中色氨酸（Cys）、谷氨酰胺（Gln）和甘氨酸（Gly）含量较对照降低（图 4-19A、C、D）。其中，M_{100} 处理与 M_0 处理相比，分别降低为 24.7%、34.3%和 33.9%；NM_{100} 处理与 NM_0 处理相比，分别降低为 30.0%、32.3%和 88.5%；并且，叶片 Gly 含量下降比例最大，平均为 61.2%。但是，镉源添加后有利于谷氨酸（Glu）含量的积累（图 4-19B），M_{100} 处理较 M_0 处理提高 200.1%，NM_{100} 处理较 NM_0 处理提高 4.5%。根系中不同种游离氨基酸含量变化表现不同。与 M_0 处理相比，M_{100} 处理中 Cys、Glu、Gln 和 Gly 含量均显著提高，分别为 67.9%、7.6%、0.4%和 5.3%，且 Cys 提高幅度最大，而 Gln 则变幅较小。与 NM_0 处理相比，NM_{100} 处理中 Cys、Gln 和 Gly 含量降低，分别为 9.6%、53.3%和 76.5%（图 4-19A、C、D）；Glu 含量则提高 81.8%（图 4-19B）。

不同于非磁化咸水灌溉处理，磁化处理有利于叶片中 Cys 和 Gln 含量的累积，提高比例为 11.8% ～ 109.7%，且 Cys 提高比例最大，平均为

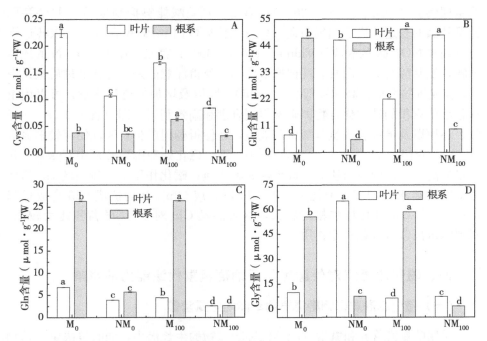

图 4-19　镉胁迫条件下，磁化与非磁化处理后杨树叶片和根系中色氨酸（Cys, A）、谷氨酸（Glu, B）、谷氨酰胺（Gln, C）以及甘氨酸（Gly, D）活性变化

注：NM_0 为非磁化灌溉处理，M_0 为磁化灌溉处理，M_{100} 为磁化＋100 $\mu mol \cdot L^{-1} Cd (NO_3)_2 \cdot 4H_2O$ 灌溉处理，NM_{100} 为非磁化＋100 $\mu mol \cdot L^{-1} Cd (NO_3)_2 \cdot 4H_2O$ 灌溉处理。图中数据为 3 次测定的平均值±标准差，不同小写字母表示处理间的差异达到显著水平（$P<0.05$）。

104.81%；但抑制了 Glu 和 Gly 的合成量，降低比例为 11.83%～99.88%，且 Gly 降低幅度最小，平均为 48.22%。根系中，磁化处理后 Cys、Glu、Gln 和 Gly 含量均表现为上升趋势。其中，M_0 处理中 Cys 上升幅度较小，为 5.95%；而 M_0 处理中 Glu、Gln 和 Gly 含量提高比例较大，分别较 NM_0 处理提高 7.83 倍、3.62 倍和 6.22 倍；而 M_{100} 处理较 NM_{100} 处理分别提高 97%、4.3 倍、8.9 倍和 31.4 倍；其中 Gly 在磁化处理中提高幅度最大，平均为 18.8 倍。由此可见，磁化作用诱导根系组织中 Glu 和 Gln 含量显著提高，为非磁化处理的 3.6～8.9 倍，且二者为氨基酸、核酸、叶绿素和多胺等含氮有机物的主要供体，其含量的提高可促进杨树体内氨基酸和蛋白质等大分子的合成。同时，磁化作用刺激了根系中 Cys 和 Gly 的合成，特别是 Gly，其合成量平均为非磁化处理的 18 倍左右，这有利于根中 NH_4^+ 以氨基酸等有机态氮的形态运输到叶片（People et al.，1997）。这说明：第一，磁化作用可通过刺激杨树调节组织氨基酸代谢来缓解高浓度镉富集带来的根部损伤以及离子稳态失衡等生理伤害（Zhang et al.，2012）；第二，氨基酸能够抑制根系中 HvNRT2 转录基因的表达，进而编码阻碍 NO_3^--N 转运蛋白 mRNA 合成，而该转运蛋白可调控 NO_3^--N 的吸收（Vidmar et al.，2000）；第三，作为 NO_3^--N 的还原产物，氨基酸对氮代谢具有反馈调节作用，值得注意的是，磁化处理后根系中 Gly 合成量的大幅提高和较低浓度的 NO_3^--N 以及增加的全氮含量，可以使植株各部位累积的碳水化合物即碳架得到合理和高效利用，即节省了 NO_3^--N 吸收、还原以及最终合成氨基酸所用能量，还使得杨树以少量能耗储存较多氮素（Hawkesford et al.，2011）。镉胁迫条件下，磁化处理诱导叶片中 Cys 和 Glu 含量提高，可以为蛋白质等合成提供原料物质；磁化作用下，较高的 GS 活性对 Glu 的需求量增多，消耗更多的 Glu 以合成 Gln，从而造成 Gln 合成量降低；Glu 与 Gln 相比增加幅度较大，这可能是 Gln 对 NH_4^+ 的蓄积能力较强，对解除游离铵毒害起一定作用。

四、磁化水灌溉对外源施氮下葡萄氮素代谢能力的影响

（一）磁化水灌溉影响施氮后葡萄体内全氮含量

植物的氮素营养和氮素分配不仅影响植物的生长潜力，同时也决定了植物的物质生产力（Schiefelbein et al.，1994）。根据表 4-28 所示，施氮条件下，磁化处理与非磁化处理植株叶片、茎的氮含量均随氮素供应水平的提高而提高，根系氮含量变化则存在差异。其中，NMN 与 NM_0 相比，葡萄叶片、茎和根系氮含量分别提高了 17.9%、5.2% 和 8.5%；磁化处理条件下 MN 处理较 M_0 处理叶片和茎氮含量分别提高了 7.0% 和 1.9%，根系氮含量则无显著差异；可见，施氮处理和磁化水灌溉均有效提高了葡萄各器官的氮素含量，表明两处理均改善了土壤对葡萄的供氮水平，促进了葡萄的氮素吸收。施氮后，磁化处理植株叶片氮含量提高，茎和根系氮含量降低，且叶片和根系氮含量的变化幅度达到显著水平。其中，M_0 处理与 NM_0 处理相比，葡萄叶片中氮含量提高了 20.3%，茎和根系中氮含量分别降低 7.2% 和 13.1%；MN 处理与 NMN 处理相比，葡萄叶片中氮含量提高了 9.2%，茎和根系中氮含量分别降低 10.1% 和 20.4%；表明磁化水灌溉对于低氮环境中葡萄氮素水平的提高要优于施氮处理，这是因为磁化水灌溉提高了土壤的持水力，促进了土壤中养分的溶解和运输，进而提高了葡萄的水肥吸收效率（周胜，2012；Surendran et al.，2016）。

从植株总氮量分析来看，随着氮素供应水平的提高，葡萄各器官和全株总氮量提高，且处理间总体呈显著差异水平；其中，NMN 处理与 NM_0 处理相比，葡萄叶片、茎、根系和全株总氮量分别提高了 106.3%、30.3%、73.4% 和

67.0%；MN 处理与 M_0 处理相比，分别提高了 44.6%、7.1%、52.3% 和 42.1%，茎总氮量的提高未达到显著水平。同浓度氮素环境中，磁化处理植株各器官和全株的总氮量提高，其中 M_0 处理与 NM 处理相比，葡萄叶片、茎、根系和全株总氮量分别提高了 315.6%、21.1%、80.4% 和 100.4%；MN 处理与 NMN 处理相比，葡萄叶片、根系和全株总氮量显著提高，分别为 191.4%、58.5% 和 70.5%，而茎中总氮量无明显差异。可见，施氮条件下磁化水灌溉显著提高了葡萄的叶片氮含量和叶片、根系、全株总氮量，但提高幅度都小于非磁化处理，且茎中氮含量降低。这可能是由两方面原因造成的，第一，单独磁化水灌溉显著提高了葡萄的氮含量，而葡萄对氮素的营养利用水平存在阈值，所以磁化处理和施氮处理共同作用下施氮对葡萄生长的影响受到了限制（葛顺峰，2011）；第二，磁化水灌溉下葡萄体内的氮素运输和氮代谢加速，促使葡萄能够高效利用所吸收的氮素，完成分配格局的优化（Hoagland et al.，2008）。

从氮源分析，磁化处理显著提高了葡萄各器官中来自肥料供应的总氮量，其中与 NMN 处理相比，NM 处理下葡萄叶片、茎、根系和全株总氮量分别提高了 184.2%、5.5%、61.3% 和 76.7%，表明磁化处理能够有效促进葡萄对外源氮素营养的吸收和利用。而从植株中来自土壤的总氮量分析可知，施氮条件下葡萄叶片、根系和全株中来自土壤的总氮量显著提高，其中 NMN 处理与 NM_0 处理相比，分别提高了 50.5%、35.7% 和 28.2%，MN 处理与 M_0 处理相比，分别提高了 6.5%、17.6% 和 8.1%；茎中总氮量变化存在差异，非磁化处理下，NMN 处理较 NM_0 处理葡萄茎总氮量无显著变化，磁化处理下，MN 处理较 M_0 处理茎总氮量显著降低 19.1%。说明施氮处理同样能够促进葡萄对土壤中氮素营养的吸收。与非磁化处理相比，磁化处理显著提高了葡萄叶片、根系和全株中来自土壤的总氮量，其中，M_0 处理较 NM_0 处理提高 315.6%、81.0% 和 100.1%，MN 处理较 NMN 处理提高了 194.0%、56.9% 和 68.7%；磁化处理下，茎中总氮量的提高幅度随供氮水平的升高而降低，其中 M_0 处理较 NM_0 处理显著提高，为 21.1%，MN 处理与 NMN 处理相比则无显著差异。表明磁化处理同样提高了葡萄对土壤中氮素的吸收能力，提高幅度远大于施氮处理。且磁化水灌溉植株叶、根对氮素的征调能力随供氮水平的提高明显增强。

表 4-28　磁化水灌溉对施氮条件下葡萄各器官中氮含量和总氮量的影响

氮含量	器官	NM_0	M_0	NMN	MN
植株各器官氮含量（%）	叶片	1.824±0.101c	2.195±0.017ab	2.151±0.020b	2.349±0.065a
	茎	0.981±0.048ab	0.911±0.015b	1.032±0.009a	0.928±0.042ab
	根系	1.371±0.012b	1.191±0.052c	1.487±0.052a	1.186±0.017c

（续）

氮含量	器官	NM$_0$	M$_0$	NMN	MN
植株各器官总氮量（g）	叶片	0.100±0.006d	0.414±0.003b	0.205±0.002c	0.598±0.017a
	茎	0.184±0.009b	0.222±0.004a	0.239±0.002a	0.238±0.011a
	根系	0.358±0.003c	0.645±0.003b	0.620±0.023b	0.983±0.013a
	总量	0.639±0.002d	1.280±0.004b	1.067±0.022c	1.819±0.011a
总氮量中来自肥料的氮量（g）	叶片	—	—	0.056±0.003b	0.158±0.016a
	茎	—	—	0.055±0.002b	0.058±0.001a
	根系	—	—	0.140±0.002b	0.225±0.014a
	总量			0.250±0.007	0.441±0.001a
总氮量中来自土壤的氮量（g）	叶片	0.100±0.006d	0.414±0.003b	0.150±0.002c	0.440±0.004a
	茎	0.184±0.009b	0.222±0.004a	0.184±0.004b	0.180±0.010b
	根系	0.356±0.003d	0.645±0.003b	0.483±0.024b	0.758±0.002a
	总量	0.637±0.002d	1.275±0.004b	0.817±0.029c	1.378±0.011a

注：M$_0$为磁化水灌溉处理，NM$_0$为非磁化水灌溉处理，MN为磁化施氮处理，NMN为非磁化施氮处理。表中数据为测定平均值±标准差。同行不同小写字母表示不同处理之间差异显著（$P<0.05$）。

（二）磁化水灌溉影响氮肥贡献度和利用率

Ndff%和Ndfs%分别代表植物总氮量中来自 ^{15}N 肥料和土壤的百分比（%），可以反映肥料和土壤中的氮素供应对植物各器官中氮素累积的贡献度。如表 4-29 所示，Ndff%和 Ndfs%在葡萄各器官间有所差异，其中氮肥贡献度 Ndff%表现为叶＞茎＞根，土壤氮素贡献度 Ndfs%则表现为根＞茎＞叶，但差异未达到显著水平。施氮条件下，磁化处理对葡萄各器官中氮素的来源影响不显著。氮肥利用率是植物体内总氮量中氮肥供应部分占所施氮量的比例。与非磁化处理相比，磁化处理下葡萄叶片和根系的氮肥利用率显著提高，分别提高了 184.7% 和 61.4%，茎的氮肥利用率则差异不显著。

表 4-29　磁化水灌溉对施氮条件下葡萄 Ndff%、Ndfs%和氮肥利用率的影响

	Ndff（%）		Ndfs（%）		氮肥利用率（%）	
	NMN	MN	NMN	MN	NMN	MN
叶片	26.94±1.04a	26.22±1.92a	73.06±1.04a	73.78±1.92a	4.07±0.19b	11.60±1.15a
茎	23.04±1.11a	24.55±0.60a	76.96±1.10a	75.45±0.60a	4.05±0.17a	4.28±0.11a

（续）

	Ndff（%）		Ndfs（%）		氮肥利用率（%）	
	NMN	MN	NMN	MN	NMN	MN
根系	22.53±1.11a	22.85±1.10a	77.48±1.11a	77.15±1.10a	10.25±0.15b	16.55±1.03a

注：M_0为磁化水灌溉处理，NM_0为非磁化水灌溉处理，MN为磁化施氮处理，NMN为非磁化施氮处理。Ndff%为植物总氮量中来自^{15}N肥料的百分比，Ndfs%为植物总氮量中来自土壤的百分比（%）。表中数据为测定平均数±标准差。同行不同小写字母表示不同处理之间差异显著（$P<0.05$）。

（三）磁化水灌溉影响氮肥转运和分配

如表 4-30 所示，由于葡萄体内的氮素主要源于土壤，因而各器官中来自土壤的氮素分配率与总氮分配率基本一致。葡萄体内总氮量在叶片、茎和根系中的分配率分别为 15.6%～32.9%、13.1%～28.7%、50.4%～58.3%。施氮条件下，葡萄根系总氮分配率随着氮素供应水平的提高显著提高，茎总氮分配率显著降低，其中 NMN、MN 与 NM_0、M_0 相比，根系总氮分配率提高 4.6%～7.3%，茎总氮分配率降低 21.8%～24.7%。叶片总氮分配率变化在施氮与非施氮处理间存在差异，其中 NMN 与 NM_0 相比，叶总氮分配率显著提高了 23.8%，MN 较 M_0 则差异不显著。施氮条件下葡萄对氮素的吸收以土壤氮循环中产出的氮素为主，外施氮源为辅，分别占葡萄体内总氮量的 75% 和 25% 左右，且两者在葡萄体内的分布存在细微的差异；土壤氮素在根系中分配比例较高，外施氮素则更多在叶片富集，这可能与氮素形态差异导致的代谢途径变化有关（李宝珍，2009）。

磁化水灌溉后植株叶片总氮分配率显著提高，茎和根系显著降低。其中 M_0 较 NM_0，叶片总氮分配率提高了 107.5%，茎和根系分别降低了 39.5% 和 9.7%；MN 与 NMN 相比，叶片总氮分配率提高了 70.7%，茎和根系分别降低了 41.8% 和 7.3%；磁化水灌溉并未影响氮肥对葡萄体内总氮量的贡献度（Ndff%）。施氮处理和磁化水灌溉下，葡萄对来自两种氮源的氮素吸收、利用均显著提高，是由于氮素营养改善后葡萄根冠形态和功能的提升，促使葡萄的氮素吸收、利用效率得到了有效提高（Hoagland et al.，2008），这与史祥宾（2011）的研究结果一致。另外，施氮处理和磁化水灌溉均提高了葡萄叶片、根系的氮素分配率（包含来自土壤和肥料的氮素吸收），而降低了茎的氮素分配率，两者提高幅度表现为叶片＞根系，这与史祥宾（2011）和汪新颖（2016）的研究结果一致，这表明将氮素优先向叶、根富集，构建良好的冠、根形态是葡萄提高自身生长能力和养分利用效率的重要策略。而与单独施氮处理相比，施氮条件下磁化水灌溉植株叶片和根系氮素利用率显著提高，且总氮量在叶片的分配率显著提高，茎中显著降低，表明磁化水灌溉能够进一步提高葡萄叶片和根系对体内氮素的征调能力，优化葡萄物质分配格局，为葡萄对氮肥的高效利用提供良好基础。

表 4-30　磁化水灌溉对施氮条件下葡萄各器官氮素分配率的影响

	组织	NM_0	M_0	NMN	MN
	叶片	15.57±0.88c	32.30±0.15a	19.28±0.55b	32.89±1.04a
总氮分配率（%）	茎	28.70±1.36a	17.36±0.24c	22.45±0.31b	13.08±0.53d
	根系	55.74±0.54b	50.35±0.37c	58.28±0.84a	54.03±0.53b
	叶片	—	—	22.12±0.50b	35.75±3.50a
来自氮肥的氮素分配率（%）	茎	—	—	22.02±0.37a	13.21±0.35b
	根系	—	—	55.86±0.70a	51.04±3.22a
	叶片	15.50±0.89c	32.22±0.14a	18.41±0.57b	31.96±0.30a
来自土壤的氮素分配率（%）	茎	28.68±1.36a	17.35±0.24c	22.58±0.30b	13.03±0.60d
	根系	55.82±0.54b	50.43±0.36c	59.01±0.86a	55.01±0.39b

注：M_0 为磁化水灌溉处理，NM_0 为非磁化水灌溉处理，MN 为磁化施氮处理，NMN 为非磁化施氮处理。表中数据为测定平均数±标准差。同行不同小写字母表示不同处理之间差异显著（$P < 0.05$）。

（四）磁化水灌溉影响葡萄氮素代谢关键酶活性

植物的氮素吸收形态主要为 NH_4^+ 和 NO_3^-，两者在植物体内通过相应代谢酶的催化由无机态向有机态转化后被植物利用。尿素虽然可以被植物直接吸收，但由于容易被分解为 NH_3 和 CO_2，所以很少以尿素分子的形式进入植物体内（Coruzzi et al.，2000），而土壤中的 NH_4^+ 和 NO_3^- 在进入植物根系后的同化过程主要受 NR、NiR、GS 和 GOGAT 等代谢酶活性的影响，因而通过对氮代谢酶活性的分析，能够有效反映植物氮代谢活性和同化能力。其中 NR 和 NiR 是植物 NO_3^- 同化的关键酶。研究认为，植物吸收的 NO_3^- 在进入根系后可以直接被根系细胞质中的 NR 还原为 NO_2^-，后经质体中的 NiR 还原为 NH_4^+ 进入 NH_4^+ 同化过程；也可以经共质体途径进入中柱鞘，经木质部长距离运输到地上部组织进行代谢（Marschner et al.，1997）。如图 4-20 所示，叶片中 NR 活性始终高于根系，且处理间根系 NR 活性无显著差异。施氮处理后葡萄叶片中的 NR 活性提高，为 15.6%～27.5%；磁化处理后植株叶片中 NR 活性显著提高，为 41.0%～55.6%（图 4-20A、B）。施氮后与对照处理相比，NiR 活性表现相反。其中 NMN 较 NM_0，叶片和根系中 NiR 活性显著提高，

为 $5.7\%\sim90.6\%$；MN 与 M_0 相比，叶片和根系中 NiR 活性显著降低，为 2.9% $\sim11.2\%$。磁化处理后葡萄叶片、根系中 NiR 活性也存在差异（图 4-20C、D）。表现为：M_0 较 NM_0，葡萄叶片、根系 NiR 活性显著提高了 25.1%、102.3%；MN 与 NMN 相比，葡萄叶片 NiR 活性显著提高 14.9%，根系中显著降低为 5.7%。由此看出，施氮和磁化处理下葡萄 NR 和 NiR 活性在叶片和根系中均有所提高。其中，各处理下葡萄 NR 活性均在叶片中较高，主要是由于 NR 活性不仅受底物诱导，光照同样也是重要的影响因素。施氮后，葡萄叶片中 NR 活性显著提高，NiR 活性在根系和叶片中均显著提高，且根系的提高幅度远大于叶片，表明施氮处理促进了葡萄对 NO_3^- 的吸收，而对 NO_3^- 的还原在根系和叶片均有发生，且以根系为主。与单独施氮处理相比，磁化水灌溉植株中 NR 和 NiR 的活性均显著提高；表明磁化处理不仅可以有效提高 NO_3^- 的吸收和利用，同时促进了葡萄体内 NO_3^- 的向上运输。这可能是由于 NO_3^- 向木质部的转运和装载是一个主动运输过程需要大量耗能，而磁化处理可以提高葡萄的 ATP 含量和转运蛋白活性，进而促进了 NO_3^- 的跨膜运输（Huuskonen et al.，1998）。

　　GS 和 GOGAT 是植物 NH_4^+ 同化的关键酶，它们协同作用形成 GS/GOGAT 循环构成植物体内 NH_4^+ 的初级同化和 NH_4^+ 再利用的主要途径（Coruzzi et al.，2000）。研究发现，氮对葡萄体内 GS 活性的影响存在差异（图 4-20E、F）。其中，NMN 与 NM_0 相比，葡萄叶片和根系中 GS 活性显著提高，分别为 11.75%、22.77%；而 MN 与 M_0 相比，葡萄叶片和根系中 GS 活性则显著降低，分别为 7.63%、21.40%。磁化处理后植株叶片 GS 活性显著提高，根系 GS 活性则显著降低。其中，M_0 与 NM_0 相比，叶片 GS 活性提高了 94.96%，根系中降低了 25.92%；MN 与 NMN 相比，叶片 GS 活性提高了 61.15%，根系降低了 52.57%。与 GS 活性相似，施氮对葡萄体内 GOGAT 活性的影响同样存在差异（图 4-20G、H）。其中，NMN 与 NM_0 相比，葡萄叶片中 GOGAT 活性无明显差异，根系中 GOGAT 活性显著提高 7.36%；MN 与 M_0 相比，叶片中 GOGAT 活性显著提高 49.31%，根系中显著降低 38.22%。而磁化处理对葡萄 GOGAT 活性的影响在不同氮素水平下也有明显不同。M_0 与 NM_0 相比，葡萄叶片、根系中 GOGAT 活性显著降低 22.94% 和 10.45%；MN 较 NMN，叶片中 GOGAT 活性显著提高 18.27%，根系中显著降低 48.46%。

　　综上所述，施氮处理显著提高了葡萄叶片中的 GS 活性和根系中的 GS、GOGAT 活性，而对叶片中 GOGAT 活性无显著影响，表明施氮提高了葡萄对 NH_4^+ 的吸收，提高了根系对 NH_4^+ 的同化能力。而与单独施氮相比，施氮条件下磁化处理，植株叶片中 GS、GOGAT 活性显著提高，根系中显著降低。

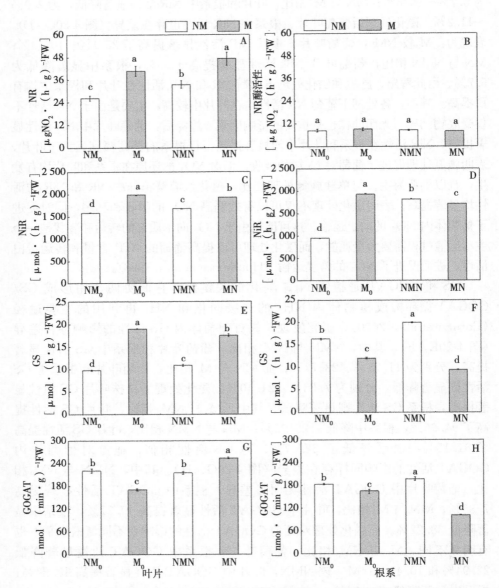

图 4-20　磁化水灌溉对施氮条件下葡萄硝酸还原酶（NR）、亚硝酸还原酶（NiR）、
谷氨酰胺合成酶（Gs）、谷氨酸合成酶（GOGAT）活性的影响

注：M_0 为磁化水灌溉处理，NM_0 为非磁化水灌溉处理，MN 为磁化施氮处理，NMN 为非磁化施氮处理。图中数据为平均数±标准差。不同小写字母表示不同处理之间差异显著（$P < 0.05$）。

表明磁化处理在促进了葡萄对 NH_4^+ 吸收的同时，同样将 NH_4^+ 同化的主要器官由根系转为了叶片。由此可见，磁化水灌溉不仅促进了 NO_3^- 和 NH_4^+ 的吸收，同时改变了葡萄氮代谢的主要器官。这可能是由两方面原因造成的，一方面是由于磁化水的特性有利于葡萄体内的氮素向上运输；另一方面，可能与碳、氮代谢的相互协调，促使葡萄叶片氮代谢水平大幅度提高有关。植物叶片中高效的光能转化率和电子传递能够为氮代谢供能，而光呼吸产生的 NH_4^+ 再利用也为 GS/GOGAT 循环提供了丰富的氮源（Coruzzi et al.，2000）。研究发现，植物光呼吸中的 NH_4^+ 产量可达初级同化产出的 10 倍之高（邱旭华，2009）。孙永健（2017）研究发现，氮高效基因型水稻体内碳、氮代谢酶活性存在显著的一致性和协同性，本文研究结果与之相似。

（五）磁化水灌溉影响土壤氮肥去向

氮肥的有效性不仅体现在植物的吸收，同时也受土壤固氮能力的影响。外源氮肥施入土壤后通过转化成为土壤氮库的一部分进入土壤-植物氮循环中，部分被植物吸收，但仍有大量的氮素矿化、分解后被土壤胶体固持下来成为潜在氮源，两者共同构成植物的氮源。而当外源氮素输入超出土壤负荷时，过量氮肥就会通过径流、淋溶、氨挥发及硝化反硝化等途径损失，造成环境污染（周伟，2016）。也有研究认为生态系统中氮的临界负荷值高低与水分含量的高低有关（张林海，2017）。由表 4-31 可知，施氮处理提高了土壤氮含量和土壤总氮量，其中，NMN 与 NM_0 相比，分别提高了 10.7% 和 11.3%；MN 与 M_0 相比，分别提高了 11.1% 和 11.9%，未磁化处理下两参数的提高幅度均小于磁化处理，磁化处理下施氮对土壤总氮量的提高幅度达到显著水平。施氮条件下，磁化水灌溉提高了土壤的中氮含量和土壤总氮量，为 2.5%～3.5%。表明磁化水灌溉有效提高了土壤的养分供应能力。

植物的氮素吸收主要受土壤供氮水平的影响，而氮肥在土壤的运移和转化过程中，土壤的固氮能力同样影响植物的氮素利用率。氮肥施入土壤后主要去向可分为 3 类，一部分被植物和微生物吸收同化，一部分通过非生物固持滞留于土壤中，其余则通过径流、淋溶、氨挥发及硝化反硝化等途径被损失掉。通过对植株的吸氮量和土壤残留氮素的含量进行分析，可计算所施氮肥的利用率、残留率、回收率和损失率，反映氮肥在土壤中的运移、转化过程，评价氮肥利用率和利用潜力。而对施入土壤的氮肥利用分析发现，施氮条件下葡萄的氮肥利用率为 18.4%～32.4%，回收率为 39.0%～60.5%，损失率为 39.5%～61.0%（表 4-31）。因此，磁化处理显著提高了肥料中氮素的利用率、残留率和回收率，显著降低了氮素损失率。表明磁化处理能够提高土壤中氮素的有效性，同时改善土壤胶体对氮素的固持能力，有效避免了氮素损失造成的浪费和环境污染。这与刘秀梅（2017）的研究结果一致。主要是由于磁化水灌溉能够促进土壤的矿化能力，改善土壤结构，提高土壤胶体对养分的固持力；同时，磁化水灌溉下土壤持水力和养分运移速率提高，能够快速地将肥料中的氮素淋溶进植物的细根分布区，从而达到根层施肥的效果，提高植物的氮素利用率，有效避免土壤浅层氮肥以氨挥发的形式散失（Hoagland et al., 2008；Surendran et al.，2016）。

表 4-31　磁化处理对土壤中氮素含量和肥料 ^{15}N 去向的影响

处理	土壤氮含量（%）	土壤总氮量（g）	肥料 ^{15}N 的利用率	肥料 ^{15}N 的残留率	肥料 ^{15}N 的回收率	肥料 ^{15}N 的损失率
NM$_0$	0.033±0.000b	4.573±0.043b	—	—	—	—
M$_0$	0.034±0.000ab	4.686±0.064b	—	—	—	—
NMN	0.036±0.002ab	5.088±0.239ab	18.37±0.49b	20.61±5.11a	38.98±4.62b	61.02±4.62a
MN	0.038±0.002a	5.242±0.226a	32.43±0.08a	28.11±0.86a	60.54±0.78a	39.46±0.78b

注：M$_0$ 为磁化水灌溉处理，NM$_0$ 为非磁化水灌溉处理，MN 为磁化施氮处理，NMN 为非磁化施氮处理。表中数据为测定平均值±标准差。同列小写字母表示不同处理之间差异显著（$P<0.05$）。

五、小结

（1）通过盐分胁迫后杨树不同形态氮素含量和离子动态、氮素代谢关键酶活性以及氮素代谢物质的测定分析发现，磁化处理有利于提高盐分胁迫下杨树体内的氮素代谢效率。磁化作用不仅诱导叶肉细胞 NO_3^- 外流量和 NH_4^+ 吸收量增加，而且叶片中 NO_3^--N 和 NH_4^+-N 含量提高，这与全氮含量变化均呈显著相关性；同时，磁化处理通过影响 NR 和 GS 活性提高了全氮含量，并且呈极显著相关；另外，磁化处理通过调节 NO_3^--N 和 NH_4^+-N 在根系中的分布以影响总氮含量。磁化作用通过增强 GS、GOGAT 和 GDH 的活性以及 GSH 和 GSSG 合成，以维持较高的 GS-GOGAT 循环效率，促进养分代谢。

（2）镉胁迫条件下，磁化水灌溉改变了杨树叶片和根系氮素养分的积累、转化和分配格局，对促进叶片和根系中氮素代谢以及降低亚硝酸盐的累积有明显效果，主要表现为叶片中 NH_4^+-N、NO_3^--N 和 TN 含量以及 NR、NiR、GS 和 GOGAT 活性提高，同时根系中 Cys、Gln、Glu 和 Gly 等游离氨基酸合成量提高。

（3）外源施氮条件下，磁化水灌溉促进了葡萄对氮素的吸收，显著提高了葡萄叶片的氮含量和叶片、根系、全株中的氮素累积及叶片、根系的氮素利用率（$P<0.05$）。同时优化了葡萄的氮素分配，提高了体内氮素在叶片中的分配率，改善了葡萄叶、根对氮素的征调能力，这有利于葡萄通过良好的根、冠建成提高自身生长潜力和氮素利用率。同时，磁化水灌溉显著提高了葡萄叶片中 GS、GOGAT 活性（$P<0.05$），改善了葡萄叶片的氮素同化能力，并将氮代谢的主要器官由根系变为叶片，有利于葡萄碳、氮代谢的相互协调，提高葡萄的光合氮素利用效率。同时，磁化水灌溉能够有效提高葡萄对氮肥的利用效率和土壤的固氮能力，显著提高土壤的中氮含量、土壤总氮量、氮肥中氮素利用率、残留率和回收率（$P<0.05$），降低了氮肥中氮素损失率（$P<0.05$）。

第四节　磁化水灌溉对植物离子稳态的影响

一、试验材料与方法

（一）试验材料

磁化微咸水灌溉和镉胁迫杨树盆栽试验同第二章第二节。

磁化咸水灌溉葡萄盆栽试验同第二章第二节。

（二）离子选择性运输系数与离子平衡系数

离子运输选择性系数的计算：以叶片与根系中离子摩尔质量与 Na^+ 的摩尔质量之比表示离子选择性运输能力（$S_{X_i,\,Na}$，其中 X_i 代表 K^+、Ca^{2+}、Mg^{2+} 离子，$S_{X_i,\,Na}$ 越大，表示库器官从源器官选择吸收 X_i 离子和控制 Na^+ 向库器官运输的能力越强；根系为源器官，叶片为库器官）。计算公式如下：

$$离子选择性运输能力 S_{X_i,\,Na} = \frac{库器官[X_i/Na]}{源器官[X_i/Na]}$$

离子平衡系数：以组织中 K^+、Ca^{2+}、Mg^{2+} 3 种离子摩尔质量之和与 K^+、Na^+、Ca^{2+}、Mg^{2+} 4 种离子的摩尔质量之和的比值作为离子平衡系数（K，$0<K<1$，K 值越大，表示植物对 K^+、Ca^{2+}、Mg^{2+} 3 种离子的选择性吸收能力越强，越有利于离子稳态的重建）。计算公式如下：

$$离子平衡系数 K = \frac{M_{(Mg+Ca+K)}}{M_{(Na+Mg+Ca+K)}}$$

（三）离子动态测定

1. 测定原理

以 Ca^{2+} 浓度梯度和 Ca^{2+} 微电极为例说明非损伤微测技术离子选择性微电

极的工作原理（图 4-21）。Ca^{2+} 选择性微电极通过前端灌充液态离子交换剂（liquid ion exchanger，LIX）实现选择性。该微电极在待测离子浓度梯度中以已知距离 dx 进行两点测量，并分别获得电压 V_1 和 V_2。两点间的浓度差 dc 则可以从 V_1、V_2 及已知的该微电极的电压/浓度校正曲线计算获得。D 是离子特异的扩散常数，将它们代入 Fick 第一扩散定律公式：$J_0 = -D \cdot dc/dx$，可获得该离子的移动速率 $[pmol \cdot (cm^2 \cdot s)^{-1}]$ 即每一秒钟通过 $1cm^2$ 的该离子/分子摩尔数（10～12 级）。

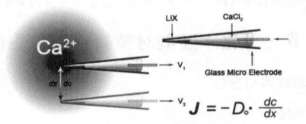

图 4-21　Ca^{2+} 流速测量的原理图

2. 测定方法

在美国扬格（旭月北京）非损伤中心，使用非损伤微测技术（non-invasive micro-test technology，NMT）检测叶肉细胞和根尖分生区 K^+、Na^+、Ca^{2+}、Mg^{2+} 和 H^+ 离子流。取尖端直径为 5 μm 的玻璃流速传感器，使用注射器，在管腔中注入相应的传感器灌充液（K^+：100 mmol · L^{-1} KCl；Na^+：250 mmol · L^{-1} NaCl；Ca^{2+}：100 mmol · L^{-1} $CaCl_2$；Mg^{2+}：500 mmol · L^{-1} $MgCl_2$；H^+：15 mmol · L^{-1} NaCl ＋ 40 mmol · L^{-1} KH_2PO_4），液柱长度约为 1 cm。然后，在显微镜下用玻璃传感器的尖端，从相应的液态离子交换剂（Liquid ion-Exchanger cocktail，K^+ LIX：XY-SJ-K，Na^+ LIX：XY-SJ-Na，Ca^{2+} LIX：XY-SJ-Ca，Mg^{2+} LIX：XY-SJ-Mg，H^+ LIX：XY-SJ-H；Sigma 60031，YoungerUSA）载体中，吸取固定长度的液态离子交换剂（K^+ 180 μm、Ca^{2+} 50 μm、Na^+ 50 μm、Mg^{2+} 50 μm）。

将制作好的传感器安装到非损伤微测系统上，在检测前，对传感器进行校正。校正的目的是检查传感器在溶液中的电位值与溶液浓度之间，是否符合理论的能斯特方程标准。要求校正时，得出的校正曲线斜率，K^+、Na^+ 和 H^+ 在 (58±5) mV/decade 之间，Ca^{2+}、Mg^{2+} 在 (29±3) mV/decade 之间。校正时，使用高、低浓度校正液与测试液，进行三点校正。两种溶液中，除了含有待测离子的化合物成分浓度不同外，其余成分及其对应浓度均保持一致。待测离子的浓度设置原则为 $C_{高浓度校正液} > C_{测试液} > C_{低浓度校正液}$，$C_{高浓度校正液} = 10C_{低浓度校正液}$。

完成校正后，剪下一条需要检测的植株根，置于培养皿中。使用树脂块和滤纸条将根固定在培养皿底部，暴露出待检测部位。加入测试液（K^+、Na^+、Ca^{2+}、Mg^{2+} 和 H^+ 测试液分别为 0.1 mmol·L^{-1} KCl、0.1 mmol·L^{-1} $MgCl_2$、0.1 mmol·L^{-1} NaCl、0.1 mmol·L^{-1} $CaCl_2$、0.3 mmol·L^{-1} MES，pH 5.7），浸没根部。将传感器尖端定位到根部的待测位点（待测位点分别距离根尖 10 mm、15 mm），此时传感器尖端距离根部表面待测位点的距离约为 5 μm。启动检测，传感器将在距离根部表面待测位点 55 μm 及 355 μm 的两点（dx＝30 μm），做往复运动，周期为 6s。传感器在这两点获取的浓度差即 dc。非损伤微测系统（美国扬格公司）的流速检测软件 imFluxes 2.0 会自动将上述参数，通过菲克第一扩散定律转换成流速 J，单位是 pmol·$(cm^2·s)^{-1}$。每点检测 10 min。

叶肉细胞检测时，先取叶片，撕开叶片后，用双面胶将叶片粘附于培养皿底部，加入测试液，浸没叶片。将传感器定位到叶片切口暴露出的叶肉组织表面，此时传感器尖端距离叶肉组织表面的距离约为 105 μm，剩余步骤与根部检测一致，每样检测 10 min。

3. 样品处理

样品处理经 NaCl 处理 30 d 后用于测定，取上部第 5 片完全展开叶的叶肉细胞（徒手切片）和新生细根距根尖 400 μm 处的分生区部分测定 K^+、Na^+、Ca^{2+}、Mg^{2+} 及 H^+ 离子流速。取样时，将样品用去离子水冲洗 3 次，将叶片和根尖徒手切片放入测试皿中，加 5 mL 缓冲液中，平衡 20 min 后测定，每种离子流速重复测定 8 次，每次 10 min，取其平均值。

二、磁化微咸水灌溉对杨树离子平衡的影响

（一）磁化微咸水灌溉对杨树不同组织中 K^+ 和 Na^+ 含量的影响

NaCl 胁迫环境下，Na^+ 与 K^+ 之间存在的拮抗作用（竞争性吸收）会抑制植物体对 K^+ 的吸收，破坏细胞代谢平衡从而产生盐害（Pardo et al.，2002），高亲和 K^+ 吸收系及 K^+ 通道的存在可以促进植物对 K^+ 的吸收，从而维持较高水平的 K^+/Na^+ 值（Apse et al.，2002）。根系和叶片中（图 4-22A，B），盐胁迫处理（M_4、NM_4）植株 Na^+ 含量有所提高（图 4-22A），分别为 211.7％～215.1％和 6.6％～13.0％，且在叶片中呈显著差异；K^+ 含量则呈下降趋势，分别为 8.2％～12.2％和 9.2％～14.2％（图 4-22B）。在植株叶片和根系中，磁化微咸水灌溉中（M_4、M_0）Na^+ 含量均有一定幅度的降低，分别为 10.7％～11.7％和 2.2％～7.8％；K^+ 含量则有不同幅度的提高，分别为

2.3%～6.9%和 2.4%～8.5%（图 4-22A、B）。对照（M_0、NM_0）根系中 Na^+ 含量高于叶片，而磁化微咸水灌溉中（M_4、M_0）根系 Na^+ 含量低于叶片（图 4-22A）；各处理根系 K^+ 含量则显著低于叶片（$P<0.05$）（图 4-22B），且在叶片中呈显著差异。盐胁迫处理（M_4、NM_4）植株叶片和根系的 K^+/Na^+ 值均低于对照（M_0、NM_0），为 3.6%～20.0%，且在叶片中呈差异显著（图 4-22C）；在叶片和根系中，磁化作用维持了较高水平的 K^+/Na^+ 值，且各处理叶片均显著高于根系。较高水平的 K^+/Na^+ 值是植物耐盐性增强的一个主要因素（Zhu et al.，1998），这说明磁化微咸水灌溉植株可以更好地通过细胞膜上转运蛋白的参与增强对 K^+ 的选择性吸收和运输，保持地上部较高的 K^+ 和 K^+/Na^+ 值，降低 Na^+ 对 K^+ 的替代作用，从而维持正常生理代谢功能。

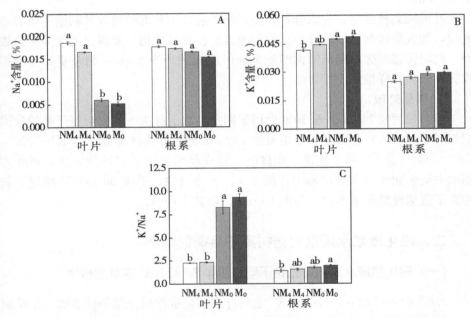

图 4-22　磁化微咸水灌溉对欧美杨 I-107 叶片及根系中 K^+、Na^+ 含量的影响

注：NM_0 为非磁化灌溉处理，M_0 为磁化灌溉处理，M_4 为磁化微咸水灌溉处理，NM_4 为非磁化微咸水灌溉处理。图中数据为 3 次测定的平均值±标准差，不同小写字母表示处理间差异显著（$P<0.05$）。

（二）磁化水灌溉对杨树不同组织中 Ca^{2+} 和 Mg^{2+} 含量的影响

Ca^{2+} 是一种在植物生命活动过程中作用极其复杂的离子，植物正常生长需要维持细胞内较低的 Ca^{2+} 浓度（Hetherington et al.，2004）；外源添加 Ca^{2+} 可以阻止 Na^+ 在植物体内的积累，减轻 Na^+ 的毒害作用（Han et al.，2005）。与对照相比（M_0、NM_0，图 4-23A、B），在根系和叶片中，盐胁迫植株（M_4、NM_4）Ca^{2+} 含量呈上升趋势，提高幅度分别为 323.5%～337.1% 和 1.6%～2.2%；Mg^{2+} 含量呈下降趋势，较对照降低 4.5%～13.0%。与非磁化微咸水灌溉（NM_4、NM_0）相比，磁化微咸水灌溉（M_4、M_0）植株根系和叶片的 Ca^{2+} 含量降低 0.8%～4.2%（图 4-23A）；Mg^{2+} 含量显著增长 0.8%～12.5%，在根系中增长幅度较大，为 4.3%～12.5%（图 4-23B）。总体来看，盐胁迫导致根系和叶片中 Ca^{2+} 含量增加，而高浓度 Ca^{2+} 的长期存在会对细胞产生毒害作用，但磁化作用有利于细胞膜上钙泵的激活，将增加的 Ca^{2+} 泵回到细胞外及液泡 Ca^{2+} 库中，使植物维持了相对较低水平的 Ca^{2+}（Sun et al.，2009）；盐胁迫致使根系和叶片中 Mg^{2+} 含量下降，但磁化作用维持了植株较高水平的 Mg^{2+} 含量，这有助于提高根系活力，维持叶绿体结构的稳定性，促进叶片中 Mg^{2+} 螯合酶的活性，提高光合作用（Maathuis et al.，2009；Williams et al.，2009）。

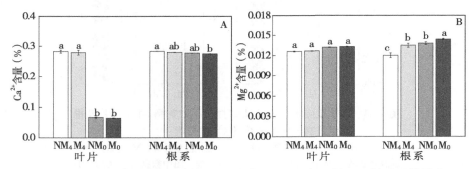

图 4-23　磁化微咸水灌溉对欧美杨 I-107 叶片及根系中 Ca^{2+}、Mg^{2+} 含量的影响

注：NM_0 为非磁化灌溉处理，M_0 为磁化灌溉处理，M_4 为磁化微咸水灌溉处理，NM_4 为非磁化微咸水灌溉处理。图中数据为 3 次测定的平均值±标准差，不同小写字母表示处理间差异达到显著水平（$P<0.05$）。

（三）磁化水灌溉对杨树不同组织中离子平衡系数的影响

盐分环境下，植物适应盐分胁迫的一个重要机理就是建立新的离子稳态机制。有研究表明，在介质中加入 Ca^{2+} 可以抑制 Na^+ 在植物根系和地上部的积累，促进对 K^+ 的吸收，减轻 Na^+ 的毒害作用（Cramer，2002）。在杨树根系和叶片中（图 4-24），与对照处理相比（M_0、NM_0），盐分环境下（M_4、NM_4）离子平衡系数（K）均降低，为 15.8%～58.9%，其中叶片降低幅度最大为 48.3%～58.9%；磁化微咸水灌溉后叶片和根系中（M_4、M_0）离子平衡系数（K）均明显提高，为 13.0%～92.5% 和 8.1%～10.7%。由此看出，盐分环境下磁化作用增强了植物对 K^+、Ca^{2+}、Mg^{2+} 3 种离子的选择性吸收，且促进了其向地上部的运输，这有利于维持整株水平对离子平衡吸收的调控；这是由于水经过磁化之后受洛伦兹力的影响氢键断裂破坏了水分子原来的结构，引起了水溶液的性质发生变化（化学键角度、水-离子胶合体半径减少、渗透压及溶解度增大），促进了气体在水溶液中的溶解与传递，增强了 Ca^{2+}、Mg^{2+} 等金属离子的水合化能力，使生物体的离子通道更加畅通，从而强化了细胞膜上离子的运输及其吸收水分和矿物养分的能力和速度（Ozeki et al.，2006；Chang et al.，2008）。因此，磁化作用提高了植物对多种离子的均衡吸收能力，减轻 Na^+ 在植株体内的过量吸收和积累，从而提高植物对盐胁迫环境的适应能力。

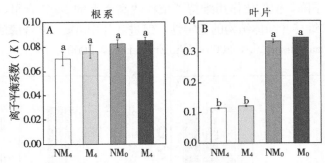

图 4-24　磁化微咸水灌溉对 NaCl 胁迫下欧美杨 I-107 叶片及根
系组织离子平衡系数 （K） 的影响

注：NM_0 为非磁化灌溉处理，M_0 为磁化灌溉处理，M_4 为磁化微咸水灌溉处理，NM_4 为非磁化微咸水灌溉处理。图中数据为 3 次测定的平均值±标准差，不同小写字母表示处理间差异达到显著水平（$P<0.05$）。

（四）磁化水灌溉后杨树不同组织间离子选择性运输能力差异

$S_{K,Na}$、$S_{Mg,Na}$ 和 $S_{Ca,Na}$ 反映盐胁迫下杨树根系-叶片之间主要离子 K^+、Mg^{2+} 和 Ca^{2+} 的选择性运输能力对磁化作用的响应（图 4-25）。与对照相比（NM_0、M_0），盐分胁迫处理（M_4、NM_4）植株的 $S_{K,Na}$、$S_{Mg,Na}$（图 4-25A、B）的运输能力显著提高，分别为 204.5%～210.0% 和 218.9%～225.0%；$S_{Ca,Na}$（图 4-25C）则显著低于对照，降低幅度为 24.8%～25.2%。磁化微咸水灌溉中 $S_{K,Na}$、$S_{Mg,Na}$ 均有不同幅度的提高，为 9.1%～15.1%，$S_{Ca,Na}$ 则降低，为 1.3%～1.8%。这说明磁化作用中 $S_{K,Na}$、$S_{Mg,Na}$ 较大，植株对 K^+、Mg^{2+} 的选择性较强，而对 Na^+ 的选择性较弱；Ca^{2+} 向地上部的运输能力下降，使 Ca^{2+} 在根部积累，根系中 Ca^{2+} 浓度水平的增加，直接或间接活化一定

的靶酶刺激质膜或液泡膜上产生 Ca^{2+} 转运体，增强叶片在高盐环境下对 K^+ 的选择性吸收，有效地调节 K^+/Na^+ 共转运，这与唐古特白刺在高盐胁迫环境下对 K^+ 的选择性吸收能力增强的研究结果相似（杨秀艳，2013）。

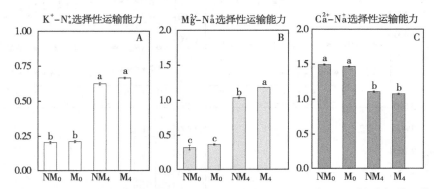

图 4-25 磁化微咸水灌溉欧美杨 I-107 根系-叶片间 K^+、Mg^{2+} 和 Ca^{2+} 选择性运输能力

注：NM_0 为非磁化灌溉处理，M_0 为磁化灌溉处理，M_4 为磁化微咸水灌溉处理，NM_4 为非磁化微咸水灌溉处理。图中数据为 3 次测定的平均值±标准差，不同小写字母表示处理间差异达到显著水平（$P < 0.05$）。

（五）磁化水灌溉对杨树根尖分生区及叶肉细胞 Na^+ 动态的影响

由图 4-26 可以看出，对照处理（M_0、NM_0）叶肉细胞与根尖分生区细胞中 Na^+ 外流量为 160～440 pmol·$(cm^2 \cdot s)^{-1}$，与之相比，盐分胁迫诱导了较高水平的 Na^+ 外流量 [2 500～2 700 pmol·$(cm^2 \cdot s)^{-1}$]，且叶肉细胞 [2 600～2 700 pmol·$(cm^2 \cdot s)^{-1}$] 高于根尖分生区细胞 [2 500～2 600 pmol·$(cm^2 \cdot s)^{-1}$]，由此可见，盐分胁迫诱导了较高水平的 Na^+ 外流量。磁化微咸水灌溉后杨树叶片和根系（M_4、M_0）Na^+ 外流量 [360～2 700 pmol·$(cm^2 \cdot s)^{-1}$] 略高于非磁化微咸水灌溉植株（NM_4、NM_0）[160～2 600 pmol·$(cm^2 \cdot s)^{-1}$]，但两组处理之间 Na^+ 外流量并未达到显著差异水平。与耐盐树种胡杨 [$P. euphratica$，200 pmol·$(cm^2 \cdot s)^{-1}$] 和盐敏感树种群众杨 [$P. popularis$，50 pmol·$(cm^2 \cdot s)^{-1}$] 相比，盐分胁迫诱导了欧美杨 I-107 根尖分生区较高水平的 Na^+ 外流量，而且叶肉细胞（图 4-26A）中外流量明显高于根尖分生区（图 4-26B），说明该树种的耐盐性远不及胡杨和群众杨。

（六）磁化水灌溉对根尖分生区及叶肉细胞 K^+ 动态的影响

盐胁迫诱导下植株根尖分生区和叶肉细胞中（图 4-27 A、C）K^+ 均表现为

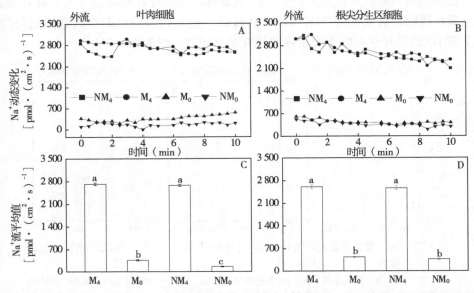

图 4-26　磁化灌溉处理对 NaCl 胁迫下欧美杨 I-107 叶肉细胞及根尖分生区 Na^+ 动态的影响

注：NM_0 为非磁化灌溉处理，M_0 为磁化灌溉处理，M_4 为磁化微咸水灌溉处理，NM_4 为非磁化微咸水灌溉处理。图中数据为 8 次测定的平均值±标准差，不同小写字母表示处理间差异达到显著水平（$P<0.05$）。

外流，盐分胁迫下（M_4、NM_4）K^+ 外流量较高，达到 1 500～2 500 pmol·$(cm^2 \cdot s)^{-1}$，两个对照处理（M_0、NM_0）K^+ 外流量（图 4-27 B，D）较低，维持在 100～220 pmol·$(cm^2 \cdot s)^{-1}$；非磁化微咸水灌溉（NM_4、NM_0）中 K^+ 外流量较高，为 130～2 500 pmol·$(cm^2 \cdot s)^{-1}$，磁化微咸水灌溉中（M_4、M_0）K^+ 外流量较低且变化较稳定，为 100～1 600 pmol·$(cm^2 \cdot s)^{-1}$。根据 Amtmann 和 Sanders（1999）提出的不同阳离子通道的简单模型，认为电压不依赖型通道是高盐环境中吸收 Na^+ 的主要途径，而 Na^+ 可取代质膜上的 Ca^{2+} 诱导外向整流 K^+ 通道（KORCs）在质膜去极化时开放，介导 K^+ 外排及 Na^+ 内流，而磁化作用可以促进离子的水合化及膜上离子的传输，减轻质膜的去极化程度从而促进细胞对 K^+ 的吸收和积累。另外，研究发现，长期 NaCl 胁迫中磁化微咸水灌溉维持了更高水平的 K^+/Na^+（图 4-27C），特别是在叶片中，这是由于磁化作用下在整株水平上维持了较低的 K^+ 外流量，K^+ 的吸收利用率提高，这与胡杨（*P. euphratica*）、大麦（*Hordeum vulgare* L.）和小麦（*Triticum aestivum* L.）中 NaCl 诱导耐盐种较低 K^+ 外流的研究结果相似（Cuin et al.，2008）。这是由于去极化激活 K^+ 通道（KORCs），磁化

作用可降低 Na^+ 对 Ca^{2+} 的替代作用，促进植株对 Ca^{2+}、K^+ 的吸收，降低质膜去极化作用，减轻由质膜去极化作用诱导的 K^+ 外流及 Na^+ 内流。

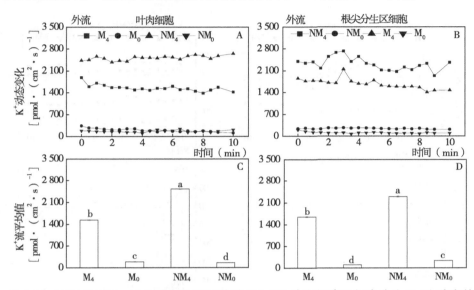

图 4-27　NaCl 胁迫下，磁化灌溉处理对欧美杨 I-107 叶肉细胞及根尖分生区 K^+ 动态的影响

注：NM_0 为非磁化灌溉处理，M_0 为磁化灌溉处理，M_4 为磁化微咸水灌溉处理，NM_4 为非磁化微咸水灌溉处理。图中数据为 8 次测定的平均值±标准差，不同小写字母表示处理间的差异达到显著水平（$P<0.05$）。

（七）磁化水灌溉对根尖分生区及叶肉细胞 Ca^{2+} 动态的影响

盐分胁迫下，在叶肉细胞中磁化（M_4）与非磁化（NM_4）处理中，Ca^{2+} 表现为外流，但随着叶肉细胞测试时间的延长，Ca^{2+} 由外流逐渐转为内流（图 4-28A），而前者磁化微咸水灌溉（M_4）Ca^{2+} 外流量 21 pmol·$(cm^2·s)^{-1}$ 低于后者非磁化微咸水灌溉（NM_4）植株外流量约 50 pmol·$(cm^2·s)^{-1}$（图 4-28C），呈显著水平差异；对照处理（NM_0、M_0）则表现为 Ca^{2+} 内流，且磁化微咸水灌溉（M_0）维持了胞质内较高浓度的 Ca^{2+} 含量，Ca^{2+} 内流量为 45 pmol·$(cm^2·s)^{-1}$ 高于非磁化微咸水灌溉（NM_0）植株的—170 pmol·$(cm^2·s)^{-1}$（图 4-28A，B）。根尖分生区细胞 Ca^{2+} 的动态与叶肉细胞相比呈相反的变化趋势，磁化（M_4）与非磁化（NM_4）处理中 Ca^{2+} 表现为内流，前者 Ca^{2+} 内流量—150 pmol·$(cm^2·s)^{-1}$ 低于后者—260 pmol·$(cm^2·s)^{-1}$ 并达到差异显著水平；对照（M_0、NM_0）Ca^{2+} 表现为外流（图 4-28B、D），且磁化微咸

水灌溉 $[M_0, 18\ pmol \cdot (cm^2\ s)^{-1}]$ 的植株 Ca^{2+} 外流量低于非磁化微咸水灌溉 $[NM_0, 63\ pmol \cdot (cm^2 \cdot s)^{-1}]$。

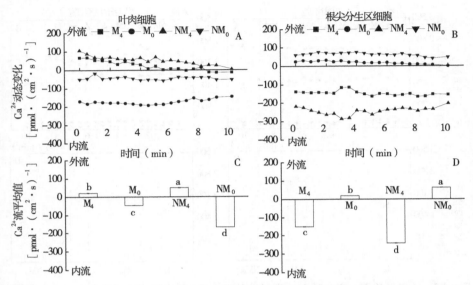

图 4-28　NaCl 胁迫下，磁化灌溉处理对欧美杨 I-107 叶肉细胞及根尖分生区 Ca^{2+} 动态变化的影响

注：NM_0 为非磁化灌溉处理，M_0 为磁化灌溉处理，M_4 为磁化微咸水灌溉处理，NM_4 为非磁化微咸水灌溉处理。图中数据为 8 次测定的平均值±标准差，不同小写字母表示处理间的差异达到显著水平（$P<0.05$）。

　　由上述研究结果看出，NaCl 胁迫下叶肉细胞 Ca^{2+} 表现为较低水平的外流，而根尖分生区 Ca^{2+} 则表现为较高幅度的内流，二者呈相反的变化趋势，即在根尖细胞质内维持了较高浓度的 Ca^{2+} 内流量，而在叶肉细胞质内维持了较低浓度的 Ca^{2+} 含量。也就是说 NaCl 胁迫引起了根系细胞质内游离 Ca^{2+} 水平的瞬时增加，而高浓度的 Ca^{2+} 如 Ca^{2+}-CaM 可以直接或间接活化一定的靶酶，刺激质膜或液泡膜上 Ca^{2+} 转运体的产生，调节 Ca^{2+} 与其他离子的比例（Bush, 1995），即胞质内 Ca^{2+} 水平迅速升高既响应环境变化又可以通过 Ca^{2+} 转运系统使植物体维持基态条件下较低的 Ca^{2+} 浓度（Hetherington et al., 2004）。在烟草、拟南芥及番茄中，发现经 NaCl 处理后 Ca^{2+}-ATPase 基因转录水平提高（Sze et al., 2000；Mendoza et al., 1994），在酵母中也证实了 Ca^{2+} 可活化盐胁迫信号从而调控离子稳态及耐盐性（Mendoza et al., 1994）。长期 NaCl 胁迫导致高渗胁迫诱导 Ca^{2+} 跨质膜内流，胞内 Ca^{2+} 瞬时增加可使 PP2B 活化（控制离子稳态化的盐胁迫信号的关键中间组分），在磁化作用影响下，增强植株的 Na^+ 跨质膜外排的能力。对拟南芥中控制离子稳态及耐盐性有关胁迫信号转导通路的研究表明，SOS 信号通路调控 Na^+ 和 K^+ 稳态且此通路被 Ca^{2+} 所活化，使 SOS_1 在 SOS_3/SOS_2 调控下刺激 Na^+ 外排（Zhu，2001；Guo et al.，2001），从而建立新的离子稳态平衡。

（八）磁化水灌溉对根尖分生区及叶肉细胞 Mg^{2+} 和 H^+ 动态的影响

NaCl 胁迫下，非磁化微咸水灌溉（NM_4）与磁化微咸水灌溉（M_4）的植株相比（图 4-29A），前者诱导了叶肉细胞较高水平的 Mg^{2+} 外流 [约 2 100 pmol·$(cm^2·s)^{-1}$]，后者 Mg^{2+} 外流量较小仅约为 800 pmol·$(cm^2·s)^{-1}$；与 NaCl 胁迫处理不同，对照处理（M_0、NM_0）Mg^{2+} 流呈相反的变化趋势，非磁化微咸水灌溉 [NM_0，-2 200 pmol·$(cm^2·s)^{-1}$] 植株进入细胞内的 Mg^{2+} 含量高于磁化微咸水灌溉 [M_0，-900 pmol·$(cm^2·s)^{-1}$] 植株（图 4-29C）。

在根尖分生区中，NaCl 胁迫下 H^+ 的内流量显著增加（图 4-29B），且磁化微咸水灌溉植株 H^+ 内流量 [M_4，-10 pmol·$(cm^2·s)^{-1}$] 大于非磁化微咸水灌溉植株 [NM_4，-6 pmol·$(cm^2·s)^{-1}$]；对照处理（M_0、NM_0）与加盐胁迫表现相同的变化趋势，均为内流，且磁化处理高于非磁化处理，二者表现为显著水平差异（图 4-29D）。另外，在根尖分生区组织和叶肉细胞中，磁化微咸水灌溉（M_4、M_0）的植株 Na^+ 外流量提高，并且 H^+ 内流量明显增加，这与 Shabala（2000）和 Sun 等（2009）发现的 NaCl 诱导拟南芥、胡杨植物体细胞 H^+ 内流现象一致。研究发现，H^+ 及 Na^+ 运动的变化可以激活质膜或液泡膜上 Na^+/H^+ antiporter 诱导 *PeNhaD*1 或 *PeSOS*1 基因的表达，增强植株排 Na^+ 或 Na^+ 的区隔化能力；而磁化微咸水灌溉后植株体内 H^+ 内流量的增加，不仅增强了 Na^+/H^+ antiporter 的活性，也提高了膜上耦联的质子泵活性，这有利于细胞渗透压和水势以降低盐分胁迫对植物体的伤害，也有利于植株体内新的离子稳态的建立。

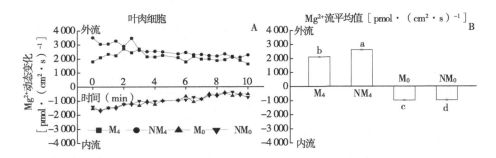

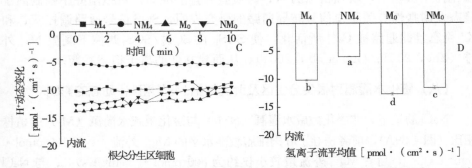

图 4-29　NaCl 胁迫下，磁化灌溉处理对欧美杨 I-107 叶肉细胞及根尖分生区 Mg^{2+}、H^+ 动态变化的影响

注：NM_0 为非磁化灌溉处理，M_0 为磁化灌溉处理，M_4 为磁化微咸水灌溉处理，NM_4 为非磁化微咸水灌溉处理。图中数据为 8 次测定的平均值±标准差，不同小写字母表示处理间的差异达到显著水平（$P<0.05$）。

三、磁化咸水灌溉对葡萄离子平衡的影响

（一）磁化水灌溉后葡萄不同组织中 K^+、Na^+ 含量变化

1. 双因素方差分析

NaCl 处理对葡萄各器官中的 Na^+ 含量和根系、茎中的 K^+ 含量有极显著影响；磁化处理对葡萄茎中的 Na^+ 含量和根系中的 K^+ 含量有极显著影响，对茎中的 K^+ 含量有显著影响；盐分胁迫与磁化处理对葡萄根系中 Na^+、K^+ 累积存在极显著交互作用，而均对叶片中 K^+ 含量无显著影响（表 4-32）。

表 4-32　磁化咸水灌溉对葡萄幼苗各器官中 Na^+、K^+ 含量影响的双因素分析

处理		Na^+			K^+		
		叶	茎	根	叶	茎	根
处理间	F	20.65	134.65	90.47	0.74	7.87	4.93
	P	<0.000 1	<0.000 1	<0.000 1	0.594 4	<0.000 1	0.000 7
磁化处理	F	1.99	13.19	0.07	—	3.71	5.56
	P	0.162 1	0.000 6	0.794 7	—	0.048 7	0.021 3
盐分处理	F	51.08	329.01	215.76		15.69	2.82
	P	<0.000 1	<0.000 1	<0.000 1		<0.000 1	0.066 7

（续）

处理		Na$^+$			K$^+$		
		叶	茎	根	叶	茎	根
交互影响	F	0.01	1.05	10.38	—	1.97	6.72
	P	0.988 8	0.355 2	0.000 1	—	0.148 4	0.002 2

2. Na$^+$ 和 K$^+$ 含量变化

盐胁迫下植物体内 Na$^+$ 的过量累积会造成离子毒害，引发植物生理代谢紊乱。因此，拒 Na$^+$ 是植物耐盐机制的重要内容（Munns，2008；刘正祥，2014）。根、茎、老叶等生理活动较弱的器官是植物拒 Na$^+$ 的主要部位，通过抑制 Na$^+$ 内流，加速 Na$^+$ 外排和 Na$^+$ 区隔化等途径可以有效降低 Na$^+$ 累积对植物生长的影响（杨洪兵，2004）。由图 4-30A 可知，咸水灌溉后（NM$_3$、NM$_6$）葡萄各器官中 Na$^+$ 含量显著提高；NM$_6$ 与 NM$_3$ 相比，叶片和茎中 Na$^+$ 含量提高，根系中无明显差异；其中，茎中 Na$^+$ 含量增幅最大，NM$_3$、NM$_6$ 较 NM$_0$ 分别提高了 2.0 和 4.2 倍。而磁化处理降低了葡萄体内的 Na$^+$ 含量，抑制了 Na$^+$ 向地上部的运输和累积。M$_0$ 较 NM$_0$ 叶片和茎中 Na$^+$ 含量分别降低了 9.9%、14.7%，根系中显著提高了 15.6%；M$_3$ 较 NM$_3$ 叶片、茎和根系中 Na$^+$ 含量分别降低了 6.9%、6.8% 和 10.5%；M$_6$ 较 NM$_6$ 叶片、茎中 Na$^+$ 含量降低了 6.1%、10.0%，根系中无明显变化。由此看出，磁化咸水灌溉植株叶片中 Na$^+$ 含量均明显低于非磁化处理，且 3.0 g·L^{-1} 磁化咸水灌溉植株根系和 6.0 g·L^{-1} 磁化咸水灌溉植株茎中 Na$^+$ 含量的降低达到了显著水平，这表明磁化处理能够有效抑制咸水灌溉条件下葡萄对 Na$^+$ 的吸收和向上运输，提高根、茎的拒 Na$^+$ 能力，进而降低葡萄叶片中 Na$^+$ 累积。盐分胁迫下，植物根、茎对 Na$^+$ 的滞留作用与转运蛋白对木质部中 Na$^+$ 的卸载有关（Yokoi et al.，2002），通过对蒸腾流中的 Na$^+$ 的卸载，经薄壁细胞由共质体途径进入韧皮部，进入 Na$^+$ 的再循环过程，将地上部的 Na$^+$ 运回根系进行区隔化贮存或外排（Tester et al.，2003）。磁化处理可以有效提高植物 ATP 含量和转运蛋白活性，有利于植株体内 Na$^+$ 的主动运输（Huuskonen et al.，1998）。但磁化处理下葡萄拒 Na$^+$ 能力提高，是否与加速地上部 Na$^+$ 再循环，促进根系中 Na$^+$ 区隔化和 Na$^+$ 外排有关，有待进一步研究。

由图 4-30B 可知，咸水灌溉后（NM$_3$、NM$_6$）葡萄茎中的 K$^+$ 含量降低，根系中升高；随盐分浓度升高，NM$_6$ 与 NM$_3$ 相比，茎中 K$^+$ 含量显著提高，根系中则显著降低。与非磁化处理相比，磁化处理对葡萄叶片中 K$^+$ 含量无明显影响，而茎和根系中 K$^+$ 含量变化趋势与 Na$^+$ 表现一致；但 M$_6$ 与 NM$_6$ 相比，茎中 K$^+$ 含量无明显差异，并未随 Na$^+$ 降低而降低。

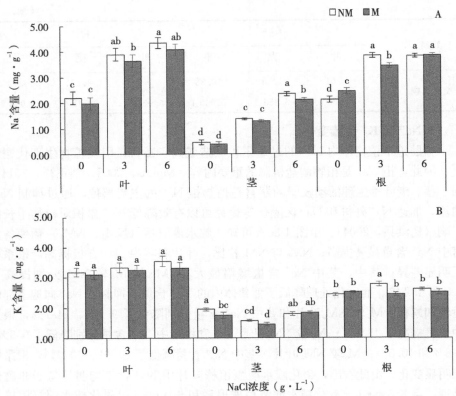

图 4-30　磁化咸水灌溉下葡萄幼苗各器官中 Na^+ 含量（A）、K^+ 含量（B）

注：NM 为非磁化处理，M 为磁化处理。

（二）磁化水灌溉后葡萄不同组织间 Ca^{2+}、Mg^{2+} 含量变化

1. 双因素方差分析

由表 4-33 可知，NaCl 处理对葡萄根系、茎、叶片中 Ca^{2+} 含量和叶片中 Mg^{2+} 含量有极显著影响；磁化处理对葡萄根系中 Ca^{2+}、Mg^{2+} 含量分别有极显著和显著影响；盐分胁迫与磁化处理对葡萄叶片中 Ca^{2+} 含量和根系中 Mg^{2+} 含量分别有极显著和显著交互作用，而均对茎中 Mg^{2+} 含量无显著影响。

表 4-33　磁化咸水灌溉对葡萄幼苗各器官中 Ca^{2+}、Mg^{2+} 含量影响的双因素分析

处理		Ca^{2+}			Mg^{2+}		
		叶	茎	根	叶	茎	根
处理间	F	22.14	3.23	12.89	2.60	1.14	3.56
	P	<0.000 1	0.011 7	<0.000 1	0.029 8	0.348 8	0.006 5

（续）

处理		Ca²⁺			Mg²⁺		
		叶	茎	根	叶	茎	根
磁化处理	F	1.72	0.40	12.46	1.04	—	5.29
	P	0.193 1	0.531 3	0.000 8	0.310 9	—	0.024 6
盐分处理	F	44.38	5.91	25.90	5.60	—	2.90
	P	<0.000 1	0.004 5	<0.000 1	0.005 0	—	0.062 1
交互影响	F	7.05	1.90	0.09	0.02	—	3.36
	P	0.001 4	0.157 5	0.917 8	0.981 6	—	0.040 6

2. Ca²⁺和Mg²⁺含量变化

由图 4-31 可以看出，咸水灌溉后（NM_3、NM_6）葡萄叶片中 Ca^{2+} 含量显著提高，根系中显著降低；而与 NM_3 相比，NM_6 叶片中 Ca^{2+} 含量显著降低，茎中显著提高；表明高浓度咸水灌溉抑制了葡萄对 Ca^{2+} 的吸收及其在茎叶间的运输。磁化咸水灌溉后葡萄根系中的 Ca^{2+} 含量降低，其中 M_3、M_6 较 NM_3、NM_6 分别降低了 11.4% 和 15.8%；茎中 Ca^{2+} 含量提高，分别提高了 5.6% 和 2.0%；而叶片中 Ca^{2+} 含量的变化在不同盐分水平间存在差异，其中 M_3 较 NM_3 降低了 8.0%，M_6 较 NM_6 提高了 20.2%；且与 M_3 相比，M_6 叶片中 Ca^{2+} 含量显著提高；表明磁化处理能够有效缓解咸水灌溉对葡萄 Ca^{2+} 吸收、运输的抑制作用，提高 Ca^{2+} 在葡萄茎、叶中的累积（图 4-31A）。

由图 4-31B 可知，咸水灌溉后，葡萄叶片中 Mg^{2+} 含量提高，NM_3、NM_6 较 NM_0 分别提高了 13.9%、12.7%；根系中 Mg^{2+} 含量随盐分浓度的升高表现出先升高后降低的变化趋势，且 M_3、M_6 间差异显著；茎中则无明显变化。而同浓度盐环境中，磁化处理后葡萄 Mg^{2+} 含量的变化在各盐分水平上存在差异，其中与 NM_0 相比，M_0 叶片、根系中 Mg^{2+} 含量提高，分别提高了 4.6%、1.2%；与 NM_3、NM_6 相比，M_3、M_6 根系中 Mg^{2+} 含量降低了 6.3%、3.2%，叶片中提高了 2.6%、4.0%。

由此可见，磁化咸水灌溉提高了葡萄对 K^+、Ca^{2+}、Mg^{2+} 的吸收和运输能力，促进了地上部 K^+、Ca^{2+}、Mg^{2+} 的累积；特别是对高浓度咸水灌溉下葡萄茎、叶中 Ca^{2+}、Mg^{2+} 运输和累积的影响尤为明显。植物体内 K^+、Ca^{2+}、Mg^{2+} 的运输是伴随木质部中的水分运输进行的。一方面，磁化处理能改变水分子簇结构，提高离子扩散系数，加速植物体内水分、养分的吸收和选择性运输，从而缓解植株体内渗透胁迫，重建胞内离子稳态（Surendran et al.，2016；刘秀梅，2016a）。另一方面，磁化咸水灌溉处理促进了叶片中 Ca^{2+}、Mg^{2+} 的累积，这不仅有利于盐分胁迫下葡萄体内叶绿素的合成和光合性能的提高，同时有利于 Ca^{2+} 信号的产生和传导，可以促使葡萄通过 SOS 途径和钙调磷酸激酶（CAN）等途径加速 Na^+ 外排，调控体内 Na^+、K^+ 平衡。而磁化咸水灌溉条件下，盐分胁迫与磁化处理交互作用对葡萄茎叶间 K^+ 运输能力有极显著影响（$P < 0.01$），也为这一推断提供了依据。

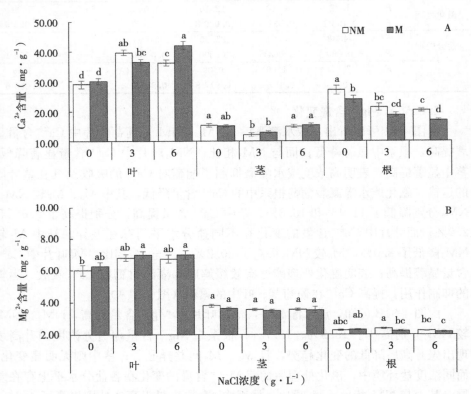

图 4-31 磁化咸水灌溉下葡萄幼苗各器官中 Ca^{2+} 含量（A）、Mg^{2+} 含量（B）
注：NM 为非磁化处理，M 为磁化处理。

（三）磁化水灌溉后葡萄不同组织中离子比值变化

K^+/Na^+、Ca^{2+}/Na^+、Mg^{2+}/Na^+ 常被用于表征植物体内的离子平衡状态。由表 4-34 可知，NaCl 处理对葡萄各器官 K^+/Na^+、Ca^{2+}/Na^+、Mg^{2+}/Na^+ 均有极显著影响；磁化处理对葡萄茎、根系中 K^+/Na^+、Ca^{2+}/Na^+ 和茎中 Mg^{2+}/Na^+ 有显著影响；盐分胁迫与磁化处理对葡萄茎中 K^+/Na^+ 有极显著交互作用，对茎中 Ca^{2+}/Na^+ 和茎、根中 Mg^{2+}/Na^+ 有显著交互作用。

与 NM_0 相比，NM_3 各器官中 K^+/Na^+、Ca^{2+}/Na^+、Mg^{2+}/Na^+ 显著降低，依次为茎＞根系＞叶片；与 NM_3 相比，NM_6 叶片中 Ca^{2+}/Na^+、$Mg^{2+}/$

Na^+ 降低，茎、根中无明显变化；表明咸水灌溉抑制了葡萄根系、茎对 K^+、Ca^{2+}、Mg^{2+} 的吸收和运输，促使葡萄叶片中的离子平衡遭到严重破坏。与 NM_0 相比，M_0 根系中 K^+/Na^+、Ca^{2+}/Na^+、Mg^{2+}/Na^+ 显著降低，茎和叶片中明显提高；咸水灌溉条件下，与非磁化处理相比，磁化处理植株根系中 K^+/Na^+、Ca^{2+}/Na^+、Mg^{2+}/Na^+ 无明显差异，而茎、叶片中有不同程度的提高；其中与 NM_3 相比，M_3 叶片中 K^+/Na^+、Mg^{2+}/Na^+ 和茎中 Ca^{2+}/Na^+ 差异最大，分别提高了 7.0%、15.1% 和 10.5%；与 NM_6 相比，M_6 叶片中 Ca^{2+}/Na^+、Mg^{2+}/Na^+ 和茎中 K^+/Na^+、Mg^{2+}/Na^+ 分别提高了 23.8%、9.0% 和 12.8%、12.3%。由此可知，随盐分浓度升高，葡萄叶片中 Ca^{2+} 含量、Ca^{2+}/Na^+、Mg^{2+}/Na^+ 大幅度降低，根系中 K^+/Na^+、Ca^{2+}/Na^+、Mg^{2+}/Na^+ 无明显差异，这表明咸水灌溉条件下，葡萄根系相较于叶片能更好地维持胞内离子平衡；叶片 K^+ 含量和 K^+/Na^+ 相对平稳，则表明相较于 Ca^{2+}、Mg^{2+}，葡萄对 K^+ 有较强的调控能力，这与於朝广（2016）的研究结果一致。

表 4-34　磁化咸水灌溉对葡萄幼苗 K^+/Na^+、Ca^{2+}/Na^+、Mg^{2+}/Na^+ 的影响

处理	K^+/Na^+			Ca^{2+}/Na^+			Mg^{2+}/Na^+		
	叶片	茎	根系	叶片	茎	根系	叶片	茎	根系
NM_0	1.69± 0.15b	4.45± 0.69b	1.16± 0.03a	19.26± 3.59ab	34.37± 5.31b	13.05± 0.90a	3.70± 0.64ab	8.69± 1.38b	1.10± 0.04a
M_0	2.18± 0.35a	6.58± 0.72a	1.05± 0.05b	24.17± 5.15a	51.28± 4.53a	10.28± 1.06b	5.17± 1.16a	12.69± 1.24a	0.98± 0.06b
NM_3	0.86± 0.02c	1.17± 0.05c	0.72± 0.01c	10.65± 0.62bc	9.91± 0.36c	5.56± 0.30c	1.85± 0.13bc	2.65± 0.08c	0.62± 0.01c
M_3	0.92± 0.03c	1.17± 0.06c	0.71± 0.01c	10.86± 0.79bc	10.95± 0.38c	5.52± 0.16c	2.13± 0.19bc	2.74± 0.09c	0.65± 0.01c
NM_6	0.82± 0.01c	0.78± 0.04c	0.68± 0.02c	8.83± 0.75c	6.83± 0.26c	5.34± 0.12c	1.66± 0.16c	1.55± 0.05c	0.60± 0.01c
M_6	0.81± 0.01c	0.88± 0.02c	0.66± 0.02c	10.93± 0.80bc	7.48± 0.47c	4.47± 0.07c	1.81± 0.17bc	1.74± 0.12c	0.57± 0.01c
A	ns	4.31*	4.54*	ns	6.16*	6.61*	ns	4.59*	ns
B	40.05**	73.32**	145.98**	11.05**	85.49**	81.47**	12.87**	75.08**	136.26**
A×B	ns	3.84**	ns	ns	4.77*	ns	ns	3.87*	3.19*

注：NM_0 为非磁化对照溶液处理，M_0 为磁化对照溶液处理，NM_3 为非磁化 3.0 g·L^{-1} NaCl 溶液灌溉处理，M_3 为磁化 3.0 g·L^{-1} NaCl 溶液灌溉处理，NM_6 为非磁化 6.0 g·L^{-1} NaCl 溶液灌溉处理，M_6 为磁化 6.0 g·L^{-1} NaCl 溶液灌溉处理。A 代表磁化处理，B 代表 NaCl 浓度处理，A×B 代表磁化处理与 NaCl 浓度处理的交互作用；＊表示 $P<0.05$，＊＊表示 $P<0.01$，ns 表示差异不显著。表中数据为平均值±标准差，同列数据后不同小写字母表示差异显著（$P<0.05$）。

(四)磁化水灌溉后葡萄不同组织中离子选择性运输能力

选择性运输系数（$S_{K,Na}$、$S_{Ca,Na}$、$S_{Mg,Na}$）能直观反映盐胁迫下植物各器官对 K^+、Ca^{2+}、Mg^{2+} 的选择性运输能力。由表 4-35 可知，NaCl 处理对葡萄各器官中 K^+、Ca^{2+}、Mg^{2+} 的选择性运输能力均有极显著影响；磁化处理对葡萄茎部 K^+ 选择性运输能力有显著影响，对根系、茎中 Ca^{2+} 和茎中 Mg^{2+} 的选择性运输能力有极显著影响；盐分胁迫与磁化处理对葡萄茎中 K^+ 的选择性运输能力有极显著的交互影响。

与 NM_0 相比，NM_3 根—茎间 $S_{K,Na}$、$S_{Ca,Na}$ 和 $S_{Mg,Na}$ 显著降低，茎—叶间显著提高；与 NM_3 相比，NM_6 根—茎间 $S_{Ca,Na}$ 和 $S_{Mg,Na}$ 显著降低，茎—叶间 $S_{K,Na}$、$S_{Ca,Na}$ 和 $S_{Mg,Na}$ 显著提高；表明咸水灌溉下葡萄通过对 K^+、Ca^{2+}、Mg^{2+} 的选择性运输，调整体内离子分布，将 Na^+ 滞留在茎部，避免叶片和根系的离子毒害。而与 NM_0 相比，M_0 茎—叶 $S_{K,Na}$、$S_{Ca,Na}$、$S_{Mg,Na}$ 和根—茎 $S_{Ca,Na}$ 显著提高。咸水灌溉条件下，与 NM_3 相比，M_3 茎—叶 $S_{K,Na}$、$S_{Mg,Na}$ 分别提高 20.59% 和 32.39%，达到显著水平；与 NM_6 相比，M_6 茎—叶 $S_{K,Na}$ 降低了 14.2%，根—茎 $S_{Ca,Na}$、$S_{Mg,Na}$ 提高了 28.7% 和 7.8%。可见，磁化处理对咸水灌溉下葡萄体内 K^+、Ca^{2+}、Mg^{2+} 的向上运输和茎、根系拒 Na^+ 能力的提高有明显的促进作用。

表 4-35　磁化处理对咸水灌溉下葡萄幼苗 K^+、Ca^{2+}、Mg^{2+} 的选择性
运输能力的影响

处理	钾-钠选择性运输能力		钙-钠选择性运输能力		镁-钠选择性运输能力	
	茎—叶	根—茎	茎—叶	根—茎	茎—叶	根—茎
NM_0	0.25±0.02f	5.92±0.43a	0.31±0.04d	4.19±0.30b	0.23±0.04e	12.40±1.00a
M_0	0.38±0.03e	5.86±0.46a	0.63±0.10c	4.75±0.27a	0.54±0.10d	12.23±0.63a
NM_3	0.68±0.02d	1.63±0.05b	1.06±0.04b	1.80±0.04c	0.71±0.06c	4.26±0.07b
M_3	0.82±0.02c	1.64±0.06b	1.14±0.05b	2.01±0.02c	0.94±0.05b	4.18±0.06b
NM_6	1.06±0.02a	1.15±0.02b	1.68±0.05a	1.29±0.02d	1.38±0.03a	2.69±0.06c
M_6	0.91±0.01b	1.35±0.04b	1.72±0.06a	1.66±0.06cd	1.41±0.06a	2.90±0.13bc
A	5.26*	0.06ns	7.31**	7.60**	14.36**	0.00ns
B	563.08**	196.92**	174.58**	182.83**	137.05**	224.43**
A×B	32.68**	0.13ns	2.77ns	0.55ns	2.56ns	0.09ns

注：NM_0 为非磁化对照溶液处理，M_0 为磁化对照溶液处理，NM_3 为非磁化 3.0 g·L^{-1} NaCl 溶液灌溉处理，M_3 为磁化 3.0 g·L^{-1} NaCl 溶液灌溉处理，NM_6 为非磁化 6.0 g·L^{-1} NaCl 溶液灌溉处理，M_6 为磁化 6.0 g·L^{-1} NaCl 溶液灌溉处理。A 代表磁化处理，B 代表 NaCl 浓度处理，A×B 代表磁化处理与 NaCl 浓度处理的交互作用；* 表示 $P<0.05$，** 表示 $P<0.01$，ns 表示差异不显著。表中数据为平均值±标准差，同列数据后不同小写字母表示差异显著（$P<0.05$）。

四、小结

（1）当外界环境盐分浓度为 4.0 g·L^{-1}时，即达到欧美杨 I-107 植株体内盐害离子的最大致死量，高浓度 NaCl 胁迫下，磁化处理更有利于增强 Na$^+$ 在植株体内的代谢水平以及根系对 Na$^+$ 的区隔化能力，减轻盐分胁迫对植物体的特殊离子毒害作用，维持植株体内较低的细胞水势和渗透调节能力，同时由于水合能力的增强和更加畅通的离子通道，提高了膜上离子转运速率，促进植株对 K$^+$、Ca^{2+}、Mg^{2+} 等矿物养分离子的选择吸收能力，并且很好地抑制了对 Na$^+$ 的吸收、积累，从而有利于在盐分胁迫下建立新的离子稳态平衡机制。

（2）咸水灌溉条件下，磁化处理降低了葡萄对 Na$^+$ 的吸收，提高了根、茎对 Na$^+$ 的区隔化能力，减少了在葡萄地上部（尤其是叶片中）的 Na$^+$ 累积，其中 M$_3$ 处理对植株根系和 M$_6$ 处理对植株茎中 Na$^+$ 含量的影响达显著差异（$P<0.05$）；同时，与非磁化咸水灌溉相比，磁化处理促进了葡萄对 K$^+$、Ca^{2+}、Mg^{2+} 的吸收，提高了 K$^+$、Ca^{2+}、Mg^{2+} 的运输能力和茎、叶中的 K$^+$/Na$^+$、Ca^{2+}/Na$^+$、Mg^{2+}/Na$^+$，更好地维持了植株离子平衡，提高植株对盐分胁迫的适应能力。

第五节　磁化水灌溉对植物渗透调节能力的影响

一、试验材料与方法

（一）试验材料与试验设计

桑树试验材料与试验设计同第二章第二节。

（二）测定方法

可溶性蛋白含量测定方法同第二章第一节。
叶绿素含量测定方法同第四章第一节。
脯氨酸采用紫外分光光度法测定。
细胞膜透性采用相对电导率法测定。

二、磁化水灌溉对桑树抗逆能力的影响

如表 4-36 所示，可溶性蛋白与植物渗透调节有关，高含量的可溶性蛋白可

使细胞维持较低的渗透势和功能蛋白数量,有利于维持细胞正常代谢,抵抗逆境胁迫带来的伤害。盐胁迫下,许多植物可溶性蛋白含量增加,但增加与否,不同的植物,结论不一致。本试验中,非磁化处理桑树叶片中含有的可溶性蛋白均高于磁化处理,一定程度上说明非磁化处理受到的盐分胁迫比磁化处理严重。

脯氨酸积累是植物体抵抗渗透胁迫的有效方式之一,大量研究表明,许多植物在盐胁迫下脯氨酸迅速积累。脯氨酸是植物体内有效的渗透调节剂之一,对渗透调节起重要作用。在本试验中,脯氨酸含量随盐分浓度的增加而增加,磁化处理桑树脯氨酸含量平均为 $91.62\ \mu g \cdot g^{-1}$,而非磁化处理含量为 $109.20\ \mu g \cdot g^{-1}$,处理之间的差别极其显著。

植物细胞膜透性随土壤盐度的变化而变化。膜透性(电导率值)的大小反映质膜受伤害的程度;数值越大,质膜受到的伤害越大。从数据可得出磁化处理的桑树组膜透性的平均值为 15.15%,而对照的非磁化处理组膜透性平均值为 22.05%,磁化与非磁化处理区别显著。可见非磁化处理的桑树受到的膜伤害较大,磁化处理的桑树随盐分浓度梯度增加受到的伤害小于非磁化处理。

在磁化处理下,3 个浓度梯度的叶绿素含量均高于非磁化处理,随盐分梯度增加,两组处理的叶绿素含量均呈下降趋势。盐胁迫下,叶绿体是最敏感的细胞器之一。超微结构观察表明,盐生植物叶绿体中类囊体膨大,基粒排列不规则等,这些发生变化的叶绿体仍能维持正常的光合作用。叶绿素含量大小并不能直接反映植物抗盐性大小,但能表示植物在盐渍条件下光合作用的强弱,可与其他指标综合分析,作为植物抗盐性判断的参考指标。

表 4-36　磁化处理前后桑树酶活性、膜透性、叶绿素差异显著性分析

处理	可溶性蛋白 (mg·g^{-1})	脯氨酸 (μg·g^{-1})	电导率 (%)	叶绿素 (mg·g^{-1})
M$_0$	24.48±0.96	78.62±16.42	16.65±4.41	4.32±0.03
NM$_0$	25.76±1.57	60.86±3.92	20.68±2.21	3.53±0.17
M$_6$	33.96±1.56	97.71±3.92	12.66±1.47	4.09±0.06
NM$_6$	26.83±1.97	102.84±6.47	20.93±2.21	3.57±0.05
M$_8$	22.87±1.79	98.53±38.54	16.14±1.44	3.21±0.00
NM$_8$	33.31±0.87	163.91±24.27	24.54±3.10	3.19±0.03
A	7.52**	5.78*	25.66**	181.30**
B	29.84**	23.55**	ns	197.22**
A×B	82.52**	11.49**	ns	46.98**

注:M 为磁化处理,NM 为非磁化处理;0、6 和 8 表示盐分浓度分别为 0、6‰和 8‰。A 代表盐分处理,B 代表磁化处理,A×B 代表磁化处理与 NaCl 浓度处理的交互作用;＊表示 $P<0.05$,＊＊表示 $P<0.01$,ns 表示差异不显著。表中数据为测定平均值。

三、小结

非磁化处理桑树叶片中含有的可溶性蛋白均高于磁化处理，一定程度上说明非磁化处理受到的盐分胁迫比磁化处理严重。

脯氨酸含量随盐分浓度的增加而增加，磁化处理桑树脯氨酸含量平均为91.62 $\mu g \cdot g^{-1}$，而非磁化处理含量为 109.20 $\mu g \cdot g^{-1}$，处理之间的差别极其显著。磁化处理对植物抵抗渗透胁迫起促进作用。

磁化处理的桑树膜透性的平均值为 15.15%，而对照的非磁化处理膜透性平均值为 22.05%，磁化与非磁化处理之间区别显著。可见非磁化处理的桑树受到的膜伤害较大，磁化处理的桑树随盐度浓度梯度增加受到的伤害小于非磁化处理。

在磁化处理下，3 个浓度梯度的叶绿素含量均高于非磁化处理，随盐分梯度增加，两组处理的叶绿素含量均呈下降趋势。

第六节　磁化水灌溉对镉胁迫下杨树抗氧化循环系统的影响

一、试验材料与方法

（一）试验材料与试验设计

杨树试验材料选择与试验设计同第二章第二节。

（二）测定方法

1. 非酶抗氧化物含量测定

抗坏血酸（AsA）含量参照赵云霞（2010）的方法测定；脱氢抗坏血酸（dehydroascorbic acid，DHA）含量采用 DHA-2-W 试剂盒（购自苏州科铭生物技术有限公司）测定；还原型谷胱甘肽（GSH）和氧化型谷胱甘肽（oxidized glutathione，GSSG）含量参照 Nagalakshmi 等（2001）的方法测定。

2. 抗氧化酶活性测定

抗坏血酸过氧化物酶（ascorbic acid peroxidase，APX）活性参照 Nakano 等（1981）的方法测定；谷胱甘肽还原酶（glutathione reductase，GR）活性参照 Grace 等（1996）的方法测定；单脱氢抗坏血酸还原酶（monodehydroascorbate reductase，MDHAR）和脱氢抗坏血酸还原酶（dehydrogenated ascorbic acid reductase，DHAR）分别采用 MDHAR-2-W 和 DHAR-2-W 试剂盒（购自苏州科铭生物技术有限公司）测定。

3. 过氧化物含量测定

丙二醛（MDA）和过氧化氢（H_2O_2）分别采用 MDA-2-Y 和 H_2O_2-2-Y 试剂盒（购自苏州科铭生物技术有限公司）测定。

4. 内源激素含量测定

生长素（IAA）、脱落酸（ABA）、赤霉素（GA_3）及玉米素核苷（ZR）等内源激素水平采用高效液相色谱法（HPLC）测定（张玉琼，2013）。

二、磁化水灌溉对镉胁迫下杨树非酶抗氧化物含量的影响

抗坏血酸（AsA）和谷胱甘肽（GSH）是植物细胞内非酶促防御系统中的有效抗氧化剂，具有多种抗氧化功能，而 AsA-GSH 循环系统是植物体内清除活性氧（ROS）自由基的重要途径，在抵抗氧化胁迫、稳定蛋白质结构以及维持细胞正常生长等方面具有重要作用（Alscher et al.，1997）。但在逆境胁迫条件下，植物体内的抗氧化系统会发生变化，影响 ROS 的清除效率（Foyer and Noctor，2005）。研究发现，镉胁迫后（M_{100}、NM_{100}），AsA 含量（图 4-32A）总体表现为根系平均值高于叶片，且各处理间均呈显著差异。镉胁迫后，叶片中 DHA 含量（图 4-32B）较 M_0 和 NM_0 提高，分别为 2.2% 和 104.0%。根系中，与 M_0 相比，DHA 含量在 M_{100} 处理中显著提高，为 29.1%；NM_{100} 与 M_{100} 变化相反，其DHA 含量较 NM_0 降低，为 36.8%。镉胁迫后，叶片和根系中 GSH 和 GSSG 含量均提高（图 4-32 C、D），其中，与 M_0 相比，其含量在 M_{100} 处理提高比例分别为 2.2%～255.1% 和 53.7%～81.3%；与 NM_0 相比，其含量在 NM_{100} 处理中提高比例分别为 25.5%～271.1% 和 67.3%～183.8%；镉胁迫下 GSSG 含量在叶片和根系中提高幅度最大，平均为 263.1% 和 132.6%。

磁化处理条件下，M_0 处理后叶片中 AsA 含量较 NM_0 降低，为 28.5%，而 M_{100} 比 NM_{100} 提高，为 28.5%；根系中 AsA 含量则表现为下降的变化趋势，分别为 45.2% 和 17.9%。磁化处理诱导 DHA 含量在叶片和根系中表现不同，其中，M_0 与 NM_0 相比以及 M_{100} 与 NM_{100} 相比，其在叶片中的增加比例分别为 300.8% 和 100.9%，在根系中的下降比例分别为 107.3% 和 1.6%。磁化处理后叶片及根系中 GSH 和 GSSG 含量均较非磁化处理提高，GSH 提高比例为 8.5%～86.7%，GSSG 提高比例为 59.8%～150.1%，且二者在叶片和根系中均呈显著差异；GSSG 含量在叶片和根系中提高比例最大，平均为119.7% 和 105.0%。可见，磁化处理后 AsA 含量低于非磁化处理，且叶片中

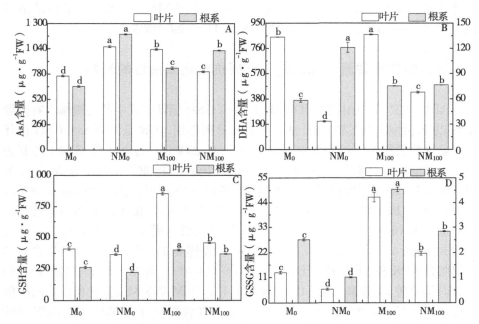

图 4-32　磁化与非磁化处理对镉胁迫下欧美杨 I-107 幼嫩叶片和新生根系中抗坏血酸
　　　　（AsA，A）、脱氢抗坏血酸（DHA，B）、还原型谷胱甘肽（GSH，C）和氧化型谷
　　　　胱甘肽（GSSG，D）含量的影响

注：主坐标轴对应叶片中含量，次坐标轴对应根系中含量。NM_0 为非磁化灌溉处理，M_0 为磁化
灌溉处理，M_{100} 为磁化＋100 $\mu mol \cdot L^{-1}Cd$（NO_3）$_2 \cdot 4H_2O$ 灌溉处理，NM_{100} 为非磁化＋100 $\mu mol \cdot$
$L^{-1}Cd$（NO_3）$_2 \cdot 4H_2O$ 灌溉处理。各处理间数据为 3 次测定平均值±标准差，不同小写字母表示各
处理间的差异显著性（$P < 0.05$）。

含量低于根系，Cd 浓度与 AsA 表现相反，磁化处理后其在根系中升高而于叶
片中降低，同时生物转运系数（S/R）增大，这说明磁化作用提高 Cd 在植物
根系组织中富集以及向地上部转运的同时，大量 AsA 被用来清除镉胁迫和光
呼吸产生的 ROS，从而降低叶绿体损伤。但 GSH 则与 AsA 表现相反，磁化
处理刺激 GSH 含量在叶片和根系中累积，其在叶片累积量高于根系，且高于
非磁化处理；这与 Tarhan 和 Kavakcioglu（2015）发现镉胁迫降低荨麻
（*Urtica dioica* L.）GSH 和 GSSG 合成量的研究结果不同，说明，非磁化处
理中杨树可维持 AsA-GSH 循环代谢的正常运转，植株具备一定的 ROS 清除
能力，可缓解 100 $\mu mol \cdot L^{-1}Cd$ 胁迫造成的氧化伤害。另外，磁化作用刺激
了镉胁迫后 GSH 在杨树不同组织中的积累，大量 AsA 被消耗，与 Amor 等
（2006）发现 NaCl 胁迫导致滨海卡克勒（*Cakile maritima*）叶片中 AsA 降低
的研究结果相似。这是由于镉胁迫环境中，磁化处理有利于杨树叶片和根系中

保持较高含量的 GSH，可有效还原-S-S 键、稳定-SH 族，保持膜蛋白的结构稳定性（Chen and Liu，2000），并可提高 H_2O_2 的清除能力。

三、磁化水灌溉对镉胁迫下杨树抗氧化酶活性的影响

APX、GR、DHAR 和 MDHAR 是 AsA-GSH 循环系统中的关键酶，对清除 ROS 以及还原型 AsA 和 GSH 的再生具有重要作用。GR 是维持 AsA-GSH 循环有效运行的关键酶，可利用还原性辅酶 II（NADPH）的电子将 GSSG 还原为 GSH，其活性的高低被认为是有机体抗氧化状态的重要标志，逆境条件下 MDHAR 和 DHAR 活性的升高是对逆境条件的一种适应性反应（Pyngrope et al.，2013）。外源镉添加后，叶片中 APX 和 MDHAR 活性在 M_{100} 和 NM_{100} 处理中均降低，为 16.8%～78.6%；GR 和 DHAR 活性（图 4-33B、D）在 M_{100} 处理中比 M_0 降低 6.7%～14.1%，NM_{100} 则较 NM_0 提高 18.9%～47.5%。根系中镉胁迫刺激 APX 和 GR 活性上升，为 6.6%～114.0%；而 M_{100} 处理中 MDHAR 和 DHAR 活性较 M_0 提高，为 118.2% 和 31.1%，NM_{100} 与 M_{100} 变化相反，两种酶活性比 NM_0 降低，为 51.4% 和 28.6%。磁化水灌溉 M_0 处理诱导叶片 APX 活性较 NM_0 降低，为 46.42%；而外源镉添加后，M_{100} 处理中 APX 活性较 NM_{100} 提高，为 41.5%。镉胁迫后叶片中 GR 和 MDHAR 活性较对照降低 8.5%～49.5%；而 DHAR 活性则较对照提高 0.3～58.4%。根系中，磁化处理诱导 APX 活性降低，为 32.8%～45.3%；而 GR 活性则显著提高，为 19.4%～36.4%。与 NM_0 相比，根系中 MDHAR 和 DHAR 活性在 M_0 中降低，为 6.4%～14.3%；而与 NM_{100} 相比，其活性在 M_{100} 中则提高，为 72.0%～284.4%。可见，磁化作用下叶片中 APX 活性高于根系但均低于非磁化水灌溉植株，这与 10 $\mu mol \cdot L^{-1}$ 镉胁迫条件下添加锌可提高金鱼藻（Ceratophyllum demersum）GSH、GSSG 含量和 DHA 合成量、降低 APX 活性的研究结果相似（Aravind and Prasad，2005）。镉胁迫条件下叶片和根系中 GR、MDHAR 总活性（叶片＋根系）受磁化作用影响大致表现为降低趋势，与 Nahar 等（2016）发现精胺刺激 1.5 mmol · L^{-1} $CdCl_2$ 处理中绿豆（Vigna radiata L.）GR 和 MDHAR 活性提高的研究结果不同。因此，推断镉胁迫刺激杨树叶片 γ-GCS 中信使 mRNA 的表达，是造成 GR 活性降低的主要原因；同时 MDHAR 总活性也呈降低趋势；这不仅影响了细胞液泡螯合肽的合成，还能够影响镉离子的交换。与 GR 和 MDHAR 表现不同的是，磁化作用诱导镉胁迫后杨树体内 DHAR 总活性（根系＋叶片）显著提高，这与 Ramakrishna 和 Rao（2013）发现外源添加 1 $\mu mol \cdot L^{-1}$ EBR（2,4-表油菜素内酯）提高锌胁迫下萝卜幼苗（Raphanus sativus L.）

DHAR 活性的研究结果相似，且与 Srivastava 等（2015）发现外源钙和硅添加后可提高镉胁迫中水稻（*Oryza sativa* L.）幼苗 DHAR 活性的研究结果一致；这表示磁化作用可通过刺激镉胁迫条件下杨树不同组织，尤其是根系中 GR、MDHAR 和 DHAR 活性的表达以及 DHAR 总活性的升高，促进根系中抗氧化物质 AsA 和 GSH 的累积以平衡根系细胞氧化还原状态（Srivastava and Dubey，1994）；且镉胁迫下，磁化作用诱导 MDHAR 活性在根系中增幅最大（118.2%～284.4%），这与番茄（*Solanum lycopersicum* L.）叶片和根系中叶绿体/质体比较研究中得出的 MDHAR 为 AsA 主要再生酶的结论相似（Mittova et al.，2000）；而关于磁化作用中 DHAR 活性表达在 AsA-GSH 循环所起的作用则有待进一步研究。

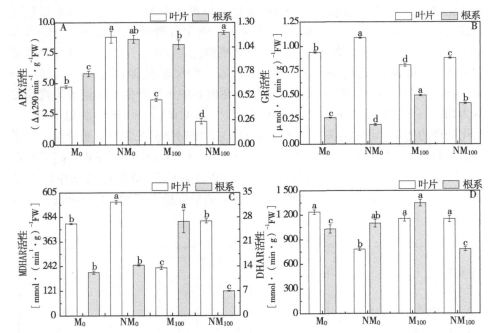

图 4-33　镉胁迫条件下，磁化处理和非磁化处理后欧美杨 I-107 幼嫩叶片和新生根系中抗坏血酸过氧化物酶（ascorbic acid peroxidase，APX；A）、谷胱甘肽还原酶（glutathione reductase，GR；B）、单脱氢抗坏血酸还原酶（monodehydroascorbate reductase，MDHAR；C）和脱氢抗坏血酸还原酶（dehydrogenated ascorbic acid reductase，DHAR；D）活性变化

注：主坐标轴对应叶片中含量，次坐标轴对应根系中含量。NM_0 为非磁化灌溉处理，M_0 为磁化灌溉处理，M_{100} 为磁化＋100 μmol·L^{-1}Cd（NO_3）$_2$·4H_2O 灌溉处理，NM_{100} 为非磁化＋100 μmol·L^{-1}Cd（NO_3）$_2$·4H_2O 灌溉处理。各处理间数据为 3 次测定平均数±标准差，不同小写字母表示各处理间差异显著（$P<0.05$）。

四、磁化水灌溉对镉胁迫下杨树过氧化物含量的影响

盐渍、干旱、低温及重金属污染等逆境胁迫条件下，植物体内活性氧的代谢平衡被破坏，产生过氧化氢（H_2O_2）、丙二醛（MDA）及羟基自由基（·OH）等，如若 ROS 不能及时被清除，则会导致细胞膜系统损伤和膜脂过氧化，细胞快速脱水而死亡。研究发现，外源镉胁迫后叶片中 H_2O_2 含量（图 4-34A）显著增长，为32.6%～58.9%，而 MDA 含量（图 4-34B）则显著下降，为 25.9%～31.3%（$P<0.05$）。但在根系中其含量变化与叶片表现不同，M_{100} 处理刺激了 H_2O_2 的产生，较 M_0 提高，为 143.50%；而与 NM_0 相比，NM_{100} 处理中 H_2O_2 含量变化较小。与 H_2O_2 表现不同的是外源镉诱导根系中 MDA 产生，其含量较对照提高，为6.5%～44.5%。镉胁迫条件下，磁化处理叶片和根系中 H_2O_2 和 MDA 含量均表现为不同幅度的提高，与对照相比（NM_0、NM_{100}），叶片和根系中 H_2O_2 含量提高比例为 6.9%～174.3%，MDA 含量提高比例为 2.6%～39.2%，其中，磁化处理后 H_2O_2 和 MDA 在根系中大量产生，含量平均提高比例为 92.2% 和 20.9%。可见，100 $\mu mol \cdot L^{-1} Cd (NO_3)_2 \cdot 4H_2O$ 胁迫 30 d 后，磁化处理的杨树叶片和根系中产生大量 H_2O_2，同时 MDA 含量有所增加，二者均高于非磁化处理，且叶片平均值（6 111.1和23.6 nmol·g^{-1} FW）高于根系（4 882.3 和 12.6 nmol·g^{-1} FW），这与外源添加 $CaCl_2$ 降低镉胁迫中洋甘菊（*Matricaria chamomilla*）H_2O_2 和 MDA 含量的研究结果不同（Farzadfar et al.，2013）。

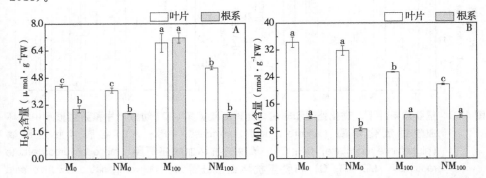

图 4-34　镉胁迫条件下，磁化与非磁化处理后欧美杨 I-107 幼嫩叶片和新生根系中过氧化氢（hydrogen peroxide，H_2O_2；A）和丙二醛（malonaldehyde，MDA；B）含量变化

注：NM_0 为非磁化灌溉处理，M_0 为磁化灌溉处理，M_{100} 为磁化＋100 $\mu mol \cdot L^{-1} Cd (NO_3)_2 \cdot 4H_2O$ 灌溉处理，NM_{100} 为非磁化＋100 $\mu mol \cdot L^{-1} Cd (NO_3)_2 \cdot 4H_2O$ 灌溉处理。各处理间数据为 3 次测定平均数±标准差，不同小写字母表示各处理间差异显著（$P<0.05$）。

五、磁化水灌溉对镉胁迫下杨树内源激素含量的影响

植物内源激素作为一类重要的代谢产物，在植物生长发育、新陈代谢、应激反应等方面扮演着重要角色。研究发现，添加镉源后，叶片 IAA 和 GA_3 含量（图 4-35A，C）经 M_{100} 处理后较 M_0 显著提高，为 79.8％和 3.2％；而二者含量经 NM_{100} 处理后较 NM_0 下降，为 8.47％和 12.32％；镉胁迫后（M_{100} 和 NM_{100}），叶片中 ABA 和 ZR 含量（图 4-35B，D）较对照处理升高，为 3.2％～34.0％；且 ABA 含量增幅最大，平均为 33.3％。与 M_0 相比，根系中 IAA 和 ZR 含量在 M_{100} 处理中增长，为 6.1％和 156.4％；而 NM_{100} 表现为相反的变化趋势，其含量较 NM_0 降低，为 22.3％和 4.7％；镉胁迫后 ABA 和 GA_3 含量则较非镉处理降低，为 11.3％～45.8％。而磁化处理诱导镉胁迫后叶片中 IAA、ABA、ZR 及 GA_3 等内源激素水平大致呈降低的变化趋势，降低比例为 19.7％～94.9％，

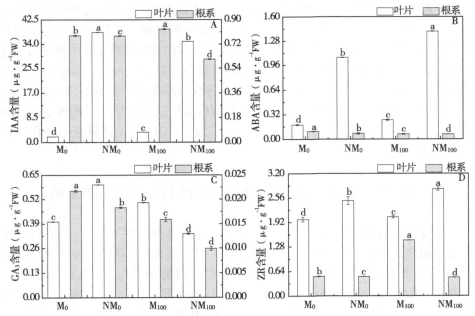

图 4-35　镉胁迫条件下，磁化和非磁化处理后欧美杨 I-107 幼嫩叶片和新生根系中生长素吲哚乙酸（indole-3-acetic acid，IAA；A）、脱落酸（abscisic acid，ABA；B）、赤霉素（gibberellin，GA_3；C）及玉米素核苷（zeatin riboside，ZR；D）等内源激素水平变化

注：NM_0 为非磁化灌溉处理，M_0 为磁化灌溉处理，M_{100} 为磁化＋100 $\mu mol \cdot L^{-1}$ Cd（NO_3）$_2 \cdot$ $4H_2O$ 灌溉处理，NM_{100} 为非磁化＋100 $\mu mol \cdot L^{-1}$ Cd（NO_3）$_2 \cdot 4H_2O$ 灌溉处理。各处理间数据为 3 次测定平均数±标准差，不同小写字母表示各处理间差异显著（$P < 0.05$）。

且 IAA 含量降低比例最高，平均为 93.3%，其次是 ABA，平均为 82.4%。根系中 4 种激素水平变化趋势与叶片相反，磁化处理后内源激素水平较非磁化处理相比均提高，为 0.3%～202.0%，且 M_{100} 处理中激素水平显著增长，平均为 74.9%。可见，外源镉添加后，杨树叶片中 IAA、ABA、GA_3 和 ZR 等激素含量随 S/R 的升高而总体表现为降低的变化趋势，与 $CdSO_4$ 胁迫促进油菜（*Brassica napus* L.）叶片 ABA 和 ZR 含量累积的研究结果相似（Yan et al.，2015），这说明杨树可通过调节不同种类内源激素含量的积累以适应镉胁迫。镉胁迫下，磁化作用抑制了叶片中 IAA、ABA、GA_3 和 ZR 等激素含量的累积，推断这是因为 100 $\mu mol \cdot L^{-1}$ Cd $(NO_3)_2$ 添加后，受磁化作用影响根部到地上部的镉转运速率提高，由于叶片中镉浓度升高而抑制了 GA_3 的合成，导致吲哚乙酸氧化酶（indoleacetic acid oxidase，IAAO）活性增加，且磁化作用加速了 IAAO 对 IAA 的降解作用，减少了 IAA 合成前体以及游离型 IAA 含量，进而抑制了 IAA 含量；受磁化作用影响，由根系向叶片转运的镉浓度提高，导致叶片中细胞分裂素氧化酶的活性提高，此为造成 ZR 失活且含量降低的重要途径（Thomas et al.，2010）。与叶片表现趋势不同的是，磁化作用促进了根系中 IAA、GA_3、ZR 和 ABA 等激素含量的合成，同时镉浓度在根系中表现为大量富集，平均为叶片的 12 倍左右，这与镉胁迫提高大麦（*Hordeum vulgare*）和马铃薯（*Solanum tuberosum*）根部 IAA、ABA 等含量的研究结果相似（Tamás et al.，2012），由此可见，镉胁迫和磁化作用下杨树根系中逆境胁迫信号出现较早，利于迅速应对外源镉胁迫，且通过调控 GA_3、ZR 和 ABA 等内源激素水平以提高植株代谢强度。

六、磁化水灌溉对镉胁迫下杨树非酶抗氧化物比值的影响

通过对杨树叶片中非酶抗氧化物比值的计算发现（图 4-36），与非镉处理相比，镉胁迫条件下，除 AsA/DHA 外（图 4-36A），GSH/GSSG 和 AsA/GSH 均呈下降趋势（图 4-36B，C）。其中，镉胁迫 M_{100} 处理与 M_0 相比，AsA/DHA 升高 33.18%；GSH/GSSG 和 AsA/GSH 分别下降 41.05% 和 34.59%。镉胁迫 NM_{100} 与 NM_0 相比，AsA/DHA、GSH/GSSG 和 AsA/GSH 均呈下降趋势，分别为 62.91%、66.56% 和 39.52%。但磁化处理中 AsA/DHA、GSH/GSSG 和 AsA/GSH 均降低。M_0 较 NM_0 分别降低 82.20%、50.58% 和 36.43%；M_{100} 较 NM_{100} 分别降低 36.08%、12.86% 和 31.25%。根系中非酶抗氧化物比值变化与叶片相似，镉胁迫后除 AsA/DHA（图 4-36A）外，GSH/GSSG 和 AsA/GSH 均降低（图 4-36B，C）。其中 M_{100} 与 M_0 相比，

AsA/DHA 无明显变化，GSH/GSSG 和 AsA/GSH 则降低，分别为 15.31%
和 10.70%。NM_{100} 与 NM_0 相比，AsA/DHA 升高，为 35.41%；GSH/GSSG
和 AsA/GSH 均降低，分别为 41.13% 和 48.70%。受磁化作用影响，除
AsA/DHA 外，GSH/GSSG 和 AsA/GSH 二者比值均降低。其中 M_0 与 NM_0
相比，AsA/DHA 提高，为 13.28%；GSH/GSSG 和 AsA/GSH 则降低，分
别为 52.76% 和 53.53%；与 NM_{100} 相比，M_{100} 处理中 AsA/DHA、GSH/GSSG
和 AsA/GSH 三者比值均降低，分别为 16.52%、32.04% 和 24.28%。另外，磁
化作用下叶片中 APX 活性高于根系，而 AsA 在叶片中含量的降低以及 GSH 含
量的提高，表示磁化作用刺激叶片中 APX 活性的增加并可消耗更多 AsA，使产
物 DHA 和 GSSG 含量不断增加，而导致 AsA/DHA 和 GSH/GSSG 下降，与
Shan 等（2014）发现 H_2S 可提高低温胁迫下甜樱桃（*Prunus avium* L.）DHA
和 GSSG 合成量，降低 AsA/DHA、GSH/GSSG 和 ASA/GSH 比值的研究结果

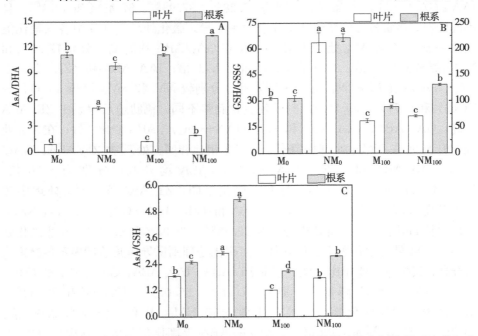

图 4-36　镉胁迫条件下，磁化与非磁化处理后欧美杨 I-107 幼嫩叶片和新生根系中抗坏血
　　　　　酸/脱氢抗坏血酸（AsA/DHA，A）、还原型谷胱甘肽/氧化型谷胱甘肽（GSH/
　　　　　GSSG，B）、抗坏血酸/还原型谷胱甘肽（AsA/GSH，C）比值变化

　　注：NM_0 为非磁化灌溉处理，M_0 为磁化灌溉处理，M_{100} 为磁化＋100 $\mu mol \cdot L^{-1}Cd\,(NO_3)_2 \cdot$
$4H_2O$ 灌溉处理，NM_{100} 为非磁化＋100 $\mu mol \cdot L^{-1}Cd\,(NO_3)_2 \cdot 4H_2O$ 灌溉处理。各处理间数据为 3
次测定平均数±标准差，不同小写字母表示各处理间差异显著（$P<0.05$）。

一致；同时 GSH 累积则可维持足量的 DHA 的反应底物；这说明磁化作用可保证 AsA-GSH 循环代谢的正常运转，提高 ROS 的清除能力，缓解镉胁迫对植株造成的氧化胁迫（Allen et al.，1997）。

七、磁化水灌溉对镉胁迫下杨树内源激素比值的影响

由图 4-37 可以看出，不同处理间叶片各内源激素比值变化不同，ZR/ABA 和 GA_3/ABA 二者比值降低；IAA/ABA 和（$ZR+IAA+GA_3$）$/ABA$ 在非镉胁迫条件下升高，而在镉胁迫条件下降低。与 M_0 相比，M_{100} 处理中 ZR/ABA 和 GA_3/ABA 降低，分别为 23.01% 和 6.54%；IAA/ABA 和（$ZR+IAA+GA_3$）$/ABA$ 与之变化不同，其比值在 M_{100} 处理中升高，分别为 34.21% 和 4.21%；与 M_{100} 变化不同，NM_{100} 与 NM_0 相比，ZR/ABA 和 GA_3/ABA、IAA/ABA 和（$ZR+IAA+GA_3$）$/ABA$ 均降低，分别为 15.38%、37.93%、57.45% 和 4.73%，且不同处理间激素各比值变化均呈显著水平差异。磁化处理后叶片中各激素比值变化一致。M_0 和 M_{100} 处理中 ZR/ABA 和 GA_3/ABA 均升高，分别较 NM_0 和 NM_{100} 提高了 3.58 倍、3.16 倍和 2.82 倍、7.40 倍；IAA/ABA 和（$ZR+IAA+GA_3$）$/ABA$ 在 M_0 和 M_{100} 处理中则降低，分别较 NM_0 和 NM_{100} 降低 43.11%～73.69% 和 9.77%～39.80%。与叶片变化趋势不同，镉胁迫后根系中 ZR/ABA 升高，GA_3/ABA、IAA/ABA 和（$ZR+IAA+GA_3$）$/ABA$ 变化一致，在 M_{100} 处理中升高而在 NM_{100} 处理中降低。与 M_0 相比，M_{100} 处理中 ZR/ABA、GA_3/ABA、IAA/ABA 和（$ZR+IAA+GA_3$）$/ABA$ 均升高，分别为 4.56 倍、61.50%、11.16% 和 1.67 倍。与 M_{100} 变化不同，ZT/ABA 在 NM_{100} 处理中较 NM_0 升高 7.37%；IAA/ABA、GA_3/ABA 和（$ZR+IAA+GA_3$）$/ABA$ 在 NM_{100} 处理中较 NM_0 降低，下降比例分别为 12.48%、39.02% 和 4.66%。与非磁化处理相比，M_0 处理中各激素比值降低，而磁化处理则诱导镉胁迫后根系各激素比值升高。其中与 NM_0 相比，M_0 处理中 ZT/ABA、IAA/ABA、GA_3/ABA 和（$ZR+IAA+GA_3$）$/ABA$ 降低，分别为 25.91%、26.08%、12.60% 和 25.82%；M_{100} 处理与 M_0 变化相反，4 个比值均较 NM_{100} 升高，分别为 2.00 倍、36.40%、59.33% 和 1.09 倍，其中 ZR/ABA 提高比例最大，其次为（$ZR+IAA+GA_3$）$/ABA$。

综上所述，镉胁迫后，受磁化作用影响，叶片和根系中 IAA/ABA（图 4-37A）比值总体下降，但 ZR/ABA 和 GA_3/ABA（图 4-37B，C）二者比值大致升高。由此可见，磁化处理后由于根系中镉浓度的大幅提高，磁化作用相对降低了 IAA 和 ABA 的合成，促进了 ZR 和 GA_3 的生物活性，这有利于维持镉胁迫环

境中杨树幼苗生长；磁化作用维持了较高的 GA_3 和 ZR 活性，则表示磁化作用可改变镉胁迫环境中杨树 GA_3 和 ZR 在根系和叶片中的分配，不仅可促进细胞分裂、促进细胞伸长和增大（Buchanan et al.，2002），还可调节自身的激素平衡；而磁化作用下较高浓度的 IAA 则可缓解镉胁迫引起的 H_2O_2 积累，且可通过 IAA 信号通路的参与刺激解毒酶的活化，以缓解镉诱导的氧化应激反应（Zhu et al.，2013）。研究发现，镉胁迫后磁化作用抑制了杨树叶片中（GA_3＋IAA＋ZR）/ABA 的比值（图 4-37D），但其比值在根系中则有所提高，这表示磁化作用在提高杨树镉富集效率的同时，可在一定程度上维持杨树激素间的浓度平衡。Stroiński 等（2012）和 Haywar 等（2013）发现 ABA 可增强马铃薯（*Solanum tuberosum*）根部螯合肽合成酶（PCS）活性 StPCS1 的转录水平、NCED1 及 b-ZIP 基因的表达，以缓解镉毒害作用；而磁化作用提高了 ABA

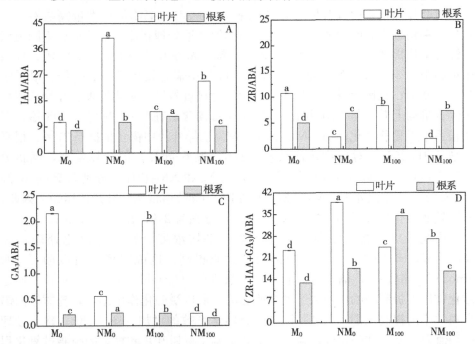

图 4-37　镉胁迫条件下，磁化与非磁化处理后欧美杨 I-107 叶片和根系中吲哚乙酸/脱落酸（IAA/ABA，A）、玉米素/脱落酸（ZR/ABA，B）、赤霉素/脱落酸（GA_3/ABA，C）和（玉米素＋吲哚乙酸＋赤霉素）/脱落酸（（GA_3＋IAA＋ZR）/ABA，D）比值变化

注：NM_0 为非磁化灌溉处理，M_0 为磁化灌溉处理，M_{100} 为磁化＋100 $\mu mol \cdot L^{-1} Cd (NO_3)_2 \cdot 4H_2O$ 灌溉处理，NM_{100} 为非磁化＋100 $\mu mol \cdot L^{-1} Cd (NO_3)_2 \cdot 4H_2O$ 灌溉处理。各处理间数据为 3 次测定平均数±标准差，不同小写字母表示各处理间差异显著（$P<0.05$）。

的累积，这对缓解镉毒害具有重要意义。Bai 等（2007）发现水分胁迫可促进 ABA 的合成，通过诱导根细胞内 H_2O_2 的产生，调控 $OX11$ 的表达以促进根毛的形成和发育，进而促进根系对环境水分的吸收，而 H_2O_2 还可有效介导 GA 诱导的根的向地性反应，并影响根毛的生长和发育，因而根中 H_2O_2 的积累是必需的（Foreman et al.，2012）。但磁化作用诱导根系在镉胁迫环境中大量产生 H_2O_2，这种在镉胁迫条件下，磁化作用对 H_2O_2 与 ABA 调控、H_2O_2 与 GA_3 介导之间的关系以及 H_2O_2 如何参与 ABA 调控根系发育过程等有待进一步研究。

八、磁化水灌溉对不同组织镉累积及生物转运系数的影响

对叶片和根系中镉含量的测定发现（图 4-38），镉添加后大量镉在根系中富集，平均浓度为叶片的 19.34 倍。与非镉胁迫处理相比，镉胁迫后不同组织中镉含量均提高，其中 M_{100} 与 M_0 相比，镉含量在叶片中提高 32.29 倍、根系中提高 104.35 倍；NM_{100} 与 NM_0 相比，叶片中镉含量提高 49.55 倍、根系中为 96.20 倍；且镉含量在叶片和根系中均为显著差异。磁化处理后叶片和根系中镉含量均上升。与 NM_0 相比，M_0 处理后镉含量在叶片中提高 1.08 倍，但在根系中无显著变化；与 NM_{100} 相比，M_{100} 诱导叶片中镉含量提高 37%、根系中增长 15.28%。对生物转运系数（S/R，根系-叶片）的计算发现，镉胁迫（M_{100} 和 NM_{100}）降低了生物转运系数，与 M_0 和 NM_0 相比，分别降低 84.84% 和 48.07%。磁化处理（M_0 和 M_{100}）加速了 Cd^{2+} 由根系向叶片的运输，因此，S/R 较非磁化处理提高（NM_0 和 NM_{100}），分别为 2.97 倍和 19.54%。

由此看出，磁化处理中叶片和根系平均浓度分别较非磁化处理提高 38.66% 和 15.19%，且根系中镉浓度大幅提高；这说明杨树可以耐受 100 $\mu mol \cdot L^{-1}$ 镉胁迫；镉本身具有较强的移动性（Cataldo et al.，1983），加之磁化作用可提高植物体对离子的吸收速率，所以受磁化作用影响，杨树体内镉富集效率的提高（图 4-38A）以及生物转运系数的增加（图 4-38B；磁化处理平均值为 0.20，非磁化处理为 0.068），加剧了杨树叶片和根系的膜脂过氧化程度。但是通过对叶片和根系组织 ATPase 酶总活性的测定发现，磁化处理维持了较高的 ATPase 酶活性（28.71%～704.24%），尤其是根系中 ATPase 酶总活性是非磁化处理的 7 倍，这说明磁化作用可通过提高根系 ATPase 酶活性水解产生大量质子并泵出细胞质，以提高溶质次级跨膜转运速率（Cui et al.，2010），同时其活性的提高可以更好地控制细胞内行使第二信使功能的 Ca^{2+} 的分布和浓度，这不仅有利于维持细胞膜的完整性以减轻膜脂过氧化，而且对杨树在镉胁迫环

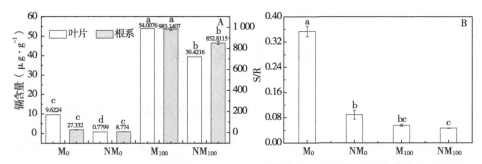

图 4-38　镉胁迫条件下，磁化与非磁化处理后欧美杨 I-107 幼嫩叶片和新生根系中镉（cadmium, Cd; A）含量和根系-叶片的生物转运系数（biological transfer coefficient of Cd from roots to leaves, S/R; B）的变化

注：NM_0 为非磁化灌溉处理，M_0 为磁化灌溉处理，M_{100} 为磁化＋100 $\mu mol \cdot L^{-1}$ Cd $(NO_3)_2 \cdot 4H_2O$ 灌溉处理，NM_{100} 为非磁化＋100 $\mu mol \cdot L^{-1}$ Cd $(NO_3)_2 \cdot 4H_2O$ 灌溉处理。各处理间数据为 3 次测定平均数±标准差，不同小写字母表示各处理间差异显著（$P < 0.05$）。

境中的存活起主要调节作用（Ahn et al., 2000）。

九、小结

通过分析镉胁迫条件下磁化作用对 AsA-GSH 循环系统和内源激素的影响发现：

（1）100 $\mu mol \cdot L^{-1}$ Cd $(NO_3)_2$ 添加后，磁化作用促进了欧美杨 I-107 根系对镉的吸收以及镉由根部向地上部（叶片）的转运，即根系为杨树富集镉最多的器官，而随着 S/R 的提高，镉被转运到地上部分器官（叶片），并刺激了 H_2O_2 和 MDA 的大量产生。

（2）磁化处理可通过调节非酶抗氧化物的水平以及抗氧化酶的活性以适应镉胁迫环境，加速了 AsA 和 APX 的消耗，建立了过氧化物的产生与清除的平衡关系；促进了 DHA 和 GSH 的合成，使 AsA-GSH 循环能够快速有效地运转，从而降低镉胁迫对杨树幼苗的伤害程度。

（3）100 $\mu mol \cdot L^{-1}$ Cd $(NO_3)_2$ 胁迫环境中，磁化作用抑制了叶片中 IAA、GA_3、ABA 和 ZR 等内源激素的积累，却促进了根系中 IAA、GA_3、ABA 和 ZR 等含量的累积；并通过调节叶片和根系中各激素比值，使杨树幼苗适应镉胁迫环境；且根系中激素水平的表达在杨树抗氧化系统调控中占主导地位。

（4）镉胁迫后，磁化作用刺激 ATPase 酶总活性的提高，有利于维持细胞膜的完整性以减轻膜脂过氧化，提高杨树对镉胁迫环境的适应性，这为欧美杨 I-107 在土壤镉污染地区的栽培提供了可能性。

参 考 文 献

宝乐，刘艳红，2009. 东灵山地区不同森林群落叶功能性状比较[J].生态学报，29（7）：3692-3703.

卜东升，奉文贵，蔡利华，等，2010. 磁化水膜下滴灌对新疆棉田土壤脱盐效果的影响[J].农业工程学报，26（2）：163-166.

曹帮华，扈红军，张大鹏，等，2008. 桑树硬枝扦插生根能力及其生根关联酶活性的研究[J].蚕业科学，34（1）：96-100.

陈颖，刘柿良，杨容子，等，2015. 镉胁迫对龙葵生长、质膜 ATP 酶活性及氮磷钾吸收的影响[J].应用与环境生物学报，21（1）：121-128.

陈海波，卫星，王婧，等，2010. 水曲柳苗木根系形态和解剖结构对不同氮浓度的反应[J].林业科学，46（2）：61-66.

陈松河，黄全能，马丽娟，等，2014. NaCl 胁迫对土壤成分含量的影响[J].中国农学通报（15）：136-140.

陈竹君，王易权，周建斌，等，2007. 日光温室栽培对土壤养分累积及交换性养分含量和比例的影响[J].水土保持学报，21（1）：5-8，43.

陈胜文，刘士哲，肖英银，等，2008. 磁化水对番茄种子萌发及幼苗生长的影响[J].广西园艺，19（3）：3-5.

陈强，刘世琦，张自坤，等，2009. 不同 LED 光源对番茄果实转色期品质的影响[J].农业工程学报，25（5）：156-161.

陈根云，俞冠路，陈悦，等，2006. 光合作用对光和二氧化碳响应的观测方法探讨[J].植物生理与分子生物学学报，32（6）：691-696.

陈良华，徐睿，杨万勤，等，2015. 镉污染条件下香樟和油樟对镉的吸收能力和耐性差异[J].生态环境学报，24（2）：316-322.

程中倩，李国雷，2016. 氮肥和容器深度对栓皮栎容器苗生长、根系结构及养分贮存的影响[J].林业科学，52（4）：21-29.

程昕昕，周毅，刘正，2013. 甜玉米种子萌发过程中糖类物质转化动态变化分析[J].种子，32（3）：10-13.

戴前莉，李金花，胡建军，等，2017. 增施铁对镉胁迫下柳树生长及光合生理性能的改善[J].南京林业大学学报：自然科学版，41（2）：63-72.

丁振瑞，赵亚军，陈凤玲，等，2011. 磁化水的磁化机理研究[J].物理学报，60（6）：432-439.

董胜君，刘明国，戴菲，等，2012. 2 种激素处理的山杏插穗生根过程中营养物质及酶活性的变化[J].西部林业科学（6）：26-30.

马武功，和文祥，侯琳，等，2017. 红桦林土壤细菌群落剖面分布特征及其影响因素[J]．环境科学，38（7）：3010-3019.

段瑞军，吴朝波，王蕾，等，2016. 镉胁迫对海雀稗脯氨酸、可溶性糖和叶绿素含量及氮、磷、钾吸收的影响[J]．江苏农业学报，32（2）：357-361.

付喜玲，郭先锋，康晓飞，等，2009. IBA 对芍药扦插生根的影响及生根过程中相关酶活性的变化[J]．园艺学报（6）：849-854.

高柱，严毅，伍建榕，等，2012. 3 种配方处理对吉贝插穗生根及保护酶系统的影响[J]．江西农业大学学报，34（3）：528-532.

高丽松，2002. 生物磁学与生活[J]．广东教育学院学报（2）：52-56.

郭山，桂恒俊，陈翮，等，2018. 凤眼莲根际耐 Cd、Zn 细菌的分离鉴定及对 Cd、Zn 去除效果研究[J]．农业环境科学学报，37（3）：530-537.

郭英超，杜克久，贾哲，2012. 兴安圆柏扦插生根过程中相关内源激素特征分析[J]．中国农学通报，28（1）：44-48.

葛顺峰，姜远茂，魏绍冲，等，2011. 不同供氮水平下幼龄苹果园氮素去向初探[J]．植物营养与肥料学报，17（4）：950-956.

郭继勋，姜世成，林海俊，等，1997. 不同草原植被碱化草甸土的酶活性[J]．应用生态学报，8（4）：412-416.

顾继光，林秋奇，胡韧，等，2004. 磁处理土壤对油菜品质的影响及土壤健康质量指示[J]．生态科学，23（3）：193-195.

龚富生，刘亚丽，刘萍，等，1994. 磁水对玉米幼苗生理生化效应的初步研究[J]．河南师范大学学报：自然科学版，22（1）：66-68.

关松荫，孟昭鹏，1986. 不同垦殖年限黑土农化性状与酶活性的变化[J]．土壤通报（4）：157-159.

哈特曼，凯斯特，1985. 植物繁殖原理与技术[M]．北京：中国林业出版社．

韩佩来，王少鸥，沈建英，等，2004. 磁化水灌溉番茄的效果研究[J]．上海农业学报，20（4）：50-52.

韩惠芳，宁堂原，李增嘉，等，2011. 保护性耕作和杂草管理对冬小麦农田土壤水分及有机碳的影响[J]．应用生态学报，22（11）：1183-1188.

韩彪，陈国祥，高志萍，等，2010. 银杏叶片衰老过程中 PSII 荧光动力学特性变化[J]．园艺学报，37（2）：173-178.

韩良敏，冯毅，2010. 磁场抑垢的影响因素与机理研究[J]．给水排水增刊（36）：378-380.

郝晋珉，魏小静，牛灵安，1997. 盐渍土利用过程中土壤磷素的累积与利用[J]．中国农业大学学报（3）：69-72.

何媛，罗明，李卫军，等，2014. 磁化水处理对苜蓿根瘤菌生长和结瘤固氮的影响[J]．草地学报，22（6）：1295-1300.

何士敏，李盛贤，王鑫，2000. 磁化水对甜菜种子萌发期和幼苗期体内几种酶活性的影响[J]．中国甜菜糖业（2）：5-7.

胡荣桂，李玉林，彭佩钦，等，1990. 重金属镉、铅对土壤生化活性影响的初步研究[J].
　农业环境科学学报（4）：6-9.

黄志玲，郝海坤，曹艳云，等，2015. 红锥扦插生根过程中内源激素的变化[J]. 中南林业
　科技大学学报（2）：22-25.

黄卓烈，李明，詹福建，等，2002. 不同生长素处理对桉树无性系插条氧化酶活性影响的
　比较研究[J]. 林业科学，38（4）：46-52.

扈红军，曹帮华，尹伟伦，等，2008. 榛子嫩枝扦插生根相关氧化酶活性变化及繁殖技术
　[J]. 林业科学（6）：60-65.

靳正忠，雷加强，徐新文，等，2008. 沙漠腹地咸水滴灌林地土壤养分、微生物量和酶活性
　的典型相关关系[J]. 土壤学报，45（6）：1119-1127.

剧成欣，周著彪，赵步洪，等，2018. 不同氮敏感性粳稻品种的氮代谢与光合特性比较
　[J]. 作物学报，44（3）：405-413.

姜勇，庄秋丽，张玉革，等，2008. 东北玉米带农田土壤磷素分布特征[J]. 应用生态学报
　（9）：1931-1936.

姜勇，张玉革，梁文举，2005. 温室蔬菜栽培对土壤交换性盐基离子组成的影响[J]. 水土
　保持学报，19（6）：78-81.

江伟，于小飞，田永兰，等，2018. 镉污染对文冠果土壤微生物的影响[J]. 江苏农业科
　学，46（6）：228-231.

寇晓虹，王文生，吴彩娥，等，2000. 鲜枣冷藏过程中生理生化变化的研究[J]. 中国农业
　科学，33（6）：44-49.

龚富生，刘亚丽，刘萍，等，1994. 磁化水对玉米幼苗生理生化效应的初步研究[J]. 河南
　师范大学学报（自然科学版）（1）：66-68.

柯文山，熊治廷，柯世省，等，2007. 两个海州香薷种群根对 Cu 的吸收及 Cu 诱导的 ATP
　酶活性差异[J]. 环境科学学报，27（7）：1214-1221.

孔祥生，易现峰，2008. 植物生理学实验技术 [M]. 北京：中国农业出版社.

冷轩，王专，翁羽翔，2016. 光合捕光天线系统的进化模式与能量传递[J]. 植物生理学
　报，52（11）：1681-1691.

栗杰，依艳丽，贺忠科，等，2009. 磁处理棕壤对土壤中几种细菌的影响[J]. 土壤通报，
　40（6）：1262-1265.

李夏，乔木，周生斌，2017. 磁化咸水灌溉对棉田土壤脱盐效果及棉花产量的影响[J]. 干
　旱区研究，34（2）：431-436.

李虹颖，苏彦华，2012. 镉对籽粒苋耐性生理及营养元素吸收积累的影响[J]. 生态环境学
　报，21（2）：308-313.

李旭新，刘炳响，郭智涛，等，2013. NaCl 胁迫下黄连木叶片光合特性及快速叶绿素荧光
　诱导动力学曲线的变化[J]. 应用生态学报，24（9）：2479-2484.

李学孚，倪智敏，吴月燕，等，2015. 盐胁迫对'鄞红'葡萄光合特性及叶片细胞结构的
　影响[J]. 生态学报，35（13）：4436-4444.

李宝珍，范晓荣，徐国华，2009. 植物吸收利用铵态氮和硝态氮的分子调控[J]. 植物生理学报，45 (1)：80-88.

李耕，张善平，刘鹏，等，2011. 镉对玉米叶片光系统活性的影响[J]. 中国农业科学，44 (15)：3118-3126.

李玲，仇少君，陈印平，等，2014. 黄河三角洲区土壤活性氮对盐分含量的响应[J]. 环境科学，35 (6)：2358-2364.

李鹏民，高辉远，Strasser R J，2005. 快速叶绿素荧光诱导动力学分析在光合作用研究中的应用[J]. 植物生理与分子生物学学报，31 (6)：559-566.

栗杰，焦颖，依艳丽，等，2007. 磁场对棕壤过氧化氢酶和过氧化物酶活性的影响[J]. 沈阳农业大学学报，38 (1)：70-74.

梁佩玉，谭永洁，陈丽君，等，2012. 土壤中无机钠盐对不同形态 Cu 含量的影响[J]. 环境污染与防治，34 (6)：1-4.

柳士鑫，2007. 磁化水性质的变化对蛋白质分子和大肠杆菌蛋白质的影响 [D]. 天津：天津大学.

刘亚丽，岳树松，刘凌，等，2002. 磁化水对农作物的生理生化效应[J]. 河南师范大学学报，30 (3)：82-84.

刘晓红，刘波，时述有，2007. 磁化水在草莓试管苗出瓶种植中应用[J]. 安徽农业科学，35 (27)：8544-8549.

刘钧珂，2008. 吲哚丁酸对金钱树叶片扦插生根的影响[J]. 河南农业科学，37 (3)：82-83.

刘正祥，魏琦，张华新，2017. 盐胁迫对沙枣幼苗不同部位矿质元素含量的影响[J]. 生态学杂志，36 (12)：3501-3509.

刘正祥，张华新，杨秀艳，等，2014. NaCl 胁迫下沙枣幼苗生长和阳离子吸收、运输与分配特性[J]. 生态学报，34 (2)：326-336.

刘正祥，张华新，杨升，等，2014. NaCl 胁迫对沙枣幼苗生长和光合特性的影响[J]. 林业科学，50 (1)：32-40.

刘秀梅，郭建曜，朱红，等，2016. 磁化微咸水灌溉对欧美杨 I-107 离子稳态的影响[J]. 应用生态学报，27 (8)：2438-2444.

刘秀梅，王华田，王延平，等，2016. 磁化微咸水灌溉促进欧美杨 I-107 生长及其光合特性分析[J]. 农业工程学报，S1：1-7.

刘秀梅，毕思圣，张新宇，等，2017. 磁化微咸水灌溉对欧美杨 I-107 微量元素和碳氮磷养分特征的影响[J]. 生态学报，37 (20)：6691-6699.

刘阿梅，向言词，田代科，等，2013. 生物炭对植物生长发育及重金属镉污染吸收的影响[J]. 水土保持学报，27 (5)：193-198＋204.

刘晓军，王群，张云川，2004. 冬枣湿冷贮藏过程中生理生化变化的研究[J]. 农业工程学报，20 (1)：215-217.

刘仁道，黄仁华，吴世权，等，2009. '红阳'猕猴桃果实花青素含量变化及环剥和 ABA

对其形成的影响[J].园艺学报，36（6）：791-798.

林郑和，陈荣冰，郭少平，2010. 植物对缺磷的生理适应机制研究进展[J].作物杂志
（5）：5-9.

陆茜，罗明，董楠，等，2016. 磁化水处理对棉花枯萎、黄萎病菌的生物效应[J].新疆农
业大学学报，39（4）：296-291.

陆秀君，关欣，许有博，等，2008. 镉对刺槐幼苗生长和与渗透调节有关物质含量的影响
[J].中国土壤与肥料（6）：82-83.

路海玲，孟亚利，周玲玲，等，2011. 盐胁迫对棉田土壤微生物量和土壤养分的影响[J].
水土保持学报，25（1）：197-201.

鲁如坤，2000. 土壤农业化学分析方法［M］.北京：中国农业科技出版社.

马宇梅，2014. 不同浓度吲哚丁酸处理对蒙古栎幼苗生长的影响[J].河北林业科技（1）：
23-24.

平晓燕，周广胜，孙敬松，2010. 植物光合产物分配及其影响因子研究进展[J].植物生态
学报，34（1）：100-111.

祁通，孙阳迅，刘易，等，2015. 磁化微咸水对滴灌棉花生长及产量的影响[J].新疆农业
科学，52（7）：1322-1327.

钱雷晓，胡承孝，赵小虎，等，2015. 镉胁迫对不同基因型小白菜氮代谢和光合作用的影响
[J].华中农业大学学报（3）：13.

秦嗣军，吕德国，李作轩，等，2006. 樱桃根际土壤酶活性与土壤养分动态变化及其关系
研究[J].土壤通报，37（6）：1175-1178.

邱旭华，2009. 水稻代谢基础研究：谷氨酸脱氢酶作用的分子机理［D］.武汉：华中农业
大学.

任书杰，曹明奎，陶波，等，2006. 陆地生态系统氮状态对碳循环的限制作用研究进展
[J].地理科学进展，25（4）：58-67.

任江萍，陈焕丽，王振云，等，2007. 小麦穗发芽与籽粒内可溶性糖和 α-淀粉酶活性的品
种差异[J].西北农业学报，16（1）：22-25.

沙伟，刘焕婷，谭大海，等，2008. 低温胁迫对扎龙芦苇 SOD、POD 活性和可溶性蛋白含
量的影响[J].齐齐哈尔大学学报（自然科学版），24（2）：1-4.

石坚，徐睿，张健，等，2018. 4 种楝科树种幼苗对土壤镉污染的生长生理响应与镉富集特
征[J].四川农业大学学报，36（4）：472-480.

时萌，王芙蓉，王棚涛，2016. 植物响应重金属镉胁迫的耐性机理研究进展[J].生命科
学，28（4）：504-512.

师晨娟，刘勇，王春城，等，2006. 青海云杉扦插的年龄效应及其生根机理研究[J].西北
农林科技大学学报（自然科学版）（12）：101-104.

沈亮，陈君，刘赛，等，2015. 脱水胁迫和光合日变化对梭梭和白梭梭叶绿素荧光参数的
影响[J].应用生态学报，26（8）：1-8.

沈嵘，刘晓宇，张红晓，等，2010. Zn²⁺对高盐和紫外线胁迫条件下水稻根尖细胞程序性

死亡的影响[J].南京农业大学学报，33（2）：13-18.

史祥宾，杨阳，翟衡，等，2011.不同时期施用氮肥对巨峰葡萄氮素吸收、分配及利用的影响[J].植物营养与肥料学报，17（6）：1444-1450.

宋金耀，何文林，李松波，等，2001.毛白杨嵌合体扦插生根相关理化特性分析[J].林业科学（5）：64-67.

孙永健，孙园园，徐徽，等，2014.水氮管理模式对不同氮效率水稻氮素利用特性及产量的影响[J].作物学报（40）：1639-1649.

唐辉，李婷婷，沈朝华，等，2014.氮素形态对香榧苗期光合作用、主要元素吸收及氮代谢的影响[J].林业科学，50（10）：158-163.

田文勋，匡亚兰，梅泽沛，1989.磁化水对水稻秧苗素质的影响及其机理的研究[J].吉林农业科学（1）：20-24.

万晓，刘秀梅，王华田，等，2016.高矿化度灌溉水磁化处理对绒毛白蜡生理特性及生长的影响[J].林业科学（2）：120-126.

万雪琴，张帆，夏新莉，等，2008.镉处理对杨树光合作用及叶绿素荧光参数的影响[J].林业科学，44（6）：73-78.

王全九，许紫月，单鱼洋，等，2017.磁化微咸水矿化度对土壤水盐运移的影响[J].农业机械学报，48（7）：198-206.

王洪波，王成福，吴旭，等，2018.磁化水滴灌对土壤盐分水及玉米产量品质的影响[J].土壤，50（4）：762-768.

王岑涅，刘柿良，李勋，等，2017.镉胁迫对红椿（*Toona ciliate* Roem）幼苗生长及碳、氮、磷、钾累积与分配的影响[J].农业环境科学学报，36（8）：1492-1499.

王永江，张振臣，张丽芳，等，2004.百合组培快繁技术研究[J].河南农业科学，33（5）：55-58.

王宝山，邹琦，2000.NaCl胁迫对高粱根、叶鞘和叶片液泡膜 ATP 酶和焦磷酸酶活性的影响[J].植物生理与分子生物学学报，26（3）：181-188.

王艳红，杨小刚，2014.磁化水处理技术及其在农业上的应用[J].农业工程（5）：74-77.

王秀伟，贾桂梅，毛子军，等，2015.NaCl胁迫对3个杨树无性系幼苗生长和光合生理的影响[J].植物研究，35（1）：27-33.

王学奎，2006.植物生理生化实验原理与技术［M］.北京：高等教育出版社.

王树凤，胡韵雪，孙海菁，等，2014.盐胁迫对2种栎树苗期生长和根系生长发育的影响［J］.生态学报，34（4）：1021-1029.

王玲利，刘超，黄艳花，等，2014.'黄冠'梨采后热处理和钙处理对其钙形态及细胞壁物质代谢的影响[J].园艺学报，41（2）：249-258.

王绍强，于贵瑞，2008.生态系统碳氮磷元素的生态化学计量学特征[J].生态学报，28（8）：3937-3947.

王俊花，邵林生，宋敏丽，等，2006.磁化水对甜玉米增产效果的研究[J].玉米科学，14（3）：110-111.

王俊花，宋敏丽，邵林生，等，2006. 磁化水对黄瓜叶片氮磷钾钙镁含量的影响[J]. 中国农学通报，22（6）：221-223.

王俊花，樊敬前，邵林生，等，2006. 磁化水对黄瓜叶片微量元素含量的影响[J]. 植物生理科学，22（7）：290-293.

王晟强，郑子成，李廷轩，2013. 植茶年限对土壤团聚体氮、磷、钾含量变化的影响[J]. 植物营养与肥料学报，19（6）：1393-1402.

王伏伟，王晓波，李金才，等，2015. 施肥及秸秆还田对砂姜黑土细菌群落的影响[J]. 中国生态农业学报，23（10）：1302-1311.

王渌，郭建曜，刘秀梅，等，2018. 磁化水灌溉对盐渍化土壤生化性质的影响[J]. 核农学报，32（1）：150-156.

汪其同，高明宇，刘梦玲，等，2018. 杨树根际土碳氮磷生态化学计量特征与根序的相关性[J]. 应用与环境生物学报，24（1）：119-124.

汪新颖，周志霞，王玉莲，等，2016. 不同施肥深度红地球葡萄对 ^{15}N 的吸收、分配与利用特性[J]. 植物营养与肥料学报，22（3）：776-785.

汪晓峰，景新明，林坚，等，2001. 超干贮藏榆树种子萌发过程中 ATP 和可溶性糖含量的变化[J]. 植物生理学报，27（5）：413-418.

吴福忠，杨万勤，张健，等，2010. 镉胁迫对桂花生长和养分积累、分配与利用的影响[J]. 植物生态学报，34（10）：1220-1226.

吴晓卫，2015. 微生物菌肥改良渭北地区盐碱化土壤作用及效果研究[D]. 西安：西北大学.

吴晓卫，付瑞敏，郭彦钊，等，2015. 耐盐碱微生物复合菌剂的选育、复配及其对盐碱地的改良效果[J]. 江苏农业科学，43（6）：346-349.

武爱莲，丁玉川，焦晓燕，等，2016. 玉米秸秆生物炭对褐土微生物功能多样性及细菌群落的影响[J]. 中国生态农业学报，24（6）：736-743.

夏艳玲，依艳丽，刘孝义，1997. 磁场处理对土壤磷酸酶活性的影响[J]. 沈阳农业大学学报（4）：288-291.

肖关丽，杨清辉，李富生，2001. 甘蔗组培苗继代培养内源激素与绿苗生根率关系研究[J]. 云南农业大学学报，16（4）：271-273.

邢尚军，刘方春，杜振宇，等，2009. 采前钙处理对冬枣贮藏品质、钙形态及亚细胞分布的影响[J]. 食品科学，30（2）：235-239.

徐隆华，2014. 锌对盐胁迫下小麦幼苗生长的影响及其生理分子机理研究[D]. 西宁：青海师范大学.

徐伟忠，2006. 一叶成林+植物非试管克隆新技术[M]. 北京：台海出版社.

薛忠财，高辉远，柳洁，2011. 野生大豆和栽培大豆光合机构对 NaCl 胁迫的不同响应[J]. 生态学报，31（11）：3101-3109.

严昶升，1988. 土壤肥力研究方法[M]. 北京：中国农业出版社.

闫慧，吴茜，丁佳，等，2013. 不同降水及氮添加对浙江古田山 4 种树木幼苗光合生理生态特征与生物量的影响[J]. 生态学报，33（14）：4226-4236.

闫妍，李建平，赵志国，等，2008. 超富集植物对重金属耐受和富集机制的研究进展[J].
　广西植物，28（4）：505-510.

颜流水，朱元保，1996. 恒磁场影响固定化 α-淀粉酶催化活性的研究[J]. 科学通报（20）：
　1852-1854.

杨洪兵，韩振海，许雪峰，2004. 三种苹果属植物幼苗拒 Na^+ 机理的研究[J]. 园艺学报，
　31（2）：143-148.

杨秀艳，张华新，张丽，等，2013. NaCl 胁迫对唐古特白刺幼苗生长及离子吸收、运输与
　分配的影响[J]. 林业科学，49（9）：165-171.

依艳丽，刘孝义，2000. 土壤、生物磁学研究及应用[M]. 北京：中国农业出版社：
　131-149.

依艳丽，刘孝义，1994. 磁场对土壤理化和机械物理性状影响的研究[J]. 植物营养与肥料
　学报（1）：84-89.

依艳丽，庄杰，武丽艳，等，1991. 磁场对土壤理化性质的影响[J]. 中国农业科学，24
　（2）：119-26.

弋良朋，王祖伟，2011. 盐胁迫下 3 种滨海盐生植物的根系生长和分布[J]. 生态学报，31
　（5）：1195-1202.

营口市盐碱地利用研究所，1978. 磁化水改良盐碱土效果的研究[J]. 辽宁农业科学（4）：
　24-25.

於朝广，李颖，谢寅峰，等，2016. NaCl 胁迫对中山杉幼苗生长及离子吸收、运输和分配
　的影响[J]. 植物生理学报（9）：1379-1388.

赵黎明，顾春梅，王士强，等，2016. 日光温室下磁化水对水稻秧苗生长发育的影响[J].
　灌溉排水学报，35（12）：34-38.

赵旭，王林权，周春菊，等，2007. 盐胁迫对四种基因型冬小麦幼苗 Na^+、K^+ 吸收和累积
　的影响[J]. 生态学报，27（1）：205-212.

赵士诚，孙静文，王秀斌，等，2008. 镉对玉米苗中钙调蛋白含量和 Ca^{2+}-ATPase 活性的
　影响[J]. 植物营养与肥料学报（2）：264-271.

张吉先，卢升高，俞劲炎，2002. 土壤-植物系统的磁生物效应及其微观机制研究进展[J].
　土壤通报，33（1）：71-73.

张吉先，赵小敏，1998. 磁化尾矿影响作物生长的营养及其生化效应[J]. 江西农业大学学
　报，20（3）：402-406.

张吉先，俞劲炎，2000. 磁化粉煤灰对红壤呼吸作用和酶活性的影响[J]. 浙江大学学报
　（农业生命科学版），26（1）：101-102.

张瑞喜，王卫兵，褚贵新，2014. 磁化水在盐渍化土壤中的入渗和淋洗效应[J]. 中国农业
　科学，47（8）：1634-1641.

张富仓，张一平，白锦鳞，等，1992. 磁场对塿土理化性质影响的研究[J]. 西北农业学
　报，1（3）：46-48.

张参俊，尹洁，张长波，等，2015. 非选择性阳离子通道对水稻幼苗镉吸收转运特性的影

响[J].农业环境科学学报，34（6）：1028-1033.

张瑞喜，王卫兵，褚贵新，2014.磁化水在盐渍化土壤中的入渗和淋洗效应[J].中国农业科学，47（8）：1634-1641.

张佳，李海平，李灵芝，等，2018.磁化水灌溉对番茄生长及生理特性的影响[J].农业工程，8（1）：108-112.

张建民，韩晓弟，王刚，等，2002.不同浓度的磁化水浇灌番茄幼苗生理指标的研究[J].中国农学通报，18（3）：52-54.

张凤娟，胡艳飞，张瑞喜，等，2014.加工番茄生长、NPK营养及产量对磁化水滴灌的响应[J].农业工程，4（3）：140-144.

张立华，陈小兵，2015.盐碱地柽柳"盐岛"和"肥岛"效应及其碳氮磷生态化学计量学特征[J].应用生态学报，26（3）：653-658.

张营.2013.城市土壤-植物系统中融雪剂的污染行为及其生态学效应[D].长沙：湖南农业大学.

张营，李法云，范志平，等，2015.化学融雪剂NaCl和KCOOH对城市街道绿化土壤中重金属Pb和Cu迁移行为的影响[J].环境科学学报，35（5）：1498-1505.

张玉革，梁文举，姜勇，等，2008.不同利用方式对潮棕壤交换性钾钠及盐基总量的影响[J].土壤通报，39（4）：816-821.

张会慧，张秀丽，李鑫，等，2012.NaCl和Na_2CO_3胁迫对桑树幼苗生长和光合特性的影响[J].应用生态学报，23（3）：625-631.

张会慧，张秀丽，李鑫，等，2013.盐胁迫下桑树叶片D1蛋白周转和叶黄素循环对PSⅡ的影响[J].林业科学，49（1）：99-106.

张帆，万雪琴，王长亮，等，2011.镉胁迫下增施氮对杨树生长和光合特性的影响[J].四川农业大学学报，29（3）：317-321.

张希彪，上官周平，2006.黄土丘陵区油松人工林与天然林养分分布和生物循环比较[J].生态学报，26（2）：373-382.

张林海，曾从盛，胡伟芳，2017.氮输入对植物光合固碳的影响研究进展[J].生态学报，37（1）：147-155.

张玉琼，仲延龙，高翠云，等，2013.高效液相色谱法分离和测定小麦中的5种内源激素[J].色谱，31（8）：800-803.

章家恩，2007.生态学常用实验研究方法与技术[M].北京：化学工业出版社.

赵宗方，宋亭华，高红胜，1989.巨峰葡萄色素发育的若干规律[J].江苏农学院学报，10（4）：17-21.

赵乐辉，沈祥军，李莹莹，等，2018.磁化水灌溉对黄瓜生长 产量和品质的影响[J].现代农村科技，2018（1）：12-13.

赵云霞，于贤昌，李超汉，等，2010.高低温胁迫对番茄叶片抗坏血酸代谢系统的影响[J].山东农业科学（4）：22-26.

郑科，郎南军，曹福亮，等，2009.扦插技术研究解析[J].贵州农业科学，37（12）：

195-199.

周伟，吕腾飞，杨志平，等，2016. 氮肥种类及运筹技术调控土壤氮素损失的研究进展[J]. 应用生态学报，27（9）：3051-3058.

周胜，张瑞喜，褚贵新，等，2012. 磁化水在农业上的应用[J]. 农业工程，2（6）：44-48.

朱练峰，张均华，禹盛苗，等，2014. 磁化水灌溉促进水稻生长发育提高产量和品质[J]. 农业工程学报，30（19）：107-114.

朱磊，王颖，张桂芳，等，2015. 磁化水对豆类芽菜生长过程中维生素 C 含量影响[J]. 黑龙江八一农垦大学学报（5）：74-77.

Abd-ElBaki G K, Siefritz F, Man H M, et al., 2000. Nitrate reductase in *Zea mays* L. under salinity [J]. Plant Cell Environment, 23：515-21.

Abdel T R S, Younes M A, Ibrahim A M, et al., 2011. Testing commercial water magnetizers: a study of TDS and pH [C]. Alexandria (Egypt), 31 March-2 April: 15th International Water Technology Conference (IWTC-15): 146-155.

Aguilar C H, Dominguez-Pacheco A, Carballo A C, et al., 2009. Alternating magnetic field irradiation effects on the three genotype maize seed field performance [J]. Acta Agrophysica, 14 (1): 7-17.

Ahmad P, Ahanger M A, Alyemeni M N, et al., 2018. Exogenous application of nitric oxide modulates osmolyte metabolism, antioxidants, enzymes of ascorbate-glutathione cycle and promotes growth under cadmium stress in tomato [J]. Protoplasma, 255: 79-93.

Ahmad P, Abdel Latef A A, Hashem A, et al., 2016. Nitric oxide mitigates salt stress by regulating levels of osmolytes and antioxidant enzymes in chickpea [J]. Frontier Plant Science, 7: 347.

Ahn S J, Im Y J, Chung G C, et al., 2000. Sensitivity of plasma membrane H^+-ATPase of cucumber root system in response to low root temperature [J]. Plant Cell Reports, 19 (8): 831-835.

Aladjadjiyan A, 2002. Study of the influence of magnetic field on some biological characteristics of *Zea mays* [J]. Journal of Central European Agriculture, 3 (2): 89-94.

Aladjadjiyan A, 2012. Physical factors for plant growth stimulation improve food quality [C]. Croatia: Aladjadjiyan A (ed) Food production-approaches, challenges and tasks In Technology: 145-168.

Alaoui-Sossé B, Genet P, Vinit-Dunand F, et al., 2004. Effect of copper on growth in cucumber plants (*Cucumis sativus*) and its relationships with carbohydrate accumulation and changes in ion contents [J]. Plant Science, 166 (5): 1213-1218.

Allen R D, Webb R P, Schake S A, 1997. Use of transgenic plants to study antioxidant defenses [J]. Free Radical Biology and Medicine, 23 (3): 473.

Alexander M P, Doijode S D, 1995. Electromagnetic field, a novel tool to increase germination and seedling vigour of conserved onion (*Allium cepa* L) and rice (*Oryza* sativa L) seed with low viability [J] . Plant Genetic Resources Newsletter, 104: 1-5.

Alkhazan M M K, Saddiq A A N, 2010. The effect of magnetic field on the physical, chemical and microbiological properties of the lake water in Saudi Arabia [J] . Jounal of Evolutionary Biology Resources, 2: 7-14.

Ali T B, Khalil S E, Khalil A M, 2011. Magnetic treatments of *Capsicum annuum* L grown under saline irrigation conditions [J] . Journal of Applied Sciences Research, 7: 1558-1568.

Alikamanoglu S, Sen A, 2011. Stimulation of growth and some biochemical parameters by magnetic field in wheat (*Triticum aestivum* L) tissue culture [J] . African Journal of Biotechnology, 10: 10957-10963.

Alimi F, Tlili M, Ben Amor M, et al. , 2009. Influence of magnetic field on calcium carbonate precipitation in the presence of foreign ions [J] . Surface Engineering & Appllied Electrochemistry, 45: 56-62.

Al-Qahtani H, 1996. Effect of magnetic treatment on Gulf sea water [J] . Desalination, 107: 75-81.

Almaghrabi O A, Elbeshehy E K F, 2012. Effect of weak electromagnetic field on grain germination and seedling growth of different wheat (*Triticum aestivum* L) cultivars [J] . Life Science Journal, 9: 1615-1622.

Alscher R G, Donahue J L, Cramer C L, 1997. Reactive oxygen species and antioxidants: relationships in green cells [J] . Physiologia Plantarum, 100 (2): 224-233.

Amiri M C, 2006. Efficient separation of bitumen in oil sand extraction by using magnetic treated process water [J] . Seperation & Purification Technology, 47: 126-134.

Amiri M, Dadkhah A A, 2006. On reduction in the surface tension of water due to magnetic treatment [J] . Colloids & Surfaces A Physicochemical & Engineering Aspects, 278: 252-255.

Amor H B, Elaoud A, Salah N B, et al. , 2017. Effect of magnetic treatment on surface tension and water evaporation [J] . International Journal of Advance Industrial Engineering, 5: 119-124.

Amor B N, Jimenez A, Megdiche W, et al. , 2006. Response of antioxidant systems to NaCl stress in the halophyte *Cakile maritime* [J] . Physiologia Plantarum, 126 (3): 446-457.

Amtmann A, Sanders D, 1999. Mechinisms of Na^+ uptake by plant cells [J] . Advances in Botanical Research, 29: 75-112.

Appenroth K J, Stöchekel J, Srivastava A, et al. , 2001. Multiple effects of chromate on the photosynthetic apparatus of *Spirodela polyrhiza* as probed by OJIP chlorophyll *a* fluorescence measurements [J] . Environmental Pollution, 115 (1): 49-64.

Apse M P, Blumwald E, 2002. Engineering salt tolerance in plants [J] . Current Opinion in Biotechnol, 13: 146-150.

306

Aravind P, Prasad M N, 2005. Modulation of cadmium-induced oxidative stress in *Ceratophyllum demersum* by zinc involves ascorbate-glutathione cycle and glutathione metabolism [J] . Plant Physiology and Biochemistry, 43 (2): 107-116.

Asemota G N O, 2010. Alternating electromagnetic fields in plantains [J] . African Journnal of Plant Science and Biotechnology, 4 (Special Issue 1): 59-75.

Atak Ç, Çelik O, Olgum A, et al. , 2007. Effect of magnetic field on peroxidase activities of soybean tissue culture [J] . Biotechnology & Biotechnological Equipment, 21: 166-171.

Azoulay J, 2016. Memory features of water cyclically treated with magnetic field [J] . World Journal of Engineering, 13: 120-123.

Baddeley J A, Watson C A, 2005. Influences of root diameter, tree age, soil depth and season on fine root survivorship in *Prunus avium* [J] . Plant and Soil, 276 (1-2): 15-22.

Bai L, Zhou Y, Zhang X R, et al. , 2007. Hydrogen peroxide modulates abscisic acid signaling in root growth and development in *Arabidosis* [J] . Chinese Science Bullentin, 52 (8): 1142-1145.

Bathnagar D, Deb A, 1977. Some aspects of pregermination exposure of wheat seeds to magnetic field [J] . Seed Resource, 5: 129-137.

Belyavskaya N A, 2001. Ultrastructure and calcium balance in meristem cells of pea roots exposed to extremely low magnetic fields [J] . Advance in Space Research, 28: 645-650.

Belyavskaya N A, 2004. Biological effects due to weak magnetic field on plants [J] . Advance in Space Research, 34: 1566-1574.

Bergareche C, Ayuso R, Masgran C, et al. , 1994. Nitrate reductase in cotyledon of cucumber seedlings as affected by nitrate, phyto-chrome and calcium [J] . Physiologia Plantrum, 91: 257-262.

Bienfait H F, Deweger L A, Krame R D, 1987. Control of the development of iron-effieiency reactions in potato as a response to iron deficiency is located in the roots [J] . Plant Physiology, 83: 244-247.

Bikul chyus G, Ruchinskene A, Deninis V, 2003. Corrosion behavior of lowcarbon steel in tap water treated with permanent magnetic field [J] . Protection of Metals, 39: 443-447.

Bilalis D J, Katsenios N, Efthimiadou A, et al. , 2013. Magnetic field pre-sowing treatment as an organic friendly technique to promote plant growth and chemical elements accumulation in early stages of cotton [J] . Australian Journal of Crop Science, 7: 46-50.

Binhi V N, 2001. Theoretical concepts in magnetobiology [J] . Electro-Magnetobiology, 20: 43-58.

Bhattacharyya R, Kundu S, Prakash V, et al. , 2008. Sustainability under combined application of mineral and organicfertilizers in a rainfed soybeanwheat system of the Indian Hi-malayas [J] . European Journal of Agronomy, 28 (1): 33-46.

Bloom A J, Jackson L E, Smart D R, 1993. Root growth as a function of ammonium and nitrate in the root zone [J] . Plant, Cell and Environment, 16: 199-206.

Bokulich N A, Subramanian S, Faith J J, et al., 2013. Quality-filtering vastly improves diversity estimates from Illumina amplicon sequencing [J] . Nature Methods, 10 (1): 57-59.

Boussadia O, Steppe K, Zgallai H, et al., 2010. Effects of nitrogen deficiency on leaf photosynthesis, carbohydrate status and biomass production in two olive cultivars 'Meski' and 'Koroneiki' [J] . Scientia Horticulturae, 123 (3): 336-342.

Broadley M R, Escobar-Gutiérrez A J, Burns A, 2000. What are the effects of nitrogen deficiency on growth components of lettuce [J] . New Phytologist, 147: 519-526.

Brady N C, Weil R R, 2007. The nature and properties of soils [M] . New York: Prentice Hall.

Buchanan B B, Gruissen W, Jones R L, 2002. Biochemistry and molecular biology of Plants [M] . Beijing: Science Press.

Bush D R, 1995. Calcium regulation in plant cells and its role in signaling [J] . Annual Review of Plant Physiology and Plant Molecular Biology, 46: 95-122.

Büyükuslu N, Çelik Ö, Atak Ç, 2006. The effect of magnetic field on the activity of superoxide dismutase [J] . Journal of Cell and Molecular Biology, 5: 57-62.

Cai R, Yang H, He J, et al., 2009. The effects of magnetic fields on water molecular hydrogen bonds [J] . Journal of Molecular Structure, 93: 15-19.

Cakmak T, Dumlupinar R, Erdal S, 2010. Acceleration of germination and early growth of wheat and bean seedlings grown under various magnetic field and osmotic conditions [J] . Bioelectromagnetics, 31: 120-129.

Carbonell M V, Martínez E, Amaya J M, 2000. Stimulation of germination in rice (*Oryza sativa* L) by a static magnetic field [J] . Electro-Magnetobiology, 19: 121-128.

Carbonell M V, Martínez E, Flórez M, et al., 2008. Magnetic field treatments improve germination and seedling growth in *Festuca arundinaceae* Screb and *Lolium perenne* L [J] . Seed Science Technology, 36: 31-37.

Carbonell M V, Flórez M, Martínez E, et al., 2011. Study of stationary magnetic fields on initial growth of pea (*Pisum sativum* L) seeds [J] . Seed Science Technology, 39: 673-679.

Cataldo D A, Garland T R, Wildung R E, 1983. Cadmium uptake kinetics in intact soybean plants [J] . Plant Physiology, 73 (3): 844-848.

Çavuşoğlu K, Kılıç S, Kabar K, 2007. Effects of pretreatments of some growth regulators on the stomata movements of barley seedlings grown under saline (NaCl) conditions [J] . Plant, Soil and Environment, 53 (5): 524-528.

Cefalas A C, Kobe S, Dražic G, et al., 2008. Nanocrystallization of $CaCO_3$ at solid/liquid interfaces in magnetic field: a quantum approach [J] . Appllied Surface Science, 254:

6715-6724.

Cefalas A C, Sarantopoulou E, Kollia Z, et al. , 2010. Magnetic field trapping in coherent antisymmetric atates of liquid water molecular rotors [J] . Journal of Computaional & Theoretical Nanoscience, 7: 1800-1805.

Chameides W L, Perdue E M, 1997. Biogeochemical cycles [M] . Oxford: Oxford University Press.

Chang K T, Weng C I, 2008. An investigation into structure of aqueous NaCl electrolyte solutions under magnetized fields [J] . Computational Materials Science, 43: 1048-1055.

Chang K T, Weng C I, 2006. The effect of an external magnetic field on the structure of liquid water using molecular dynamic simulation [J] . Journal of Appllied Physics, 100: 043917.

Chapin S F, Matson P, Mooney H A, 2002. Principles of terrestrial ecosystem ecology [J] . New York: Springer-Verlag: 83-144.

Chaplin M, 2009. Theory vs experiment: what is the surface charge of water [J] . Water, 1: 1-28.

Chaplin M, 2017. Water Structure and Science [EB/OL] . [2017-12-16] . http: // www1. lsbu. ac. uk/water/water _ structure _ science. html.

Chen L H, Gao S, Zhu P, et al. , 2014. Comparative study of metal resistance and accumulation of lead and zinc in two poplars [J] . Physiologia Plantarum, 151 (4): 390-405.

Chen J, Yang L B, Gu J, et al. , 2015. *MAN*3 gene regulates cadmium tolerance through the glutathione-dependent pathway in *Arabidopsis thaliana* [J] . New Phytologist, 205: 570-82.

Chen Q, Liu Y, 2000. Effect of glutathione on active oxygen scavenging system in leaves of barley seedlings under salt stress [J] . Acta Agronomica Sinica, 26 (3): 365-371.

Chen Y, Li R, He J, 2011. Magnetic field can alleviate toxicological effect induced by cadmium in mungbean seedlings [J] . Ecotoxicology, 20: 760-769.

Chibowski E, Szczes A, 2018. Magneic water treatment-A review of the latest approaches [J] . Chemosphere, 203: 54-67.

Chibowski E, Holysz L, Szczes A, et al. , 2004. Some magnetic field effects on in situ precipitated calcium carbonate [J] . Water Science and Technology, 49: 169-176.

Cho Y I, Lee S H, 2005. Reduction in the surface tension of water due to physical water treatment for fouling control in heat exchangers [J] . International Communication in Heat and Mass Tansfer, 32, 1-9.

Chung M C, Tai C Y, 2010. Effect of the magnetic field on growth rate of aragonite and precipitation of CaCO₃[J] . Chemical Engineering Journal, 164, 1-9.

Chibowski E, Holysz L, Szczes A, et al. , 2004. Some magnetic field effects on in situ precipitated calcium carbonate [J] . Water Science and Technology, 49: 169-176.

Chibowski E, Holysz L, Szczes A, et al. , 2003. Precipitation of calcium carbonate from magnetically treated sodium carbonate solution [J] . Colloids & Surfaces A Physicochemical & Engineering Aspects, 225: 63-73.

Coey J M D, 2012. Magnetic water treatment-how might it work [J] . Philosophical Magazine, 92: 3857-3865.

Colangelo E P, Guerinot M L, 2006. Put the metal to the petal: metal uptake and transport throughout plans [J] . Current Opinion in Plant Biology, 3: 322-330.

Colic M, Morse D, 1999. The elusive mechanism of the magnetic 'memory' of water [J] . Colloids & Surfaces A Physicochemical & Engineering Aspects, 154: 167-174.

Constable S, 2006. Marine electromagnetic methods-a new tool for offshore exploration [J] . Society of Exploration Geophysicists, 25 (4): 438-444.

Coruzzi G, Last R, 2000. Amino acids [M] // Buchanan B B, Gruissem W, Jones R L, Biochemistry and Molecular Biology of Plants Maryland. Hoboken: Wiley and Sons: 370-371.

Cui X M, Zhang Y K, Wu X B, et al. , 2010. The investigation of the alleviated effect of copper toxicity by exogenous nitric oxide in tomato plants [J] . Plant Soil and Environment, 56 (6): 274-281.

Cuin T A, Betts S A, Chalmandrier R, et al. , 2008. A root's ability to retain K^+ correlates with salt tolerance in wheat [J] . Journal of Experimental Botany, 59: 2697-2706.

Curtin D C, Campbell A, Jail A, 1998. Effects of acidity on mineralization: pH-dependence of organic matter mineralization in weakly acidic soil [J] . Soil Biology and Biochemistry, 30: 57-64.

Danilov V, Bas T, Eltez M, et al. , 1994. Artificial magnetic field effect on yield and quality of tomatoes [J] . Acta Horticulture, 366: 279-285.

De Souza A, Garcia D, Sueiro L, et al. , 2006. Presowing magnetic treatments of tomato seeds increase the growth and yield of plants [J] . Bioelectromagnetics, 27: 247-257.

Debouba M, Gouia H, Suzuki A, et al. , 2006. NaCl stress effects on enzymes involved in nitrogen assimilation pathway in tomato 'Lycopersicon esculentum' seedlings [J] . Journal of Plant Physiology, 163: 1247-1258.

Demichelis R, Raiteri P, Gale J D, et al. , 2011. Stable prenucleation mineral clusters are liquid-like ionic polymers [J] . Nature Communications, 2: 590-598.

Dhawi F, Al-Khayri J M, 2009. Magnetic fields induce changes in photosynthetic pigments content in date palm (Phoenix dactylifera L) seedlings [J] . The Open Agriculture Journal, 3: 1-5.

DuarteDiaz C E, Riquenes J A, Sotolongo B, et al. , 1997. Effects of magnetic treatment of irrigation water on the tomato crop [J] . Horticulture Abstracts, 69: 494.

Dučić T, Polle A, 2005. Transport and detoxification of manganese and copper in plants [J] . Brazilian Journal of Plant Physiology, 17 (1): 103-112.

Duy D, Wanner G, Meda A R, et al. , 2007. PIC1, an ancient permease in Arabidopsis chloroplasts, mediates iron transport [J] . The Plant Cell, 19 (3): 986-1006.

Druege U, Zerche S, Kadner R, 2004. Nitrogen-and storage-affected carbohydrate partitioning in high-light-adapted *Pelargonium* cuttings in relation to survival and adventitious root formation under low light [J] . Annals of Botany, 94 (6): 831-842.

Efthimiadou A, Katsenios N, Karkanis A, et al. , 2014. Effects of presowing pulsed electromagnetic treatment of tomato seed on growth, yield, and lycopene content [J] . The Scientific World Journal, 36975.

Elser J J, Acharya K, Kyle M, et al. , 2003. Growth rate-stoichiometry coupling in diverse biota [J] . Ecology Letters, 6 (10): 936-943.

Eskov E K, Darkov A V, 2003. Consequences of high-intensity magnetic effects on the early growth processes in plant seeds and the development of honeybees [J] . Biology Bulletin of the Russian Academy of Sciencies, 30: 512-516.

Eşitken A, 2003. Effect of magnetic fields on yield and growth in strawberry 'Camarosa' [J] . Journal of Pomology and Horticultural Science, 78 (2): 145-147.

Esmaeilnezhad E, Choi H J, Schaffie M, et al. , 2017. Characteristics and applications of magnetized water as a green technology [J] . Journal of Cleaner Production, 161: 908-921.

Fathi A, Mohamed T, Claude G, et al. , 2006. Effect of a magnetic water treatment on homogeneous and heterogeneous precipitation of calcium carbonate [J] . Water Research, 40, 1941-1950.

Farzadfar S, Zarinkamar F, Hojati M, 2013. Exogenously applied calcium alleviates cadmium toxicity in *Matricaria chamomilla* L plants [J] . Environmental Science and Pollution Research International, 20 (3): 1413-1422.

Farquhar G D, Sharkey T D, 1982. Stomatal conductance and photosynthesis [J] . Annual Review of Plant Physiology, 33: 317-345.

Flórez M, Carbonell M V, Martínez E, 2004. Early sprouting and first stages of growth of rice seeds exposed to a magnetic field [J] . Journal of Bioelectricity, 23: 167-176.

Flórez M, Martínez E, Carbonell M V, et al. , 2014. Germination and initial growth of triticale seeds under stationary magnetic treatment [J] . Journal of Advance in Agriculture, 2 (2): 72-79.

Foreman J, Demidchik V, Bothwell J H, et al. , 2012. Reactive oxygen species produced by NADPH oxidase regulate plant cell growth [J] . Nature, 422 (6930): 442-446.

Foyer C H, Noctor G, 2005. Oxidant and antioxidant signaling in plants: a re-evaluation of the concept of oxidative stress in a physiological context [J] . Plant Cell and Environment,

28 (8): 1056-1071.

Fu X, Yang F, Wang J, et al., 2015. Understory vegetation leads to changes in soil acidity and in microbial communities 27 years after reforestation [J]. Science of the Total Environment, 502 (502): 280-286.

Fujimura Y, Iino M, 2008. The surface tension of water under high magnetic fields [J]. Journal of Applied Physics, 103 (12): 124903.

Gaafar M M, Jabbar Hussain K, Ali Chaloob K, et al., 2015. Effect of magnetic water on physical properties of different kind of water, and studying its ability to dissolving kidney stone [J]. Journal of Natural Sciences Research, 5: 85-94.

Galland P, Pazur A, 2005. Magnetoreception in plants [J]. Journal of Plant Research, 118 (6): 371-389.

Gebauer D, Kellermeier M, Gale J D, et al., 2014. Pre-nucleation clusters as solute precursors in crystallization [J]. Chemical Society Reiews, 43: 2348-2371.

Gebauer D, Völkel A, Cölfen H, 2008. Stable prenucleation calcium carbonate clusters [J]. Science, 322 (5909): 1819-1822.

Ghauri S A, Ansari M S, 2006. Increase in water viscosity under the influence of magnetic field [J]. Journal of Appllied Physics, 100: 066101-066102.

Ghnaya T, Nouairi I, Slama I, et al., 2005. Cadmium effects on growth and mineral nutrition of two halophytes: *Sesuvium portulacastrum* and *Mesembryanthemum crystallinum* [J]. Journal of Plant Physiology, 162 (10): 1133-1140.

Glenn E, Brown J J, Blumwald E, 1999. Salt-tolerate mechanisms and crop potential of halophytes [J]. Critical Review in Plant Sciences, 18: 227-255.

Gonzaga M I S, Santos J A G, Ma L Q, 2008. Phytoextraction by arsenic hyper-accumulator *Pteris vittata* L. from six arsenic-contaminated soils: repeated harvests and arsenic redistribution [J]. Environmental Pollution, 154: 212-218.

Goldsworthy A, 2006. Effects of electrical and electromagnetic fields in plants and related topics [C]. Berlin: Volkov AG (ed) Plant electrophysiology-theory and methods, 1st edn Springer: 247-267.

Goncharuk V, Kurliantseva A Y, Taranov V, et al., 2016. Quality and quantitative assessment of the impact of magnetic field and ultra sound on water with different concentration of deuterium [J]. Journal of Water Chemistry & Technology, 38: 143-148.

Griffiths D J, 1999. Ghosh AK (ed) Introduction to electrodynamics [C]. New Delhi: 2nd edn Prentice-Hall of India Pvt Ltd: 55-507.

Grace S C, Logan B A, 1996. Acclimation of foliar antioxidant systems to growth irradiance in three broad-leaved evergreen species [J]. Plant Physiology, 112 (4): 1631.

Guo B, Han H B, Chai F, 2011. Influence of magnetic field on microstructural and dynamic properties of sodium, magnesium and calcium ions [J]. Transactions of Nonferrous

Metals Society of China, 21: 494-498.

Guo Y, Halfter U I, Zhu J K, 2001. Molecular characterization of function aldomains in the protein kinase *SOS*2 that is required for plant salt tolerance [J]. Plant Cell, 13: 1383-1400.

Guo Y Z, Yin D C, Cao H L, et al., 2012. Evaporation rate of water as a function of a magnetic field and field gradient [J]. International Journal of Molecular Sciences, 13: 16916-16928.

Gubbels G H, 1982. Seedling growth and yield response of flax, buckwheat, sunflower and field pea after preceding magnetic treatment [J]. Candian Journal of Plant Science, 62: 61-64.

Hachicha M, Kahlaoui B, Khamassi N, et al., 2018. Effect of electromagnetic treatment of saline water on soil crops [J]. Journal of the Saudi Society of Agricultural Sciences, 17: 154-162.

Hamdani S, Qu M, Xin C P, et al., 2015. Variations between the photosynthetic properties of elite and landrace Chinese rice cultivars revealed by simultaneous measurements of 820 nm transmission signal and chlorophy Ⅱ a fluorescence induction [J]. Journal of Plant Physiology, 177: 128-138.

Han R, Bañuelos M A, Senn M E, et al., 2005. *HKT*1 mediates sodium uniport in roots Pitfalls in the expression of *HKT*1 in yeast [J]. Plant Physiology, 139: 1495-1506.

Haq Z U, Iqbal M, Jamil Y, et al., 2016. Magnetically treated water irrigation effect on turnip seed germination, seedling growth and enzymatic activities [J]. Information Processing in Agriculture, 3 (2): 99-106.

Harsharn S G, Basant L M, 2011. Magenetic treatment of irrigation water and snow pea and chickpea seeds enhances early growth and nutrient contents of seedling [J]. Bioelectromagnetics, 32: 58-65.

Hasaani A S, Hadi Z L, Rasheed K A, 2015. Experimental study of the interaction of magnetic fields with flowing water [J]. Journal of Basic and Appllied Science, 3: 1-8.

Hawkesford M, Horst W, Kichry T, et al., 2011. Functions of macronutrients [M]. Waltham: Academic Press: 135-151.

Hayward A R, Coates K E, Galer A L, et al., 2013. Chelator profiling in *Deschampsia cespitosa* L. beauv reveals a Ni reaction, which is distinct from the aba and cytokinin associated response to Cd [J]. Plant Physiology and Biochemistry, 64 (5): 84-91.

He J S, Yang H W, Cai R, et al., 2010. Hydration of b-Lactoglobulin in magnetized water: effect of magnetic treatment on the cluster structure of water and hydration properties of proteins [J]. Acta Physico-Chimica Sinica, 26: 304-310.

He J, Ma C, Ma Y, et al., 2013. Cadmium tolerance in six poplar species [J]. Environmental Science and Pollution Research, 20 (1): 163-174.

He X J，Mu R L，Cao W H，et al. ，2005. AtNAC2，a transcription factor downstream of ethylene and auxin signaling pathways，is involved in salt stress response and lateral root development [J]．The Plant Journal，44（6）：903-916.

Hernández L E，Gárate A，Carpena-Ruiz R，1997. Effects of cadmium on the uptake，distribution and assimilation of nitrate in *Pisum sativum* [J]．Plant and Soil，189（1）：97-106.

Hetherington A M，Brownlee C，2004. The generation of Ca^{2+} signals in plants [J]．Annual Review of Plant Biology，55：401-427.

Higashitani K，Kage A，Katamura S，et al. ，1993. Effects of a magnetic field on the formation of $CaCO_3$ particles [J]．Journal of Colloid and Interface Science，156：90-95.

Higashitani K，Iseri H，Okuhara K，et al. ，1995. Magnetic effects on zeta potential and diffusivity of nonmagnetic colloidal particles [J]．Journal of Colloid and Interface Science，172：383-388.

Hilal M H，Shata S M，Abdel-Dayem A A，et al. ，2002. Application of magnetic technologies in desert agriculture III Effect of magnetized water on yield and uptake of certain elements by citrus in relation to nutrients mobilization in soil [J]．Egypt Journal of Soil Science，42：43-55.

Hoagland L，Carpenter-Boggs L，Granatstein D，et al. ，2008. Orchard floor management effects on nitrogen fertility and soil biological activity in a newly established organic apple orchard [J]．Biology and Fertility of Soils，45：11-18.

Holysz L，Szczes A，Chibowski E，2007. Effects of a static magnetic field on water and electrolyte solutions [J]．Journal of Colloid Interface Science，316：996-1002.

Holysz L，Chibowski E，Szczes A，2003. Influence of impurity ions and magnetic field on the properties of freshly precipitated calcium carbonate [J]．Water Resource，37（14）：3351-3360.

Holysz L，Chibowski M，Chibowski E，2002. Time-dependent changes of zeta potential and other parameters of in situ calcium carbonate due to magnetic field treatment [J]．Colloid Surface A Physicochemical & Engineering Apsects，208（1-3），231-240.

Hozayn M，Qados A M S A，2010. Irrigationg with magnetized water enhances growth，chemical constituent and yield of chickpea（*Cicer arietinum* L）[J]．Agriculture and Biology Journal of North America，1（4）：671-676.

Hosoda H，Mori H，Sogoshi N，et al. ，2004. Refractive indices of water and aqueous electrolyte solutions under high magnetic fields [J]．Journal of Physical Chemistry A，108：1461-1464.

Lungader Madsen H E，2004. Crystallization of calcium carbonate in magnetic field ordinary and heavy water [J]．Journal of Crystal Growth，267：251-255.

Hołysz L，Chibowski M，Chibowski E，2002. Time-dependent changes of zeta potential and other parameters of in situ calcium carbonate due to magnetic field treatment [J] . Colloids & Surfaces A physicochemical & Engineering Aspects, 208: 231-240.

Holysz L, Szczes A, Chibowski E, 2007. Effects of a static magnetic field on water and electrolyte solutions [J] . Journal of Colloid and Interface Science, 316: 996-1002.

Huo Z F, Zhao Q, Zhang Y H, 2011. Experimental study on effects of magnetization on surface tension of water [J] . Procedia Engineering, 26: 501-505.

Huang H H, Wang S R, 2007. The effects of 60 Hz magnetic fields on plant growth [J] . Nature and Science, 5 (1): 60-68.

Huuskonen H, Lindbonhm M L, Juutilainen J, 1998. Teratogenic and reproductive effects of low-frequency magnetic fields [J] . Mutation Research, 410 (2): 167-183.

Iino M, Fujimura Y, 2009. Surface tension of heavy water under high magnetic fields [J] . Appllied Physics Letters, 94: 261902.

Iwasaka M, Ueno S, 1998. Structure of water molecules under 14 T magnetic field [J] . Journal of Appllied Physics, 83: 6459-6461.

Ishii K, Yamamoto S, Yamamoto M, et al. , 2005. Relative change of viscosity of water under a transverse magnetic field of 10 T is smaller than 10^{-4} [J] . Chemical Letters, 34: 874-875.

Jajte J M, 2000. Programmed cell death as a biological function of electromagnetic fields at a frequency of (50/60 Hz) [J] . Medycyna Pracy, 51: 383-389.

James C P, Miller G W, 1982. The effects of iron and light treatments on chloroplast composition ultrastructure in iron-deficient barley leaves [J] . Journal of Plant Nutrition, 5 (4/7): 311- 321.

Jia H F, Wang Y H, Sun M Z, et al. , 2013. Sucrose functions as a signal involved in the regulation of strawberry fruit development and ripening [J] . New Phytologist, 198 (2): 453-465.

Jiang Y, Zhang Y G, Zhou D, et al. , 2009. Profile distribution of micronutrients in an aquic brown soil as affected by land use [J] . Plant Soil and Environment, 55 (11): 468-476.

Joseph S, Anawar H M, Storer P, et al. , 2015. Effects of enriched biochars con-taining magnetic iron nanoparticles on mycorrhizal colonisation, plant growth, nutrient uptake and soil quality improvement [J] . Pedosphere, 25 (5): 749-760.

Kaur H, Bhatla S C, 2016. Melatonin and nitric oxide modulate glutathione content glutathione reductase activity in seedling cotyledons accompanying salt stress [J] . Nitric Oxide, 59: 42-53.

Kathmann S M, Kuo I F W, Mundy C J, 2008. Electronic effects on the surface potential at the vapor-liquid interface of water [J] . Journal of the American Chemical Society, 130, 1655-1656.

Kathmann S M, Kuo I F W, Mundy C J, et al. , 2011. Understanding the surface potential of water [J]. Journal of Physical Chemistry B, 115: 4369-4377.

Khan M G, Srivastava H S, 1998. Changes in growth and nitrogen assimilation in maize plants induced by NaCl and growth regulators [J]. Biologia Plantarum, 41 (1): 93-99.

Kim J W, Kim T S, 1995. Rooting promotion in cutting propagation of tea [J]. Korean Journal of Medicinal Crop Science, 3: 195-199.

Kim C G, Bell J N B, Power S A, 2003. Effects of soil cadmium on *Pinus sylvestris* L seedlings [J]. Plant and Soil, 257 (2): 443-449.

Kitazawa K, Ikezoe Y, Uetake H, et al., 2001. Magnetic field effects on water, air and powders [J]. Physica B Condensed Matter: 294-295, 709-714.

Kney A D, Parsons S A, 2006. A spectrophotometer-based study of magnetic water treatment: assessment of ionic vs surface mechanisms [J]. Water Resource, 40: 517-524.

Knez S, Pohar C, 2005. The magnetic field influence on the polymorph composition of CaCO₃ precipitated from carbonized aqueous solutions [J]. Journal of Colloid & Interface Science, 281: 377-388.

Kobe S, Drazic G, McGuiness P J, et al., 2003. Control over nanocrystalization in turbulent flow in the presence of magnetic fields [J]. Materials Science & Engineering C, 23: 811-815.

Kopittke P M, Menzies N W, 2004. Effect of Mn deficiency and legume inoculation on rhizosphere pH in highly alkaline soils [J]. Plant and Soil, 262 (1): 13-21.

Koshoridze S I, Levin Y K, 2014. The influence of a magnetic field on the coagulation of nanosized colloid particles [J]. Technical Physics Letters, 40: 716-719.

Kotb A, 2013. Magnetized water and memory meter [J]. Energy & Power Engineering, 5 (6): 422-426.

Kraus E J, Kraybill H R, 1918. Vegetation and reproduction with special reference to the tomato [J]. Corvallis Oregon Agricultural College, 149: 5-90.

Krawiec M, Komarzynski K, Palonka S, et al., 2013. Does the magnetic field improve the quality of radish seeds? [J]. Acta Scientiarum Polonorum Hortorum Cultus Ogrodictwo, 12 (6): 93-102.

Landau L D, Lifshitz E M, 1981. Electrodynamics of Continuous Media [M]. Oxford: Pergamon Press.

Liu L, Shang Y K, Li L, et al., 2018. Cadmium stress in Dongying wild soybean seedlings: growth, Cd accumulation, and photosynthesis [J]. Photosynthetica, 56 (4): 1346-1352.

Liu J J, Sui Y Y, Yu Z H, et al., 2015. Soil carbon content drives the biogeographical distribution of fungal communities in the black soil zone of northeast China [J]. Soil Biology and Biochemistry, 83: 29-39.

Liu S L, Yang R J, Pan Y Z, et al. , 2016. Beneficial behavior of nitric oxide in copper treated medicinal plants [J] . Journal of Hazardous Materials, 314: 140-154.

Ling T, Jun R, Fangke Y, 2011. Effect of cadmium supply levels to cadmium accumulation by *SaliX* [J] . International Journal of Environmental Science and Technology, 8 (3): 493-500.

Lee S H, Jeon S I, Kim Y S, et al. , 2013. Changes in the electrical conductivity, infrared absorption, and surface tension of partially-degassed and magnetically-treated water [J] . Journal of Molecular Liquids, 187: 230-237.

Li J, Chang P R, Huang J, et al. , 2013. Physiological effects of magnetic iron oxide nanoparticles towards watermelon [J] . Journal of Nanoscience and Nanotechnology, 13 (8): 5561-5567.

Lielmezs J, Aleman H, 1977. A Weak transverse magnetic field effect on the viscosity of Mn (NO$_3$) -2H$_2$O solution at several temperature [J] . Thermochimica Acta, 20: 219-228.

Lielmezs J, Aleman H B, 1977. Weak transverse magnetic field effect on the viscosity of water at several temperature [J] . Thermochimica Acta, 21: 225-231.

Lillo C, 2004. Light regulation of nitrate uptake, assimilation and metabolism [M] // Amancio S, Stulen I (Eds) . Plant ecophysiology nitrogen acquisition and assimilation in higher plants. Dordrecht: Kluwer Academic Press Publisher: 149-84.

Lipus L C, Krope J, Crepinsek L, 2001. Dispersion destabilization in magnetic water treatment. Journal of Colloid Interface Science, 236: 60-66.

Lungader Madsen H E, 2004. Crystallization of calcium carbonate in magnetic field ordinary and heavy water [J] . Journal of Crystal Growth, 267: 251-255.

Maathuis F J M, Amtmann A, 1999. K$^+$ nutrition and Na$^+$ toxicity: The basis of cellular K$^+$/Na$^+$ ratios [J] . Annals of Botany, 84: 123-133.

Maathuis F J, 2009. Physiological functions of mineral macronutrients [J] . Current Opinion in Plant Biology, 12 (3): 250-258.

Magoc T, Salzberg S, 2011. Fast length adjustment of short reads to improve genome assemblies [J] . Bioinformatics, 27 (21): 2957-2963.

Maheshwari B L, Grewal H S, 2009. Magnetic treatment of irrigation water: Its effects on vegetable crop yield and water productivity [J] . Agricultural Water Management, 96 (8): 1229-1236.

Mahmoud B, Yosra M, Nadia A, 2016. Effects of magnetic treatment on scaling power of hard waters [J] . Seperation & Purification Technology, 171, 88-92.

Makino W, Contner J, Sterner R W, et al. , 2003. Are bacteria more like plants or animals? Growth rate and resource dependence of bacterial C : N : P stoichiometry [J] . Functional Ecology, 17 (1): 121-130.

Malagoli M, Dal C A, Quaggiotti S, et al. , 2000. Differences in nitrate and ammonium up take between Scots pine and European larch [J] . Plant Soil, 221: 1-3.

Marschner H, Kirkby E A B C, Engels C, 1997. Importance of cycling and recycling of mineral nutrients within plants for growth and development [J] . Botanica Acta, 110: 265-273.

Marangoni A G, 1992. Steady-state fluorescence polarization spectroscopy as a tool to determine micro viscosity and structural order in food systems [J] . Food Research International, 25: 67-80.

Martínez E, Carbonell M V, Flórez M, 2002. Magnetic biostimulation of initial growth stages of wheat (*Triticum aestivum* L) [J] . Journal of Bioelectricity, 21 (1): 43-53.

Martínez E, Carbonell M V, Flórez M, et al. , 2009 . Germination of tomato seeds (*Lycopersicon esculentum* L) under magnetic field [J] . International Agrophysics, 23: 45-49.

McCarthy J F, McKay L D, 2003. Colloid transport in the subsurface: past, present, and future challenges [J] . Vadose Zone Journal, 3 (2): 326-337.

McClean R G, Schofield M A, Kean W F, et al. , 2001. Botanical iron minerals: correlation between nanocrystal structure and modes of biological self-assembly [J] . European Journal of Minerallogy, 13: 1235-1242.

Mendoza I, Rubio F, Rodriguez-Navarro A, et al. , 1994. The protein phosphatase calcineurin is essential for NaCl tolerance of *Saccharomyces cerevisiae* [J] . The Journal of Biological Chemistry, 269: 9792-9796.

Meng H B, Hua S J, Shamsi I H, et al. , 2009. Cadmium-induced stress on the seed germination and seedling growth of *Brassica napus* L. and its alleviation through exogenous plant growth regulators [J] . Plant Growth Regulation, 58: 47-59.

Mirkovic T, Ostroumov E E, Anna J M, et al. , 2016. Light absorption and energy transfer in the antenna complexes of photosynthetic organisms [J] . Chemical Reviews, 117 (2): 249-293.

Mittova V, Volokita M, Guy M, et al. , 2000. Activities of SOD and the ascorbate-glutathione cycle enzymes in subcellular compartments in leaves and roots of the cultivated tomato and its wild salt-tolerant relative *Lycopersicon pennellii* [J] . Physiologia Plantarum, 110 (1): 42-51.

Mobin M, Khan N A, 2007. Photosynthetic activity, pigment composition and antioxidative response of two mustard (*Brassica juncea*) cultivars differing in photosynthetic capacity subjected to cadmium stress [J] . Journal of Plant Physiology, 164 (5): 601-610.

Mohassel M H R, Aliverdi A, Ghorbani R, 2009. Effects of a magnetic field and adjuvant in the efficacy of cycloxydim and clodinafop-propargyl on the control of wild oat (*Avena fatua*) [J] . Weed Biology & Management, 9 (4): 300-306.

Mohamed A I, Ebead B M, 2013. Effect of magnetic treated irrigation water on salt removal from a sandy soil and on the availability of certain nutrients [J]. International Journal of Engineering and Applied Science, 2: 36-44.

Moon J D, Chung H S, 2000. Acceleration of germination of tomato seed by applying AC electric and magnetic fields [J]. Journal of Electrostatics, 48 (2): 103-114.

Mosin O, Ignatov I, 2014. Basic concepts of magnetic water treatment [J]. European Journal of Molecular Biotechnology, 4: 187-200.

Mostafazadeh-Fard B, Khoshravesh M, Mousavi S F, et al., 2012. Effects of magnetized water on soil chemical components underneath trickle irrigation [J]. Journal of Irrigation and Drainage Engineering, 138 (12): 1075-1081.

Munns R, 2002. Comparative physiology of salt and water stress [J]. Plant, Cell and Environment, 25 (2): 239-250.

Munns R, Tester M, 2008. Mechanisms of salinity tolerance [J]. Annual Review of Plant Biology, 59 (1): 651-681.

Muranaka S, Shimizu K, Kato M, 2002. Ionic and osmotic effects of salinity on single-leaf photosynthesis in two wheat cultivars with different drought tolerance [J]. Photosynthetica, 40: 201-207.

Murad S, 2006. The role of magnetic fields on the membrane-based separation of aqueous electrolyte solutions [J]. Chemical Physics Letters, 417 (4-6), 465-470.

Murray L E, 1965. Plant growth response in electrostatic field [J]. Nature, 207: 1177-1178.

Nahar K, Rahman M, Hasanuzzaman M, et al., 2016. Physiological and biochemical mechanisms of spermine-induced cadmium stress tolerance in mung bean (*Vigna radiata* L) seedlings [J]. Environmental Science and Pollution Research, 23 (21): 1-13.

Nagalakshmi N, Prasad M N V, 2001. Responses of glutathione cycle enzymes and glutathione metabolism to copper stress in *Scenedesmus bijugatus* [J]. Plant Science, 160 (2): 291-299.

Nakagawa J, Hirota N, Kitazawa K, et al., 1999. Magnetic field enhancement of water vaporization [J]. Journal of Applied Physics, 86: 2923-2925.

Nakano Y, Asada K, 1981. Hydrogen peroxide is scavenged by ascorbate-specific peroxidase in spinach chloroplasts [J]. Plant and Cell Physiology, 22 (5): 867-880.

Niu X, Du K, Xiao F, 2011. Experimental study on the effect of magnetic field on the heat conductivity and viscosity of ammoniae-water [J]. Energy Build, 43 (5): 1164-1168.

Novitskii Y I, Novitskaya G V, Serdyukov Y A, 2014. Lipid utilization in radish seedlings as affected by weak horizontal extremely low frequency magnetic field [J]. Bioelectromagnetics, 35 (2): 91-99.

Osman E A M, Abd El-Latif K M, Hussien S M, et al., 2014. Assessing the effect of irrigation with different levels of saline magnetic water on growth parameters and mineral contents of pear seedlings [J] . Global Journal of Scientific Researches, 2 (5): 128-136.

Otsuka I, Ozeki S, 2006. Does magnetic treatment of water change its properties? [J] . The Journal of Physical Chemistry, 110: 1509-1512.

Ozeki S, Otsuka I, 2006. Transient oxygen clathrate-like hydrate and water networks induced by magnetized fields [J] . Physical Chemistry, 110 (8): 7-20.

Pang X F, 2014. The experimental evidences of the magnetism of water by magnetic-field treatment [J] . IEEE Transactions on Applied Superconductivity, 24 (5): 1-6.

Pang X F, Zhong L S, 2016. The suspension of water using a superconductive magnetic-field and its features [J] . IEEE Transactions on Applied Superconductivity, 26 (7): 1-4.

Pang X F, Deng B, 2008a. The changes of macroscopic features and microscopic structures of water under influence of magnetic field [J] . Physica B: Condensed Matter, 403 (19-20): 3571-3577.

Pang X F, Deng B, 2008b. Investigation of changes in properties of water under the action of a magnetic field [J] . Science in China Series G (Physics, Mechanics and Astronomy), 51: 1621-1632.

Pang X F, Shen G F, 2013. The changes of physical properties of water arising from the magnetic field and its mechanism [J] . Modern Physics Letters B, 27 (31): 1350228.

Pardo M J, Quintero F J, 2002. Plants and sodium ions: keeping company with the energy [J] . Genome Biology, 3: 1017-1021.

Patek J, Hruby J, Klomfar J, et al. , 2009. Reference correlations for thermos physical properties of liquid water at 0. 1 MPa [J] . Journal of Physical and Chemical Reference Data, 38: 21-29.

Paul A L, Ferl R J, Meisel M W, 2006. High magnetic field induced changes of gene expression in *Arabidopsis* [J] . Biomagnetic Research and Technology, 4 (1): 1-10.

Payez A, Ghanati F, Behmanesh M, et al. , 2013. Increase of seed germination, growth and membrane integrity of wheat seedlings by exposure to static and a 10-KHz electromagnetic field [J] . Electromagnetic Biology and Medicine, 32 (4): 417-429.

Pazur A, Winklhofer M, 2008. Magnetic effect on CO_2 solubility in seawater: a possible link between geomagnetic field variations and climate [J] . Geophysical Research Letters, 35 (16): 375-402.

Peñuelas J, Llusia J, Martínez B, et al. , 2004. Diamagnetic susceptibility and root growth response to magnetic fields in *Lens culinaris*, *Glycine soja* and *Triticum aestivum* [J] . Journal of Bioelectricity, 23 (2): 16.

People M, Gifford R M, 1997. Regulation of the transport of nitrogen and carbon in higher plants [M] // Dennis D T, Turpin D H, Lefebvre D D, et al. , 1997. Plant Metabolism. London: Longman Singapore Publishers (Pte) Ltd: 525-537.

Phirke P S, Patil M N, Umbarkar S P, et al. , 1996. The application of magnetic treatment to seeds: methods and responses [J]. Seed Science Technology, 24: 365-373.

Pietrini F, Zacchini M, Iori V, et al., 2010. Spatial distribution of cadmium in leaves and its impact on photosyn-thesis: examples of different strategies in willow and poplar clones [J]. Plant Biology, 12 (2): 355-363.

Piruzyan L A, Kuznetsov A A, Chikov V M, 1980. Magnetic heterogeneity of biological systems [J]. Biology Bull Academic Science Ussr, 7 (7): 323-330.

Podleśny J, Pietruszewski S, Podleśna A, 2004. Efficiency of the magnetic treatment of broad bean seeds cultivated under experimental plot conditions [J]. International Agrophysics, 18: 65-71.

Poinapen D, Beeharry G K, Bahorun T, 2005. Effect of static magnetic fields on the growth and yield of butterhead lettuce seeds (*Lactuca sativa* var Salina) [J]. Food and Agricultural Research Council, 3: 207-216.

Poinapen D, Brown D C W, Beeharry G K, 2013. Seed orientation and magnetic field strength have more influence on tomato seed performance than relative humidity and duration of exposure to nonuniform static magnetic fields [J]. Journal of Plant Physiology, 170: 1251-1258.

Pouget E M, Bomans P H, Goos J A, et al., 2009. The initial stages of template-controlled $CaCO_3$ formation revealed by cryo-tem [J]. Science, 323 (5920): 1455-1458.

Pregitzer K S, Deforest J L, Burton A J, et al., 2002. Fine root architecture of nine North American trees [J]. Ecological Monographs, 72 (2): 293-309.

Putti F F, Filho L R A G, Klar A E, et al., 2015. Responsible of lettuce crop to magnetically treated irrigation water and different irrigation depths [J]. African Journal of Agricultural Research, 10 (22): 2300-2308.

Pyngrope S, Bhoomika K, Dubey R S, 2013. Reactive oxygen species, ascorbate-glutathione pool, and enzymes of their metabolism in drought-sensitive and tolerant Indica rice (*Oryza Sativa* L) seedlings subjected to progressing levels of water deficit [J]. Protoplasma, 250 (2): 585-600.

Qiu Z B, Wang Y F, Zhu A J, et al., 2014. Exogenous sucrose can enhance tolerance of *Arabidopsis thaliana*, seedlings to salt stress [J]. Biologia Plantarum, 58 (4): 611-617.

Răcuciu M, Creangă D, Horga I, 2008. Plant growth under static magnetic field influence [J]. Romanian Jouranl of Physics, 53: 353-359.

Radhakrishnan R, Kumari B D R, 2012. Pulsed magnetic field: a contemporary approach offers to enhance plant growth and yield of soybean [J]. Plant Physiology Biochemistry, 51: 139-144.

Radhakrishnan R, Kumari B D R, 2013. Protective role of pulsed magnetic field against salt stress effects in soybean organ culture [J]. Plant Biosystems, 147 (1): 135-140.

Rahman A, Mostofa M G, Nahar K, et al. , 2016. Exogenous calcium alleviates cadmium-induced oxidative stress in rice (*Oryza sativa* L) seedlings by regulating the antioxidant defense and glyoxalase systems [J] . Brazilian Journal of Botany, 39 (2): 393-407.

Raiteri P, Gale P J, 2015. Water is the key to nonclassical nucleation of amorphous calcium carbonate [J] . Journal of the American Chemical Society, 132 (49), 17623-17634.

Rajabbeigi E, Ghanati F, Abdolmaleki P, et al. , 2013. Antioxidant capacity of parsley cells (*Petroselium crispum* L) in relation to iron-induced ferritin levels and static magnetic field [J] . Electromagnetic Biology and Medicine, 32 (4): 430-441.

Ramakrishna B, Rao S S R, 2013. 2,4-Epibrassinolide maintains elevated redox state of AsA and GSH in radish (*Raphanus sativus* L) seedlings under zinc stress [J] . Acta Physiologiae Plantarum, 35 (4): 1291-1302.

Ramo S, Whinery J R, Van Duzer T, 2004. Fields and waves in communication electronics [M] . Kundli: Wiley: 114-299.

Rapaka V K, Bessler B, Schreiner M, 2005. Interplay between initial carbohydrate availability, current photosynthesis, and adventitious root formation in *Pelar-gonium* cuttings [J] . Plant Science, 168 (6): 1547-1560.

Rashid F L, Hassan N M, Jafar A M, et al. , 2013. Increasing water evaporation rate by magnetic field [J] . International Science Investion Journal, 2: 61-68.

Reina F G, Pascual L A, Fundora I A, 2001. Influence of a stationary magnetic field on water relations in lettuce seeds Part 2: experimental results [J] . Bioelec-tromagnetics, 22: 596-602.

Reina F G, Pascual L A, 2001. Influence of a stationary magnetic field on water relations in lettuce seeds Part 1: theoretical considerations [J] . Bioelectromagnetics, 22: 589-595.

Rapley B I, Rowland R E, Page W H, et al. , 1998. Influence of extremely low frequency magnetic fields on chromosomes and mitotic cycle in the broad bean (*Vicia faba* L) [J] . Bioelectromagnetics, 19: 152-161.

Ružič R, Jerman I, 2002. Weak magnetic field decreases heat stress in cress seedlings [J] . Electromagnetic Biology and Medicine, 21: 69-80.

Sahin U, Tunc T, Eroglu S, 2012. Evaluation of $CaCO_3$ clogging in emitters with magnetized saline waters [J] . Desalination and Water Treatment. 40, 168-173.

Schellingen K, Van Der Straeten D, Remans T, et al. , 2015. Ethylene signalling is mediating the early cadmium induced oxidative challenge in *Arabidopsis thaliana* [J] . Plant Science, 239: 137-46.

Schiefelbein J W, Benfey P N, 1994. The development of plant root: new approaches to underground problem [J] . Plant Cell, (3): 1147-1154.

Sairan R K, Srivastava G C, 2002. Changes in antioxidant activity in subcellular fractions of tolerant and susceptible wheat genotypes in response to long term salt stress [J] . Plant

Science, 162 (6): 897-904.

Sakhnini L, 2007. Influence of Ca^{2+} in biological stimulating effects of AC magnetic fields on germination of bean seeds [J] . Journal of Magnetism and Magnetic Materials, 310: 1032-1034.

Saksono N, Gozan M, Bismo S, et al. , 2008. Effects of magnetic field on calcium carbonate precipitation: ionic and particle mechanisms [J] . The Korean Journal of Chemical Engineering, 25 (5): 1145-1150.

Sammer M, Kamp C, Paulitsch-Fuchs A H, et al. , 2016. Strong gradients in weak magnetic fields induce DOLLOP formation in tap water [J] . Water, 8 (79): 1-19.

Selim El-Nady, 2011. Physio-anatomical responses of drought stressed tomato plants to magnetic field [J] . Acta Astronautica, 69 (7): 387-396.

Serdyukov Y A, Novitskii Y I, 2013. Impact of weak permanent magnetic field on antioxidant enzyme activities in radish seedlings [J] . Russian Journal of Plant Physiology, 60 (1): 69-76.

Seyfi A, Afzalzadeha R, Hajnorouzi A, 2017. Increase in water evaporation rate with increase in static magnetic field perpendicular to water-air interface [J] . Chemical Engineering and Processing: Process Intensification, 120: 195-200.

Shabala S, 2000. Ionic and osmotic components of salt stress specifically modulate net ion fluxes from bean leaf mesophyll [J] . Plant Cell Environment, 23: 825-837.

Shan C, Liu H, Zhao L, et al. , 2014. Effects of exogenous hydrogen sulfide on the redox states of ascorbate and glutathione in maize leaves under salt stress [J] . Biologia Plantarum, 58 (1): 169-173.

Shabrangi A, Majd A, 2009. Effect of magnetic fields on growth and antioxidant systems in agricultural plants [R] . Beijing, China: PIERS Proceedings: 1142-1147.

Shine M B, Guruprasad K N, Anand A, 2011. Enhancement of germination, growth, and photosynthesis in soybean by pre-treatment of seeds with magnetic field [J] . Bioelectromagnetics, 32: 474-484.

Shine M B, Guruprasad K N, 2012. Impact of pre-sowing magnetic field exposure of seedsto stationary magnetic field on growth, reactive oxygen species and photosynthesis of maize under field conditions [J] . Acta Physiologiae Plantarum, 34 (1): 255-265.

Silva B, Queiroz Neto J C, Petria D F S, 2015. The effect of magnetic field on ion hydration and sulfate scale formation [J] . Colloids and Surfaces A: Physicochemical and Engineering Aspects, 465: 175-183.

Singh M, Singh V P, Prasad A M, 2016. Response of photosynthesis, nitrogen and proline embolism to salinity stress in *Solanum lycopersicum* under different levels of nitrogen supplementation [J] . Plant Physiology and Biochemistry, 109: 72-83.

Srinivasarao C H, Benzioni A, Eshel A, et al. , 2004. Effects of salinity on root morphology and nutrient acquisition by faba beans (*Vicia faba* L) [J] . Journal of the Indian Society of Soil Science, 52 (2): 184-191.

Srivastava R K, Pandey P, Rajpoot R, et al. , 2015. Exogenous application of calcium and silica alleviates cadmium toxicity by suppressing oxidative damage in rice seedlings [J] . Protoplasma, 252 (4): 959-975.

Sterner R W, Elser J J, 2002. Ecological stoichiometry: the biology of elements from molecules to the biosphere [M] . Princeton: Princeton University Press: 87-104.

Srivastava A K, Singh S, 2005. Zinc nutrition, a global concern for sustainable citrus production [J] . Journal of Sustainable Agriculture, 25 (3): 5-42.

Srivastava S, Dubey R S, 1994. Manganese-excess induces oxidative stress, lowers the pool of antioxidants and elevates activities of key antioxidative enzymes in rice seedlings [J] . German Life and Letters, 47 (4): 432-448.

Stroiński A, Gizewska K, Zielezińska M, 2012. Abscisic acid is required in trans-duction of cadmium signal to potato roots [J] . Biologia Plantarum, 57 (1): 121-127.

Subber A R H, Hail R C A, Jabail W A, et al. , 2012. Effects of magnetic field on the growth development of *Zea mays* seeds [J] . Journal Nation Products Plant Resources, 2 (3): 456-459.

Sueda M, Katsuki A, Nonomura M, et al. , 2007. Effects of high magnetic field on water surface phenomena [J] . Journal of Physical Chemistry C, 111 (39): 14389-14393.

Sun J, Chen S L, Dai S X, et al. , 2009. Cl-induced alternations of celluar and tissue ion fluxes in roots of salt-resistant and salt-sensitive poplar spices [J] . Plant Physiology, 149: 1141-1153.

Sun J, Dai S X, Wang R G, et al. , 2009. Calcium mediates root K^+/Na^+ homeostasis in poplar species differing in salt tolerance [J] . Tree Physiology, 29 (9): 1175-1186.

Surendran U, Sandeep O, Joseph E J, 2016. The impacts of magnetic treatment of irrigation water on plant, water and soil characteristics [J] . Agricultural Water Management, 178: 21-29.

Surendran U, Sandeep O, Mammen G, et al. , 2013. A Novel technique of magnetic treatment of saline and hard water for irrigation and its impact on cow pea growth and water properties [J] . International Journal of Agriculture Environment and Biotechnolog, 6 (1): 85-92.

Szkatula A, Balanda M, Kopec M, 2002. Magnetic treatment of industrial water Silica activation [J] . European Physical Journal-applied Physics, 18: 41-49.

Szcześ A, Chibowski E, Holysz L, et al. , 2011. Effects of. static magnetic field on water at kinetic condition [J] . Chemical Engineering and Processing, 5 (1): 124-127.

Sze H, Liang F, Hwang I, et al. , 2000. Diversity and regulation of plant Ca^{2+} pump: insights from expression in yeast [J] . Annual Review of Plant Physiology and Plant

Molecular Biology, 51 (51): 433-462.

Tai C Y, Chang M C, Yeh S W, 2011. Synergetic effect of temperature and magnetic field on the aragonite and calcite growth [J] . Chemical Engineering Science, 66 (6): 1246-1253.

Tamás L, Bočová B, Huttová J, et al., 2012. Impact of the auxin signaling inhibitor p-chlorophenoxyisobutyric acid on short-term Cd-induced hydrogen peroxide production and growth response in barley root tip [J] . Journal of Plant Physiology, 169 (14): 1375-1381.

Tarhan L, Kavakcioglu B, 2015. Glutathione metabolism in Urtica dioica, in response to cadmium based oxidative stress [J] . Biologia Plantarum, 60 (1): 1-10.

Tester M, Davenport R, 2003. Na⁺ tolerance and Na⁺ transport in higher plants [J] . Annals of Botany, 91 (5): 503-527.

Theg S M, Sayre R T, 1979. Characterization of chloroplastmanganese by electron magnetic resonance spectroscopy [J] . Plant Science Letters, 16 (2-3): 319-326

Thomas J C, Perron M, Larosa P C, et al., 2010. Cytokinin and the regulation of a tobacco metallothionein-like gene during copper stress [J] . Physiologia Plantarum, 123 (3): 262-271.

Tkatchenko Y, 1997. Hydro magnetic systems and their role in creating micro climate. International symposium on sustainable management of salt affected soils [M] . Egypt Cairo: 22-28.

Turker M, Temirci C, Battal P, et al., 2007. The effects of an artificial and static magnetic field on plant growth, chlorophy Ⅱ and phytohormone levels in maize and sunflower plants [J] . Phyton-annales rei Botanicae, 46 (2): 271-284.

Toledo E J L, Ramalho T C, Magriotis Z M, 2008. Influence of magnetic field on physical-chemical properties of liquid water insights from experimental and theoretical models [J] . Journal of Molecular Structure, 888 (1): 409-415.

Treseder K K, Vitousek P M, 2001. Effects of soil nutrient availability on investment in acquisition of N and P in Hawaiianrain forests [J] . Ecology, 82 (4): 946-954.

Umeki S, Kato T, Shimaburo H, et al., 2007. Elucidation of the scale prevention effect by alternating magnetic treatment [J] . American Institute of Physics, 898: 170-174.

Ursache-Oprisan M, Focanici E, Creanga D, et al., 2011. Sunflower chlorophyll levels after magnetic nanoparticles supply [J] . African Journal of Biotechnology, 10: 7092-7098.

Vaezzadeh M, Noruzifar E, Faezeh G, et al., 2006. Excitation of plant growth in dormant temperature by steady magnetic field [J] . Journal of Magnetism and Magnetic Materials, 302 (1): 105-108.

Van P T, Teixeira da Silva J A, Ham L H, et al., 2011. The effects of permanent magnetic fields on *Phalaenopsis* plantlet development [J]. Journal of Pomology & Horticultural Science, 86 (5): 473-478.

Van P T, Teixeira da Silva J A, Ham L H, et al., 2012. Effects of permanent magnetic fields on growth of *Cymbidium* and *Spathiphyllu* [J]. In Vitro Cellular & Developmental Biology, 48 (2): 225-232.

Vashisth A, Nagarajan S, 2008. Exposure of seeds to static magnetic field enhances germination and early growth characteristics in chickpea (*Cicer arietinum* L) [J]. Bioelectromagnetics, 29: 571-578.

Vashisth A, Nagarajan S, 2010. Effect on germination and early growth characteristics in sunflower (*Helianthus annuus*) seeds exposed to static magnetic field [J]. Journal of Plant Physiology, 167: 149-156.

Vasilevski G, 2003. Perspectives of the application of biophysical methods in sustainable agriculture [J]. Bulgarian Journal Plant Physiolgy Special Issue: 179-186.

Vidmar J J, Zhou D M, Siddiqi Y, et al., 2000. Regulation of high-affinity nitrate transporter genes and high-affinity nitrate influence by nitrogen pools in roots of barley [J]. Plant Physiology, 123 (1): 307-318.

Viswat E, Hermans L, Beenakker J, 1982. Experiments on the influence of magnetic fields on the viscosity of water and a water-NaCl solution [J]. Physics of Fluids, 25 (10): 1794-1796.

Wada H, Matthews M A, Shackel K A, 2009. Seasonal pattern of apoplastic solute accumulation and loss of cell turgor during ripening of *Vitis vinifera* fruit under filed conditions [J]. Journal of Experimental Botany, 60 (6): 1773-1781.

Wallach R, Grigorina G, Rivlin J A, 2001. Comprehensive mathematical model for transport of soil-dissolved chemical by over-land flow [J]. Journal of Hydrology, 247: 85-99.

Weller D M, Landa B B, Mavrodi O V, et al., 2007. Role of 2, 4-diacetylphloroglucinol-producing fluorescent *Pseudomonas* spp in the defense of plant roots [J]. Plant biology, 9 (1): 4-20.

Wells C E, Glenn D M, Eissenstat D M, 2002. Changes in the risk of fine-root mortality with age: a case study in peach, *Prunus persica* (*Rosaceae*) [J]. American Journal of Botany, 89 (1): 79-87.

Wang B C, Zhou J, Wang Y C, et al., 2006. Physical stress and plant growth [J]. Floriculture Ornamental and Plant Biotechnology, 3: 68-85.

Wang Q, Li L, Chen G, et al., 2007. Effects of magnetic field on the solegel transition of methylcellulose in water [J]. Carbohydr Polym, 70: 345-349.

Wang S, Chang M C, Chang H C, et al., 2012. Growth behaviour of aragonite under the influence of magnetic field, temperature, and impurity [J]. Industrial & Engineering Chemistry Research, 51: 1041-1049.

Wang Y, Zhang B, Gong Z, et al., 2013. The effect of a static magnetic field on the hydrogen bonding in water using frictional experiments [J]. Journal of Molecular Structure, 1052: 102-104.

Warren C R, Adams M A, 2006. Internal conductance does not scale with photosynthetic capacity: implications for carbon isotope discrimination and the economics of water and nitrogen use in photosynthesis [J]. Plant, Cell and Environment, 29 (2): 192-201.

Williams L, Salt D E, 2009. The plant ionome coming into focus [J]. Current Opinion in Plant Biology, 12 (3): 247-249.

Xu C, Lv Y, Chen C, et al., 2014. Blue light-dependent phosphorylations of cryptochromes are affected by magnetic fields in *Arabidopsis* [J]. Advances in Space Research, 53 (7): 1118-1124.

Xu C X, Yin X, Lv Y, et al., 2012. A near-null magnetic field affects cryptochrome-related hypocotyl growth and flowering in *Arabidopsis* [J]. Advances in Space Research, 49: 834-840.

Xu C, Wei S, Lu Y, et al., 2013. Removal of the local geomagnetic field affects reproductive growth in *Arabidopsis* [J]. Bioelectromagnetics, 34 (6): 437-442.

Xu J, Wang W Y, Yin H X, et al., 2010. Exogenous nitric oxide improves antioxidative capacity and reduces auxin degradation in roots of *Medicago truncatula* seedlings under cadmium stress [J]. Plant Soil, 326: 321-330.

Xu Z Q, Lei P, Feng X H, et al., 2014. Calcium involved in the poly (γ-glutamic acid) - mediated promotion of Chinese cabbage nitrogen metabolism [J]. Plant Physiology and Biochemistry, 80: 144-152.

Yamauchi N, Funamoto Y, Shigyo M, 2004. Peroxidase-mediated chlorophyll degradation in horticultural crops [J]. Phytochemistry Reviews, 3: 221-228.

Yan H, Filardo F, Hu X, et al., 2015. Cadmium stress alters the redox reaction and hormone balance in oilseed rape (*Brassica napus* L) leaves [J]. Environmental Science and Pollution Research International, 23 (4): 1-12.

Yang H M, Wang D M, 2011. Advances in the study on ecological stoichiometry in grass-environment system and its response to environment factors [J]. Acta Prataculture Sinica, 20 (2): 244-252.

Yao S X, Chen S S, Xu D S, et al., 2010. Plant growth and responses of antioxidants of Chenopodium album to long-term NaCl and KCl stress [J]. Plant Growth Regulation, 60 (2): 115-125.

Yao X, Wang Y, Yang Z, et al., 2015. Analysis on properties of magnetized water and its application in sprayed concrete [J]. Materials Research Innovations, 19 (S8): 215-218.

Yin J, Zhang J K, Wu L, et al., 2011. Influence of water physical and chemical performance by magnetizing [J]. Advanced Materials Research, 281: 223-227.

Yokoi S, Bressan R A, Hasegawa P M, 2002. Salt stress tolerance of plants [R]. Japan International Research Center for Agricultural Sciences Working Report, 25-33.

Yuan Y, Wu H, Wang N, et al., 2008. FIT interacts with *AtbHLH*38 and *AtbHLH*39 in regulating iron uptake gene expression for iron homeostasis in *Arabidopsis* [J]. Cell Research, 18 (3): 385-397.

Zaidi S, Khatoon S, Imran M, et al., 2013. Effects of electromagnetic fields (created by high tension lines) on some species of family *Mimosaceae*, *Molluginaceae*, *Nyctaginaceae* and *Papilionaceae* from Pakistan-V [J]. Pakistan Journal of Botany, 45 (6): 1857-1864.

Zhang G, Fukami M, Sekimoto H, 2002. Influence of cadmium on mineral concentrations and yield components in wheat genotypes differing in Cd tolerance at seedling stage [J]. Field Crops Research, 77 (2-3): 93-98.

Zhang Y G, Xu Z W, Jiang D M, et al., 2013. Soil exchangeable base cations along a chronosequence of *Caragana microphylla* plantation in a semi-arid sandy land [J]. China Journal of Arid Land, 5 (1): 42-50.

Zhang P, Fu J, Hu L, 2012. Effects of alkali stress on growth, free amino acids and carbohydrates metabolism in *Kentucky Bluegrass* (*Poa pratensis*) [J]. Ecotoxicology, 21 (7): 1911-1918.

Zhu J K, 2001. Plant salt tolerance [J]. Trend in Plant Science, 6: 66-71.

Zhu J K, Liu J P, Xiong L M, 1998. Genetic analysis of salt tolerance in Arabidopsis: evidence for a critical role of potassium nutrition [J]. Plant Cell, 10: 1181-1191.

Zhu X F, Wang Z W, Dong F, et al., 2013. Exogenous auxin alleviates cadmium toxicity in *Arabidopsis thaliana* by stimulating synthesis of hemicellulose 1 and increasing the cadmium fixation capacity of root cell walls [J]. Journal of Hazardous Materials, 263: 398-403.

Zlotopolski V, 2017. The Impact of magnetic water treatment on salt distribution in a large unsaturated soil column [J]. International Soil and Water Conservation Research, 5: 253-257.